锂离子电池
全生命周期技术

Lithium-ion Battery
Full Lifecycle Technology

徐艳辉　耿海龙　李华清　编著

化学工业出版社

·北京·

内容简介

本书介绍锂离子电池全生命周期涉及的技术原理、工艺、应用。首先介绍资源，涉及金属资源和非金属资源，包括每种资源的自然分布、提纯或者冶炼原理与工艺；其次介绍电化学热力学和动力学，锂离子电池中各个组件组分，单体电池以及电池组/电池堆；然后介绍锂离子电池（组）在电动汽车、军事、医疗、储能等领域的应用情况，以及微电池发展现状；最后介绍锂离子电池回收工艺研究现状、生命周期评价研究内容等。

本书可供新能源材料与器件、电化学反应工程、电动车、冶金工程等领域工程技术人员及相关专业本科生、研究生参考阅读。

图书在版编目（CIP）数据

锂离子电池全生命周期技术 / 徐艳辉，耿海龙，李华清编著. -- 北京：化学工业出版社，2025. 8.

ISBN 978-7-122-47965-5

Ⅰ. TM912

中国国家版本馆 CIP 数据核字第 2025A5M063 号

责任编辑：林 媛 窦 臻

责任校对：宋 玮 装帧设计：刘丽华

出版发行：化学工业出版社

（北京市东城区青年湖南街 13 号 邮政编码 100011）

印 装：高教社（天津）印务有限公司

787mm×1092mm 1/16 印张 20 字数 491 千字

2025 年 11 月北京第 1 版第 1 次印刷

购书咨询：010-64518888 售后服务：010-64518899

网 址：http://www.cip.com.cn

凡购买本书，如有缺损质量问题，本社销售中心负责调换。

定 价：118.00 元

前言

锂离子电池几乎是先进化学电源的代名词，正逐步在电动工具、微能源系统、薄膜电池、电动汽车、储能电站等诸多领域，取代其他类型的化学电源。锂离子电池能实现巨大的技术突破，核心得益于材料设计优化、组分精准调控，以及电池组的设计与管理技术革新等关键环节。

本书系统地向读者展现了锂离子电池领域的全貌，涵盖其诞生背景、应用场景，以及最终流转去向。全书首先介绍锂离子电池各组分的冶炼提取工艺、主要材料的合成方法，以及领域内备受关注的热力学与动力学争议问题，重点围绕脱嵌锂机理、锂离子价态演变、非对称充放电曲线等核心议题；接着详解电池与电极的关键参数，以及活性电极材料、锂离子导体、黏结剂、导电剂、集流体、隔膜等核心组件；随后阐述锂离子电池的组装技术、热管理方案、安全防护措施、实际应用场景、使用寿命，以及废弃锂离子电池的回收利用技术。最后简要介绍了处于起步研究阶段的电池能量消耗、生命周期评价等内容。

诚挚感谢蔡陈楠、陈桂敏、陈培雷、陈亦新、范富强、冯连朋、冯岩、韩丽娟、胡博、胡学平、李德成、李志虎、林克芝、任伟、沈悦聪、盛锁江、孙丰霞、王双才、王晓琳、王振伟、吴军、吴群、熊明华、姚金雷、张峰、张倩、赵立平、周兴磊、周肇国、朱宇涛等朋友一直以来的支持。

仓促成书，若存在不足之处，可直接联系作者徐艳辉，通信地址：苏州市相城区济学路8号，苏州大学阳澄湖校区钢铁学院。Email：xuyanhui@suda. edu. cn。

本书编著者之一徐艳辉，谨以此书致敬始终给予自己坚定支持与温暖陪伴的家人：夫人鞠华博士，长女徐鞠霄萌，次女徐鞠涵钰。

编著者

2025年3月于苏州大学

目录

第 11 章
电池安全性
190

第1章 绪论

二次电池将化学能转化成电能，或者相反。其优势在于“即需即用，不用即止”，使用方便。锂离子电池是最重要的二次电池体系，本章首先简要介绍锂离子电池在社会能量流动系统中的地位、锂离子电池的历史、锂离子电池的主要特点，最后介绍本书架构。

1.1 锂离子电池在能量流动系统中的地位

能源分一次能源和二次能源。一次能源指可直接为人类使用的能源形式，如石油、煤、天然气，“拿来就可以直接使用”。二次能源指自然界本不存在的、由一次能源加工转化而来的能源形式，例如，电能就是典型的二次能源。

二次能源使用更加方便。但是，一些由一次能源直接转化的电能形式由于电流、功率不稳等原因而不能直接使用，或者，即使可以被直接使用，但是有时需要储存起来。锂离子电池正可胜任这一工作：第一，可以储存这部分电能，在需要的时候释放出来；第二，将不可利用的电能形式转变成可利用的电能形式，这一点类似于整流器。

可再生能源发电是新趋势，减少有限化石能源使用的同时，还可减少碳排放。各种可再生能源中，太阳能发电技术的 CO_2 排放量最大，SO_2 和 NO_x 的排放也最明显。从平均占地面积来看，生物质能发电模式使用土地面积最大，天然气发电技术占地面积最小。太阳能发电技术适合于不适于耕种的土地。

可再生能源发电的一个缺点是这类电不能直接使用，或者是最好不要直接使用。最好的办法是将其先储存起来提高电的“质量”，或者说“品位”，此时需要储能系统与这类发电设施配套。

例如，太阳能电池产生的是不稳定的涓流，直接利用可能性小，可以首先被化学电源转换成化学能储存，此时化学电源是储能中介，它将能量产生和能量使用串接起来，起着承上启下的作用，如图 1.1 所示。

此外，电网用电呈现周期性变化。在用电低谷，电网多余电力需要被储存起来以节省能源，在用电高峰时段释放出来以满足需求。据统计，美国总电力的 10%需要平峰处理，欧洲的比例占 15%。而锂离子电池就可以胜任此项任务。

与锂离子电池竞争的其它储能形式很多，如将水抽到高位储存、压缩空气储存、超导磁

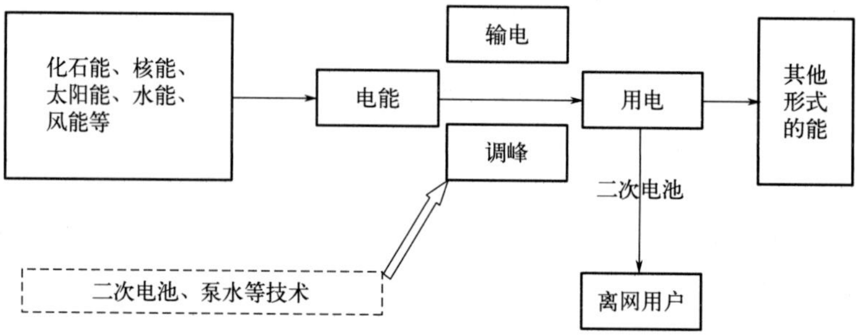

图 1.1　二次电池在能源体系中的中介位置

能储存、低温热能储存、高温热能储存、钒液流电池、多硫溴化物电池等。对比各种储能形式的特性和资本[1]，锂离子电池、超电容和超导电磁储能系统效率最高，均在 90%以上。铅酸电池效率低于 80%。效率参数的重要性在于，它代表能量在转换过程中的损失程度，效率越高代表损失越小。

超导储能技术离实用化还有一段距离。超电容效率和锂离子电池接近，在储能领域两者具有相同的竞争力。但是，在通用性方面，超电容不如锂离子电池。因此，锂离子电池更有生命力、竞争力。

1.2　锂离子电池历史

1747 年 William Watson 在英格兰证明电流可以通过导线被长距离传送，1753 年在苏格兰发明信号机。1748 年 Benjamin Franklin 开始使用电池（battery）概念描述带电的玻璃板阵列。1800 年 Alessandro Volta 发明伏打电堆，他将锌板、铜板和纸板交错排布后加入海水构成电池。自此，先后出现铜锌电池、燃料电池、铅酸电池、MnO_2-锌干电池、Ni-Cd 电池、Ni-Fe 电池、Zn-HgO 碱性电池等。

1958 年，Harris 提出采用有机电解液作为锂一次电池电解质，锂电体系获得迅速发展。20 世纪 60 年代后期逐渐出现非水 3V 原电池，如 1969 年的 Li/SO_2 原电池。最初的金属锂原电池基本是 70 年代早期开发的，典型的早期锂原电池是 Li-I_2 电池，主要应用到心脏起搏器上以替代原来的 Zn-HgO 原电池。

1972～1973 年 Matsushita 引入 Li-CF_x 体系，同时期 Moser 报道成功用于心脏起搏器的固体 Li/LiI/I-PVP 电池。1975 年，Sanyo 公司实现了 Li/MnO_2 原电池商业化，Li/MnO_2 原电池开始挑战 $Li/(CF)_n$ 电池。锂原电池在 20 世纪 70 年代初实现了大规模军用和民用，与此同时，可充锂离子电池体系也迅速发展。

表 1.1 是 1991 年以前商业化的锂离子电池体系[2]。

表 1.1　1991 年以前商业化的锂离子电池体系

电池体系	电压/V	质量比能量/(W·h/kg)	能量密度/(W·h/L)	公司	年份
Li-TiS_2	2.1	130	280	Exxon	1978
Li-$LiAlCl_4$-SO_2	3.2	63	208	Duracell	1981

续表

电池体系	电压/V	质量比能量/(W·h/kg)	能量密度/(W·h/L)	公司	年份
Li-$NbSe_3$	2.0	95	250	贝尔电话实验室	1983
LiAl-聚苯胺	3.0	—	180	Bridgestone	1987
Li-MoS_2	1.8	52	140	MoLi 能源	1987
Li-V_2O_5	1.5	10	40	Toshiba	1989
LiAl-聚吡咯	3.0	—	180	Kanebo	1989
Li-$Li_{0.3}MnO_2$	3.0	50	140	Tadiran	1989
Li-VO_x	3.2	200	300	Hydro-Quebec	1990
C-$LiCoO_2$	3.6	150～190	—	Sony	1991

当使用有机溶剂的一次锂原电池实现商业化时，二次锂电池基本原理已经接近成熟，其发展的最大动力是电子仪器的使用，例如移动电话、手提电脑、摄像机等，从 AAA 到 D 尺寸的电池在大气环境中安全度很高，但是无论如何，锂金属负极安全性还是不能满足需要。锂金属二次电池与太阳能电池联用，在道路信号灯领域使用较多。在这些领域，因工作电流比较小，安全性问题不突出。

随着嵌入式电极材料的开发成功，锂离子二次电池开始实现商业化。这些材料可以经受多次充放电循环而无明显容量损失。

最先实用化的正极材料是层状 TiS_2、MoS_2，例如 Exxon、Moli Energy 等公司，后来 CoO_2、NiO_2、MnO_2 等被日本 Storage Battery、Matsushita、Sanyo、Sony 等公司采用。Exxon 在 1977～1979 年生产了以 LiAl 合金为阳极、TiS_2 为阴极的扣式电池，作为手表电池。1978 年 Armand 报道聚合物电解质电池 Li/PEO/V_2O_5。1980 年 Goodenough 致力于 $LiCoO_2$ 研究。1990 年前后锂离子电池实现商业化。1995 年发明了聚合物锂离子电池，采用凝胶聚合物电解质为隔膜和电解质，1999 年开始商业化。

大致上，1973 年以前的都是原电池，电解液以 PC+$LiClO_4$ 为主，后来 Tadiran 开发了二氧环戊烷（dioxolane）基电解液，它可以在 110℃以上自发聚合，可增强安全性。固体电解质/固溶体结构电极的想法则由 Steele、Whittingham、Huggins 和 Armand 等人在 1973 年提出。

1978 年英文“insertion”“intercalation”开始出现，一般翻译成“嵌入反应”，为新型锂离子电池正负极材料的开发打开崭新的一页。Sanyo 的 H. Ikeda 首先申请了有机溶剂中的嵌入材料的专利，时间是 1981 年 6 月，是关于石墨材料的，此前一年 Goodenough 申请了 $LiCoO_2$ 专利，Bell 公司在 1982 年申请了石墨嵌锂材料专利，在此之前 Basu 发现高温下熔融电解质中石墨嵌锂现象。石墨化碳负极，理论容量为 372mA·h/g 或者是 756mA·g/cm^3（组成为 LiC_6）。锂离子二次电池的成功与碳材料/电解液界面研究的进步密切相关。石墨化碳阳极对溶剂分子的共嵌入十分敏感，成功阻止溶剂分子的嵌入使可充性获得保障。

早期的 18650 电池，充电电压截止在 4.1V，容量为 800mA·h，使用容量为 200mA·h/g 的硬碳负极，正极钴酸锂容量为 130mA·h/g，时间在 20 世纪 90 年代初期。随后的技术革新，主要依赖于负极与电解液界面（即 SEI 层）的稳定性方面的研究。

第一代 MCMB（石墨化碳微球碳负极）的容量在 280mA·h/g 左右，1998 年 Ube 工业引入功能电解液，含有可以和负极反应形成稳定 SEI 的电解液添加剂，允许提高负极碳材料的石墨化度。

第二代 MCMB 容量提高到 320mA·h/g，目前已经接近 372mA·h/g 的极限。工业上实际应用的碳负极，额定容量在 350～355mA·h/g。2003 年，通过使用与以前不同的钴酸锂、稳定化的石墨以及添加剂（抑制电解液在阴极的分解并在负极形成稳定的 SEI），电池可以充电到 4.2V，容量达到了 2.4A·h。目前有容量 3.0～3.2A·h 的报道。

第一代钴酸锂/软碳体系、第三代钴酸锂/石墨体系、Ni-MH 电池体系以及 Ni-Cd 电池体系的电压-容量特性，如图 1.2 所示[3]，锂离子电池体系相对于水溶液电池体系，具有明显优势，同时，锂离子电池自身性能的进步也很快。

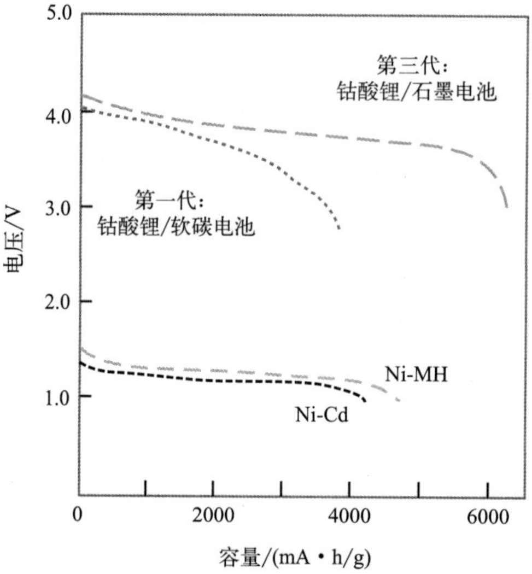

图 1.2　第一代钴酸锂/软碳体系、第三代钴酸锂/石墨体系、Ni-MH 电池体系以及 Ni-Cd 电池体系的电压-容量特性

目前，锂原电池技术已经成熟，开发更薄的薄膜电池/微电池是一个发展方向；全固态锂离子电池的实用化最大瓶颈是锂离子导体与电极活性物质界面的稳定性；锂离子电池性能的进一步提升，将取决于锂离子导体材料的革命性进步。锂离子电池体系的电特性不会无止境上升，一般认为，基于嵌入反应机理的锂离子电池，能量密度的上限大约为 400W·h/kg 或 1000W·h/L。

1.3　锂离子电池研究现状简述

锂离子电池在充放电过程中，伴随着锂离子在正负极之间的不停移动，俗称摇椅式电池，这样的概念可追溯到 20 世纪 70 年代末期，并在 80 年代初得到一致认同。随着锂离子的往复运动，正极和负极材料的体积分别发生收缩和膨胀（充电过程），或者膨胀和收缩（放电过程），这种体积的反复变化会影响相界面的稳定性，成为全固态锂离子电池商业化的最大障碍。

锂离子电池的自放电速度小于每月 10%，是所有常用二次电池中自放电速度最小的，能量密度是所有常用二次电池中最高的，其市场占有率逐年升高。相比之下，Ni-MH 电池市场占有量逐渐下降，虽然其绝对总量基本保持不变。锂离子电池在数码相机中的使用量，在 2010 年达到最高峰，为 9000 万单位，随后有所下降；在笔记本电脑中用量逐年攀升，2013 年接近 9500 万单位；在电动车中用量，2010 年为 15 万单元；在手机中用量也是逐年攀升，在 2013 年为 14 亿多单元。

常见锂离子电池电解液化学稳定窗口的上限是 4.0～4.1V，下限是 1.0～1.5V。负极碳材料工作电压为 0.2V 附近。负极与电解液化学窗口的下限之间有 0.8V 以上的电压差。这部分电压差由负极表面形成的固态电解质界面（SEI）承担。

负极碳材料表面存在一层锂离子导体，称为固体电解质界面，即 SEI 层，已为业界公认，它具有良好的传导锂离子的能力，电子绝缘，承担着大约 1V 的电压。

在正极表面是否存在着与负极表面类似的界面层，一直是公开争论的话题。在正极表面也存在界面层的观点已经被大部分研究者所接受，但是，关于正极表面这层界面层的性质，还存在很大分歧。有人认为它具有电子导电性，有人则反对此观点。无论如何，一般用 EEI 代表正极表面界面层，但也有人用 SEI 代表它。

笔者认为，正极表面界面层应当只具有锂离子导电能力，或者是其锂离子传导能力要远大于电子传导能力。

1.4 锂离子电池性能简述

小到植入式医学仪器、传感器，大到电动汽车、军用领域、卫星领域，不同应用环境对锂离子电池有不同要求指标。对于植入式医学仪器、传感器中使用的锂离子电池，能量密度和比能量分别在 125～225W·h/L 和 60～110W·h/kg 范围；如果应用到军舰上面，需要至少 250～400W·h/L 和 110～220W·h/kg 的能量密度和比能量；在空间卫星领域应用时，需要 350W·h/L 的能量密度和 150W·h/kg 的比能量。

从容量规模、电池尺寸来看，传感器、CMOS 记忆体、信用卡、植入式医学仪器和 MEMS 中使用的属于微电池；电子表、计算器、一些略大型医学仪器中使用的电池容量在 200mA·h，属于小型电池；电动工具和玩具、收音机、移动式 TV 的电源在 2000mA·h 左右；对于车辆、铲车、电动车，50000mA·h 的容量是最低要求。

大部分实用电池的能量密度是理论密度的 1/5～1/4。如图 1.3 所示[4,5]，可以看出，兼具功率输出与能量输出特性的只有内燃机系统，燃料电池具有能量密度的优势，电容器具有功率密度的优势，锂离子电池在功率输出方面属于中等水平，在能量参数方面，中等偏上。

对于所有的体系，在要求比功率的情形下必须牺牲其比能量参数，反之亦然。对于同样的比功率输出，Ni-MH 电池比能量小于锂离子电池，这表明前者的功率特性好于后者。几个主要的锂离子电池正极体系中，三元 NMC 性能最好，磷酸铁锂最差。三者对比，磷酸铁锂最不适合电动车电池使用。

几种典型二次电池的比能量和能量密度：铅酸电池为 30～50W·h/kg、50～60W·h/L；Ni-MH 电池为 60～90W·h/kg、170～220W·h/L；锂离子电池为 120～150W·h/kg、300～340W·h/L。

2023 年，方形磷酸铁锂动力电池，价格为 0.8 元/(W·h)；三元方形动力电池为 0.9

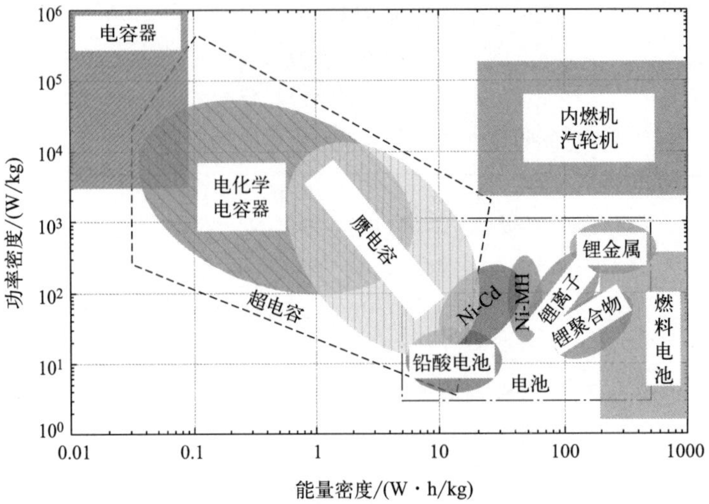

图 1.3　常见储能体系的能量密度-功率密度图

元/(W·h)；方形储能型磷酸铁锂电池为 0.9 元/(W·h)；三元 2.6A·h 18650 数码用电池为 10 元/颗；三元 2.6A·h 18650 动力型为 11 元/只；三元 2.6A·h 18650 高端动力电池为 12 元/颗。

1.5　本书框架

本书致力于扼要介绍锂离子电池科学、技术的同时，也介绍了与锂离子电池产业相关联的其他行业技术，最后介绍了处于起步阶段的能量、碳排放评价技术。

在章节安排、内容阐述上，基本依照锂离子电池的组成。图 1.4 是锂离子电池的组成示意图。

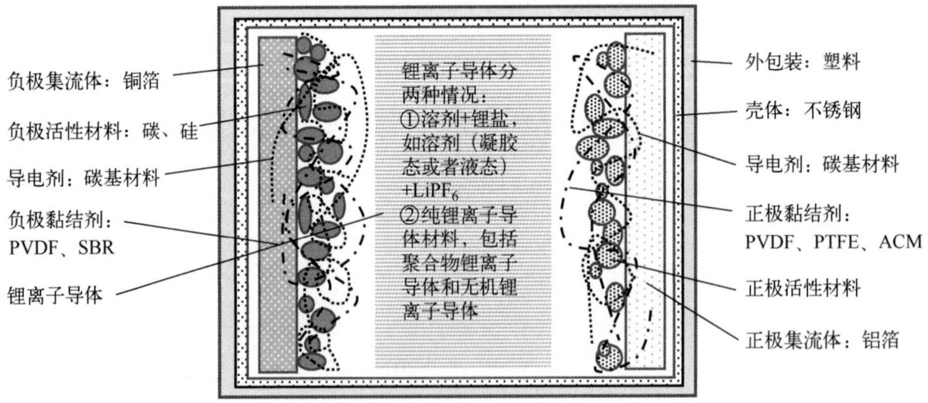

图 1.4　锂离子电池组成示意图

依据图 1.4 锂离子电池组成，本书架构如图 1.5 所示。

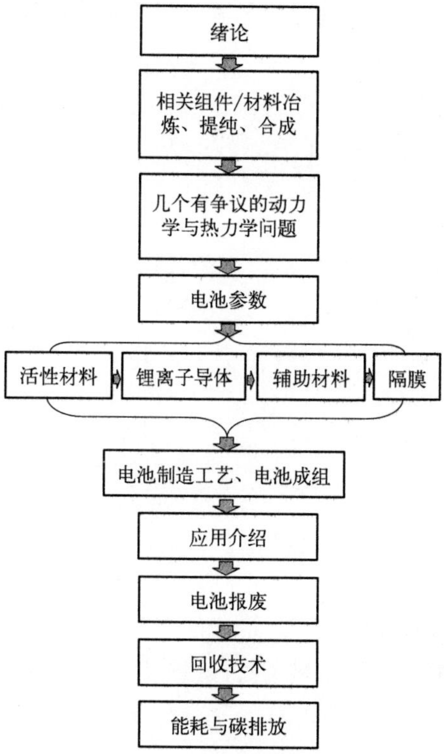

图 1.5 本书内容架构

参考文献

[1] Huggins R A. Energy Storage, ISBN 978-1-4419-1023-3 e-ISBN 978-1-4419-1024-0. DOI 10.1007/978-1-4419-1024-0, Springer Science+Business Media, LLC, 2010.

[2] Reddy M V, Mauger A, Julien C M, et al. Brief history of early lithium-battery development. Materials, 2020, 13: 1884.

[3] Winter M, Barnett B, Xu K. Before Li ion batteries. Chem Rev, 2018, 118: 11433-11456.

[4] Sarmah S, Kakati B K, Deka D. Recent advancement in rechargeable battery technologies. WIREs Energy Environ, 2023, 12: e461.

[5] Catenaro E, Rizzo D M, Onori S. Framework for energy storage selection to design the next generation of electrified military vehicles. Energy, 2021, 231: 120695.

第2章 资源

锂离子电池主要包括正极、负极和锂离子导体三个部分，辅助材料（组件）包括导电剂、黏结剂、集流体、壳体、隔膜等。所有这些组件/组分都由一些元素组成，有的是单质，有的是化合物，有的是混合物，这些组件/组分的来源是本章关注的重点，介绍其中比较重要组件/组分的来源，特别是无机成分的来源、相关技术、制备工艺流程。

2.1 金属资源

整个冶炼工业大约涉及63种金属，其中，锂离子电池涉及的金属元素以锂为主，其他包括钴、镍、锰、铁、铝、铜等。

2.1.1 Li[1-7]

锂，在空气中当露点低于－28℃时可以稳定存在。锂离子半径小，带有一个单位正电荷，周围电场强度远大于其他碱金属离子，在水溶液中水合的水分子数目也是所有碱金属离子中最高的，为22～25个。在碱金属甚至是所有金属中，锂的一个独特性是它可以形成稳定性很高的烷基锂，如Li-CH_3、Li-C_2H_5。固体金属锂在25℃密度为0.53g/cm^3，电负性为0.98（鲍林规则），熔点为180℃，沸点为1336℃，25℃时Li^+/Li标准电极电位－3.04V，焰色反应为砖红色。

无机锂盐溶解度都很低，随着温度升高，其溶解度呈下降趋势。溶解度较低主要原因是Li^+半径小，周围电场强度大，极化能力强，而阴离子如硫酸根、碳酸根变形性较大，导致结构中阴阳离子之间化学键中有较强共价键成分。

锂元素的工业流向，如图2.1所示，基本应用在玻璃和陶瓷、润滑材料、锂离子电池、铝合金、原电池、药物等领域，废弃材料中一部分锂得到回收，另一部分进入环境。其中，15%的锂用于玻璃、陶瓷工业，14%的锂用于润滑材料，锂离子电池使用的锂占锂总产量的41%。用于锂离子电池的锂中，14%用于智能手机，2%用于非智能手机，8%用于微型电脑，4%用于平板电脑，3%用于移动电源，2%用于储能系统，3%用于纯电动轿车，6%用于纯电动大巴车，2%用于特种纯电动车（比如物流车），1%用于纯电动自行车。从全球来看，锂在各个领域应用占比略有不同，但是基本情况不变。在2016年，电池领域用锂量最多，占 35%，玻璃和陶瓷工业用锂量占 32%，9%用于润滑材料。2020 年电池工业中使用了大约 7.7 万吨碳酸锂。

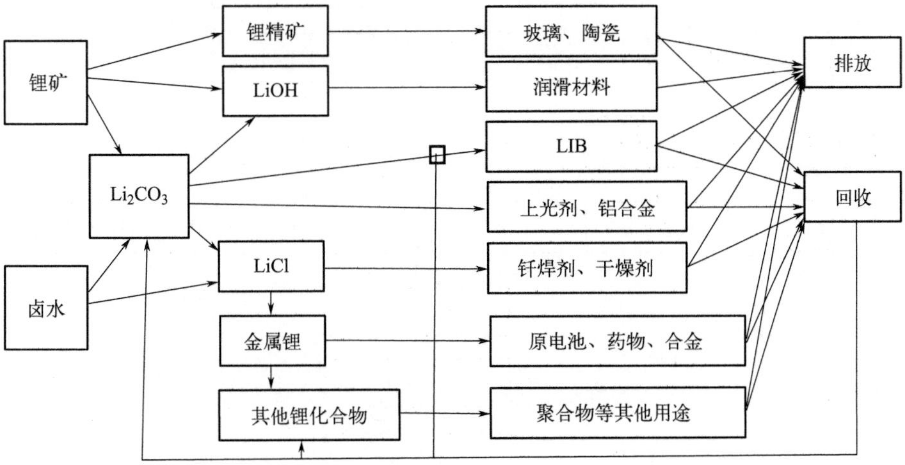

图 2.1　锂元素工业流向示意图

按照自然资源中锂含量分类，大陆卤水含锂量占地球总锂量的 59%。矿床中储锂量占 25%，包括伟晶岩，它是多种矿物质混合物，含锂辉石，成分为 $Li_2O \cdot Al_2O_3 \cdot 4SiO_2$；锂云母，成分为 $KLi_2Al(Al, Si)_3O_{10}(F, OH)_2$；锂长石，成分为 $LiAlSi_4O_{10}$；锂磷铝石，成分为 $(Li, Na)AlPO_4(F, OH)$；锂霞石，成分为 $LiAlSiO_4$。其他的，3%的锂在油田卤水中，7%在锂蒙脱石中，地热盐湖卤水中储存量占总量的 3%。普通海水中锂的浓度为 $0.1 \times 10^{-6} \sim 0.2 \times 10^{-6}$。

地球锂储量为 400 万～4000 万吨，南非和智利是最大的生产国。我国属于锂风险等级最高的国家，这表示我国锂资源十分缺乏。从国家分布来看，瑞士锂储量占世界总储量 52.2%，中国占 22.3%，阿根廷占 14%，澳大利亚占 10.4%，葡萄牙占 0.4%，巴西占 0.33%，美国占 0.26%。目前全世界大约有 13 个伟晶岩矿在生产锂。我国储锂量占比不低，但是品位低，不适合开采提纯。

锂资源主要有两大类：盐湖中溶解的锂盐和矿物锂。锂矿和卤水中提取的锂产物主要以碳酸锂为主，两种锂资源的简单加工流程，如图 2.2 所示。典型除杂质流程为：加入生石灰，除去 Mg，然后加入 $CaCl_2$，得到 $CaSO_4 \cdot 2H_2O$ 沉淀。如此，大部分 Ca、Mg 类杂质得以去除。浓缩卤水生产碳酸锂比加工锂矿更加经济。盐湖提取的初级锂产品为碳酸锂和氯化锂，锂矿加工的锂初级产品为碳酸锂和氢氧化锂，以及直接进入玻璃、陶瓷工业领域的锂。氯化锂电解可得到金属锂[8]。

生产每吨锂需要 5.22t 卤水，或者 35.56t 伟晶岩，即卤水生产效率更高。卤水中锂含量较低，需要浓缩，浓缩的方法为蒸发溶剂，最常见的蒸发方法是利用风吹日晒的自然方法，卤水中锂含量为 $200 \times 10^{-6} \sim 700 \times 10^{-6}$。锂含量为 300×10^{-6} 的卤水浓缩到 6000×10^{-6}，需要耗时一年多。

所有锂产品中，6%是金属形式，其余是化合物形式。生产每千克锂的能耗从以前的 1386GJ 降到了目前的 288GJ。

下面简要介绍矿物中锂和卤水中锂的提取工艺。

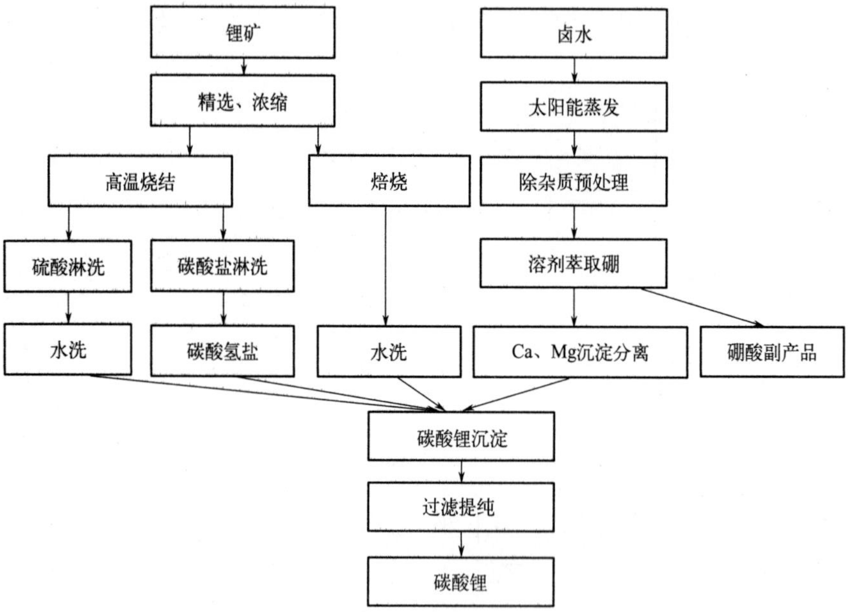

图 2.2 盐湖锂和矿物锂简单加工流程

2.1.1.1 矿物锂提取

商业化矿床通常含 1%～3%锂，从锂辉石中提取锂时，首先将矿石粉碎、浮选，然后在 1075～1100℃烧结处理（热力学分析表明该转变在 800℃即可发生），将 α-锂辉石转变成 β-锂辉石（相对密度从 3.2 降低到 2.4）以改进后续硫酸淋洗效果，该转变反应过程的吉布斯自由能变化，在 298K 时为每摩尔 4.63kcal，在 1073K 时为每摩尔－0.45kcal。这种转变只有在高温下才能实现，转变后的 β-锂辉石具有阳离子交换能力，其中的锂离子可以和质子发生交换。

矿物锂的提取工艺，主要是硫酸盐工艺、碳酸盐工艺两种，其他包括氯化工艺、氟化工艺、氧化钙工艺。

（1）硫酸盐工艺简介　因为硫酸锂的高稳定性和高溶解度，硫酸处理锂辉石矿是最常用的方法，大部分金属的硫酸盐溶解度都很高，而其碳酸盐溶解度相对要小。碱金属中，钠与钾碳酸盐溶解度大，相比之下碳酸锂溶解度要小，利用这个差别，可以分离锂。

首先，矿物要粉碎到目标颗粒度以下，然后在 850～1200℃下用硫酸钠或者硫酸钾处理，在 1170℃发生离子交换反应，Na^+将 Li^+置换出来。温度太高后 Si 不稳定会影响锂回收，硫酸钾熔点高于硫酸钠，所以，硫酸钠就是首选。

在 1040℃用硫酸铵热处理矿粉，氨气析出时形成硫酸锂，向含锂水溶液加入氟化铵以后沉淀出 LiF。LiF 在 300℃用硫酸处理得到 Li_2SO_4 和 HF，在还原气氛下 1150℃处理硫酸锂得到 LiOH。

也可以用浓硫酸在 250℃处理进行 H^+-Li^+交换，得到硫酸锂。

（2）碳酸盐工艺简介　与碳酸钠混合后在 525～675℃加热，钠离子和锂离子交换形成碳酸锂，然后 CO_2 存在下水洗，形成碳酸锂沉积，反应为

$$2LiAlSi_2O_6+Na_2CO_3+H_2O \longrightarrow Li_2CO_3+Na_2O\cdot Al_2O_3\cdot 4SiO_2\cdot H_2O$$

上述反应吉布斯自由能变化为－450kcal。

$$Li_2CO_3+CO_2+H_2O \longrightarrow 2LiHCO_3$$

该反应吉布斯自由能变化为－8.48kcal。碳酸氢锂的溶解度大于碳酸锂，它的形成有利于提高回收效果，该工艺中，矿物中94%的锂可以得到回收，产物碳酸锂的纯度可以达到99.6%以上。

(3) 矿物锂提取其他工艺简介　高温下氧化钙处理工艺，温度为100～205℃，回收LiOH，反应为

$$2LiAlSi_2O_6+CaO+H_2O \longrightarrow 2LiOH+CaAl_2Si_2O_8+2SiO_2$$

吉布斯自由能变化为－1143kcal。

矿石粉碎，通入氯气，氯气分压为0.2～1atm（1atm＝101325Pa），温度为1000～1100℃，发生气固反应，150min后得到LiCl，释放氧气。

β-锂辉石粉碎后，用7%（体积分数）HF，75℃，330r/min搅拌速度，处理10min，矿石中90%的锂被提取出来。在100～205℃，加入生石灰和水，锂以LiOH形式浸出。其他锂矿石，如锂云母、锂磷石等提取工艺，和锂辉石的工艺大同小异。

上述氯化工艺和氟化工艺最大缺点是需要高防腐能力的设备[8]。

2.1.1.2　盐湖锂提取商业化工艺

盐湖卤水中锂浓度比较低。瑞士、玻利维亚和阿根廷有0.3%锂浓度的盐湖，北美和我国青藏高原有一些浓度更低的盐湖。

图2.2中的卤水处理提取锂是目前广泛使用的工业化方法，通过多步太阳能蒸发浓缩后先后得到钠、钾、镁等盐副产品，蒸发总时间为1～1.6年，雨水少、有风、低湿度、晴天是最好的蒸发条件。浓缩后溶液中含锂量为6%左右。随后，采用溶剂萃取方法除去硼，然后进一步结晶分离，除去Ca、Mg，可得到LiCl、Li_2CO_3等。如果浓缩的溶液中加入沉淀剂，先沉淀分离出B、Ca、Mg，随后可以通入CO_2，也可以电解，分别得到碳酸锂或者LiOH。

卤水中成分复杂，对锂的提取干扰最大的是Mg，一般用碳酸钠和CaO两步处理后，沉淀法除去。卤水生产1t碳酸锂需要1.8t碳酸钠，需要太阳辐射强度为12.53～18.8GJ/m^2。

其他方法有离子交换法、溶剂萃取、共沉淀、膜分离和吸附等方法，可提取其中的20%，其中，在碱性介质中用λ-MnO_2吸附方法优点是吸附量大，有一定前景。上述方法均处于研发阶段。

2.1.1.3　盐湖锂提取潜在工艺

离子交换方法，使用离子交换树脂提取锂，然后通过反交换使树脂再生并得到浓缩的锂盐溶液，然后通入CO_2得到碳酸锂。

分子筛提取，是利用某些物质可以通过与锂离子发生离子交换反应的原理，浓缩锂的过程。图2.3为该过程示意图，和锂离子进行交换的是质子。首先，将质子化的分子筛浸入含有锂离子的卤水中，在化学势梯度驱动下质子从晶格中脱出，同时锂离子进入晶格中质子的位置，待交换完毕以后将分子筛置于再生溶液中，发生相反的过程，锂离子从晶格中脱出，同时溶液中的质子进入晶格，分子筛得到再生，可重新浸入卤水中继续提取锂离子。

卤水中的其他+1价碱金属离子如钠离子、钾离子等，离子半径比锂离子半径都要大，不能进入晶格，而+2价的碱土金属离子，因为电荷不匹配，也不能进入晶格，从而达到选

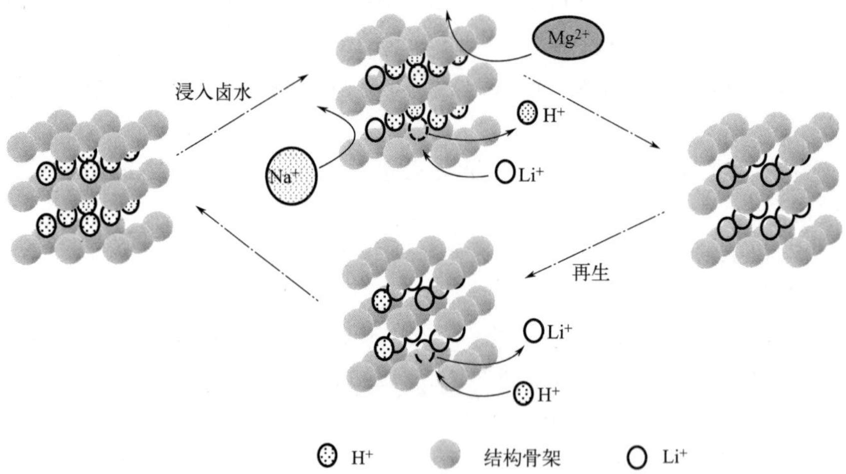

图 2.3 分子筛提取锂机理示意图

择性提取锂离子的目的。

已报道的锂离子分子筛主要是锰的氧化物。λ-MnO_2，在 LiCl 溶液中 pH=9.19 时吸收容量为 16.9mg/g；$MnO_2 \cdot 0.4H_2O$，在 10mmol/L LiCl 溶液中 pH=10.1 时吸收量为 39.6mg/g；$H_4Mn_5O_{12}$，0.1mol/L LiCl+LiOH 溶液中吸收量为 49.6mg/g；$MnO_2 \cdot 0.5H_2O$，在海水中测试的吸收量为 40.9mg/g；$H_{1.5}Mn_2O_4$ 吸收量在 pH=8.1 时为 15.3mg/g。

以上分子筛对锂离子的选择性十分明显。离子交换反应可以表示为

$$HMn_2O_4 + Li^+ \longrightarrow LiMn_2O_4 + H^+$$

LTO 型锂离子筛，主要有层状的 H_2TiO_3 和 $H_4Ti_5O_{12}$，这类材料吸收速度慢，容量比较大，例如，前者大约为 32.6mg/g。此外，选择性很强，不吸收钠离子、镁离子等，Ti 基分子筛提取锂的反应机理为

$$H_2TiO_3 + 2Li^+ \longrightarrow Li_2TiO_3 + 2H^+$$

$$TiO_2 + xLi^+ + xe \longrightarrow Li_xTiO_2$$

还有报道提到二元 Al-Mg 氧化物凝胶用于选择性提取 Li^+，最大吸附量为 100μg/g，Li-Sb-Mn-O 尖晶石吸附量为 33mg/g。

基于磷酸铁锂（LFP）回收 Li，使用磷酸铁，在单质银存在时反应为

$$FePO_4 + Ag + LiCl = LiFePO_4 + AgCl$$

卤水中的锂离子被磷酸铁吸收。Ag 的作用是改变反应热力学驱动力。LFP 中锂离子扩散的通道尺寸为 0.296nm×0.296nm×0.442nm，锂离子、钠离子、钾离子和镁离子的半径分别为 0.076nm、0.102nm、0.138nm 和 0.072nm，对于+1 价的，选择离子半径最小的锂离子是可以理解的；对于镁离子，需要两个成核点，这一点磷酸铁自身无法满足，所以，这种磷酸铁对锂离子具有选择性。

2.1.1.4 金属锂生产

锂离子电池工业中并不需要金属态锂，主要是碳酸锂，但研发过程中需要金属锂，作参比电极使用，或者作为对电极用于研究材料本征脱嵌锂性能，等等。

商业化金属锂生产方式均是电解熔融盐的工艺路线，生产流程大致为：矿物→碳酸盐→盐酸盐→锂金属，最后一步为电解法。

电解工艺中，阴极为不锈钢，阴极上产物金属锂呈液态。石墨阳极，阳极产物为氯气，电解液为 KCl-LiCl。LiCl-KCl 熔盐，当 KCl 含量为 42%（摩尔分数）时共熔点为 350℃，在 400℃时液相范围扩大到 35%～45%（摩尔分数）KCl，此时，金属锂为液态且其饱和蒸气压比较低。如果使用 NaCl-LiCl 熔盐，阴极金属锂产物中有相当含量的金属钠。

一般，运行温度为 400～460℃，总反应为

$$2LiCl(l) = 2Li(l) + Cl_2(g)$$

在 427℃时电极电位为 3.6V，典型电流密度为 $2A/cm^2$，能耗为 35kW·h/kg。

电解工艺面临的挑战包括[9]：新的电解材料，特别是双极板结构电极材料；制备无水氯化锂的新工艺、新方法；不产生氯气的熔盐电解质体系。

热化学还原方法生产金属锂还停留在实验室阶段。以碳热还原方法为例，还原剂为碳、碳化铁，锂源为氧化锂、氢氧化锂，反应原理为

$$Li_2O + C = 2Li(g) + CO$$

$$6LiOH + 2C = 2Li(g) + 2Li_2CO_3 + 3H_2$$

$$6LiOH + 2FeC_2 = 6Li(g) + 2Fe + 3H_2 + 2CO + 2CO_2$$

采用金属/硅热还原技术的主要反应为

$$2Li_2O + 2CaO + Si = 4Li(g) + Ca_2SiO_4$$

$$3Li_2O + 2Al = 6Li(g) + Al_2O_3$$

$$2LiOH + 2Mg = 2Li(g) + H_2 + 2MgO$$

$$2LiOH + Al = Li(g) + LiAlO_2 + H_2$$

熔盐电解-钙热还原的联合工艺，阴极反应为

$$Ca^{2+} + 2e = Ca$$

阴极产物金属钙和氧化锂发生纯化学反应：

$$Ca + Li_2O = CaO + 2Li(l)$$

阳极反应为

$$2O^{2-} + C = CO_2 + 4e$$

除了铝、钙、碳、硅、碳化铁，铁、氢气也可以作为还原剂。

2.1.2 Co

锂离子电池中使用的钴元素，主要是以化合物形式存在于正极。单质钴有两种同素异形体，低温为 ε 相，为六方密堆积排布；422℃以上转变为 α 相，为面心立方结构。钴为软铁磁性材料，居里温度为 1121℃。

1995 年，钴产品中的 3%用于电池，26%用于 Ni-Co-Fe 超合金，磁材料使用了 10%的 Co，10.2%用于催化剂生产，15%用于生产硬材料；在 2005 年，电池领域使用的 Co 量上升到第一位，占 23%。

中国钴资源探明储量为 8 万吨，矿石中钴含量比较低，大约在 0.05%，冶炼较烦琐。2007 年以前中国矿山钴产量低于每年 1000t，2016 年为 7700t，进一步提高的可能性很小。有资料分析了一些国家或者地区主要资源的地缘政治风险定量评价结果，Co 资源风险最大的国家是中国。

单独钴矿床很少见，在冶炼 Co 同时冶炼其他矿物质。一般与铁、镍、铜、硫等共生，常见伴生钴矿有洋底铁锰结核、陆地砂岩型铜矿床、陆地红土镍矿、陆地岩浆岩型铜镍硫化物矿床和洋底铁锰结壳。

硫化物矿主要成分为 $Cu(Co, Ni)_2S_4$，同时含有 Cu_2S 和 $CuFeS_2$。一般，在选矿后采用湿法冶金技术提取，产品为氢氧化钴或者阴极钴金属；无砷 Co-Cu 矿中 Co 主要以 CoOOH 形式存在，含量很高，可以直接熔炼，最终产品是氧化钴或者碳酸钴；含砷硫化物矿中主要以 CoAsS 存在，同时有 FeS_2 和 $CuFeS_2$，经过磁选、灼烧和湿法冶金后，产品为 CoOOH 和/或钴粉；红土矿中 Co 主要以氧化物 CoO 形式存在，一般含量在 0.1%，多和氧化硅、氧化铝共存，灼烧后氨淋洗，最后得到 Co、Ni 的碳酸盐或者硫酸盐。还有一些钴矿成分包括 Co_3S_4、$(Co, Ni)_3S_4$、Co_2CuS_4、CoFeAsS 等。总的来看，高钴含量的矿很少，主要是伴生矿，钴含量一般都在 0.1%以下。

对于低品位矿石，首先采用人工手选或泡沫浮选初步富集，因为钴和其他矿物质的可浮性差异比较大，因而被分离出来，然后高温火法预处理矿石进一步富集。

图 2.5 是五种典型的 Co 冶炼工艺流程总结[10]。对于硫化矿，Co 和 Cu、Ni 一起提取，提取钴的同时提取其他金属如 Cu、Ni。然后火法冶金处理 Cu 和 Ni，浓缩 Co，然后，一般采用湿法冶金回收钴。

在图 2.4(a) 的工艺中，经过连续选择性氧化和水解、选择性使用 SO_2 还原从镍电解液中提取钴，氧化剂还可以是双氧水。对于图 2.4(b)，冰铜原料经过氯气淋洗得到以 Ni、Co 为主的溶液，然后使用萃取剂分离出 Ni，使用碳酸钴和氯气处理残余溶液除去 Pb 和 Mn，再经过离子交换方法或者吸附分离方法进一步除去杂质，最后电解在阴极得到钴。

在图 2.4(c) 中，含钴镍的碳酸盐经过硫酸溶解后，先使用 NaClO 选择性沉淀 Co，然后将沉淀溶解，离子交换方法进一步除去杂质，采用电解法得到 Co，电解废液可以循环使用。

图 2.4(d) 是针对硫化矿提取钴的流程框图，首先硫酸加压淋洗，然后三步沉淀过程除去 Mn、Fe、Cu，再萃取法分离 Zn，经过进一步萃取提纯后，可以采用电冶金方法得到 Co。

图 2.4(e) 的工艺一般是针对提取其他成分后得到的含钴量相对高的废渣，经过烘焙或者热处理后，先淋洗将金属溶解，然后电冶金得到 Cu，纯化处理后电冶金得到 Co。

溶剂萃取和电冶金联合过程广泛用于提取 Co，钴电解液对金属杂质很敏感。电解反应为

$$Co^{2+} + 2e = Co$$

该反应的标准电极电位为 −0.28V。

含钴矿石中一些金属杂质需要预先除去，如添加氯酸钠，将 Fe 氧化成 +3 价可溶性盐，然后调节 pH 值，形成氢氧化铁沉淀，同时吸附除去 As。加入次氯酸钠，镍杂质以 +3 价形式沉淀。锰杂质以 MnO_2 沉淀形式除去。

电解时，在阴极得到金属钴。在阳极，如果是氯化物介质，得到氯气；如果是硫酸盐介质，得到氧气。电冶金的参数，各工厂有所不同，典型的是：Pb-Ca-Sn 阳极，316L 不锈钢阴极，Co^{2+} 浓度为 45g/L，pH=3.7，温度为 55～58℃，电流密度为 $500A/m^2$，电解槽压 6.074V，库仑效率为 85%。

不论何种具体工艺，湿法冶金处理可以总结为：将初步冶炼提取了其他成分后产生的含钴量比较高的废渣，用化学试剂浸渍，将钴溶解出来，然后用氧化剂如双氧水、次氯酸钠、氯气等将低价态的铁、锰等氧化成高价态，通过调节 pH 值或者使用其他化学试剂将各成分逐步分离出来，最后采用萃取或者离子交换等技术分离钴。如果想得到钴金属，需要采用电

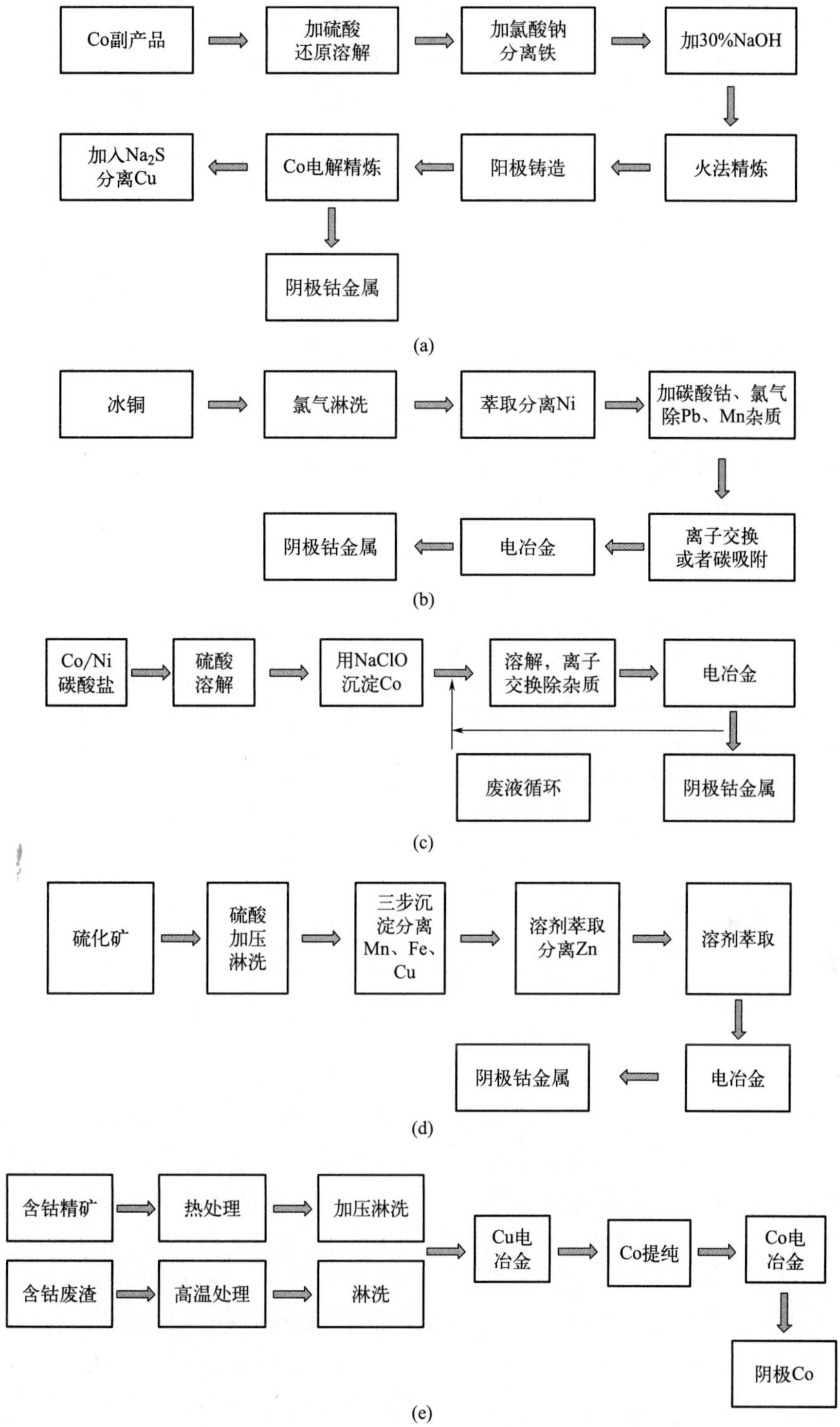

图 2.4　五种典型 Co 冶炼工艺流程

冶金方法。

矿物中的 Co，如果是以+3 价形式存在，一般需要加入还原剂，因为+2 价 Co 溶解度更大，根据电位-pH 图判断需要 pH<5.7 酸性条件，假如是硫酸，还原剂为 Fe^{2+}或者 SO_2

时，浸出反应为

$$2CoOOH+2FeSO_4+3H_2SO_4 = 2CoSO_4+Fe_2(SO_4)_3+4H_2O$$

$$2CoOOH+H_2SO_3+H_2SO_4 = 2CoSO_4+3H_2O$$

对于还原剂 SO_2、硫酸亚铁和亚硫酸钠，硫酸亚铁最好，亚硫酸钠次之，SO_2 最差。最佳条件是 SO_2 用量为 Co 理论析出量的 1.5 倍，耗硫酸量为每吨矿 156kg。如果用硫酸亚铁，每吨矿为 19.2kg，也就是 Co 理论量的 1.5 倍。

2.1.3 Ni

锂离子电池中使用的镍元素，主要以化合物形式存在于正极，近年来，也有将金属态镍作为集流体的研究报道。

镍矿分硫化物和氧化物两大类[11,12]。含镍硫化物矿，主要是镍黄铁矿，化学成分 $(Ni,Fe)_9S_8$，伴生矿为磁黄铁矿（FeS-Fe_7S_8）、黄铜矿（$CuFeS_2$），此外还可以有 Co、Au、Ag、铂族金属等杂质。

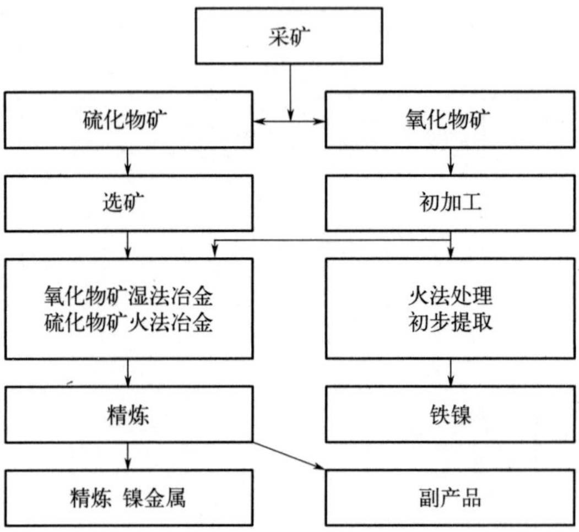

图 2.5 两种主要的镍冶炼工艺流程示意图

首先，烘干除去湿气。矿物含水量为 15%～20%，一般在 100℃进行。然后烧结还原处理，一般在 700～900℃，除去结晶水并进一步除去湿气，水合硅酸盐分解产生的高活性非晶态氧化物会加速镍铁还原，温度再高会导致硅酸盐重结晶以及烧结物的黏结，烧结工艺末端温度在 250～400℃。然后电弧炉冶炼方法彻底将镍还原并分离产品，电弧炉温度为 1600℃左右，电弧炉输入功率为 60M～75MW，功率密度为 230～360kW/m^2，电耗为 379～600kW·h/t 烧结物，平均电耗大约在每吨烧结物 502kW·h，最后精炼处理以除去少量杂质。

冶炼方法主要包括传统的闪炉方法（flash Smelter）、改进的闪炉方法、传统电弧炉方法、改进电弧炉方法。传统的闪炉工艺，镍提取率在 90%～96%，电弧炉工艺中处理速度为每小时 50～80t 干料，能耗为每吨镍 440～770kW·h，Ni 提取率为 97%～98%。

主要有两种初级镍产品，即镍金属和铁镍，大致流程如图 2.5 所示。生产 1kg 金属镍耗电量 5.25kW·h，0.87kg 原油，0.43kg 硬煤，1.29kg 天然气；释放 7.19kg CO_2，0.0086kg CO，0.019kg 氮氧化物，1.2kg SO_2，0.0025kg 挥发性有机物，0.013kg 甲烷，0.015kg 固体颗粒物。

2.1.4 Cu

锂离子电池中使用的铜元素，主要是单质形式，在负极作为集流体材料使用。

主要铜矿有孔雀石，主要成分为 $Cu_2CO_3(OH)_2$，黑绿色；蓝铜矿，主要成分为 $Cu_3(OH)_2(CO_3)_2$，深蓝色；硅孔雀石，主要成分为 $(Cu, Al)_2H_2Si_2O_5(OH)_4 \cdot nH_2O$；黄铜矿，主要成分为 $CuFeS_2$，黄铜色；含铜的黄铁矿，主要成分为 FeS_2。地质学上铜矿的演变顺序为：黄铜矿（$CuFeS_2$）会逐渐演变为赤铜矿（Cu_2O）、孔雀石 [$Cu_2(OH)_2CO_3$]，然后是蓝铜矿 [$Cu_3(OH)_2(CO_3)_2$] 甚至是金属铜。

从铜矿到金属铜的提取流程大致如下：原矿铜含量大约在 0.5%，粉碎后浮选以富集铜元素，一般要多次重复粉碎-浮选过程，最后得到铜含量大约为 30%的精矿，可以进一步熔炼提高铜含量。有两种处理工艺，对于品位比较高的，可以采用火法冶金技术，对于低品位的可以采用湿法冶炼技术。火法冶金技术得到含量更高的冰铜，然后进一步处理得到金属铜，有反射炉、闪炉等工艺区别[13,14]。

2004 年，中国精铜产量大约是 200 万吨，2014 年将近 800 万吨，中国铜生产中，假如生产 1t 99.9%电解铜，需要 0.32kg 炸药，29.52g 黄药，70.82g 黑火药，0.82kg 石灰，油 35.4g，47.22g 苯胺，0.74kg 硫酸锌，0.65kg 亚硫酸钠，0.7g 硫化钠，0.44kg 硫酸铜，0.7g 活性炭，5.88g 淀粉，6.17kg 柴油，14.4t 淡水，1231.99kW·h 电，267.44kg 焦炭，0.08t 煤，0.11t 石灰石，1kg 煤油，0.4t 硅砂，48.58m^3 天然气，12.27kg 硫酸，1.66kg 盐酸，2.33m^3 软水，3.64kg 其他化学品。产生 118.04g 固体废弃物，3.32t 废弃脉石，2.78m^3 废水，2.09t 可用于建筑材料的固体废弃物，可用于其他用途的阳极泥 7.95kg，可用于其他用途的粗制硫酸镍 14.34kg，产生 53.57kg 粉尘，含砷残留物 2.72kg。

2.1.5 Mn[15-17]

Mn，地壳中含量排第 12 位的元素，它是锂离子电池正极的主要组成元素。

自然界的锰矿有 300 多种，主要的锰矿如表 2.1 所示。高等锰矿中锰含量大于 44%，中等锰矿锰含量为 30%～44%，锰含量低于 30%的为低等级。中国锰矿大多属于低等级。软锰矿主要成分是 MnO_2，其他矿中还有 $MnCO_3$、$MnSiO_3$、MnOOH、MnS 等。世界 85%的软锰矿分布在俄罗斯和南非。海洋底下的锰核或者铁锰核含锰量 30%～36%，海洋锰核中最感兴趣的是 Ni、Cu、Co，而不是 Mn。锰矿通常和闪锌矿、红土镍矿伴生。

表 2.1 主要锰矿及化学成分

锰矿	主要成分	锰矿	主要成分	锰矿	主要成分
水钠锰	$(Na,Ca)Mn_7O_{14} \cdot 2.8H_2O$	锰钠矿	$NaMn_8O_{16}$	方铁锰	$(Mn,Fe)_2O_3$
褐锰 Ⅰ	$3(Fe,Mn)_2O_3 \cdot MnSiO_3$	锰钡矿	$BaMn_8O_{16}$	方锰矿	MnO
蜡硅锰	$Mn_3Si_2O_5(OH)_4$	锰橄榄石	Mn_2SiO_4	羟锰矿	$Mn(OH)_2$
褐锰 Ⅱ	$3(Fe,Mn)_2O_3 \cdot CaSiO_3$	锰钾矿	KMn_8O_{16}	斜方锰	MnO_2

图 2.6 是各种锰资源利用工艺总结。锰含量比较高的，一般采用火法冶金技术，工艺和炼铁工艺类似，在 1200℃以上锰矿和生石灰、碳还原剂熔炼发生还原反应并形成合金，然后在闪炉或者电弧炉中进一步加工以生产锰合金；含量比较低的一般采用火法还原焙烧或者火法-湿法冶金工艺，通过还原步骤将 Ni、Co、Cu 等成分分离、浓缩，最后生产 MnO_2、电解锰或者电解 MnO_2。

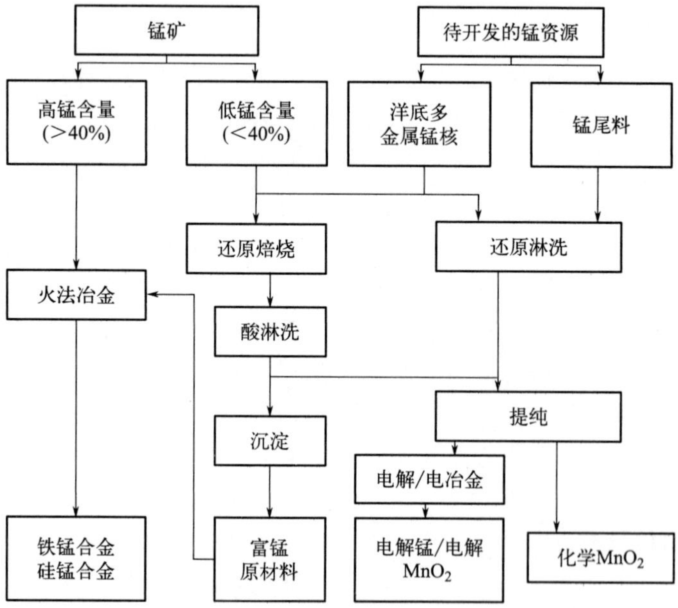

图 2.6　各种锰资源利用的一般性工艺流程示意图

如果是火法还原焙烧，反应为

$$MnO_2 + C/CO/H_2 \longrightarrow MnO + CO(CO_2)/CO_2/H_2O$$

熔炼/还原焙烧温度一般为 700～900℃，然后采用目前最普遍的硫酸淋洗工艺。与纯的湿法冶金处理相比，火法-湿法联合处理工艺中 Ni、Co、Cu、Mn 的提取率更高，当然，能耗也高。

低级锰矿和洋底锰核，可以采用直接还原淋洗，一般用 Fe^{2+}、SO_2、亚铜、双氧水、亚硝酸、有机还原剂，或者生物还原以及电还原，其中 SO_2 和 Fe^{2+} 还原淋洗最适合工业化。湿法工艺的淋洗一般用硫酸＋硫酸亚铁＋硫酸铵溶液，取决于溶液 pH 值，淋洗反应为

$$MnO_2 + 2FeSO_4 + 2H_2O = MnSO_4 + Fe(OH)SO_4 + Fe(OH)_3$$

或者

$$MnO_2 + 2FeSO_4 + 2H_2SO_4 = MnSO_4 + 2Fe(OH)SO_4 + H_2O$$

或者

$$MnO_2 + 2FeSO_4 + 2H_2SO_4 = MnSO_4 + Fe_2(SO_4)_3 + H_2O$$

使用 SO_2 或者亚硫酸盐淋洗也是常见的工艺，反应为

$$MnO_2 + SO_2 \longrightarrow Mn^{2+} + SO_4^{2-}$$

$$2MnOOH + SO_2 + 2H^+ \longrightarrow 2Mn^{2+} + SO_4^{2-} + 2H_2O$$

$$2MnOOH + 2SO_2 + 2H^+ \longrightarrow 2Mn^{2+} + S_2O_6{}^{2-} + 2H_2O$$

或者使用 SO_2、双氧水、有机还原剂（比如葡萄糖）；也可采用电化学还原方法，将锰还原成可溶性的二价锰。利用硫酸铵除去 Fe^{3+} 杂质。

经典传统的电解锰和电解 MnO_2 的生产流程如图 2.7 所示，大致流程为：先火法焙烧，利用 C、H_2 等还原剂降低锰以及杂质金属的价态，然后用硫酸、硫酸铁淋洗，石灰调节 pH 值沉淀分离 Fe^{3+}，然后在 pH＝6～7 条件下加入硫化钠沉淀出 Co、Ni、Zn、Cu 的硫化物，最后电解，在阳极得到电解 MnO_2，在阴极得到电解 Mn。如果是硫酸盐，一般用 Pb 合金

阳极，如果是氯化物，一般以石墨作为阳极。

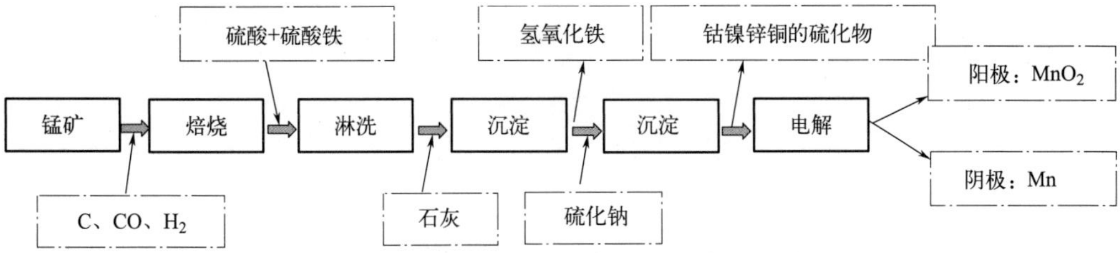

图 2.7　经典电解锰和电解 MnO_2 的生产流程示意图

2.1.6　Al[18, 19]

在锂离子电池中，铝元素主要以单质和化合物形式使用。正极集流体为单质铝，正极活性物质中可以添加铝元素以提高其结构稳定性。有些电池外包装是铝壳。

主要铝矿是铝土矿，也可以使用其他冶金过程产生的或者是回收的尾料来生产铝，世界上原铝生产基本采用已知的 Bayer 过程，产品为氧化铝，然后采用 Hall-Heroult 电解过程电解，得到金属态的铝，或者将电解产生的熔融态铝直接进行合金化，铸成各种铝锭合金。

首先预处理得到氧化铝。预处理工艺主要有拜耳法、烧结法或者联合法，然后电解熔融氧化铝生产金属铝。拜耳法是用烧碱处理将铝以偏铝酸盐形式提取、浓缩；烧结法是将铝土矿和苏打、石灰一起高温焙烧，制取铝酸钠熟料，然后碱液处理得到偏铝酸盐，通入 CO_2 得到氢氧化铝沉淀，再焙烧氢氧化铝得到氧化铝；联合法是拜耳法和烧结法的联合工艺。氧化铝经电解得到金属铝。

铝产品生产流程框图如图 2.8 所示，其中包括了回收流程。

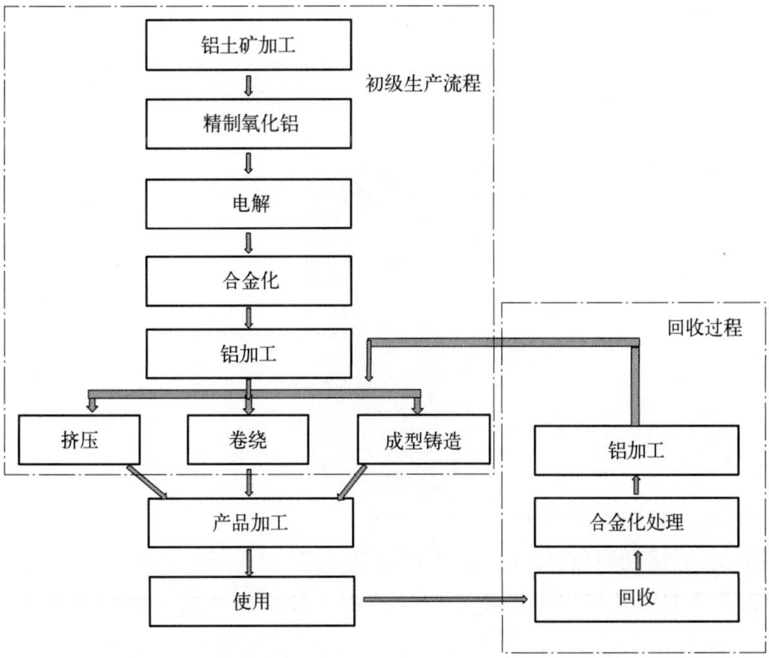

图 2.8　铝产品生产流程框图

锂离子电池正极集流体为铝箔，金属态单质铝生产均采用电解法，电解铝装置如图 2.9 所示。

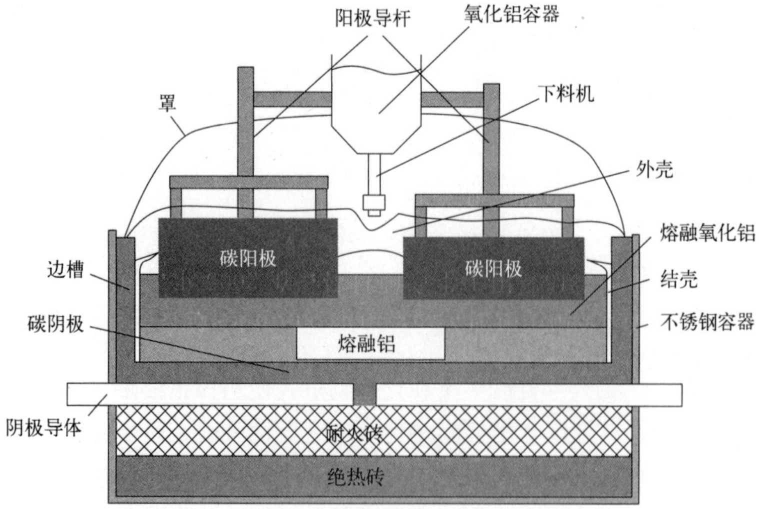

图 2.9　电解铝电解池示意图

氧化铝从中上部的容器中经过下料机进入电解槽，熔化后液态的氧化铝在阳极的产物是氧气，阳极材料是碳，阳极产生的氧气和阳极碳反应生成 CO_2，所以阳极碳不断被消耗；在阴极生成液态铝，阴极也是碳材料，但是阴极不消耗。虽然不会被消耗，其性能也逐渐衰减，原因为开裂、膨胀、腐蚀等，一般 4～8 年换一次。电解铝的能耗平均值是 13.4kW·h/kg，考虑辅助设备如污染控制设备、整流器等，平均能耗为 14.2kW·h/kg。能源价格占据电解成本的 50%。

电解得到的熔融铝存在电感炉或者反射炉中，进一步加工得到各种铝材。锂离子电池使用的是铝箔，一般是挤压成型制造，制造原理很简单，如图 2.10 所示，首先将铝板预热到大约 400～500℃，从左侧经过冷压（一般就是室温）后，从右侧挤出。表面还要进行光滑处理。

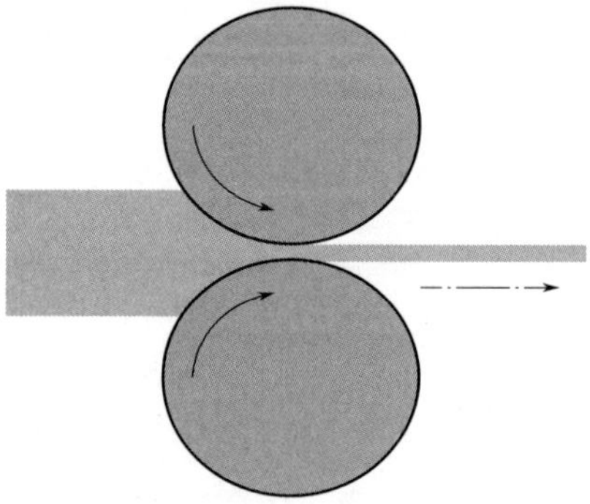

图 2.10　铝箔挤压装置示意图

每千克原铝生产伴随的 CO_2 排放量从 5.92～41.1kg 不等，数据差别较大的主要原因是不同的研究者考虑的系统边界不同。另有报道指出，2008 年全世界铝工业全年的温室气体排放量为 0.4Gt CO_2 当量，占金属加工总排放量的 11%。二次加工主要是指加工回收的铝，能耗为 0.56～2.5kW·h/kg。

2.1.7 Fe

铁的冶炼是最常见的，这里不再介绍。锂离子电池中铁元素主要是作为正极材料磷酸铁锂使用。圆柱电池的壳体，多为 304 不锈钢，偶见铝壳。

2.1.8 Ti[20-26]

锂离子电池中的 Ti，一种是作为固体电解质/正极使用，如 $Li_3Ti_2(PO_4)_3$；另一种作为包覆材料使用，如 TiO_2；以及作为活性物质使用，如 $Li_4Ti_5O_{12}$ 尖晶石。

最初钛金属主要用于航空工业。2008 年世界海绵钛产量为 16.6 万吨，主要含钛矿为金红石、钛铁矿和白钛石，钛铁矿供应了总钛矿需要量的 91%。2009 年世界钛铁矿产量为 519 万吨。2023 年世界钛铁矿产量为 875 万吨。在 1950 年，含 30%金红石的钛矿很普遍，自 1981 年开始这类矿变得很少见，钛铁矿变得越来越重要，大约有 13 亿吨储量，主要成分为 $FeO \cdot TiO_2$，白钛石主要成分为 $Fe_2O_3 \cdot nTiO_2$。

钛产品主要是 TiO_2，只有 6%生产成金属钛使用。TiO_2 主要用在染料工业，当其颗粒度小于 100nm 时呈现特殊的光学特性。钛最大的用途是作为染料，2007 年染料用 TiO_2 超过 570 万吨，用于生产金属钛的 TiO_2 只有 32.4 万吨。

钛矿加工主要是湿法冶金技术，工业生产主要有两种工艺：硫酸工艺和氯化工艺，其中硫酸工艺对原材料要求相对低一些，氯化工艺则对原材料的纯度要求很高，需要更高级的天然金红石矿或者是改性人造金红石矿，涉及成本敏感的氯化步骤和热处理步骤。商业化的氯化工艺包括 Kroll 和 Hunter 工艺。目前，TiO_2 直接还原的电化学工艺也获得了成功，但是仍然存在难题，比如氧化还原循环、动力学、热平衡控制。

直接湿法淋洗加工丰度高的钛铁矿具有优势，能耗低，可生产高纯 TiO_2，新的 BHP Billiton 硫酸工艺的开发改进了淋洗策略，用溶剂萃取分离金属，废物少，酸回收，未来有商业化前景。研究较多的是直接氯化物淋洗，通过水解回收 HCl，溶剂萃取来提纯。

此外文献还有高温烧碱工艺的报道。

硫酸工艺在 20 世纪初发明，后者在 1950 年左右发明，生产 $TiCl_4$ 中间体，$TiCl_4$ 是镁热还原法生产金属钛的起始材料，该法称为 Kroll 工艺。

TiO_2 生产耗能高，强度高，对环境污染较大。根据 1999 年欧洲统计，生产 1t TiO_2 需要 24～45GJ 能量（硫酸工艺），或者 17～29GJ 能量（氯化工艺），根据从摇篮到门的生命循环评价法（LCA）分析，生产 1t TiO_2，硫酸工艺排放 5t CO_2 和 0.5～5t 固体废物，氯化工艺排放 4t CO_2 和 1～2.5t 固体废物；生产 1t 钛金属需要 361GJ 能量，产生 35.7t CO_2 和 16.9t 固体废物。

钛资源加工路径，大体上可以总结为：先加工提纯得到纯度较高的 TiO_2（天然的含 TiO_2 量较高的就是金红石矿，含量较低的矿石加工提取后得到含量较高的就叫合成金红石），然后对含量较高的 TiO_2 进一步加工。天然钛矿的加工流程，如图 2.11 所示，高品质的金红石以及品质较高的钛铁矿可直接用于氯化工艺进一步处理；低品质的钛铁矿经过初步加工后提高了 TiO_2 含量后可用于后续的氯化工艺，也可以采用硫酸化工艺进一步处理。

将钛铁矿升级改性为人工合成金红石的工艺，是研究较多的，有数个较成熟的工艺，基本过程包含：焙烧氧化，焙烧还原，淋洗，物理分离。其中，铁通过高温还原，随后酸洗转

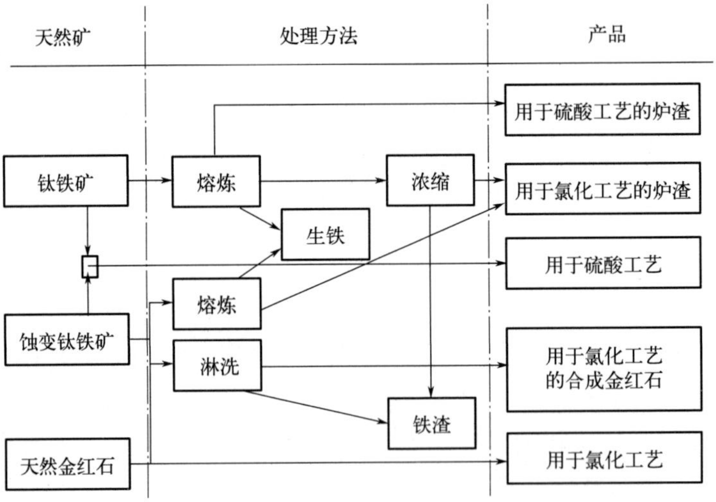

图 2.11　钛矿资源加工示意图

化成可溶的亚铁离子或者是金属形式被除去，最后得到合成金红石产物。

氧化目的是将 $FeTiO_3$ 转化成 $Fe_2O_3 \cdot TiO_2$ 和 TiO_2，一般在转炉中进行，使用热空气。对于还原反应，Becher 工艺使用焦炭作为还原剂，温度高于 1200℃，生成金属态铁。经过氧化-还原处理后，大部分铁被除去，残余的铁用 0.5mol/L 硫酸进一步处理后可以除去。

另一个商业化过程是 Benelite 工艺，是碳热还原工艺，将铁转化成 Fe^{2+}，然后用 18%～20%的 HCl 淋洗分离。该工艺流程不提取金属铁。

Murso 过程中使用了流化床用于热化学反应转换，其中钛铁矿的预氧化步骤在 900～950℃流化床中进行，然后这些预氧化的矿粉进入另一个流化床，在那里 Fe^{3+} 被还原，第二个流化床出来的产品在 108～110℃用 20% HCl 淋洗；在 Laporte 工艺中，矿粉在流化床中在 950℃以上预氧化处理，然后在旋转炉中以煤为还原剂在 900℃焙烧还原，控制条件使 Fe 生成 Fe^{2+} 而不是金属态的 Fe，其中关键的是保持足量的 CO_2，可预防金属铁的生成。焙烧后的矿粉活性很高，一步 18%HCl 淋洗 3.5h 就可以满足需要。

还原焙烧步骤中，钛铁矿中的 Fe 主要是 Fe^{2+} 形式，用硫酸淋洗，是日本的 Kataoka 工艺。Dunn 工艺利用了钛铁矿中铁成分比钛成分更容易被氯化的事实，在流化床中保持矿粉过量防止 Ti 被氯化，因为即使生成了钛的氯化物，也会和氧化铁反应生成 TiO_2。氯化铁气体离开流化床后和氧气反应，生成 Fe_2O_3 和氯气，产生的氯气被回收。

经过初步加工得到 TiO_2 含量较高的产品，进一步加工，如前所述，主要分硫酸工艺和氯化物工艺，两种工艺的基本原理相同，都是经过中间反应除去杂质的过程，基本流程如图 2.12 所示。

以硫酸工艺为例，首先经过硫酸淋洗，除去不溶性杂质，将钛、铁二元素溶解，然后经过结晶步骤得到绿矾，经过进一步提纯的钛的硫酸盐经过水解后以 $TiO(OH)_2$ 沉淀出来，沉淀物经过进一步烧结得到 TiO_2 初产品，随后经过进一步粉碎、表面处理即可。如前所述，氯化处理工艺要求初产品纯度较高，但是该工艺更加环保。在氯气和焦炭作用下铁以三氯化铁气体形式分离，钛转变为 $TiCl_4$ 气体，经过进一步提纯后通入氧气和燃料，经过化学转换生成高纯 TiO_2。

一些典型的化学反应总结如下。如果是硫酸淋洗，$FeTiO_3$ 与硫酸反应生成 $TiOSO_4$ 和

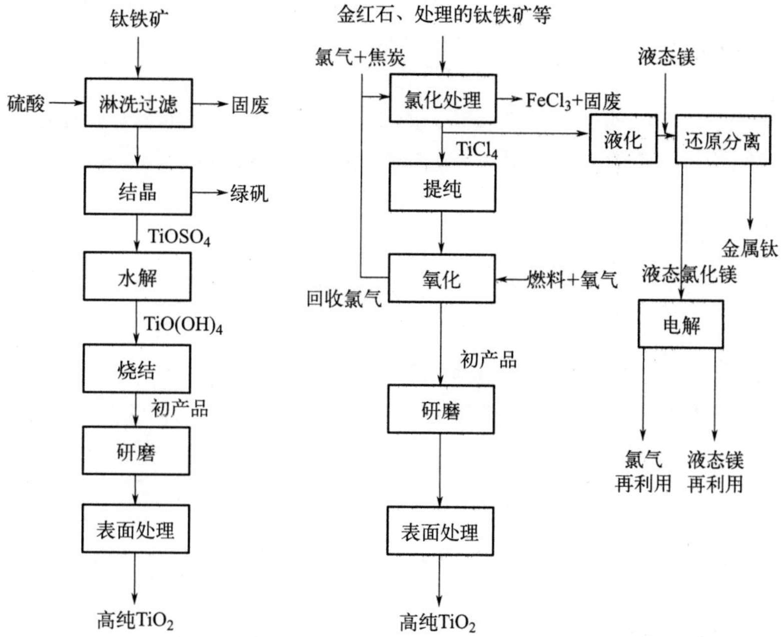

图 2.12　钛资源硫酸工艺（左）、氯化工艺（中）和金属钛生产工艺（右）流程图

$FeSO_4$，通常要加入单质铁防止生成 $Fe_2(SO_4)_3$，然后结晶分离得到 $FeSO_4 \cdot 7H_2O$，除去铁杂质。硫酸氧钛发生沉淀、水解反应，沉淀反应为

$$TiOSO_4 + H_2O = TiOSO_4 \cdot H_2O$$

水解反应为

$$TiOSO_4 + 2H_2O = H_2SO_4 + TiO(OH)_2$$

将水解产物烧结除水可得到纯 TiO_2。

如果用盐酸淋洗，淋洗产物是 $TiOCl_2$。

用于钛金属生产的原料是 $TiCl_4$，生产商业级别 $TiCl_4$ 的商业化过程主要有三类，即广泛使用的流化床技术、竖炉工艺和氯化熔盐浴，前者在苏联广泛使用，后者在日本广泛使用。一般，首先将 TiO_2 转变成 $TiCl_4$，通入氯气和焦炭，在高温下发生反应得到 $TiCl_4$，然后用金属镁还原，得到海绵钛，副产品氯化镁经电解生成氯气和金属镁，可循环利用。

在熔融 $CaCl_2$ 中将 TiO_2 电化学还原或者直接还原工艺是最近几年发展起来的，需要克服的难题也很多。

除了硫酸工艺和氯化工艺，还有烧碱高温处理加工钛铁矿的工艺，基本过程可总结为：首先在高温下生成钛酸钠，反应为

$$2NaOH = Na_2O + H_2O$$

$$FeTiO_3 + Na_2O + O_2 \longrightarrow Na_2TiO_3 + X$$

X 可以是 $NaFeTiO_4$、$NaFeO_2$、$Na_2Fe_2Ti_3O_{10}$、$Na_{0.75}Fe_{0.75}Ti_{0.25}O_2$、$Na_8Ti_5O_{14}$ 等，之后通过水解得到提纯的钛的化合物，反应为

$$Na_2TiO_3 + 2H_2O = 2NaOH + TiO(OH)_2$$

$$NaFeO_2 + H_2O = FeOOH + NaOH$$

2.2 非金属材料

锂离子电池中，涉及的非金属材料包括：石墨、隔膜、电解质溶剂、锂盐、黏结剂、导电剂等。这里依次介绍涉及的磷酸盐、石墨、六氟磷酸锂、炭黑导电剂，其余的有专门章节介绍。

2.2.1 磷酸盐

橄榄石的合成中经常用到磷酸盐，一般用磷酸制备磷酸盐，磷酸来自磷矿，一般采用硫酸处理磷矿。从硫酸到磷酸盐的整个过程大致可以简述为：首先将硫化物矿烧结处理，将硫转化成 SO_2，随后在催化剂下 SO_2 被氧化成 SO_3，在吸收塔中 SO_3 被吸收生成硫酸。将处理过的磷矿粉用硫酸淋洗得到磷酸，磷酸与氨气反应生成磷酸二氢铵或者磷酸一氢铵。

整个流程框图，如图 2.13 所示。

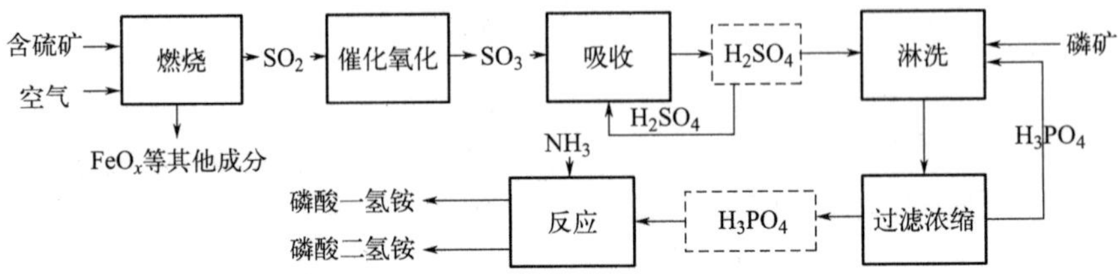

图 2.13 磷酸盐生产流程

2.2.2 石墨

石墨属于六方晶系，微观结构为层状，碳单质同素异形体之一，每个碳原子以 sp^2 杂化轨道和相邻的 3 个碳原子形成 σ 共价键，核间距为 0.142nm，未参与杂化的垂直于 sp^2 杂化平面的 p 轨道中有一个单电子，所有碳原子未参与杂化的 p 轨道相互平行且相邻，形成离域大π键，所以石墨沿层向具有很好的导电性和导热性。

基于成矿条件与晶粒尺寸，天然石墨分成三类：块状石墨、鳞片状石墨和微晶石墨。块状石墨颗粒可大于 10cm，鳞片石墨颗粒尺寸在 1μm～4cm[27]。块状石墨中碳含量可大于 98%，密度为 2.29g/cm^3；鳞片石墨（又称针状石墨）中碳含量 80%～95%，宏观形貌上主要呈片状或者鳞片状，硬度为 1，熔点大约 3850℃，沸点大约 4500℃；微晶石墨又称非晶石墨，碳含量低于 85%。鳞片状石墨具有比较大的单晶颗粒，单晶厚度在 20～50μm，经济价值高，一般按照含碳量进一步分成高纯、高碳、中碳和低碳等。后者又称土状石墨，石墨微晶颗粒大小在 1μm 左右。石墨颗粒尺寸一般以 149μm 和 177μm 划分三个等级。

石油焦在 2500～3000℃高温处理，可得到人工合成石墨，称为高度有序裂解石墨，简称 HOPG。

选矿时初步提纯过程，包括粉碎、重力浮选、磁选等。石墨材料表面憎水，选矿中可采用浮选方法提纯，天然石墨的可浮性比较好，通过浮选后可将纯度提高到 95%以上。一种常见的泡沫浮选装置示意图，如图 2.14 所示[28]。物料由右侧中部进入，下部进气，在中段上部和上段进行浮选，石墨颗粒密度小，从上部离开，杂质密度大，沉降到底部，从右侧分离。

进一步提纯需要化学方法，也就是利用强酸、强碱等将杂质除去，例如先硫酸/双氧水

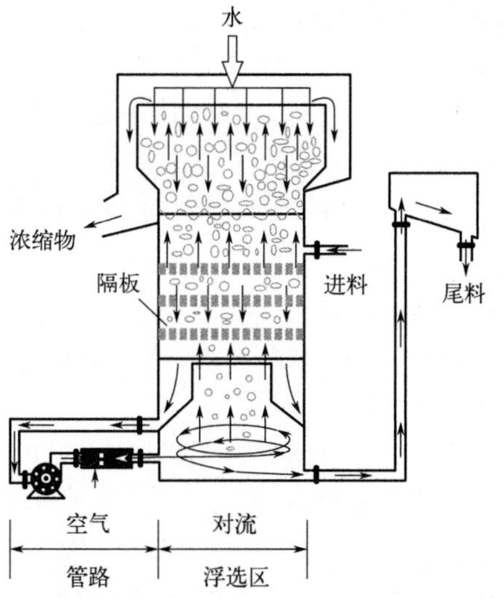

图 2.14　泡沫浮选装置示意图

处理，然后氢氧化钠处理，最后盐酸或者盐酸＋氢氟酸处理，碳含量可达到 99.68%[29]。用烧碱高温熔融方法，除去杂质的反应包括：

$$SiO_2+2OH^- \longrightarrow SiO_3^{2-}+H_2O$$

$$M^{n+}+nOH^- \longrightarrow M(OH)_n$$

M 代表 Fe、Al、Mg、Ca 等，$n=3$ 或者 2。随后冷却，水洗可以除去硅酸盐和偏铝酸盐，再用酸洗可除去 Mg、Ca、Fe 等杂质。涉及化学法处理工艺，氢氟酸必不可少。

2.2.3　$LiPF_6$ 合成

目前的锂离子电池电解液中的锂盐，主要还是以 $LiPF_6$ 为主。该盐的合成中可以直接使用 PF_5 原料气，也可以现场生成该原料气。PF_5 熔点大约是－94℃，沸点为－85℃，该原料气的制备方法大约分成两类，即直接合成工艺和间接合成工艺。

2.2.3.1　直接合成 PF_5

最简单的直接合成是单质磷和氟气直接反应，反应为

$$2P+5F_2 \longrightarrow 2PF_5$$

反应条件为高压，反应放热，因此反应难控制。另一个直接利用氟气的制备反应是以 P_2O_5 为原料，反应为

$$10F_2+2P_2O_5 \longrightarrow 5O_2+4PF_5$$

这些方法的最明显的缺点是氟气的使用。使用 PCl_5 和 HF 直接反应制备，反应为

$$PCl_5+5HF \longrightarrow 5HCl+PF_5$$

该方法的缺点是容易爆炸，难以有效控制反应进程。如果使用 CaF_2 代替 HF，反应为

$$2PCl_5+5CaF_2 \longrightarrow 5CaCl_2+2PF_5$$

该方法的优点是只有目标产品是气体，其他均为固体，原料相对便宜很多。如果使用 AsF_3 代替 HF，反应为

$$5AsF_3+3PCl_5 \longrightarrow 3PF_5+5AsCl_3$$

反应温度为60～90℃，因为提纯过程复杂以及有毒物质As的使用，已经被淘汰。如果使用氟硅酸盐代替HF制备，反应为

$$5Na_2SiF_6+2PCl_5 = 10NaCl+5SiF_4+2PF_5$$

如果用LiF代替HF，反应为

$$5LiF+PCl_5 = PF_5+5LiCl$$

该反应在150～200℃进行。或者以 P_2O_5 和 CaF_2 反应制备，首先将原料通过球磨充分混合，然后加热可得到五氟化磷气体，反应为

$$6P_2O_5+5CaF_2 = 2PF_5+5Ca(PO_3)_2$$

或者以 P_2O_5 和HF直接反应制备，反应为

$$P_2O_5+10HF = 2PF_5+5H_2O$$

以六氟磷酸盐和五氯化磷为原料的制备反应为

$$PCl_5+5KPF_6 = 6PF_5+5KCl$$

该反应需要高温进行，一般在500℃以上。以磷酸钙和氟磺酸为原料制备反应原理为

$$Ca_3(PO_4)_2+10HSO_4F+2H_2O = 2PF_5+3CaSO_4+7H_2SO_4$$

利用 PF_3 作为原料，和卤素反应制备 PF_5，反应原理为

$$3Cl_2+5PF_3 = 3PF_5+2PCl_3$$

如果使用 CaF_2，那么合成反应为

$$CaF_2+Cl_2+PF_3 = PF_5+CaCl_2$$

用LiF和偏磷酸锂直接合成的反应为

$$4LiPO_3+5LiF = 3Li_3PO_4+PF_5$$

用聚磷酸锂代替偏磷酸锂时反应为

$$25LiF+4Li_2P_4O_{11} = 11Li_3PO_4+5PF_5$$

2.2.3.2 间接合成 PF_5

中间体为 $POF_3 \cdot SO_3$ 的工艺中，首先生成 $POF_3 \cdot SO_3$，反应为

$$POF_3+SO_3 = POF_3 \cdot SO_3$$

然后再和HF反应生成 PF_5，反应为

$$POF_3 \cdot SO_3+2HF = H_2SO_4+PF_5$$

中间产物 $POF_3 \cdot SO_3$ 可能具有图2.15的立体结构，S与P原子位于四面体中心，通过一个O原子共顶点。

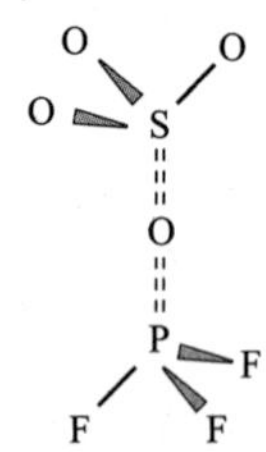

图2.15 $POF_3 \cdot SO_3$ 的立体结构

利用 PF_3、PF_3Cl_2 中间体的工艺，首先利用 PCl_3 和HF反应生成 PF_3

$$PCl_3+3HF = 3HCl+PF_3$$

然后再和氯气反应，反应为

$$PF_3+Cl_2 = PF_3Cl_2$$

最后再和HF反应制备 PF_5

$$PF_3Cl_2+2HF = 2HCl+PF_5$$

以 CaF_2 和 SO_3 为原料的多步合成中首先生成 $Ca_2F(SO_4F)$，反应为

$$2CaF_2+H_2SO_4 = Ca_2F(SO_4F)+2HF$$

再和磷酸反应生成 POF_3 中间体，反应为

$$3Ca_2F(SO_4F)+4H_3PO_4 = 3CaSO_4+6H_2O+2POF_3+Ca_3(PO_4)_2$$

再和 HF 反应，得到 PF_5

$$POF_3+2HF = PF_5+H_2O$$

以磷酸、三氧化硫和萤石为原料可直接制备 PF_5，反应的产物中还有六氟磷酸，它进一步分解也可以得到 PF_5，反应为

$$2H_3PO_4+6CaF_2+6SO_3 = 6CaSO_4+HF+HPF_6 \cdot 2H_2O+PF_5$$

六氟磷酸进一步高温分解的反应为

$$HPF_6 = HF+PF_5$$

不论何种合成方法，产物都有杂质，一般采用降温方法，将杂质气体液化，提纯。

2009 年全球 $LiPF_6$ 产量为 2400t，2010 年为 3800t，2019～2024 年，产量在 10 万～16 万吨波动。$LiPF_6$ 合成方法很多，大致也分成两类：直接反应和间接反应。

2.2.3.3 直接合成 $LiPF_6$

1950 年美国 J. H. Simmons 用 PF_5 气体和 LiF 固体在高温高压下直接反应得到 $LiPF_6$，反应为

$$LiF+PF_5 \longrightarrow LiPF_6$$

该反应属于气固反应，产物为固体，需要高温高压条件，不需要溶剂，反应中 $LiPF_6$ 产物覆盖在 LiF 固体颗粒表面阻止反应进一步进行，因此反应产率低、纯度低，产物分离困难，难以实现批量生产。

1960 年 R. D. W. Kmmitt 将 LiF 溶于无水 HF 中，于 25℃条件下通入 PF_5，反应后挥发除去 HF 得到六氟磷酸锂。该方法中 LiF 和 HF 反应生成了 $LiHF_2$，赋予固相多孔的特征，反应进行相对彻底，不过 PF_5 气体较贵，后来采用 PCl_5 为原料制备六氟磷酸锂，首先发生反应生成 PF_5

$$5HF+PCl_5 = 5HCl+PF_5$$

生成的 PF_5 再和 LiF 反应生成 $LiPF_6$。该方法的优点是 PF_5 是现场制备的。得到的六氟磷酸锂产品含氯化物杂质，反应较为剧烈，反应需要低温，一般选在干冰熔点下进行，使用大量 HF 反应物，对反应器要求高；属于多步反应，路线较长，产品中存在 $LiPF_6 \cdot HF$，相互之间的作用力应当是氢键，HF 作为杂质难以分离。

如果使用 SO_2 溶剂，首先在－10℃在 SO_2 存在下 LiF 和 PF_5 反应，然后逐渐升温使 SO_2 挥发，得到 $LiPF_6$ 产品。

使用有机溶剂合成 $LiPF_6$ 的思路在于利用产物在有机溶剂中溶解度大而反应物几乎不溶的特性，不仅使反应得以持续进行，还有利于反应后的产物与反应物的分离。一些常用的有机溶剂有无水乙腈、乙二醇二甲醚、无水乙醚、吡啶、四氢呋喃，碳酸酯类如碳酸丙烯酯(PC)、碳酸甲乙酯（EMC)、碳酸二乙酯（DEC)、碳酸二甲酯（DMC）等。

2.2.3.4 间接合成 $LiPF_6$

间接合成方法是先合成某种容易合成的中间产物，再利用中间产物合成最终产品的技术路线，常见的是离子交换方法。六氟磷酸钾（KPF_6）、六氟磷酸（HPF_6）等六氟磷酸（盐）的热稳定性和水热稳定性好于六氟磷酸锂，它们对湿气的敏感性也小得多，因此可以先制备 MPF_6（M＝H、K、Na、NH_4），再将其转化成六氟磷酸锂，反应为

$$MPF_6 + LiR = LiPF_6 + MR$$

R 为卤素原子。离子交换反应一般在低沸点非极性溶剂中进行。

2.2.4 炭黑的制备

炭黑是小颗粒尺寸的碳和其熔融聚集体的通俗称法，是一种锂离子电池中常用的导电剂，一般用碳氢化合物气相热分解制备而成，制备方法分成三类：部分燃烧、热分解和等离子体加工。

无氧条件下 1000℃ 以上天然气或者油的热分解，反应包括两个步骤，首先发生裂解反应：

$$C_nH_{2n+p} \longrightarrow C_nH_m + (n + 0.5p - 0.25m)H_2$$

然后发生合成反应：

$$C_nH_m \longrightarrow nC + (0.5m)H_2$$

其中，后一个反应在 800℃就可以开始，如果温度高于 2500℃，会导致表面碳的石墨化。

部分燃烧工艺中，发生三步反应，其中后两步与无氧工艺相同，第一步反应为部分反应物与氧气反应生成二氧化碳和水，释放能量。

在炭黑形成后需要降温以阻止颗粒的进一步长大。

等离子体工艺中，电能产生的等离子体提供热分解所需要的能量，发生的反应与无氧工艺相同。

世界范围内，炭黑产量每年大约 900 万吨，其中很小一部分作为导电碳使用，更小的比例应用到锂离子电池领域。

参考文献

[1] Barksdale A C，Yoon J，Kwon H J，et al. Refinement of brine for lithium extraction using ion concentration polarization. Separation and Purification Technology，2022，282：120055.

[2] Barbosa L I，Valente G，Orosco R P，et al. Lithium extraction from b-spodumene through chlorination with chlorine gas. Minerals Engineering，2014，56：29-34.

[3] Grasso M L，Gonzalez J A，Gennari F C. Lithium extraction from β-$LiAlSi_2O_6$ using Na_2CO_3 through thermal reaction. Minerals Engineering，2022，176：107349.

[4] Rosales G D，Ruiz M del C，Rodriguez M H. Novel process for the extraction of lithium from β-spodumene by leaching with HF. Hydrometallurgy，2014，147-148：1-6.

[5] Han S，Sagzhanov D，Pan J，et al. Direct Extraction of Lithium from α-Spodumene by Salt Roasting-Leaching Process. ACS Sustainable Chem Eng，2022，10 (40)：13495-13504.

[6] Qiu S，Zhu Y，Jiang Y，et al. Kinetics and Mechanism of Lithium Extraction from α-Spodumene in Potassium Hydroxide Solution. Ind Eng Chem Res，2022，61 (41)：15103-15113.

[7] Dessemond C，Soucy G，Harvey J P，et al. Phase Transitions in the α-γ-β Spodumene Thermodynamic System and Impact of γ-Spodumene on the Efficiency of Lithium Extraction byAcid Leaching. Minerals，2020，10，519：1-23.

[8] Choubey P K，Kim M S，Srivastava R R，et al. Advance review on the exploitation of the prominent energy-storage element：lithium. Part Ⅰ：from mineral and brine resources. Minerals Engineering，2016，89：119-137.

[9] Kipouros G J，Sadoway D R. Toward new technologies for the production of lithium. JOM，1998，

24-26.

[10] Wang S. Cobalt—Its recovery, recycling, and application. JOM, 2006, 58: 47-50.

[11] Warner A E M, Díaz C M, Dalvi A D, et al. JOM world nonferrous smelter survey, part Ⅲ: Nickel: Laterite. JOM, 2006, 58: 11-20.

[12] Warner A E M, Díaz C M, Dalvi A D, et al. JOM world nonferrous smelter survey Part Ⅳ: Nickel: Sulfide. JOM, 2007, 59: 58-72.

[13] Zhang B, Zhang T, Niu L, et al. Moderate Dilution of Copper Slag by Natural Gas. JOM, 2018, 70: 47-52.

[14] Sridhar R, Toguri J M, Simeonov S. Thermodynamic considerations in copper pyrometallurgy. JOM, 1997, 49: 48-52.

[15] Zhu D, Yu W, Zhou X, et al. Strengthening pelletization of manganese ore fines containing high combined water by high pressure roll grinding and optimized temperature elevation system. Journal of Central South University, 2014, 21: 3485-3491.

[16] El-Faramawy H, Mattar T, Fathy A, et al. Silicomanganese production from manganese rich slag. Ironmaking and Steelmaking, 2004, 31 (1): 31-36.

[17] Lander F, Kristiansen J, Lauritsen J M. Manganese exposure in foundry furnacemen and scrap recycling workers. International Archives of Occupational and Environmental Health, 72: 546-550.

[18] Bulei C, Todor M P, Heput T, et al. Recovering Aluminium for Recycling in Reusable Backyard Foundry that Melts Aluminium Cans, 7th International Conference on Advanced Materials and Structures. AMS, 2018, doi: 10.1088/1757-899X/416/1/012099.

[19] Welch B, Iffert M, Skyllas-Kazacos M. Applying Fundamental Data to Reduce the Carbon Dioxide Footprint of Aluminum Smelters. JOM, 2008, 60: 17-24.

[20] Neikov O D, Gopienko V G. Production of Titanium and Titanium Alloy Powders, Handbook of Non-Ferrous Metal Powders. https://doi.org/10.1016/B978-0-08-100543-9.00018-X, Elsevier Ltd, 2019.

[21] Zhang W, Zhu Z, Cheng C. A literature review of titanium metallurgical processes. Hydrometallurgy, 2011, 108: 177-188.

[22] Zadra M. Facile mechanical alloying of titanium sponge. Materials Science & Engineering A, 2014, 590: 281-288.

[23] Fray D J. Novel methods for the production of titanium. International Materials Reviews, 2008, 53 (6): 317-325.

[24] Fang Z Z, Middlemas S, Guo J, et al. A New Energy-Efficient Chemical Pathway for Extracting Ti Metal from Ti Minerals. J Am Chem Soc, 2013, 135 (49): 18248-18251.

[25] Okabe T H, Waseda Y. Producing titanium through an electronically mediated reaction. JOM, 1997, 49: 28-32.

[26] Panigrahi M, Paramguru R K, Gupta R C, et al. An Overview of Production of Titanium and an Attempt to Titanium Production with Ferro-Titanium. High temperature materials and processes, 2010, 29 (5-6): 495-514.

[27] Duan S, Wu X, Wang Y, et al. Recent progress in the research and development of natural graphite for use in thermal management, battery electrodes and the nuclear industry. New Carbon Materials, 2023, 38 (1): 73-95.

[28] Jara A D, Betemariam A, Woldetinsae G, et al. Purification, application and current market trend of natural graphite: A review, Inter. J Mining Sci Tech, 2019, 29: 671-689.

[29] Jara A D, Kim J Y. Chemical purification processes of the natural crystalline flake graphite for Li-ion battery anodes. Materials Today Communications, 2020, 25: 101437.

第3章

合成方法简介

本章介绍锂离子电池中常用的高温固相合成反应技术、机理，主要活性电极材料的合成方法，包括正极活性物质、负极石墨的进一步提纯、导电剂制备。

3.1 合成反应简介

高温固相反应是最普及、最常用的锂离子电池活性电极材料合成方法，易扩大化、商业化，是将不同种类原材料混合后，再在某种温度下加热一定时间后制备产物的方法。

另一种常见的合成技术是溶胶凝胶方法，它本质上也属于高温合成技术，是一种特殊的原料混合方法，但是因为比较常用，且具有一定商业化可能，这里也重点介绍。

3.1.1 高温固相合成反应

关于高温固相反应的机理，存在争论，一种观点认为是固相间直接发生反应，第二种观点认为是固相颗粒（或者颗粒局部）熔化成液态或者玻璃态，然后发生反应。具体哪个正确，还很难说，从某种角度看，很有可能都正确。Co_3O_4 的熔点不到 900℃，而氧化镍的熔点在 1900℃左右，当制备含有 Co 和 Ni 的锂离子电池正极材料时，烧结温度低于 1100℃，因此很难说哪个观点正确。

采用高温固相反应制备产物时，反应可以表示为

$$A+B \longrightarrow C$$

高温合成过程，如图 3.1 所示，原材料分别为 A 和 B 的颗粒。A 和 B 颗粒接触，在界面处发生化学反应生成 C，产物在那里生成，产物 C 相尺寸不断增大，同时未反应区域的物质 A、B 从各自本体向界面传输，产物 C 颗粒不断长大。

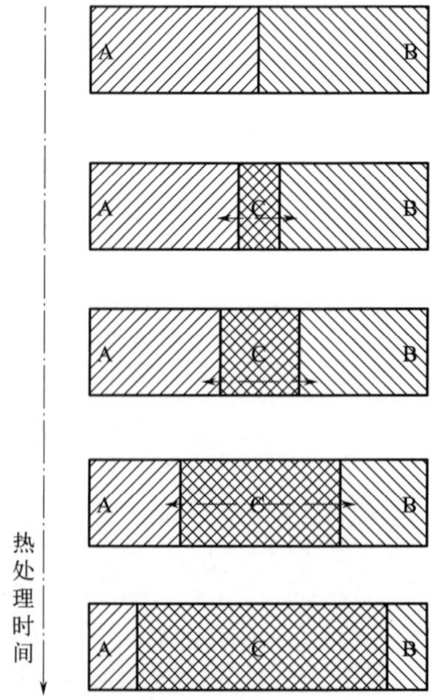

图 3.1　高温固相反应合成机理

整个合成过程受到 A/C 和 B/C 界面扩散的控制，也

就是物质的扩散过程控制。反应到最后，可能会有 A 残余，也可能会有 B 残余，也可能 A 和 B 都会有残余。原则上，如果是化学计量比的比例且合成中无损失，只要时间足够长，都会反应完毕。如果时间不足，或者混合不均匀，产物中就会有 A 或/和 B，或者中间产物的杂质相，此时可以对产物进行第二次混合，然后再一次热处理使反应彻底。

从上述基本反应过程可以分析出影响高温固相合成效果的因素。两相直接接触面积，也就是固相颗粒的大小，颗粒越小接触越充分，反应速度越快，反应也越彻底；反应物和产物的传输速度，因为是固相扩散过程，扩散速度与液相以及气相扩散相比很慢，只有提高温度降低扩散活化能才会加快固相扩散速度，因此，从加快反应速度角度来说，提高温度是有利的，但是温度太高往往导致其他负作用，比如产物颗粒太大、非目标产物相的生成、某种反应物的损失等。

和普通高温固相合成相比，溶胶凝胶技术合成中最后的热处理温度常常要低一些，原因就是溶胶凝胶方法使反应原料充分混合，甚至是分子水平上混合。热处理的前驱体样品混合越均匀，热处理的温度和时间就可以越小（当然不是无限度小）。

原则上，只要反应时间足够长，就可以保证产物相的均匀，但是实际上反应时间有限，最终的反应状态可能停留在图 3.1 中下图的状态，此时中间是目标产物，两侧是未来得及反应的反应物。解决办法有两种：一是对产物再研磨混合，然后高温烧结；二是降低反应物颗粒大小，并充分混合。

有时需要两次升温过程，即先在某个温度下做预处理，然后在另一个温度下烧结。预处理的目的，通常是为了防止爆沸现象出现。有些原材料在低于烧结温度的某个温度会发生一些化学反应，典型的就是分解释放水的反应，一般预处理温度就选在这个反应温度下，避免反应过于剧烈发生爆沸，导致原材料四溅。

从图 3.1 还可以看出，固相反应条件下的产物，很可能具有梯度组成的特点。

关于成品颗粒大小和烧结温度的关系，笔者认为，在一定温度下，最大可能的颗粒尺寸是固定的，在这个温度下烧结时，短时间内，随着烧结颗粒不断长大，长大到一定尺寸后进一步烧结时颗粒度不可能再大，最大可能颗粒尺寸会随着热处理温度的升高而增大。

高温固相反应方法可以用来合成厘米级甚至更大的单晶大颗粒，如图 3.2 所示。

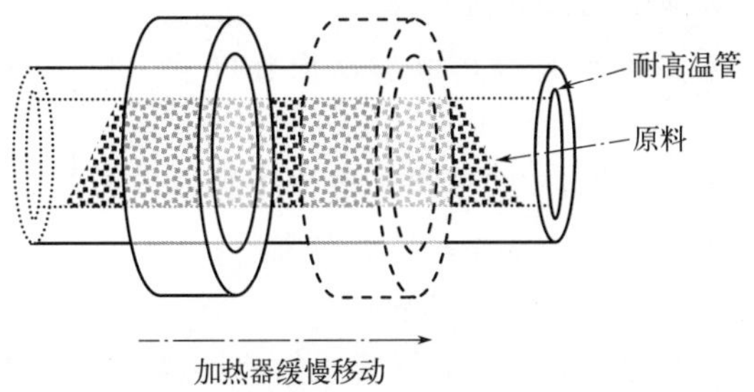

图 3.2　高温固相方法合成大颗粒单晶工艺示意图

首先，在耐高温管内放入混合好的原料，然后加热装置（比如火焰等）从一侧缓慢向另一侧移动，在某个区域内加热器对内部的原料进行高温固相合成，移动速度足够缓慢保证内部反应在接近平衡态下进行，从而可以生长出一个与加热器尺寸相当的大颗粒，然后加热器缓慢移动，就使得随后区域内单晶颗粒的生长是在原有的颗粒基础上进行的，此时原有的单晶颗粒就是单晶生长的种子，与单晶硅生长原理十分类似。

单晶 $LiMnPO_4$ 的制备原理就是如此。

3.1.2 溶胶凝胶技术

该技术可以追溯到 1864 年，法国化学家 J. Ebelman 发现四乙氧基硅烷在酸性条件下水解后有玻璃状材料生成。1950 年，Roy 等将该技术应用到陶瓷材料的合成中。

一般步骤是首先将前驱体溶于溶剂中，形成均匀溶液，随后慢慢进行水解、缩合、聚合等反应形成溶胶，其中含有很多小的溶胶颗粒，然后经过溶胶颗粒的缓慢凝聚，形成三维空间网络结构的凝胶，网络中间充满了溶剂。如果其中的溶剂被蒸发掉，得到的就是干凝胶。溶胶-凝胶过程，形象一点的比喻，有些类似于豆腐，豆腐冷冻以后再解冻，其中的水分就可以被挤出来（如果不冷冻，其中的水分是包含在结构中不能被挤出来的），挤干了水分后的豆腐，就有点类似于干凝胶了。

该技术的优点是在分子水平上实现了多种原材料的均匀混合，并且由于胶凝剂等成分的存在，在随后的加热处理时，小颗粒不易熔融成更大的颗粒，即产物一般是纳米尺度，适合于纳米材料的制备；此外，加热温度可以低于传统的高温合成技术。

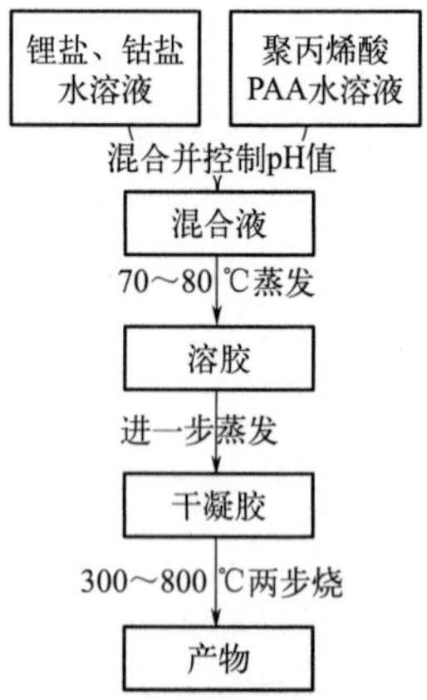

图 3.3 溶胶凝胶法合成钴酸锂

为了实现分子水平上的均匀混合，有时需要使用络合剂以稳定其中某些离子并促使溶胶的形成。图 3.3 是一种溶胶凝胶法制备钴酸锂的过程示意图，一般性的结论是，原材料混合越均匀，后续热处理的温度可以在一定范围内越低。

3.2 正极活性物质的合成

锂离子电池正极活性物质，包括已经实用化的以及在研的，种类比较多，大致包括 $LiCoO_2$、$LiNiO_2$、$LiMnO_2$、$Li(NiCoM)O_2$、尖晶石 $LiMn_{2-x}M_xO_4$ 系列、富锂层状固溶体、橄榄石系列、硫酸盐系列、聚磷酸盐系列等[1-8]。

在此介绍主要具有代表性的几种材料的合成。

3.2.1 钴酸锂与磷酸钴锂

钴酸锂，即 $LiCoO_2$，最先在商业化锂离子电池中获得应用，该材料合成方法很多，最主要的是高温固相合成方法，包括单步和多步加热方法。

单步合成方法，如将碳酸钴和碳酸锂在 900℃空气中加热 20h，或将碳酸锂和氧化钴在 1170℃加热 4d，空气中 850℃加热碳酸钴和水合氢氧化锂也可以合成出钴酸锂。

多步加热合成是在单步加热工艺基础上开发出来的，例如，将碳酸钴和碳酸锂在空气中在 650℃加热 12h，或者 550℃加热 5h，再在 850℃加热 24h。与单步方法相比，该方法的优点是：节能，反应易控。对于有副反应发生的合成反应，多步合成方法更加有必要。例如，对于含有结晶水的原材料，反应中会首先失去结晶水，如果采用单步加热合成的模式，容易发生粉料喷溅的情况。

对于工厂大规模生产，一般使用 Co_3O_4 和碳酸锂或者水合氢氧化锂合成，使用碳酸锂时反应为

$$4Co_3O_4 + 6Li_2CO_3 + O_2 \longrightarrow 12LiCoO_2 + 6CO_2$$

反应消耗氧气释放 CO_2，合成的具体工艺流程如图 3.4 所示。首先称量原料，称量过程中的关键是控制 Li/Co（摩尔比），按照分子式理论上是 1∶1 比例，但是通常会考虑锂源热损失，一般采用锂过量模式，至于过量多少，不同厂家有所不同，理想情况是，既要能补偿烧结过程中锂损失，又要保证成品中残余锂量不能太高，当然最好没有残余锂。残余锂赋予成品一定的碱性，碱性太强会影响正极浆料黏度，甚至使正极浆料呈凝胶状。Li/Co 还会影响正极材料的形貌和微结构。

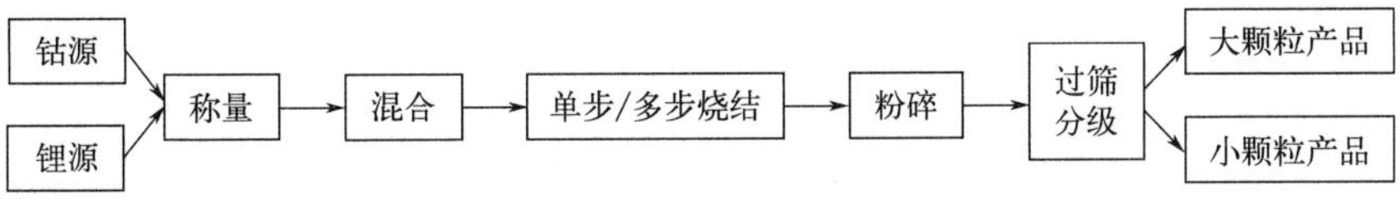

图 3.4　钴酸锂合成工艺流程框图

锂源和钴源的混合方法主要分干混和湿混，湿混是加入溶剂的情况下混合固体，因为该工艺不确定因素多，难以控制，一般均采用干混，工厂中一般使用大型旋转干混机。混合的目的是使原料混合均匀，理想的情况是能够达到在分子水平上的均匀，这有利于后续烧结处理，成品在组成上的均匀性也最好。

烧结工艺过程参数包括烧结温度，烧结时间，多步烧结或者一步烧结。不论采用何种烧结流程，主要目标是保证被烧结的粉体在组成上的均匀性。要保证 CO_2 的释放是缓慢均匀的而不是爆炸性的释放，一般，多步烧结中的第一步烧结的温度设定在某种原材料的分解温度略低一点的温度，比如，如果使用水合氢氧化锂作为锂源，最好在其释放结晶水的温度附近进行第一步烧结，避免剧烈释放水汽导致粉体散开。

烧结后的成品都是大块状，需要粉碎，粉碎后的产品过筛，一般按照颗粒度分级，大颗粒的可以用于能量型锂离子电池使用，小颗粒的则适合于功率型锂离子电池使用。钴酸锂烧结生产线基本都是全自动的，如图 3.5 所示，分隧道式和辊道式，混料装置在左上方，混好的前驱体从下方出口进入坩埚，一个坩埚大约 30kg 产品容量。坩埚在传送带带动下以一定的速度向右运行，一次完成预热、烧结、降温等工序，可以根据产品不同对整个产线设定不同的烧结模式，整个产线也可以实现全密闭，这样可以控制烧结的气氛。

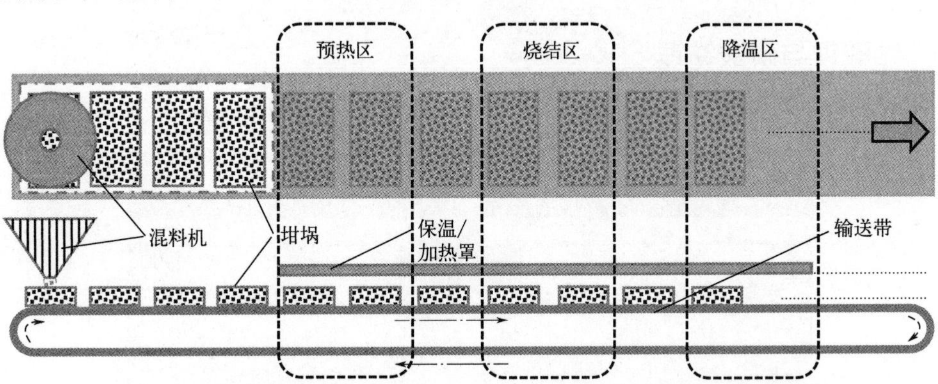

图 3.5　钴酸锂烧结线示意图（上图为生产线俯视图，下图是侧视图）

图 3.6 是钴酸锂合成条件与产物相关系图，单相高温 $LiCoO_2$ 相是目标之一，即单晶大颗粒产品。

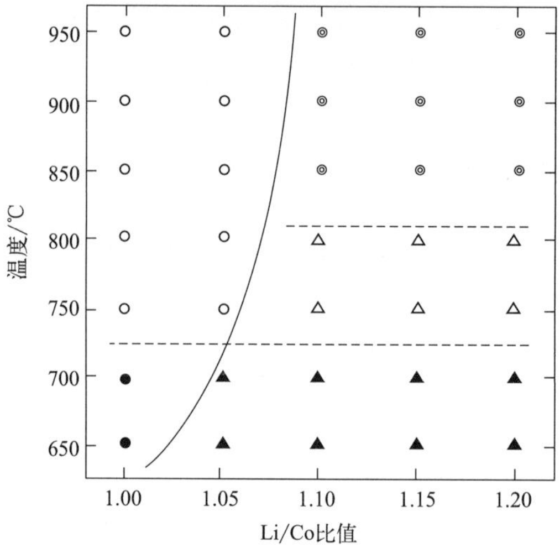

图 3.6　钴酸锂合成条件与产物相关系示意图

●高温与低温钴酸锂相混合；○高温钴酸锂相；▲低温钴酸锂＋碳酸锂混合；

△高温钴酸锂＋碳酸锂混合；◉高温钴酸锂＋分解的碳酸锂

钴酸锂产品的物理指标包括平均颗粒尺寸、颗粒尺寸分布、比表面积、水含量、振实密度、残锂含量、结晶度、颗粒形貌、杂质含量。一般采用空气中合成钴酸锂。不同气氛下合成的钴酸锂形貌差别明显，如图 3.7 所示。

锂离子电池特性受其应用领域的规定和限制。比如，如果应用到手机电池上，那么手机生产商预留给电池的空间是一定的。在有限空间内能“塞进”的活性物质量越多，电池的待机性能表现就会越好。有限空间内塞入钴酸锂固体的量，理论上，一个大晶体的时候填充量最大，但是合成这么大的钴酸锂单晶是不现实的，而且还要兼顾反应动力学，也就是充放电倍率的问题，因此，实际应用中一般都选择球状或者椭球状颗粒的钴酸锂，甚至是两种不同尺寸的球状或者椭球状钴酸锂混合使用，以增大填充量。图 3.7 中，空气中烧结的产物具有相对理想的形貌。

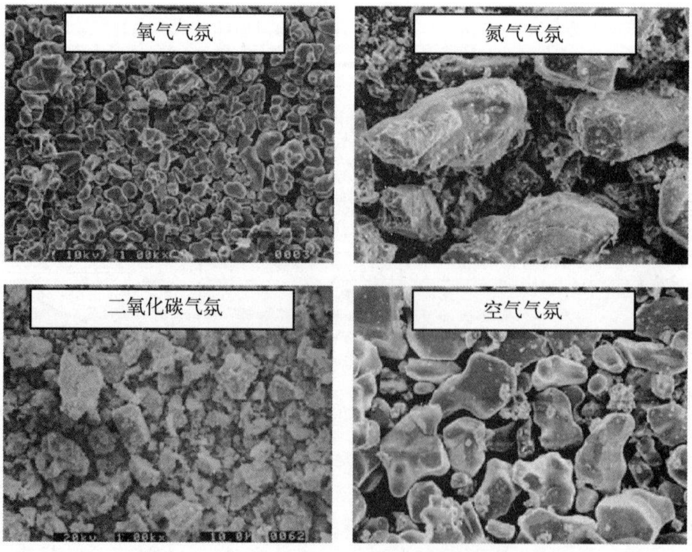

图 3.7　不同气氛下合成的钴酸锂的形貌

烧结温度是决定最终产品颗粒尺寸的唯一因素，更高的烧结温度会导致更大的颗粒。颗粒尺寸和烧结时间没有关系，而结晶度与烧结时间关系更大。

另一个含钴材料是 $LiCoPO_4$[9]，典型的合成方法包括高温固相合成法，溶胶凝胶法，微波法，溶剂热法等。其中，高温固相法在 $LiCoPO_4$ 合成中占据主要位置，固相法合成的 $LiCoPO_4$ 材料可重复性和电化学性能较优异，水热法和溶胶凝胶法合成的 $LiCoPO_4$ 材料容量在 60～70mA・h/g，溶剂热法多用于合成 $LiCoPO_4$ 纳米粒子。

高温固相法原料一般是锂盐、钴盐和磷酸盐，典型的，原料为 Li_2CO_3，$CoC_2O_4 \cdot 2H_2O$ 和 $NH_4H_2PO_4$，球磨后在氧气或者空气中经两段温度处理（375℃处理 20h，775℃处理 48h）后得到紫色的 $LiCoPO_4$。也可以用 Li_2CO_3，$CoCO_3$ 和 $NH_4H_2PO_4$ 为原料，球磨后 300℃下加热 8h，然后在惰性气体氛围下 700℃处理 8h。或者 $LiOH \cdot H_2O$，CoO 和 $(NH_4)_2HPO_4$ 为原料，750℃处理 8h。如果加入碳源并控制高温合成时的气氛，引入增强电子导电性的碳材料，可以抑制产品颗粒的长大，例如，以 $LiNO_3$，$Co(CH_3COO)_2 \cdot 4H_2O$，$NH_4H_2PO_4$，柠檬酸为原料，以葡萄糖为碳源，700℃下烧结得到碳包覆 $LiCoPO_4$ 单相。

溶胶凝胶法，如以 $LiNO_3$，$Co(NO_3)_2$ 和 $NH_4H_2PO_4$ 为原料，以柠檬酸为螯合剂制得前驱体，80℃加热搅拌 2h 后升温至 120℃，空气中处理 2h 后，500℃烧结 5h，得到结晶性良好的 $LiCoPO_4$。以 $Li(CH_3COO) \cdot 2H_2O$，$Co(CH_3COO)_2 \cdot 4H_2O$，$H_3PO_4$ 和柠檬酸为原料，80℃下蒸发 3h，得到均匀的凝胶，再高温烧结得到目标产品。

微波法，例如将化学计量比的 LiOH，$CO(CH_3COO)_2 \cdot 4H_2O$ 溶于四甘醇中，搅拌 30min，加 85% H_3PO_4 溶液和 NH_4OH 得到前驱体溶液，在微波合成器中 2.45GHz，1200W 下辐射 5min，清洗、干燥后，得到 $LiCoPO_4$。

3.2.2 镍酸锂、磷酸镍锂和三元正极材料

镍酸锂，即 $LiNiO_2$，合成过程和钴酸锂基本相同，该材料最终没有实现商业化，所以没有工业化生产工艺。在实验室一般用高温固相反应方法合成，虽然文献报道有各种合成方法，实际上很多“方法”中的最后一步都离不开高温烧结，这些方法的不同点仅仅是前驱体的混合方式不同。

镍源可以是镍盐，或者是 NiOOH，或者是氢氧化镍，或者是 NiO，锂源是碳酸锂、水合氢氧化锂，或者是醋酸锂、草酸锂[10,11]。

镍酸锂合成要比钴酸锂难控制得多，也许到目前为止还没有合成出来真正化学计量比的 $LiNiO_2$，研究者报道所谓的镍酸锂实际组成都是 $Li_{1-x}Ni_{1+x}O_2$，x 个镍原子进入层间占据锂离子的位置，这就是所谓的 Li/Ni 无序，产物元素组成在不同程度上偏离了理想组成。合成中不确定因素太多，总是有镍离子进入层间占据锂离子的位置；如果合成中锂不足会增大 Li/Ni 无序程度；如果锂量过大则会明显提高产物的碱性，导致调浆料过程中发生胶凝。

镍源可以用氢氧化镍前驱体，锂盐和前驱体的混合以及前驱体的形貌、密度等参数对产物性能影响很大。前驱体氢氧化镍特点是颗粒振实密度高，有利于生成高容量产物。表 3.1 给出了前驱体和产物的物理特性，图 3.8 给出产物 SEM 图，左图是低密度镍酸锂，右图是高密度镍酸锂。产物 $LiNiO_2$ 的振实密度、颗粒尺寸和前驱体的这些特征密切相关。

表 3.1　前驱体与镍酸锂产品物理性质的比较

项目		低密度颗粒	高密度颗粒
前驱体	振实密度/(g/mL)	0.62	1.82
	颗粒尺寸分布		
	D 10%/μm	4.26	5.03
	D 50%μm	7.66	8.86
	D 90%/μm	15.7	16.21
产品	振实密度/(g/mL)	2.05	2.49
	颗粒尺寸分布		
	D 10%/μm	3.61	5.10
	D 50%/μm	7.93	8.52
	D 90%/μm	14.34	13.97

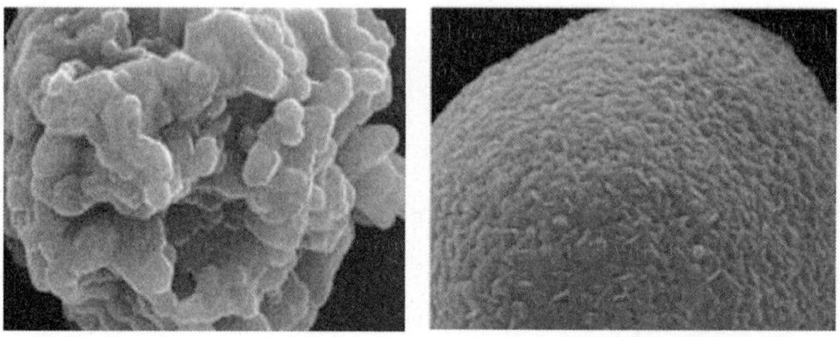

(a)　　(b)

图 3.8　低密度（a）和高密度（b）镍酸锂的 SEM 图

研究较多的另一个含镍正极材料是 $LiNiPO_4$，基本采用高温固相法合成。例如，用 Li_2CO_3/LiH_2PO_4、$(NH_4)_2HPO_4$、NiO 为原料合成。又比如将化学计量比的原料 $LiNO_3$、$Ni(NO_3)_2 \cdot 6H_2O$ 和 $NH_4H_2PO_4$ 溶于适量蒸馏水中，并以柠檬酸和聚乙二醇为螯合剂，350℃下热处理 2h，得到均匀的黑色粉末，经研磨后 800℃烧结 8h 即可。$LiNiPO_4$ 材料纯度对合成条件非常敏感，容易出现 NiO 等杂质。

三元正极材料，组成为 $Li(NiCoMn)\ O_2$，以及 NCA 正极，组成为 $LiNi_{0.85}Co_{0.15}Al_{0.03}O_2$，合成方法主要是高温固相合成，实验室中可以使用各种金属盐作为原料，混合后高温处理。工业规模生产多使用氢氧化物前驱体，前驱体组成一般表示为 $(NiCoMn)(OH)_2$ 或者是 $(NiCoAl)(OH)_2$，将前驱体和锂盐混合后高温烧结即可。

前驱体的主流合成方法是采用氢氧化物共沉淀法，调节镍盐、钴盐和锰盐/铝盐溶液的 pH 值，所有金属同时沉淀出来，理想的沉淀颗粒是球形或者椭球形，沉淀反应为

$$xNiSO_4 \cdot 6H_2O + yCoSO_4 \cdot 7H_2O + (1-x-y)MnSO_4 \cdot H_2O + 2NH_3 \cdot H_2O \longrightarrow Ni_xCo_yMn_{1-x-y}(OH)_2 + (NH_4)_2SO_4 + (1+5x+6y)H_2O$$

将沉淀清洗后干燥即可。

实际操作中一般控制溶液的 pH 值缓慢发生变化，尽可能使反应在接近平衡的条件下进行，以控制产物的颗粒形貌。

3.2.3 锰酸锂、磷酸锰锂

锂离子电池中典型含锰组分是尖晶石 $LiMn_2O_4$，其合成工艺和钴酸锂基本类似，混料过程可以分成很多种，最后都经高温烧结步骤。

Li-Mn-O 相图，如图 3.9 所示，在很窄的组成范围内存在多个相，包括 $LiMn_3O_4$、$Li_2Mn_3O_4$、$LiMnO_2$、Li_2MnO_3、$Li_4Mn_4O_{12}$、$Li_5Mn_4O_9$、$Li_7Mn_5O_{12}$、$Li_4Mn_5O_{12}$、$Li_2Mn_4O_9$ 等，这表明化学计量比 $LiMn_2O_4$ 的合成难度很大，甚至几乎就是不可能的。不过幸运的是，任一 Li_xMn_yO 相都具有一定的脱嵌锂活性，组成的稍微偏离、微量杂质相的存在并不明显影响主体材料的电化学活性，例如，锰价态为+4 的 Li_2MnO_3 就具有一定的电化学活性，显示一定的放电容量。不幸的是，这导致不同的研究者报道的“同一种材料的”性能差异很大，妨碍机理研究。

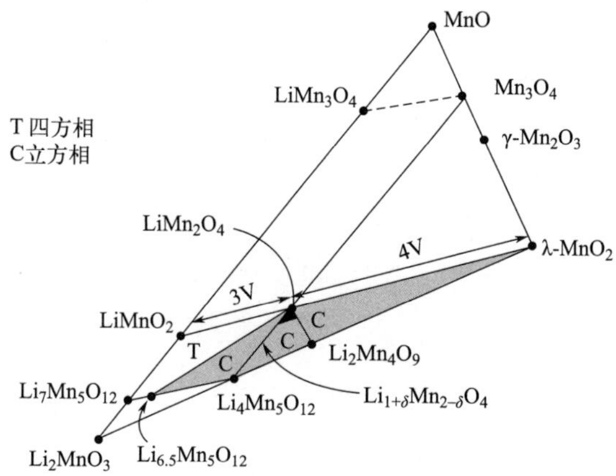

图 3.9　室温 Li-Mn-O 相图

原材料中锂源还是经典的常见锂源，即水合氢氧化锂、碳酸锂或者醋酸锂，锰源为醋酸锰、碳酸锰、化学二氧化锰或者是电解二氧化锰。

$LiMn_2O_4$ 的实验室合成方法很多，工业上采用高温固相反应工艺。各种工艺的主要区别是前驱体混料方式的不同，工业上混料方式都是机械式，比如行星球磨，只是球磨罐比较大而已；实验室条件下则有很多种混料方式。

实际上，对于材料的合成，除了水热反应等少数几种方法，如果后续都有高温烧结步骤的话，都应当叫作高温固相合成法。

尖晶石锰酸锂的合成有一定的技巧或者经验值得借鉴，如果烧结温度不足会引起结晶不完善，结晶度不足，而如果提高烧结温度，会给出相对完美的结晶，但是会引起脱氧反应，生成氧缺陷尖晶石，一般认为氧缺陷尖晶石的电化学性能不好，氧缺陷的形成反应为

$$LiMn_2O_4 = LiMn_2O_{4-x} + x/2O_2$$

如果温度高于 1200℃会发生反应

$$LiMn_2O_4 = xLi_2MnO_3 + Li_{1-2x}Mn_{2-x}O_{4-3x-y} + y/2O_2$$

首先，在温度高一点的情况下烧结，使其形成相对完美的晶相，然后进行第二次高温烧结，但是温度要相对低一些，目的是补氧。也有研究人员提出富氧条件下烧结以避免氧损失。

另一个含锰组分是磷酸锰锂，其合成包括高温固相合成法、溶剂热法、溶胶凝胶法、喷雾热解法、多元醇法等。$LiMnPO_4$ 的合成具有一定代表性，可以代表大部分锂离子电池正极材料的合成方法。高温固相方法，主要是锂源、磷酸根原料和锰源，按照理论摩尔比配比即可，考虑锂在烧结合成过程中的损失，一般锂过量5%。典型的锂源是碳酸锂、水合氢氧化锂，磷酸根以磷酸二氢铵、磷酸一氢铵为主，锰源可以是碳酸锰、草酸锰、氧化锰，高温烧结温度一般在700℃以上，通常采用两步升温方式，预热温度一般要考虑前驱体分解温度以避免爆沸。烧结气氛视情况而定，一般采用惰性气体保护。

有文献提到溶胶凝胶合成方法，实际上这也属于高温固相合成方法，只是原料的混合方式不同。通常的高温固相合成方法是采用机械混料的方式，溶胶凝胶合成中是将各种原料先制备干凝胶，这样的好处是原料混合是分子水平上均匀的。作为例子，如将乙酸锂、乙酸锰和磷酸二氢铵室温下溶解于纯水，加入甘醇酸螯合剂，用硝酸调节溶液pH值小于4得到溶胶，再烘干得到干凝胶，最后高温烧结即可。溶胶凝胶技术的关键是选择合适的络合剂。溶胶凝胶技术中，因为原料是分子水平上的均匀混合，所以高温烧结温度可以低一些，烧结时间也可以短一些。因为烧结温度低了，所以利于合成小颗粒尺寸产品。

喷雾干燥方法也是一种前驱体混合的方法，将原料（一般是可溶盐类）配成溶液，通过喷雾装置雾化使溶剂蒸发，然后高温烧结合成，该方法的优点是产物颗粒细小、均匀。

多元醇法中多羟基醇同时作为溶剂、晶体生长介质和还原剂，可避免传统液相方法中的团聚现象，产物尺寸小、分布较均匀，反应时间长，成本高。作为例子，将 $Mn(CH_3COO)_2 \cdot 4H_2O$ 溶于水配成溶液，加入1,4-丁二醇，搅拌加热滴入 LiH_2PO_4 溶液，得到 $LiMnPO_4$ 沉淀。

水热合成是使用相应原材料在密闭容器中在高温高压下发生化学反应，是模拟自然地质条件下的反应，一般温度在200～400℃左右。一个水热法合成 $LiFePO_4$ 的例子是，将抗坏血酸、硫酸亚铁、磷酸和氨水制备磷酸亚铁氨，将磷酸亚铁氨、抗坏血酸和水合氢氧化锂混合后在150～220℃下密闭加热15h可得到200nm $LiFePO_4$ 纳米晶。水热合成 $LiMnPO_4$ 的例子：$MnSO_4 \cdot H_2O$、H_3PO_4 和 LiOH 按照摩尔比为1∶1∶3溶解于蒸馏水中，密闭200℃加热2d；$LiCoPO_4$ 水热合成例子：$CoSO_4 \cdot 7H_2O$ 或者 $CoCl_2 \cdot 6H_2O$ 作为钴源，使用 LiOH 和磷酸分别作为锂源和磷酸根来源，溶解后密封200℃加热1d即可，Li∶Co∶P（摩尔比）为3∶1∶1。因为是模拟大自然条件下的水热合成反应，产物也就特别像天然生成的。溶剂热法在原理上和水热法相同，不同之处是溶剂，溶剂热法的介质一般是有机物。

3.2.4 磷酸铁锂、硫酸铁、钛酸锂

磷酸铁锂的合成主要包括高温固相合成、水热合成、溶胶凝胶合成。高温合成温度为700℃左右，一般以铁盐、锂盐和磷酸二氢铵作为原料，需要惰性气体保护以防止形成 Fe^{3+}。水热合成一般在100～200℃高压下进行。溶胶凝胶技术主要是针对原料的混合方法进行改进，最后一步还是需要高温处理，不过因为原料混合相对均匀，甚至是分子水平上的均匀，因此高温热处理温度有所降低，热处理的时间也明显缩短。

图3.10是磷酸铁锂前驱体在不同热处理温度下的产物相。温度较低时容易形成聚阴离子化合物和氧化铁杂质，最佳温度是650～750℃范围，进一步升高温度导致形成磷化物、碳化物和氧化物杂质。磷化铁对性能的影响存在争议，一般认为少量存在时可以改进导电性。

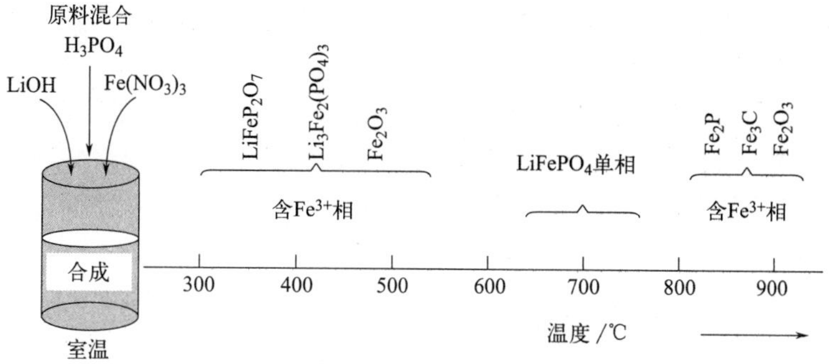

图 3.10 磷酸铁锂前驱体在不同热处理温度下的产物相

低温合成技术，如水热方法，有利于小颗粒样品形成，温度低的缺点是容易导致 Fe 和 Li 无序，也就是 Fe 离子占据 Li 离子的位置，阻止锂离子扩散，对性能不好。在这种情况下，可以进一步在更高的温度下热处理一下，可能会解决这个问题。实际上对于很多其他低温合成的材料，在更高的温度下短时间退火都可能会明显改进材料的性能。温度偏低不利于结晶的完美。

另外一种含铁正极材料为硫酸铁[12]。对于菱方结构的硫酸铁，典型的制备方法是首先在 250℃左右空气中加热水合硫酸铁以除去结晶水，然后在 600℃左右真空加热即可，如果在空气中加热，温度最好不要超过 550℃。该材料制备工艺简单。

单斜结构硫酸铁制备较复杂，可以使用双氧水作为氧化剂缓慢氧化水合硫酸亚铁方法制备。

锂离子电池中典型含钛组分为 $Li_4Ti_5O_{12}$，一般采用高温固相法合成，将原料混合后，800～1000℃烧结 24h 以上即可，钛源一般是 TiO_2，锂源一般是 $LiOH \cdot H_2O$ 或者草酸锂、醋酸锂、碳酸锂等。用溶胶凝胶方法制备高温烧结的前驱体的目的是希望 Ti 和 Li 在分子水平上混合均匀，通常使用有机金属原材料，例如 $Ti[(OCH_9CH_3)_2]_4$ 作为钛源，$LiCOOCH_3 \cdot 2H_2O$ 作为锂源，在甲醇溶剂中形成黄色凝胶，干燥后得到干凝胶，最后在 700℃加热数小时即可。

3.3 石墨负极材料提纯处理

第 2 章提到石墨矿的加工、石墨提取。当用作锂离子电池负极时，对杂质含量要求更加苛刻，需要进一步处理以降低杂质，特别是金属杂质的含量。

处理的基本原理实际上很简单，前边提到石墨熔点很高，远高于大部分金属杂质的熔点和沸点，因此，采用高温热处理的方法，将样品保持在很高的温度，高于某金属杂质沸点的话，该金属会挥发；即使不高于金属沸点，在如此高的温度下金属会因为其饱和蒸气压升高而迅速升华，从而达到除去金属杂质的目的；高温处理还有利于石墨化，提高石墨结晶的完美度，降低缺陷相占比，有利于可逆脱嵌锂量提高。

用于锂离子电池负极时，一个最重要的参数是，在有限的空间内能填充多少活性电极材料，填充量越大意味着电池能量密度越大。在其他参数不变的情况下，填充物形貌为球形或者椭球形时填充量最大，因此，锂离子电池领域使用的石墨负极材料都是具有球形或者椭球形的形貌。石墨加工厂一般采用球磨的方式对石墨产品进行形貌修饰，磨去棱角部分，赋予产品光滑外表面。

特种石墨负极，一般指在低温或者超大倍率条件下具有比较好的电荷接受能力以及放电能力的石墨负极。这类负极材料的理想微观结构如图 3.11(a) 所示，即对于一个具有球形形貌的石墨颗粒，其内部层状结构是放射状的，这种微观结构利于锂离子的快速脱嵌。但是，这种较理想的结构实际上是不存在的，实际上的结构具有核-壳型，即颗粒的内核是完美的石墨结构，外壳是呈放射状的，如图 3.11(b) 所示。与（b）图结构相比，（a）图的结构电荷接受能力大，但是可逆容量低。

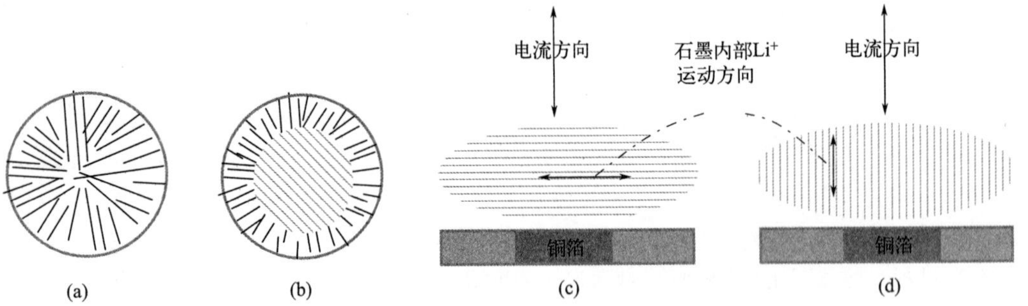

图 3.11　特种石墨微观结构模型示意图

自然条件下，石墨颗粒多为片状，内部层间方向与集流体平行，如图 3.11(c) 所示，石墨微晶的 c 轴倾向于垂直于集流体平面，而与宏观电流方向平行。因为石墨晶体内部锂离子运动方向是垂直于 c 轴的，从而导致晶体内部锂离子运动方向与宏观方向垂直，这不利于大电流应用。开发沿 c 轴生长的石墨颗粒，如图 3.11(d) 所示，可有效解决这个问题，此时，微晶 c 轴垂直于宏观电流方向。不过，实现难度很大。

用于锂离子电池负极的石墨，除了天然产的外还有煤化工和石油化工的副产品——焦炭。焦炭经过高温热处理后除去金属杂质并使晶体结构进一步完美，非晶相含量占比降低后，也可以直接用于锂离子电池负极。

参考文献

[1] Selinis P，Farmakis F. Review—A Review on the Anode and Cathode Materials for Lithium-Ion Batteries with Improved Subzero Temperature Performance. J Electrochem Soc，2022，169：010526.

[2] Rajammal K，Ramesh K，Ramesh S，et al. Doped olivine $LiMPO_4$（M＝Mn/Ni）derivatives as potential cathode materials for Lithium-ion batteries：a mini review. Ionics，223，29：895-916.

[3] Yoshio M，Brodd R J，Kozawa（eds.）A. Lithium-Ion Batteries：Science and Technologies，ISBN：978-0-387-34444-7 e-ISBN：978-0-387-34445-4，DOI：10.1007/978-0-387-34445-4，Springer Science＋Business Media，LLC，2009.

[4] Julien C，Mauger A，Vijh A，et al. Lithium Batteries：Science and Technology. ISBN 978-3-319-19107-2 ISBN 978-3-319-19108-9（eBook），DOI 10.1007/978-3-319-19108-9，Springer International Publishing Switzerland，2016.

[5] Zhang Z，Zhang（eds.）S. Rechargeable Batteries：Materials，Technologies and New Trends. ISSN 1865-3529 ISSN 1865-3537（electronic），DOI 10.1007/978-3-319-15458-9，Springer International Switzerland，2015.

[6] van Schalkwijk W A，Scrosati B. Advances in Lithium-Ion Batteries. eBook ISBN：0-306-47508-1，Print ISBN：0-306-47356-9，Kluwer Academic/Plenum Publishers，2002.

[7] Julien C, Stoynov Z. Materials for Lithium-Ion Batteries. ISBN 978-0-7923-6651-5 ISBN 978-94-011-4333-2 (eBook), DOI 10.1007/978-94-011-4333-2, Springer Science+Business Media Dordrecht, 2000.

[8] Julien C, Pereira-Ramos J P, Momchilov A. New Trends in Intercalation Compounds for Energy Storage. ISBN 978-1-4020-0595-4 ISBN 978-94-010-0389-6 (eBook), DOI 10.1007/978-94-010-0389-6, Springer Science+Business Media Dordrecht, 2002.

[9] Kondo A, Kozawa T, Ishii T, et al. Wet milling synthesis of ammonium cobalt phosphate hydrate platelets for LCP-olivine cathodes of LIBs using a bead mill. Int J Appl Ceram Technol, 2023, 20: 700-707.

[10] Allen J P, Grey C P. Determining the oxidation states of dissolved transition metals in battery electrolytes from solution NMR spectra. Chem Commun, 2023, 59, 1677-1680.

[11] Yuwono R A, Wang F, Wu N, et al. Evaluation of $LiNiO_2$ with minimal cation mixing as a cathode for Li-ion batteries. Chemical Engineering Journal, 2023, 456: 141065.

[12] Wu Q, Xu Y, Ju H. New-type low-cost cathode materials for Li-ion batteries: Mikasaite-type $Fe_2(SO_4)_3$. Ionics, 2013, 19: 471-475.

第4章

相关热力学与动力学分析

锂离子电池体系涉及的热力学和动力学问题比较广泛，限于篇幅，本章仅就几个关键性、有争议的科学问题做深入探讨。一般体系的能斯特方程中直接体现得失电子物质的浓度对电极电位的影响，但是，锂离子电池体系的能斯特方程特殊点在于，锂离子在体系中并没有发生化合价的变化，因此，本质上，锂离子电池的充放电伴随的是母相中某元素的化合价的改变，这涉及脱嵌锂反应的本质、母相中锂存在的价态。本章首先对此做深入讨论。

非平衡电位的分布分析的实际意义在于，当电极面积比较大时，电极电位空间的不均匀性与实测电位的差值，可以很大，这对于预防局部过放电、过充电，具有重要意义。本章初步对此探讨。

表面电荷转移的位置，与活性物质界面层的性质密切相关。这方面争论比较大，在此给出笔者的观点。除此之外，嵌锂反应机理、新型储锂材料开发限制因素、化学元素周期表在开发新型储锂材料中的作用、锂离子电池体系中的三相界面、正极材料析氧热力学、正极材料中的空间电荷层、正极材料 JT 变形的晶体场理论解释、界面锂离子传输机理、电场对锂离子扩散系数测量的影响，也是本章讨论的几个专题，深入理解这几个专题对于改进电极性能具有重要指导意义。

4.1 Nernst 方程与脱嵌锂反应本质

锂电池（包括可充锂离子二次电池和可充锂二次电池体系）中的相和界面很多，相内部和界面之间的物质与电荷传输决定了电池的动力学行为。最简单的模型，可以表示为图 4.1，其中相 1 和相 3 是活性电极材料，是离子和电子的混合导体，或者是离子导体相与电子导体相的物理混合，相 2 在理想情况下是离子导体，理想情况下锂离子的迁移数是 1；如果存在电子渗漏，那最直接的后果是自放电速度增大，电池荷电保持能力差。

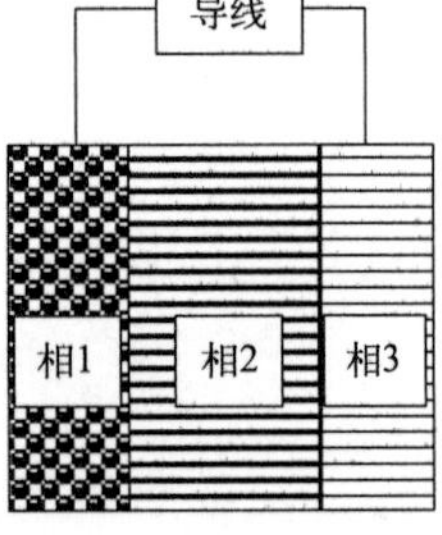

图 4.1　简化锂电池模型

相 1 和相 3 的电压差 U 由三个因素决定，即

$$U=\varphi_{相3}-\varphi_{相1}-\varphi_{交换}$$

$\varphi_{交换}$可以简单认为是相 1 和相 3 直接接触时两相之间的电子/电

荷交换引起的电势差，通俗地讲，与铜线和铁线相互接触时两相之间因为电子交换产生电势差的情形十分类似。$\varphi_{相3}$ 和 $\varphi_{相1}$ 分别代表两相中活性粒子的能级水平，外在表现形式就是电极电位。电极电位通过 Nernst 方程体现出来，以 $Li_{1-x}Co_{1-x}^{3+}Co_x^{4+}O_2$ 体系为例，其能斯特方程为

$$\varphi=\varphi^{\ominus}+\frac{RT}{nF}\ln\frac{f_{Co^{4+}}^{x}[Co^{4+}]^{x}}{f_{Co^{3+}}^{1-x}[Co^{3+}]^{1-x}}$$

式中，$[Co^{4+}]$ 代表材料中 Co^{4+} 的浓度，$[Co^{3+}]$ 代表材料中 Co^{3+} 的浓度，f 代表相应粒子的活度系数，x 和 $1-x$ 分别代表相应粒子的摩尔分数。上式代表的是下述反应的能斯特关系：

$$Co^{4+}+e \rightleftharpoons Co^{3+}$$

该体系的电极电位，本质上是由发生化学变化的过渡金属氧化还原电对决定的，形式上则是由锂离子浓度（活度）“决定的”，活性材料中过渡金属化合价改变同时伴随着锂离子的脱出/嵌入和电子的离开或者进入过程，锂离子脱出时，电子离开，母相中某种过渡金属（例子中的三价钴离子）被氧化成更高的价态（四价钴离子），这个反应本质决定了母相材料必须同时是电子和离子的良好导体。

过渡元素化合价的变化伴随着锂离子脱嵌，上边 $Co^{4+/3+}$ 的反应在表观上体现为

$$yLi^{+}+ye+Li_{1-x}Co_{1-x}^{3+}Co_x^{4+}O_2 \rightleftharpoons Li_{1-x+y}Co_{1-x+y}^{3+}Co_{x-y}^{4+}O_2$$

用锂离子浓度表示的能斯特方程就是

$$\varphi=\varphi^{\ominus}+\frac{RT}{nF}\ln\frac{f_{Li^{+}}^{y}[Li^{+}]^{y}f_{Li^{\sigma}}^{y}[Li^{\sigma}]^{y}}{f_{Li^{\varepsilon}}^{1-x+y}[Li^{\varepsilon}]^{1-x+y}}$$

式中，f 代表相应粒子的活度系数，[ ] 代表相应粒子的浓度，Li^{+} 代表参与反应的锂离子，σ、ε 分别代表 $Li_{1-x}Co_{1-x}^{3+}Co_x^{4+}O_2$ 和 $Li_{1-x+y}Co_{1-x+y}^{3+}Co_{x-y}^{4+}O_2$ 中元素锂具有的电荷数。暂时认为所有储锂活性电极材料中的锂都以“锂离子”存在。上式看起来似乎不正确，这里涉及固相中锂离子浓度（活度）的计算。

同样道理，$Li_{1-x}Mn_{1-x}^{3+}Mn_{1+x}^{4+}O_4$ 的电极电位表观上是由锂离子的浓度决定，本质上是由 Mn^{3+}/Mn^{4+} 的相对含量决定，当然，更加本质的则是纯物理因素，是由过渡金属离子所处的晶体结构、费米能级位置所决定。

4.2 非平衡电位分布问题

下面讨论一个非平衡问题，这个问题的发生背景为：当测量电极所处的环境电位分布不均匀时，外部测量的电位与空间上不均匀分布的电位的关系。针对锂离子电池，通俗讲就是，当正极上活性物质的荷电状态在空间上分布不均匀时，外部测量的电位代表什么。此外，空间某位置的实际电位与实测电位的差值有多大。

假设正极反应为

$$LiM_xY_y \rightleftharpoons Li^{+}+e+M_xY_y$$

负极反应为

$$Li^{+}+e+C_6 \rightleftharpoons LiC_6$$

正反应为充电过程，逆反应为放电过程。描述体系的电极电位满足 Nernst 关系，即

$$\varphi = \varphi_{平} + \frac{RT}{nF}\ln\frac{c_{Li^+}}{c_{Li^+}^0}$$

式中，c_{Li^+} 代表表面浓度，$c_{Li^+}^0$ 代表平衡浓度。极端情况是，当 $c_{Li^+} \rightarrow 0$ 时，Nernst 方程的适用性如何，很少文献讨论这个问题，可能的原因在于，研究电化学科学的研究者大部分不熟悉物理，精通物理的研究者在研究电化学科学时，没有注意到这个问题。电极过程动力学基础理论中基本没有谈论 Nersnt 方程的适用范围，实际上就是默认该方程在任何条件下都适用；从物理角度出发，它只适合平衡条件：热力学方式推导过程都是热力学量，自然满足平衡条件。动力学角度出发推导的前提是正逆向绝对速度相等。

锂离子电池，无疑是扩散控制的电池反应，正负极均是如此。在有电流通过的时候，正负反应的绝对速度不相等，于是才会出现外电流。此时，我们还用 Nersnt 方程来描述这个体系。那么，当某种反应粒子浓度接近 0 时，会如何呢？

首先不妨假设最简单的情况，如图 4.2 所示，右侧一活性粒子载体，左侧是电子良导体（即导电性能良好的导线），载体如果是电子良导体，那么其上面的电位可以假设是到处相等（当然，对于复杂几何，可以不相等），此时，左侧的导线不论连接到载体的什么位置，测量的电位都相同；假如载体导电性不好，其上存在电势梯度，假设是呈线性分布的，如图 4.2 竖向箭头所示，此时，如果导线位于 B 位置（载体中间），可以预料，此时测量的电压是载体电压的平均值，载体具体位置的电压数值会不同程度地偏离这个平均值。假如导线位于 C 位置，此时测量的电压，应当不是载体在 C 位置局部的电压数值，而应当是某个平均值，这个数值会低于载体在 B 局部位置的数值。假如导线接触在载体端点 $x=0$ 的位置，此时测量的电位肯定不是仅仅由载体在 $x=0$ 位置的电位决定的，必然与载体在其他位置的电位有关系，也就是说，即使在 $x=0$ 位置锂离子浓度为 0，实际测量的电极电位也必然不会是 ln0。

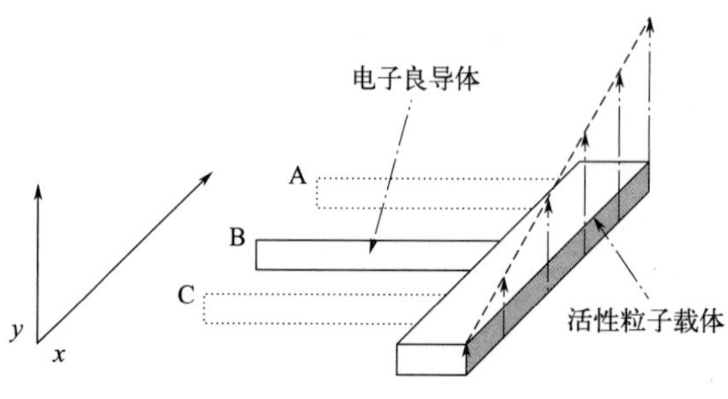

图 4.2　电化学系统示意图

假设载体上电位分布函数是 $f(x)$，导线接触到载体任一位置测量的电位，必然是 $f(x)$ 的某种形式的平均结果。也许可以采用普里高津处理非平衡热力学体系的思路可以解决这个问题，将载体沿着 x 轴方向分成若干单元，任意两个单元之间处于热力学平衡态，满足 Nernst 方程（这里指的是严格满足），于是

$$\varphi_{i,i+1} = \varphi_{平} + \frac{RT}{nF}\ln\frac{c_{i+1}}{c_i}$$

$$c_{i+1} = f(c_i, x_i)$$

在任意两个单元之间建立平衡关系，在此，函数 $f(x)$ 的形式不局限于线性函数。第一个方程代表相邻两个单元之间的电位关系，第二个代表浓度与位置的关系。实际体系的复

杂性还在于，导线不是仅仅接触载体的局部，而是与载体全部接触的，导线也不是电子的良导体，或者说，导线表面电位也是位置的函数。

另外一种可能是，当氧化还原电对中的一个物种不存在时，测量的电极电位实际上也是该氧化还原电对的电位，以 Cu^{2+}/Cu 为例，当将金属铜浸入比如硫酸钠的水溶液以后，微量的铜原子立即失去电子形成吸附在铜金属表面的铜离子，于是构成了 Cu^{2+}/Cu 电对，虽然在表面上看来溶液中没有 Cu^{2+}。

总之，这种极端条件下的电化学方程的适用性和合理性问题，也许可以成为一个有趣的科学研究课题。

4.3 母相中元素锂价态

锂离子电池充电时，锂离子从正极活性材料中脱出，经过液相到达负极并嵌入到负极活性材料中；放电时过程相反。在正极，电化学反应可以表示为

$$[\mathrm{Host,p}]^{m-}\mathrm{Li}^{m+} \rightleftharpoons \mathrm{Host} + \mathrm{Li}^{+} + \mathrm{e}$$

此处 m 取值范围为 [0，1]，[Host，p] 代表正极嵌锂材料。在负极，电化学反应可以表示为

$$[\mathrm{Host,n}]^{p-}\mathrm{Li}^{p+} \rightleftharpoons [\mathrm{Host,n}] + \mathrm{Li}^{+} + \mathrm{e}$$

[Host，n] 代表负极嵌锂材料，上标 p 取值范围为 [0，1]。

关于“锂离子”在正极以及负极活性材料母体中的价态，目前还没有定论，一种观点认为元素锂是以零价形式存在，还有观点认为是以+1 价形式存在，电子为母体材料所拥有。笔者认为，不会以 0 价形式存在，电子为母体材料所拥有，但是，很难以完全的+1 价形式存在，应当是带部分正电荷，所带电荷数取决于母体材料的电子结构。

例如，负极石墨中锂的电荷数要小于正极钴酸锂中锂的电荷数，即 $p<m$。原则上，只有相对于 Li^0/Li^+ 的电位为 0 时，才可以认为母相中的锂是以 0 价存在的。当母相电位高于 Li^0/Li^+ 的电位某个极限值 τ 时，是以理想的正一价锂离子 Li^+ 存在，当电极电位位于 0 和极限值 τ 之间时，元素锂是以部分正电荷 σ 存在的，$0<\sigma<1$，这种情形类似于某些金属表面吸附的“质子”的化合价大于 0 小于+1 的情形，或者说类似于共价键的情形（通俗的，举例讲，通常认为 CO 中 C 的化合价为+2，O 为−2，实际上 C 原子电荷数小于+2；虽然有针对锂化合物中元素氧和过渡金属真实化合价的讨论，但是没有定论）。在石墨类材料中，不能排除石墨中的大π键与“锂”共有电子的可能，如果存在共有，或者是锂核与大π键之间存在一定程度的相互作用，形成弱的共价键，那就具有部分非整数正电荷（即 $0<\sigma<1$）的特点。

嵌入到母体中的锂离子存在状态（指化合价）是未知数，笔者认为，电极电位越高，锂离子的价态将越接近+1，锂的价态和其所处环境的近似定性关系如图 4.3 所示。

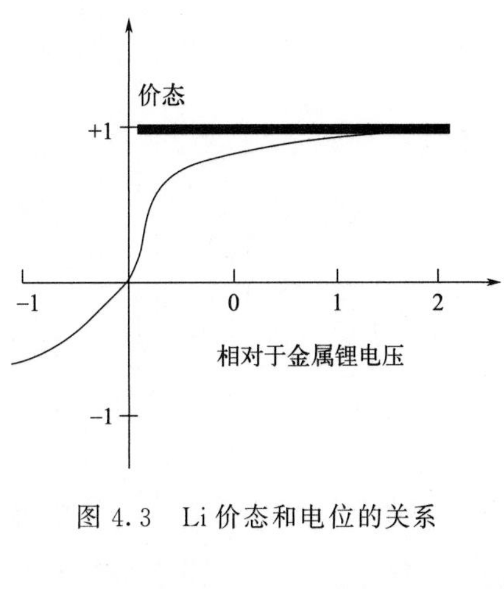

图 4.3　Li 价态和电位的关系

当所处环境电位低于 0V 时，锂带负电；当电位高于 0V 时，失去电子而带正电，不过，当电位偏离 0V 不远时，带部分正电荷，这方面有一定的实验证

据，有+0.5和+0.95价态的报道。带部分电荷的锂离子，也许可以理解成一个+1价的锂离子和母相中某个/某些电子存在着藕断丝连的相互作用。

图中的纵坐标也可以理解成+1价的锂离子和-1价的电子之间的距离，电极电位为0时代表二者距离为零，电极电位低于0V时，代表另一个电子逐渐靠近锂原子。带部分正电荷时，+1价锂离子和一个-1价电子隔着一定距离相互作用。完全带一个单位的正电荷时，代表一个自由的不与任何电子发生作用的+1价的锂离子的存在。

用从头计算法得出在 $LiMO_2$ 中Li的静电荷大约为+0.7，与过渡金属的种类几乎无关。

图4.3中，带有完全一个单位正电荷的锂离子存在的最低电位，也许是2.0V，也许是1.0V，图中是个示意结果。

举个例子，$Li_4Ti_5O_{12}$ 是脱锂态组成，锂化后组成为 $Li_7Ti_5O_{12}$，嵌入的三个锂离子和母相中原有的4个锂离子所带的正电荷，应当不一样，这两类锂离子的活性，自然也不一样。计算锂离子浓度时，以 $Li_6Ti_5O_{12}$ 为例，取“2”比取“6”更加合理。

对于正极材料，因为电极电位远大于0V，可以认为其中的锂以+1价形式存在。

如果不追求这个细节，无论“锂离子”在哪里，都可称之为“锂离子”。

还有一点就是，在母体材料中，处于扩散传输中的锂离子的价态与处于平衡位置的锂离子的价态，应当也是不一样的，平衡位置（如尖晶石锰酸锂中的四面体平衡位置点）相当于一个势阱，平衡位置处的锂离子的价态应当低于处于母相扩散通道中运动中的锂离子的价态。

4.4 表面电荷转移位置

在图4.1中，对于锂电池体系，相1是负极，相2是电解液或者锂离子导体（暂时将液态电解液、固态锂离子导体统称为电解液），相3为正极，相1/相2以及相3/相2之间存在界面层，主要原因是电解液的化学稳定窗口为1.5～4.3V，实际的负极工作电位到0V，正极到4.5V，界面的存在弥补了电解液化学窗口小的缺点。能否形成稳定的界面层，决定了活性材料与电解液构成的体系是否具有可接受的循环稳定性及其实用化的可能。对于正极，表面存在ECM薄膜层，电解液/ECM/正极结构，如图4.4所示。

正极反应，一般性的表述是

$$x\mathrm{Li}^+ + x\mathrm{e} + \mathrm{MO}_n \rightleftharpoons \mathrm{Li}_x\mathrm{MO}_n$$

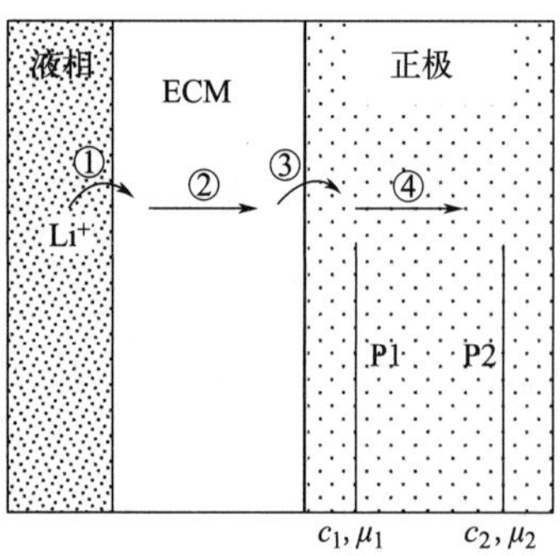

图4.4 电解液/表面层/母相三层结构示意图

对于图4.4中的过程②和④，都属于扩散过程，扩散过程的表观驱动力是浓度梯度，本质一点说是化学势梯度，假设与扩散方向垂直的两个面P1和P2，P1位置化学势为 μ_1，浓度为 c_1，P2位置化学势为 μ_2，浓度为 c_2，忽略活度系数，化学势为

$$\mu_i = \mu_i^{\ominus} + RT\ln c_i$$

两个面之间的化学势差为

$$\Delta\mu = RT\ln(c_2/c_1)$$

扩散的驱动力是 F，该力做的功为 W，那么存在下述关系

$$W = FL$$

式中，L 代表两个面之间的距离，功等于自由能的改变，

单位物质自由能的变化就是化学势，于是满足

$$\Delta\mu = -W$$

于是得到

$$F = \frac{RT}{L}\ln\frac{c_1}{c_2}$$

当驱动力和扩散速度不再随时间改变时，达到稳态扩散，扩散流量和驱动力的一般关系式可以表示为

$$J = a + bF + cF^2 + dF^3 + \cdots$$

一般情况下，F 远小于 1。因此，高次项可以忽略。此外，在没有驱动力的情形下不存在扩散流量，即 $a=0$，因此得到

$$J = bF$$

假设扩散的 i 物质的浓度为 c_i ，单位物质量的离子的驱动力就是 $-\mathrm{d}\mu_i/\mathrm{d}x$ ，于是

$$J = -bc_i\frac{\mathrm{d}\mu_i}{\mathrm{d}x}$$

考虑化学势公式 $\mu = \mu^{\ominus} + RT\ln c_i$ ，得到

$$J = -bRT\frac{\mathrm{d}c_i}{\mathrm{d}x}$$

推导上述关系的另一个途径是根据经验，扩散速度与浓度差成正比，与距离成反比，与扩散系数成正比，在一维的条件下，Fick 第一定律给出了扩散方程的具体形式，即

$$J_{扩} = D\frac{c_1 - c_2}{L}$$

式中，L 就是两个面之间的距离，扩散电流为

$$I = nFJ_{扩} = nFD\frac{c_1 - c_2}{L}$$

当存在浓度梯度时，也就是反应点锂离子的浓度 c_s 偏离了本体浓度 c_0 以后，电极电势也发生变化，对于电极反应

$$x\mathrm{Li}^+ + x\mathrm{e} + \mathrm{MO}_n \rightleftharpoons \mathrm{Li}_x\mathrm{MO}_n$$

在平衡态下 Nernst 关系为

$$\varphi_{平} = \varphi_{平}^{0'} + \frac{RT}{nF}\ln\frac{c^x_{\mathrm{Li}^+,0}c^1_{\mathrm{MO}_n,0}}{c^1_{\mathrm{Li}_x\mathrm{MO}_n,0}}$$

假设发生极化现象后界面位置的反应仍然满足热力学关系，即满足 Nernst 方程，当参与反应粒子的浓度偏离平衡态为 c_s 后，此时 Nernst 方程形式为

$$\varphi = \varphi_{平}^{0'} + \frac{RT}{nF}\ln\frac{c^x_{\mathrm{Li}^+,s}c^1_{\mathrm{MO}_n,s}}{c^1_{\mathrm{Li}_x\mathrm{MO}_n,s}}$$

式中，下标 s 代表表面浓度，上标 0 代表本体浓度。浓度梯度的存在导致反应粒子浓度偏离本体浓度，并通过 Nernst 关系使电极电位偏离平衡值，这个过电位称为“浓差过电位”，上述反应的浓差过电位一般形式为

$$\eta_{浓差} = \varphi - \varphi_{平} = \frac{RT}{nF}\ln\frac{c^x_{\mathrm{Li}^+,s}}{c^x_{\mathrm{Li}^+,0}} + \frac{RT}{nF}\ln\left(\frac{c^1_{\mathrm{MO}_n,s}}{c^1_{\mathrm{MO}_n,0}} \times \frac{c^1_{\mathrm{Li}_x\mathrm{MO}_n,0}}{c^1_{\mathrm{Li}_x\mathrm{MO}_n,s}}\right)$$

参与反应的母相物质浓度看成恒定值的话，上式中的最后一项数值很小，接近0，可以忽略，于是

$$\eta_{浓差}=\varphi-\varphi_{平}=\frac{RT}{nF}\ln\frac{c_{Li^+,s}^x}{c_{Li^+,0}^x}$$

在电极反应中，是有电子参与反应的，通常在进行 Nernst 关系分析时，都忽略电子的影响，这种忽略，相当于认为电子浓度是定值，且电子的传输充分满足反应需要。对于某些电子浓度很低、电子传输能力很差的物质，比如 $LiFePO_4$，需要考虑电子的影响，此时，如果假设平衡态时电子浓度为 $c_{e,0}$，发生电极反应后电子浓度为 $c_{e,s}$，那么浓差极化中就引入了慢的电子传输对浓差极化的贡献，此时为

$$\eta_{浓差}=\varphi-\varphi_{平}=\frac{RT}{nF}\ln\frac{c_{Li^+,s}^x}{c_{Li^+,0}^x}+\frac{RT}{nF}\ln\frac{c_{e,s}^x}{c_{e,0}^x}$$

当电子传输速度较慢时，电子传输动力学方程，也可以参考锂离子传输的动力学方程，二者在形式上完全相同，即电子在传输方向上的两个界面上的传输满足

$$I_e=nFD_e\frac{\Delta c_e}{L}$$

图4.4中的过程①和③发生在界面的位置，对于这两个界面处细节的讨论，也许有利于揭示活性材料颗粒表面界面层的本性。不妨先假设界面层具有某种特性，然后讨论这两个过程。

(1) 假设界面层是电子导电性质的

如果界面层是电子导电性质的，那么存在这样的可能：锂离子在界面层外侧得到电子变成锂原子。若如此，在过程①中发生锂离子和电子的结合过程，此时测量的电极电位就将接近0，并且在活性电极材料的外表面形成沉积的金属锂。上述假设和实际情况均不符合；假如仍然发生锂的嵌入过程，穿过界面层的将不是锂离子，而是锂原子，而这种可能性很低。因此，界面层根本不可能是电子导电的，只能是离子导电的。相应的，锂离子得到电子变成锂原子，或者是锂离子和电子达到预定距离范围以内的空间内的过程，都是发生在过程③甚至还要以后。

电子导电性的假设成立的话，相当于大部分活性物质被孤立起来，不能得到利用。

(2) 假设界面层是离子导电性的

当界面层是导锂离子的薄膜层时，扩散到界面层外表面的锂离子在过程①发生去溶剂化过程，即溶剂化的锂离子从溶剂外壳层中逃逸出来成为自由的锂离子的过程，然后完全/部分自由的锂离子穿过界面层进入到界面层与母相之间的界面，在这里锂离子得到电子（对于负极）或者与“预先约好的电子”继续向某个特定区域前进，直到二者距离小于某个特定值为止。

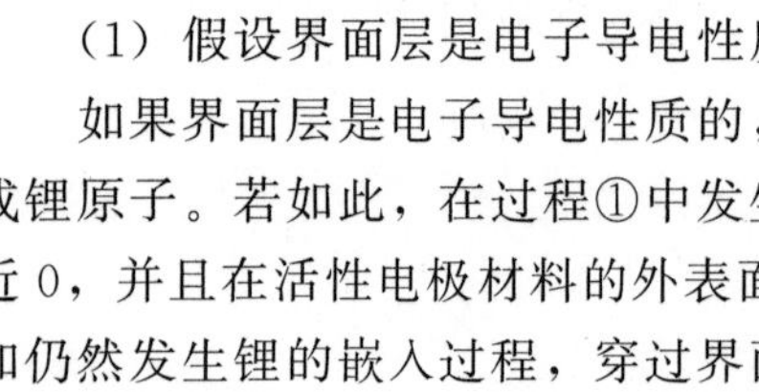

图4.5 表面包覆完美的电子导电层后界面结构与反应机制模型

有不少文献提到，通过包覆电子导电层可以明显改进活性材料的电化学性能，看起来和上述讨论矛盾。实际上，很难在一个体积不断进行膨胀/收缩的颗粒表面包覆一层完美的电子导电薄膜。从上述分析可以预言，对于一个高脱嵌锂活性母相颗粒，比如 $LiCoO_2$ 或者 $Li_4Ti_5O_{12}$ 颗粒，假如能够实现完全包覆一层电子导

电薄膜的话，这样的颗粒将完全失去脱嵌锂能力，测量的电位将接近 0V，会发生表面沉积锂现象。这样的颗粒，它的结构模型和反应模型，如图 4.5 所示，整个颗粒处于被短路的状态。上述讨论反证了，无论是正极还是负极，表面形成的界面层都必然是离子导电的，这是优先选项。

然而，绝对不导电子的假设，也不成立，除非另有其他电子通路。负极表面 SEI 层可以满足这一点，因为负极本身就是电子的良导体。但是对于正极，情况有所变化，正极比如磷酸铁锂，电子导电性很差。放电时，锂离子嵌入到母相中某个位置，同时必然有个电子到达距离这个位置不远的 Fe 原子上。如果其电子导电性很差，那就必然要采取补救措施，比如纳米化、表面包覆碳。但是，包覆的碳层一定要同时满足出色的锂离子传导能力，否则，即使电子导电性满足，但是又阻碍锂离子传输，也会无效。

根据上述分析，笔者倾向于锂离子得到电子的位置（如果发生的话，比如碳负极或者金属锂负极）是活性颗粒表面上的界面层内侧，例如，对于负极 SEI 层，是发生在 SEI 与碳负极或者金属锂之间的界面上。对于正极，发生在正极本征相与表面相之间。但是不排除，在正极锂离子还是锂离子，根本不会得到电子。

4.5 嵌入反应机理[1-6]

很多粒子可以可逆地从母体结构中嵌入或者脱出，移动的粒子可以是原子、离子、分子，例如质子、锂离子、钠离子、钾离子、空位、一些阴离子、有机大分子等，母体结构变化微小，通常仅仅是体积有些变化，而主体结构的一般特征得以保持。insertion/extraction 两个词和 intercalation/de-intercalation 的区别，笔者也不是很清楚，暂时认为后者是针对母体结构为层状结构而言的，前者范畴大于后者。例如，对于尖晶石结构锰酸锂的脱嵌锂反应，用后者就不合适。层状结构中，层间结合力比较弱，这决定了层状结构嵌入外来离子的数量必须控制到一定限度。和其他嵌入结构相比，层状结构更加容易崩溃。

母体结构有开放的骨架或者层状结构，自由空间中允许外来离子自由进出，如果嵌入的粒子随机占据母体中的间隙位置，这样的反应类似于固溶体反应；如果占据特定的位置，那么就伴随着新相形成。

由于嵌入/脱出过程中必须保持电中性，所以，只要是离子的嵌入/脱出，必然伴随着电子的进入/离开过程，这也就意味着，母体材料既要有良好的电子导电特性，还要有一定的离子导电能力。通常，离子在母体材料中的浓度随着温度升高而迅速增大。

有时将层状结构分成 floating layer structure 和 pillared layer structure，前者指母体层间外来粒子都是可以移动的，后者指母体层间存在不能移动的外来粒子。

如果客体粒子随机占据母体中的间隙点，此时就是固溶体型反应，电极电位会连续变化；如果占据特定点，会导致新相的形成，电压恒定不变；如果被占据的间隙点有能量差别，那么将首先占据能量最低的位置，当这些位置填充满以后，再占据能量稍高的位置，此时具有多个电压平台，每个平台代表两相的平衡。

对于固溶体类型的反应，嵌入锂离子随机占位，不形成相界面，如图 4.6 所示[6]，此时的扩散系数仅仅代表锂离子的随机扩散；两相机理 1 代表的是嵌入的锂离子占据能量最低的间隙位置，对于其占据的位置来说是随机分布的，形成新相，此时，两相（富锂相和贫锂相）存在相界面，锂离子的扩散系数就是两相界面的移动速度；对于两相机理 2 的过程，首先，锂离子占据能量最低点并且在这些位置规规矩矩地有序排列，存在两相界面，通常，在最低点位置被占满以后，随后进入的锂离子会占据能量稍高的位置，两种位置之间的能量差别很小。

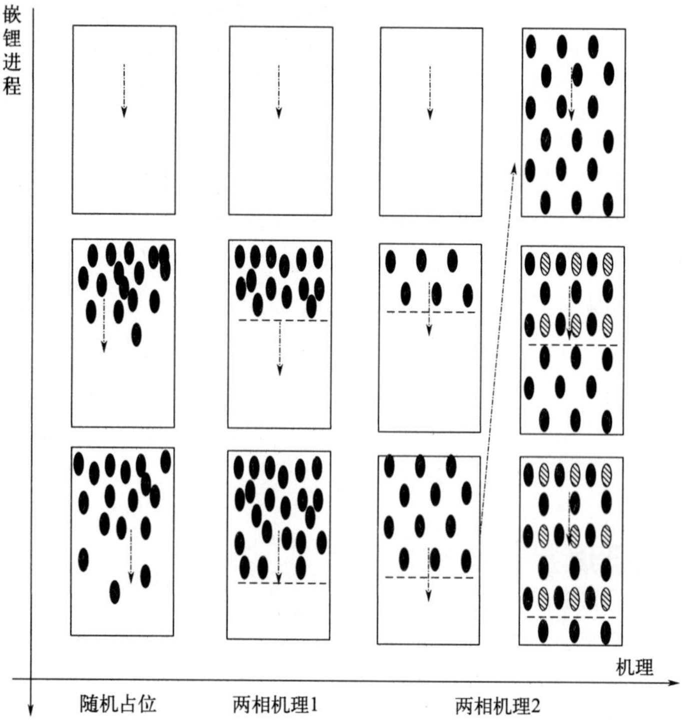

图 4.6　几种嵌入机理

与图 4.6 中随机占位机理对应的充放电曲线是图 4.7 的曲线 1，与两相机理 1 对应的充放电曲线，如图 4.7 的曲线 2，与两相机理 2 对应的充放电曲线，如图 4.7 中的曲线 3。

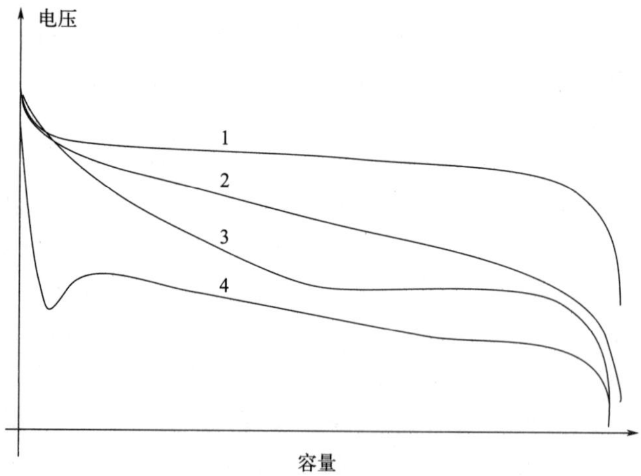

图 4.7　典型的放电曲线形状示意图

Li_xNiPS_3 和 $K_{0.27}V_2O_5$ 的锂离子嵌入反应，具有一定的代表性[3]。对于前者，存在两种适合锂离子占据的间隙点，两种位置的占据都是随机性质（固溶体反应）的，所以，电位-组成曲线上有两个倾斜的平台，如图 4.8 所示（当锂离子嵌入量大于 1.4 后，另一个反应发生)；对于后者，存在三种适合锂离子占据的间隙点，其中，第一种间隙点的占位是随机性质的，因此，电位平台倾斜；另外两种占位都是有序的，即都是两相平衡机理，所以，另外两个平台特别平，如图 4.9 所示。

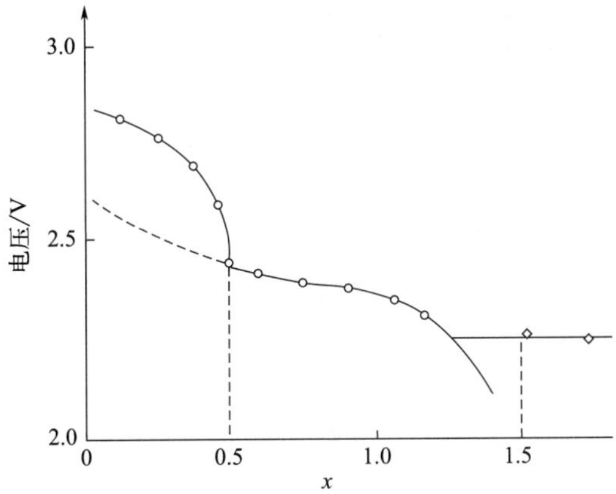

图 4.8 Li_xNiPS_3 的电位-组成曲线

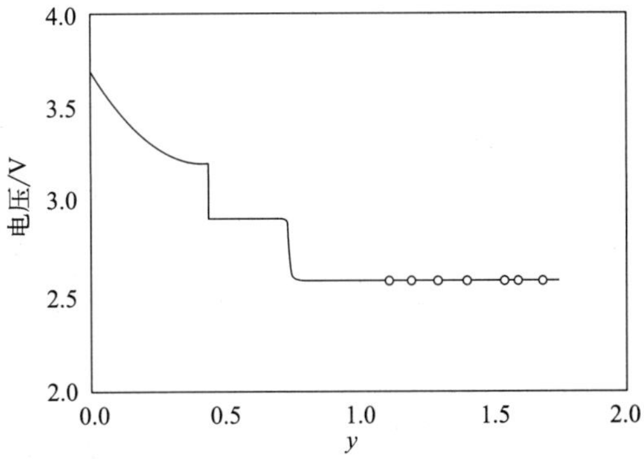

图 4.9 $Li_xK_{0.27}V_2O_5$ 的电位-组成曲线

锂离子反复嵌入/脱出，有时会诱导母体结构从晶态向非晶态转变，尤其是对那些多步反应机理的嵌入材料，多相的存在意味着反应中不同相之间内应力的存在，与动力学过程耦合，导致“非晶”相形成（这里的非晶应当不是完全经典意义上非晶；并且，这里的非晶在很大程度上包含了内应力等因素，这些因素也会引起电压平台倾斜、多个电压平台相互融合的现象)。从晶态向非晶态的转变，最直接的现象就是锂化初期多个平台会在随后的循环中逐渐消失，融合成一个倾斜的平台。

比较典型的就是 $Li_xV_2O_5$ 体系，首次嵌入时依次出现相应的结构相，数次循环以后，变成非晶结构，相应的，充放电曲线形状也会变化。

4.6 新型材料开发途径与限制因素分析

常用电解液化学稳定窗口，下限为 1.50V 左右，上限为 4.0V。理论上，正极和负极都应当处于这个化学窗口范围以内，这是长循环寿命的必要前提。实际应用中，电化学窗口大于上述数值，这主要源于现场形成的固体电解质层：在负极称为 SEI 层，在正极称为 ECM 层，这种现场形成的固体电解质层的稳定性决定了目前锂离子电池的循环寿命、搁置寿命，界面层处于亚稳态。

有一些关于上万次循环寿命的宣传报道，若达到这样的循环寿命，原则上正负极材料需要处于电解液化学窗口范围内。换个角度说，构建稳定的正极与负极界面层是改进循环的有效手段。

4.6.1 高比能量条件分析

电池的工作电压要大，这和正负极的电压以及电解液的（电）化学窗口有关；正负极活性材料中母体组成元素的原子量要低；活性材料的真实密度要大；活性材料的有效容量要大；脱嵌锂电位要平，此时，多相反应机理要优于固溶体反应机理；使用轻型固态或者凝胶态电解质替代液体电解质；尽可能大的活性材料颗粒，微米材料优于纳米材料。

4.6.2 高比功率条件分析

达到高比功率目的，对于受扩散限制的锂离子电池体系来说，主要通过提高锂离子传输速度来实现。理论上，具有三维扩散通道的材料要优于具有二维扩散通道的材料，具有一维扩散通道的脱嵌锂材料最不适合作为高比功率活性电极材料。

锂离子的扩散通道要尽可能大；如果使用固体无机电解质，固体电解质和活性材料中锂离子的扩散机制、扩散通道，二者的晶体结构、膨胀系数等都要匹配；显然，液态电解液优于胶态电解液，固态电解质最不合适高功率；活性物质颗粒尺寸尽可能小；从脱嵌锂机理角度分析，多相反应机理不如固溶体反应机理更加适合于高比功率的目标。

显然，扩散通道大、使用液态电解液、颗粒尺寸小型化这三个要求与高比能量条件相矛盾。

4.6.3 高循环寿命条件分析

尽量选择固溶体反应机理的脱嵌锂材料，多相反应机理的脱嵌锂材料不适合高循环寿命，因为两相界面始终存在内应力；要尽可能选择脱嵌锂电位处于现有锂离子电池电解液化学窗口以内的正极、负极活性材料；对于嵌入类母体材料，大颗粒优于小颗粒，对于置换反应机理的，小颗粒优于大颗粒；不同组件材料之间的匹配要更加严格。

高循环寿命、大功率密度、高比能量，这三参数间相互矛盾，三者都满足是不可能的，三者之间如何平衡，则由市场决定。

4.6.4 化学元素周期表的启示

目前，锂离子电池嵌锂材料的主要元素，除了氧、锂元素以外，基本处于第四周期，特点是具有多个价态，原子量处于47～59（Ti～Ni）范围，化合物的可逆脱嵌锂容量在120～200mA·h/g范围。作为负极的碳，位于第二周期，可逆容量为372mA·h/g，原子量为12，最大嵌锂组成为LiC_6。

寻找新型锂离子电池材料，如果是选择氧化物，如前边所述，脱锂与嵌锂过程的滞后太大；如果开发多元过渡金属化合物，或者平台太多，或者工作电压范围太大（三元层状材料电压范围很大，这种情况是否适合实际应用，要看下游产品决定）。

如果致力于其他处于更高周期的（第五周期以上）元素或者含有这些元素的化合物，一个最大的难题是要求这些材料必须具有更高的单位母相原子可逆脱嵌锂（或者锂化）量。由于原子量提高，若希望比能量参数至少保持不减少，则可逆嵌入锂量必须增大。为了保证能量密度参数至少不减小，新材料的真实密度、振实密度等密度参数也不能小。

例如，作为负极，目前使用的碳材料，其372mA·h/g的容量对应的组成中Li/C的原子量比大约为6：72=1：12。如果是使用原子量为28的Si作为负极，若要求其容量大于372mA·h/g的话（低于此值没有意义），要求其可逆的锂与母体Si的质量比不能小于1：12，相应的组成就是$Li_{0.333}Si$（或者是$Li_{0.333+\Delta}Si$，Δ代表非活性锂），或者是写成$Li_{2.0}Si_6$，与LiC_6的组成比，对于Si母体材料，至少要求其可逆锂量在碳材料的基础上增大1.0倍，才有实际应用的可能。

假如考虑元素Sn，其原子量为119，要求其可逆容量至少为372mA·h/g时，对应的

组成为 $Li_{1.42}Sn$（1.42 代表可逆锂离子物质的量，考虑非活性锂时，可表示成 $Li_{1.42+\Delta}Sn$），或者是 $Li_{8.5}Sn_6$，与 LiC_6 的组成比，对于 Sn 母体材料，至少要求其可逆锂量在碳材料的基础上提高 7.5 倍，才有实际应用的可能。

上述分析是针对质量比容量参数，实际体系中更多的是考虑质量比能量参数，也就是质量比容量与电压的乘积。明显，使用 Si 或者 Sn 负极（以二者为例子说明）时，由于锂化平台至少比碳负极提高了 0.2V，在质量比容量相等的前提下，质量比能量也是降低的，要满足保持质量比能量不变的目的，必须再适当增大质量比容量的要求（因为电压平台的变化是本征的，是不可能改变的）。

分析体积比容量以及体积比能量参数时，情形类似。Si 密度为 $2.3g/cm^3$ 左右，Sn 密度为 $7.3g/cm^3$ 左右，石墨密度为 $2.25g/cm^3$ 左右。假设目前的碳负极被某种其他负极所取代时，单位体积母相可逆锂量不能低于碳负极材料，否则就会引起新电池体积比容量、体积比能量参数的降低。Si 和 Sn 完全锂化后体积膨胀达到 400%（如果考虑二者作为掺杂成分掺杂到碳基材料中使用，它们始终处于高锂化态；如果考虑单独作为负极材料使用，并且利用其低锂化态的话，其电压平台必然相对要高很多，这会导致电池电压偏低，而且，这种条件下的使用也避免不了活性材料的逐渐完全锂化过程，也就是说，低锂化态使用也无法避免活性材料的实际密度远远低于真实密度；反之，如果利用其高锂化态，密度必然很低，这一点是很明显的。对于 $Li_{x+\Delta}M$，x 代表可逆锂量，Δ 代表惰性锂，在考虑体积比参数时，不能只考虑 M 的密度，而是应当至少考虑 $Li_{\Delta}M$ 的密度），这是个很坏的消息，除非使用在可以不考虑电池体积比参数的应用领域。

对正极的分析与负极类似，不过稍微麻烦一点，正极的组成通式为 Li_xMO_2，其中 M 代表一种或者数种过渡金属，Li 和 O 的存在使计算稍微惹人烦，更简单的就是使用 MO_2 来简单估算。先不考虑过渡金属的改变引起电压变化这个事实，以 CoO_2 为例，假定取其容量为 150mA·h/g，对应的组成近似为 $Li_{0.6}CoO_2$（或者为 $Li_{0.6+\Delta}CoO_2$），Li/CoO_2 质量比约 1/22，假如以 VO_2 替代该材料，要达到 1/22 的 Li/MO_2 的质量比，组成至少为 $Li_{0.54}VO_2$，因为 V 原子量低于 Co；如果使用第六周期的 W 取代 Co，组成至少是 $Li_{1.4}WO_2$ 才可以满足。事实上，对于一个过渡金属承担一个以上可逆锂进出的要求，是有点过分了。

上述分析基本上可以看出，对于负极，不考虑电压变化前提下，活性材料 M 替代碳负极的前提是储锂量不能低于 Li/M（或者是 $Li/Li_{\Delta}M$，即考虑非活性锂的情况）=1/12；对于正极，MO_2 取代 CoO_2 时必须满足 Li/MO_2 质量比不能小于 1/22，对于不具有 MO_2 组成，比如 M_2O_3，也可用类似方法分析，或者直接使用 $MO_{1.5}$ 来表示而不会引入无法忍受的误差。对于橄榄石结构磷酸盐的情形，可以用 Li/MPO_4 比值来分析。

如果再考虑电压的变化、平台的倾斜度的话，要求的条件会再苛刻一些，可以近似认为，对于负极 M 的要求为 Li/M=1/10，对于正极 MO_2 或者其他阴离子基团的要求是至少满足 Li/MO_2=1/20，才可能满足商业化要求。

氧化物作为锂离子电池电极材料的研究，在当前是比较热的，假设是 MO，M 取 50，满足 1/10 的负极条件时，对应组成为 $Li_{0.94}MO$，有的研究者习惯不考虑 O 成分，那么就是 $Li_{0.7}MO$，如果同时认为 Li_2O 的形成是可逆的，那么对于 MO 来说，是很容易满足大于 1/10 的条件，不过它们没有明显电位平台。

4.7 三相界面

锂离子电池中也存在三相界面，指锂离子导体、电子导体以及活性物质三相。最佳活性点应当同时具有良好的电子导电性和锂离子导电性。

如图 4.10(a) 所示，由于一个反应涉及电子通路和锂离子通路，此时，在微孔内电流密度的分布如图 4.10(c) 的曲线 A 所示，靠近液相一侧位置电子导电阻力太大，靠近集流体附近的活性物质反应的离子传输阻力太大，只有中间位置既能满足电子传输又能满足离子传输，才能真正发生电化学反应，那里的电流密度最大，相应的，那里的活性物质利用率也最高。基于这样的模型，要想提高活性物质利用率，活性材料的厚度要尽可能薄，活性材料孔隙率要尽可能高一些。

一般，采用活性物质和导电剂混合的办法提高活性物质的利用率，如图 4.10(b) 所示(图中的活性物质相和导电剂完全混合，等于认同活性物质相具有满足的电子导电能力)，此时，电流密度最大的位置位于孔内靠近本体电解液附近（当然，此时正对电解液的活性物质表面电流密度是最高的，不过这不在当前考虑范畴)，电流密度（相当于活性物质利用率）随孔内位置的变化，如图 4.10(c) 中曲线 B 所示，随着深入孔内，活性物质利用率迅速降低。图 4.10(b) 与 (a) 相比，总的活性物质利用率要明显提高很多，在 (c) 中体现在曲线 B 基本在 A 的上方，曲线 B 下方与坐标轴围的面积大于曲线 A。

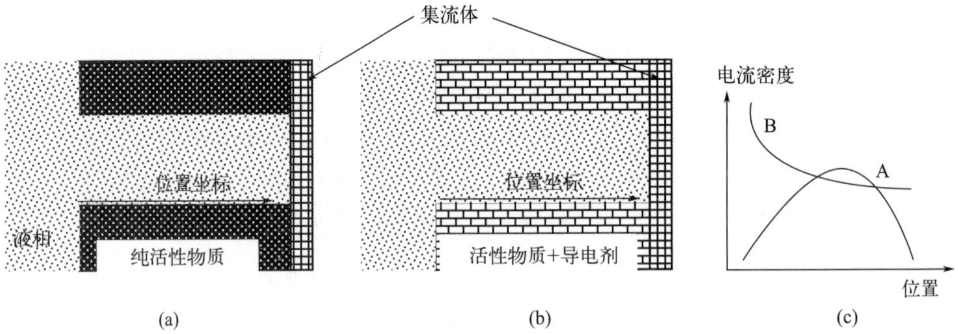

图 4.10 三相界面示意图

(a) 液相、集流体和活性物质三相明显分开；(b) 活性物质和集流体（导电剂）充分混合情况；(c) 孔内电流密度分布

4.8 氧气析出分析

通常希望电压越高越好，因为储存的能量正比于电压，但是，电压太高就要考虑正极氧气的析出问题[5]，这时候，化学势又被称为逃逸趋势（escaping tendency)。逃逸的氧气存在于电解液中，影响到安全性。可以通过分析 Li_2O 的分解平衡来粗略估算。对于反应

$$Li_2O = 2Li + 0.5O_2$$

这个分解反应的平衡常数为

$$K = \frac{\alpha_{Li_2O}}{\alpha_{Li}^{2}\alpha_{O_2}^{0.5}}$$

反应的吉布斯自由能与平衡常数的关系为

$$\Delta G=-RT\ln K$$

吉布斯自由能与电极电位的关系为

$$\Delta G=-nFE$$

得到

$$E=A+\frac{RT}{2nF}\ln p_{O_2}$$

这就意味着，电极电位越高，与 Li_2O 处于平衡态的氧气的分压就越高，在常温 298K 下，上式为

$$E=1.476\times10^{-2}\lg p_{O_2}+2.91V$$

假设锂离子电池内部氧气分压为 1，此时对应的电极电位为 2.91V，可以粗略看出，只要电压高于 2.91V，平衡氧压就要高于 1 个大气压，晶格氧的析出就有驱动力。

关于正极钴酸锂、锰酸锂等，有文献提出了各种分解产生氧气的机理，例如

$$4Li_{0.5}CoO_2 \longrightarrow 2LiCoO_2+O_2+2CoO$$

对于上述反应，也可以利用上述方法计算出理论氧气分解电压。

4.9 空间电荷层

一些嵌锂材料具有半导体特征，固相中存在空间电荷层，空间电荷电容满足 Mott-Schottky 方程

$$\frac{1}{C^2}=\frac{2}{q\varepsilon\varepsilon_0 N_D}\left(E-E_{fb}-\frac{kT}{q}\right)$$

式中，C 是空间电荷层电容，q 是基元电荷数值，ε_0 是真空介电常数，ε 是半导体材料介电常数，N_D 是半导体中荷电粒子的浓度。

空间电荷层的存在，相当于多了一层相界面。

4.10 JT 变形的晶体场理论

简要介绍一下 JT 变形的理论基础。s 轨道是球形，p 轨道是纺锤形，三个 p 轨道相互垂直，与三维空间坐标轴的相互关系相同。d 轨道是花瓣形状，5 个 d 轨道中的电子云在三维坐标中的指向分别是：第一个沿 z 轴指向，第二个在 x-y 平面内，和 z 轴垂直，与 x 轴和 y 轴夹角均为 45°，第三个在 x-z 轴平面内与 y 轴垂直，与 x 轴、z 轴夹角都是 45°，第四个在 y-z 平面与 x 垂直，与 y 轴、z 轴夹角都是 45°。第五个在 x-y 平面，与 z 轴垂直，指向沿 x 轴、y 轴。

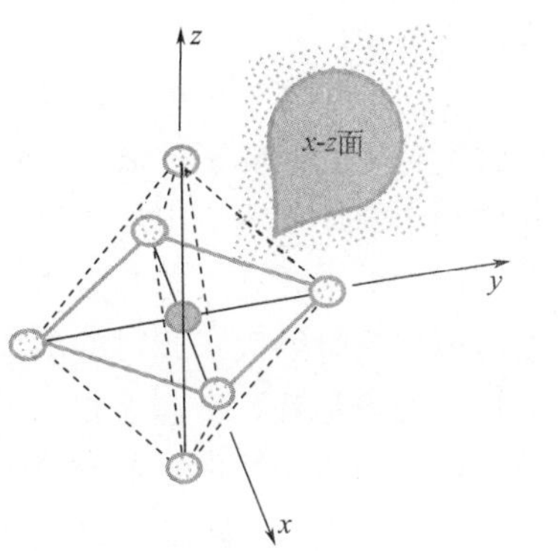

图 4.11　六配位八面体场示意图

当一个中心原子或者离子位于一个八面体场中时，如图 4.11 所示。

前边提到的 5 个 d 轨道在不受到任何外力的情况下能量相等，即所谓的简并轨道。当处于八面体场中时，问题

简化一下可以简单理解为中心原子受到八面体八个顶点位置的粒子的电子云挤压作用，结合前边的简述可以判断挤压的结果：沿着三个坐标轴伸展的电子云直接受到来自顶点的“挤压”而能量升高，而第二、三、四轨道是指向坐标轴的空位的，例如第三个 d 轨道是在 x-z 平面内与 x 轴和 z 轴夹角都是 45°的，如图 4.10 所示（只画了 1/4），这三个轨道能量就降低。

本来五个能量相等的轨道分裂成两组，两个能量升高，三个降低，如图 4.12 所示。现在有 7 个 d 电子，例如 Ni^{3+}，按照电子进入轨道的规则，如图 4.12 所示，6 个电子进入低能级，1 个电子进入高能级。两个高能量轨道的能量应当是相同的，但是一个轨道有电子，另一个轨道没有电子，结果会导致这两个轨道空间伸展程度不同，并且这两个轨道的伸展程度也不同于能量低的三个轨道。如果成键的话，比如八面体顶点是 6 个 O，那么就会引起形成的 6 个 M-O 键的长度不一样，这就是 JT 效应。

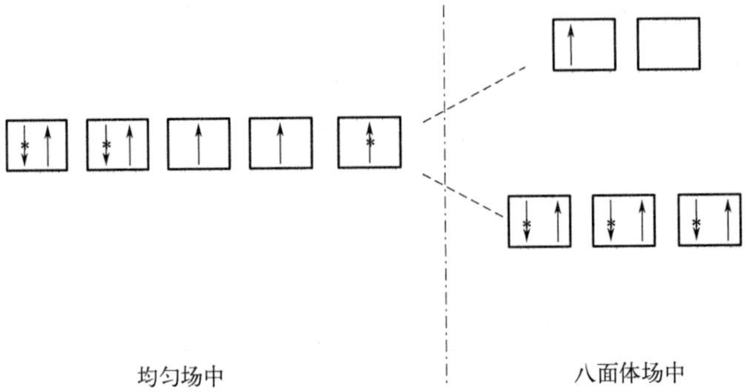

图 4.12　7 电子或 4 电子在八面体场中的排布

如果是 4 个电子进入轨道，比如 Mn^{3+}，结果等于去掉图中 * 标记的电子，可以发现仍然存在轨道电子填充情况的差别，这也是 JT 变形。

JT 变形是普遍存在的情况，不仅仅是针对 Mn^{3+}，也不仅仅局限于八面体配位。

以上考虑忽略了强、弱场配体的差别。

4.11　电场对锂离子扩散系数测量的影响[7]

锂电池中的基本电极过程，从负极材料本体到正极材料本体，锂离子的传质过程是必不可少的，一个电化学过程伴随着锂离子从负极本体出发穿越多个界面和相最终到达正极本体，或者相反。

锂离子在各个相中的传输，当存在大量支持电解质的情况下，仅考虑扩散即可。物质传输有三种形式，除了扩散，还包括对流和电迁移，锂电体系中出现对流传质的可能性很小，在固相中则根本不会出现对流，可以不考虑。但是电迁移过程不能被忽略，尤其是固相中，因为固相中不存在支持电解质。由于电场的作用，对于阳离子还原过程，稳态电流要比存在支持电解质时要大。此时的阴离子是惰性的离子，不参与电化学反应，阴离子受到浓度场与电场作用力相反，稳态下相互抵消，但是仍然存在着浓度梯度。

电场促进传质的近似定量关系推导如下。阳离子的还原电流为

$$-\frac{I}{nF}=-D_{M^{n+}}\left(\frac{dc_{M^{n+}}}{dx}\right)+E_x u^0_{M^{n+}} c_{M^{n+}}$$

阴离子是惰性粒子，不参与反应，受到的力为 0，即

$$-D_{A^{n-}}\left(\frac{dc_{A^{n-}}}{dx}\right)-E_x u^0_{A^{n-}} c_{A^{n-}}=0$$

假设是对称电解质，即

$$n^+=n^-=n$$

考虑电中性条件（近似假设，如前所述）

$$c_{M^{n+}}=c_{A^{n-}}=c$$

扩散系数满足

$$D=\frac{RT}{nF}u^0$$

上面数个方程消去 E_x，得到

$$I=2nFD_{M^{n+}}\frac{dc}{dx}$$

将该方程与纯扩散方程对比可以发现，扩散层中电场的存在使稳态电流增大 1 倍，这是在数本教科书中给出的定论，实际上这是一个近似的结论，不能利用这个公式进行定量研究。

由于存在数次近似处理，电场对扩散速度影响的定量研究存在很大难度，但是可以进行定性讨论。如图 4.13 所示，是由正极、电解液（或者电介质）和负极组成的体系，在这个体系中，正极电位高于负极，在电池内部，电场方向永远是从负极指向正极，包括颗粒内部。

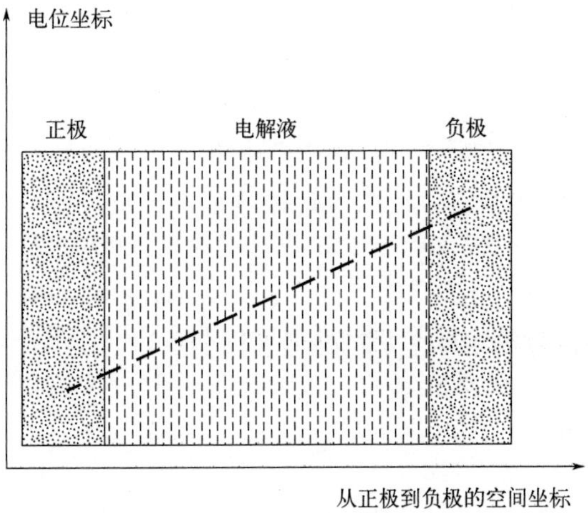

图 4.13　电池内部电场

以负极作为讨论对象最合适，其中以石墨或者钛酸锂最为合适。在研究负极的脱嵌锂行为时，对电极的选择余地比较多，可以是正极（电位比石墨高），也可以是锂片（电位比石墨低）。当以正极作为对电极的时候，情形同图 4.13，此时电场利于锂离子从负极向正极扩散（与放电方向相同，也就是负极电极电位增大的方向），但是不利于锂离子嵌入到负极的内部。此时，外部电路的电场是从正极指向负极，即外部电路电场利于电子从负极经外电路向正极运动。此时，如果采用电流或者电位阶跃测量扩散系数，正阶跃（脱锂）和负阶跃（嵌锂）测量的结果会存在明显的一个差别，正阶跃测量的结果大于负阶跃测量的结果。如果采用脉冲方法测量，正脉冲（脱锂）测量的结果小于负脉冲（嵌锂）测量的结果。

如果使用锂片作为对电极，此时体系中的正极是石墨碳负极，负极是金属锂，电池内部电场指向是从锂对电极指向石墨碳电极，电场方向有利于锂离子嵌入到碳电极内部的过程，阻碍锂离子脱出过程，此时正脉冲（脱锂过程）测量的扩散系数就会大于负脉冲测量的扩散系数。研究 $Li_4Ti_5O_{12}$ 时的情景，与此类似。

由于电场的存在，对电极的选择就会影响到一些电化学测试技术的准确度，并引入系统误差。文献报道过不同极化方向时测量的结果有明显不同，很可能就是体系中电场的存在引入的系统误差。

4.12 界面锂离子传输机理的争论

一种机理认为，锂离子从溶液扩散到电极表面，穿过表面固体电解质界面后，进入固相材料中，在本体相/界面相位置得到电子。另一种机理认为，液相锂离子在穿过界面相之前就从溶剂化壳层脱出并得到电子，得到电子的位置是液相/界面相。

认为界面电阻和电荷转移电阻的倒数遵循下述温度关系

$$R_{\mathrm{ct,int}}^{-1}=A_0\exp\left(-\frac{E_{\mathrm{a}}}{RT}\right)$$

实验发现 SEI 界面传输活化能在 20～25kJ/mol。电荷传输电阻代表的是溶剂化的锂离子去除壳层过程的阻力，相应活化能在 50～70kJ/mol 数量级。石墨阳极表面所谓的电荷传输过程的活化能通常在 50～70kJ/mol，而锂离子的去溶剂化过程就是这个所谓的电荷传输过程，因此，是锂离子的去溶剂化过程控制着整个石墨阳极、LTO 电极的嵌锂速度[8]。

既然认为溶剂化锂离子去除溶剂壳层分子是电极反应的控制步骤，那么改进电化学的方法就是具有催化溶剂化锂离子去溶剂化作用的界面构建。

上述机制存在一定缺陷，在界面相/液相发生电子转移的结论代表通过界面层的是锂原子（对于负极）。在负极碳表面，传输过程应当是：首先，溶剂化的锂离子向电极表面传输（这种传输受到浓度梯度和电场梯度的共同作用），在 SEI 层外侧完全脱去溶剂化分子（如果不完全脱出溶剂化分子，就会发生共嵌入现象），然后锂离子通过 SEI 层向内部传输，传输过程仍然是受到浓度梯度和电场梯度的联合作用，在 SEI 层内侧，锂离子的价态降低（但是可能不是 0）。在正极表面，传输过程类似，区别在于，当锂离子穿过正极表面层进入正极内部以后，其价态几乎保持不变，仍然接近＋1，这是因为正极的电极电位远大于 0V。

正极表面薄膜不可能是电子导电的。假设是合理的，结构示意图如图 4.14 所示。如果表面膜是电子导电的，那么，嵌锂时扩散到表面膜外侧的锂离子将直接在表面膜外表面得到电子，具有形成锂金属沉积可能性，也就是，锂离子不会真的嵌入到母相中；假设表面膜是离子导电的，就可以比较合理地解释嵌入反应：扩散到表面膜的锂离子，通过表面膜以后，继续向母体材料中传输，最后实现嵌入反应。

负极表面 SEI 层得到公认，正极表面膜的存在还有争论（虽然有实验证据报道，但是质疑的貌似也很有道理：任何材料都有表面相，目前的实验证据基本上都是离线测量的结果，不能证明此时观察到的表面相和电池环境下正极的表面相有对应关系）。

假如电解液体系稳定的化学窗口上限高于正极的电极电位，那么不能说明正极表面肯定不存在表面膜，但是假如电解液体系的化学窗口上限小于正极的电极电位，那么正极表面一

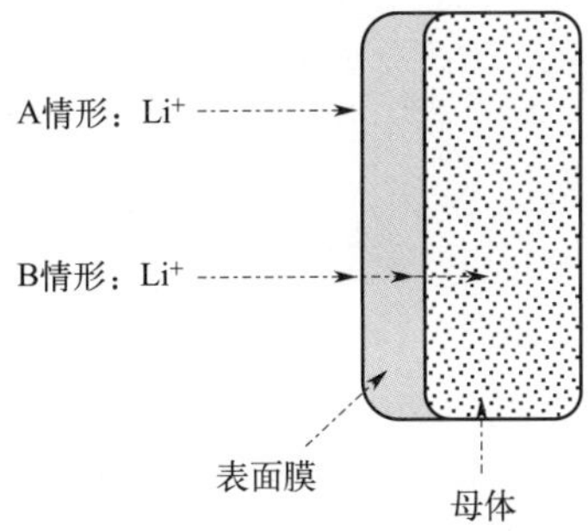

图 4.14 正极结构模型与锂离子嵌入

定存在具有锂离子传输能力的表面膜。

有人认为阴极反应类型对表面化学没有直接的影响，和负极相比，最重要的是氧化还原电位、颗粒尺寸、表面氧原子反应活性母相中过渡金属的溶解能力，氧化还原电位越低，阴极材料与溶液物质的反应活性越低。阴极化合物氧原子的亲电子特性和碱度是所有因素中最主要的。例如 Li_xMO_y 化合物比 $LiMPO_4$ 化合物具有更强的碱性和亲质子特性，+5 价的 P 中和了 O 的碱特性，因此，橄榄石系列化合物与溶液的反应活性要低一些。

电极表面的表面膜厚度，一直是研究者重点研究的对象，从纳米级到微米级的都有报道，并都有实验数据支持。它的厚度与表面膜/溶液界面处的锂离子传输机理有一定的关联。从溶液中扩散到表面膜外侧的锂离子与表面膜中的锂离子发生交换作用，类似于水中质子的传输机理和全氟磺酸膜中的质子传输机理；从溶液中传输到表面膜外侧的锂离子不与表面膜中的锂离子发生任何作用，而是直接参与表面膜内部的传输过程，换句话说，从表面膜内侧出来的锂离子和进入表面膜外侧的锂离子是同一个锂离子，表面膜中的锂离子是固定不变的。

对于情形 A，允许表面膜厚度可以大一些；对于情形 B，表面膜厚度必须很小。有报道介绍锂金属表面的界面层厚度为 3～7nm，STM 研究认为是 2nm 以上。2nm 是电子隧道距离的最大数值，因此，保守一点说，大于 20nm 表面膜厚度的报道值得商榷。无论是正极还是负极，假如锂离子嵌入过程中伴随着其价态的降低，那么，价态降低（或者说得到电子，或者说得到部分负电荷）的实际位置一定是表面膜的内侧。

界面层厚度和不可逆容量有关系，可以根据不可逆容量估算界面层某些性质。

惰性层生长厚度的动力学公式为

$$\frac{\mathrm{d}x}{\mathrm{d}t}=kx^{-1}$$

即生长速度反比于界面层的厚度。零时刻界面层的厚度为 0，所以

$$x=(2kt)^{0.5}$$

再代入上式，得到生长速度随时间的变化关系

$$\frac{\mathrm{d}x}{\mathrm{d}t}=\left(\frac{k}{2}\right)^{0.5}t^{-0.5}$$

式中，x 代表界面层厚度，k 是比例常数，t 是时间，界面层厚度正比于时间的平方根。实验发现，EC 中 SEI 生长速度快于 DMC，锂离子消耗量也大于 DMC，EC 比 DMC 活泼。

参考文献

[1] Minami T，Tatsumisago M，Wakihara M，et al. Solid State Ionics for Batteries. ISBN 4-431-24974-5 Springer-Verlag Tokyo，2005.

[2] Huggins R A. Energy Storage. ISBN 978-1-4419-1023-3 e-ISBN 978-1-4419-1024-0，DOI 10. 1007/978-1-4419-1024-0，Springer ScienceþBusiness Media，LLC，2010.

[3] Huggins R A. Advanced Batteries：Materials Science Aspects. ISBN：978-0-387-76423-8 e-ISBN：978-0-387-76424-5，DOI：10. 1007/978-0-387-76424-5，Springer Science+Business Media，LLC，2009.

[4] Julien C，Pereira-Ramos J P，Momchilov A. New Trends in Intercalation Compounds for Energy Storage. ISBN 978-1-4020-0595-4 ISBN 978-94-010-0389-6（eBook），DOI 10. 1007/978-94-010-0389-6，Springer Science+Business Media Dordrecht，2002.

[5] Yoshio M，Brodd R J，Kozawa（eds.）A. Lithium-Ion Batteries：Science and Technologies. ISBN：978-0-387-34444-7 e-ISBN：978-0-387-34445-4，DOI：10. 1007/978-0-387-34445-4，Springer Science+Business Media，LLC，2009.

[6] Julien C，Stoynov Z. Materials for Lithium-Ion Batteries. Springer Science+Business Media Dordrecht，2000.

[7] 周兆国．电场对锂离子扩散系数测量的影响研究．苏州：苏州大学，2023.

[8] Xu M，Xing L，Li W. Interphase between electrolytes and anodes in Li-ion battery. in Modern Aspects of Electrochemsitry，No. 58，edited by R E White，C G Vayenas，" Electrolytes for Lithium and Lithium-ion batteriwes". ISBN 978-1-4939-0301-6，doi 10. 1007/978-1-4939-0302-3，Springer Science+Business Media New York，2014.

第5章

电池与电极参数

本章介绍各种表征电池/电极的参数，以及各个参数的意义与用途。

5.1 电压

在化学中，电极电压，又称电极电位，简称电压或者电位，是指某个电对的电压，例如 Cu^{2+}/Cu^{+} 这个氧化还原电对的电压，在标准态下其电压为 0.152V，这是以标准氢电极电压作为参数时的数值。单独谈论某个物种的电压比如 Cu^{2+} 的电压，或者是在没有参考电压的情况下谈论 Cu^{2+}/Cu^{+} 这一电对的电压没有任何意义。

5.1.1 电压含义

日常生活中，当一个铁棒放入水中，或者是一个铂电极放入血液中，我们无论如何都可以测量一个电压值，这个电压值的意义在于，它必然是相对于某一个参考电压的，此外，它必然是某对或者很多对氧化还原电对的电压（对于很多对的情况，测量的是混合电压，每一对氧化还原电对对测量值都有贡献，只是贡献大小可能有所差别）。

对于锂离子电池体系中每个活性电极材料来说，一个重要的评价指标就是电压，一般默认为参考电压是 Li^{+}/Li 的电压（文献常说是相对于金属锂，严格讲这么说不对）。通常，就是将金属锂片直接放入锂盐和有机溶剂组成的电解液中就可以了。以 Li^{+}/Li 为参考点，任何活性电极材料的电压都可以测量。根据物理化学中电化学热力学知识，电化学反应的吉布斯自由能变化 ΔG 和电对电动势 E 的关系为

$$\Delta G=-nFE$$

式中，F 为法拉第常数，$F=96500C/mol$，n 为反应中交换的电子数。电动势 E 就是活性电极材料以 Li^{+}/Li 作为参考点时的理论电压。下边的讨论都是以 Li^{+}/Li 为参考点。

对于 Cu^{2+}/Cu^{+} 这样的氧化还原电对，当提及其电压时，电压的含义十分明显。但是对于大部分脱嵌锂材料来说，电压的含义则有点模糊，比如，一般常说钴酸锂的电压为 4.1V，它是指相对于 Li^{+}/Li 的电压，表面上指 $Li_{0.5}CoO_2/LiCoO_2$ 氧化还原电对的电压，本质上是指 Co^{4+}/Co^{3+} 的电压，只是钴这一氧化还原电对处于钴酸锂晶体这一特殊的环境中。又比如常说的 $FePO_4/LiFePO_4$ 的电压，实际上是指 Fe^{3+}/Fe^{2+} 电对的电压，只是这对离子处

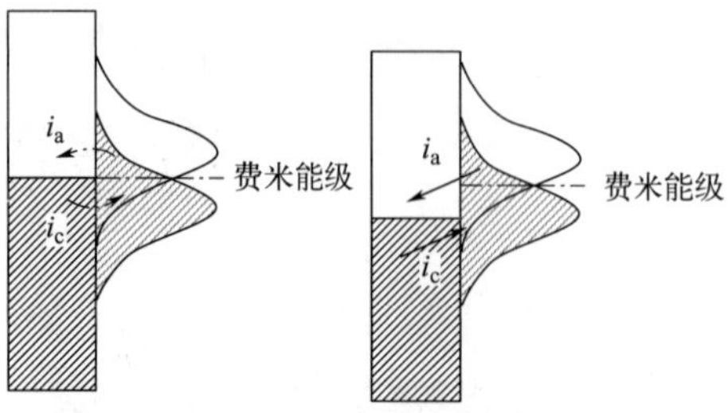

图 5.1 费米能级示意图与交换电流

于橄榄石结构的特殊环境中。同一电对，处于不同的环境中时，电压是不同的，例如，Fe^{3+}/Fe^{2+}电对的电压，与所处的晶体结构密切相关。

物理意义上看，电极电位由费米能级位置决定[1]。对于液相中的一个氧化还原反应，还原态的态密度由图 5.1 中左图阴影部分表示，氧化态的态密度则由左图空白部分表示，也就是左图中呈现旋转 90°的抛物线的部分。浸入液体中的固体电极的费米能级位置与液相中的相同，此时，液相中的还原态的态密度中高于费米能级水平的那部分中的电子会流向固相中，这就是绝对阳极电流，同样，固相电子也会流向液相中的氧化态的态密度部分，形成绝对的阴极电流，在固相和液相中的费米能级水平相同时，这两个电流值相同，代表交换电流。如果降低固相中的费米能级，也就电极电位偏正，绝对阳极电流在数值上大于绝对阴极电流，二者之差就是外电流。

这就是交换电流、极化的物理本质。

5.1.2 电子的影响

前边讨论能斯特方程式时的处理与经典的假设相同，能斯特方程中没有与电子相关的项。下面简要介绍一下文献中关于电子对能斯特方程的影响。

对于高电子导电性材料中随机型固溶体现象，电位差与受组成影响的费米能级、受组成影响的客体粒子在主体晶格中的与构型相关的熵变有关系。如果客体粒子移动很快，可以快速通过母体材料，假设晶格占据点等同，将会有来自构型熵引起的总自由能变化，构型熵与客体粒子在所有可能的占据点的自由分布有关系，构型熵公式为

$$S=-k\ln\left(\frac{c}{c_0-c}\right)$$

式中，c 为客体粒子的浓度，c_0 为所有可占据点的浓度，k 为玻尔兹曼常数。构型熵对电极电位的贡献体现在它和热力学温度的乘积，如图 5.2 所示[2]。

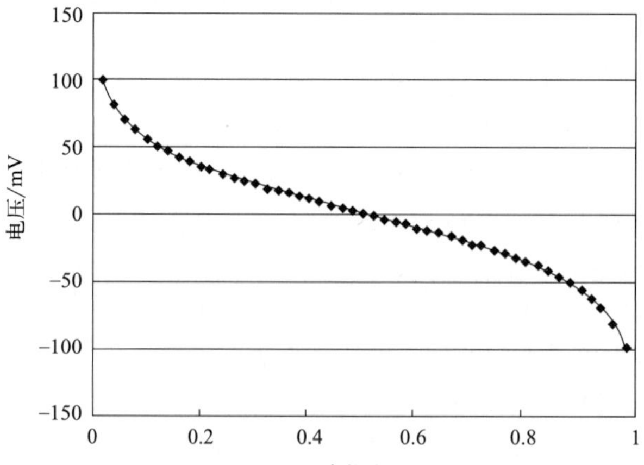

图 5.2 客体粒子构型熵对电极电位的贡献

该模型假设了客体粒子之间没有相互作用，仅考虑随机占位的情况。

自由电子模型中，费米能级形式为

$$E_F = \frac{h^2}{8m\pi^2}\left(\frac{3\pi^2 N_A}{V_m}N\right)^{\frac{2}{3}}$$

式中，m 为电子的质量，N_A 为阿伏伽德罗常数，V_m 为摩尔体积，N 为电子浓度，电子对总化学势的贡献与电子浓度的 2/3 次方有关。考虑到其他效应，例如导带形状假如是非抛物线型的，电子的质量可用有效质量来代替，此时再假设电子是完全离域的，那么电子对化学势的贡献就直接和费米能级相关了，于是

$$E_F = 常数 \times \frac{c^{2/3}}{m^*}$$

式中，c 代表电子浓度，m^* 代表电子有效质量。

构型熵、电子浓度和有效质量对电子良导体电极的嵌锂反应（假设固溶体型机理）的贡献表示为

$$E = 常数 - \frac{c^{2/3}}{m^*} - \frac{RT}{nF}\ln\left(\frac{c}{c_0 - c}\right)$$

电子的有效质量越小，电极电位越与组成相关。

这里是讨论高电子导电性的情况，未讨论低电子导电性的情况。对于电子导电差的活性电极材料，在能斯特方程中引入电子浓度项，应当是一种解决电子活度对电化学反应影响规律的可能途径。图 5.2 的情况，应当也适合于电子浓度比较低时客体粒子是电子的情况。开路电压指电极材料处于平衡态，也就是没有任何化学反应进行，没有电流通过时的电压。工作电压指在规定的充电电流或者放电电流制度下电极的电压。截止电压，有时又称为终止电压，指电极充电或者放电终点时的电压。绝对电位，纯粹物理意义上的概念，是指相对于真空中的电子而言的（物理学中以无穷远处电子的电位为参考点）电位，计算公式为

$$E_{abs} = \frac{\Delta G_e + \Delta G_{s,M^+} - \Delta G_{s,M}}{F}$$

式中，ΔG_e 代表 298K 下气相中离子化自由能，$\Delta G_{s,M^+}$ 代表氧化态离子 M^+ 溶剂化自由能，$\Delta G_{s,M}$ 代表原子 M 溶剂化自由能。标准氢电极的绝对电极电位在 4.44～4.28V 范围，引起误差的原因，主要是不同研究者对其中细节的解释不尽相同。

5.1.3 电压滞后现象

充电电压与放电电压的电压差反映了电池或者电极材料的电压滞后程度。电压差越大表示滞后越大，能量效率越低。有些电极材料可以保持很高的库仑效率（库仑效率是放电容量与充电容量的比值），但是电压滞后很大，其能量效率很低，这类材料不具有实际应用价值。

充放电曲线之间的电压差，除了与经典的串联电阻、电化学极化等电化学因素有关系以外，还和机械应力等因素有关系。机械应力的影响类似于非晶化的影响，对于锂化反应

$$A + xLi^+ + xe \rightleftharpoons Li_xA$$

如果锂化反应中存在内应力，那么假设此时的电位为 E_{1d}，不存在内应力时的锂化电位为 E_1，那么，存在下述关系

$$E_{1d} < E_1$$

对于上述反应的逆向反应（也就是充电过程），如果不存在内应力，那么，脱锂电极电位就

是 E_2；如果存在内应力，那么脱锂电极电位就是 E_{2c}，满足关系式

$$E_{2c} > E_2$$

显然 $E_2 > E_1$，存在内应力的情况下，会增大充放电曲线之间的电位差（即滞后变大），这揭示了为什么锂合金的脱/嵌锂电压滞后为什么总是那么大。

5.1.4 非晶化对电压曲线的影响

对于一个反应，当压力、温度固定以后，残余自由度为 0，产物是所有可能的产物形式中，具有自由能最低的那一个，是绝对稳定的。但是有种产物，感觉上是稳定的，因为它具有比较低的自由能，对小的扰动也是稳定的，但是对大的扰动并不稳定，它就是亚稳态的，和绝对稳定的态相比，其稳定性就差一些。

关于亚稳态和稳态，可以用图 5.3 描述[3]。假设产物是个球，它会自动选择自由能较低的位置，图中，反应位置为态 1，假设产物存在两种终态，一个是自由能最低的态 3，另一个是自由能较高的态 2，显然态 2 抗扰动的能力要低于态 3。在锂电体系正负极材料的组成中，有时会出现亚稳相，例如 Li-Mn-O 体系中的层状 $LiMnO_2$ 相，脱嵌锂过程中有时也存在亚稳相。反应起始态、中间态和终产物的状态，也可以形象地用长方体来表述，处于起始态时，长方体单个棱边触地，能量处于不稳定状态，它可以选择向右倒形成亚稳态即态 2，也可以向左倒下去形成稳态即态 3。一般认为非晶态属于亚稳态。

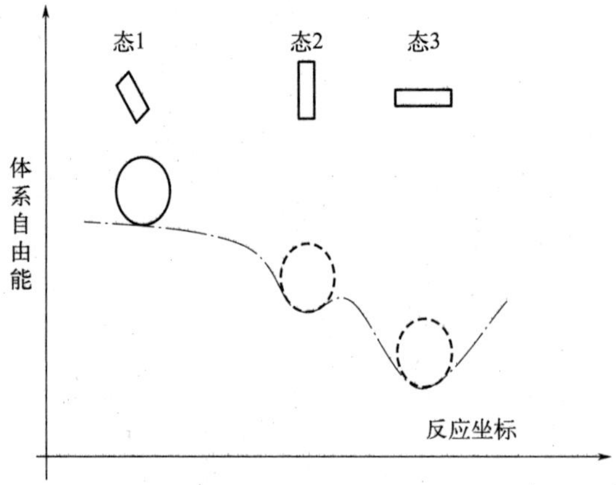

图 5.3 稳态与亚稳态的含义

对于 $x\mathrm{Li}+\mathrm{TiS_2}$ ═══ $\mathrm{Li}_x\mathrm{TiS_2}$ 的反应，产物是由 TiS_2 层状结构和其中游离的 Li^+ 组成，当压力和温度固定时，残余自由度为 1，于是，随着组成的变化，其中的强度量——电位就发生变化。对于反应

$$x\mathrm{Li}^+ + x\mathrm{e} + \mathrm{M} \rightleftharpoons \mathrm{Li}_x\mathrm{M}$$

如果相 $\mathrm{Li}_x\mathrm{M}$ 是通过 Li 和 M 电化学合成的，那么，作为重组反应的特征，电压相当于两相平衡，为常数，产物相的吉布斯自由能决定电压大小。如果 $\mathrm{Li}_x\mathrm{M}$ 形成非晶结构，因为非晶相的亚稳结构，其吉布斯自由能没有晶相 $\mathrm{Li}_x\mathrm{M}$ 的那么负，其相应的电压必然低于对应的结晶相的；同样的，如果是反应物为非晶相，电压高于相应晶相体系的，即对于反应

$$\mathrm{Li}_x\mathrm{M} + y\mathrm{Li}^+ + y\mathrm{e} \rightleftharpoons \mathrm{Li}_{x+y}\mathrm{M}$$

根据 $\mathrm{Li}_x\mathrm{M}$ 和 $\mathrm{Li}_{x+y}\mathrm{M}$ 的晶态和非晶态，可以做出以下结论：假如都是晶态，那么电压由反

应自由能决定，假设电压为 E_0；如果 Li_xM 是非晶态而 $Li_{x+y}M$ 是晶态，此时开路电压大于 E_0；如果 Li_xM 是晶态而 $Li_{x+y}M$ 是非晶态，此时开路电压小于 E_0；如果二者都是非晶态，开路电压和 E_0 的相对关系不定，但是和前两种情况相比，更加接近 E_0。

对于连续的锂化反应：

$$xLi^+ + xe + M \rightleftharpoons Li_xM$$

$$Li_xM + yLi^+ + ye \rightleftharpoons Li_{x+y}M$$

假设所有相都是晶态，第一步锂化过程电压为 E_1，第二步为 E_2，$E_1 > E_2$，如果 Li_xM 是非晶态的，那么第一步锂化过程电压就变成 E_{1a}，第二步为 E_{2a}，那么存在下述关系

$$E_1 > E_{1a} > E_{2a} > E_2$$

如果锂化过程分三步，即

$$xLi^+ + xe + M \rightleftharpoons Li_xM$$

$$Li_xM + yLi^+ + ye \rightleftharpoons Li_{x+y}M$$

$$Li_{x+y}M + zLi^+ + ze \rightleftharpoons Li_{x+y+z}M$$

此时体系的电位关系，如图 5.4 所示，对于都是晶态情况，实线（1）代表体系电压对组成的关系；假如 Li_xM 是非晶态，其余都是晶态，此时电位变化，如图 5.4 虚线（2）所示；假如 $Li_{x+y}M$ 也是非晶态，此时假设第二步锂化过程电位不变（因为反应物和产物自由能都增大了，假设增幅一样大），那么，此时体系电位变化为（3）；事实上，由于受到动力学限制，真实测量的电压-组成曲线具有图 5.4 中（4）、（5）的特征（图中对这两个曲线做了纵向位移以便看得更加清晰），平台不是很明显，甚至根本看不到平台。

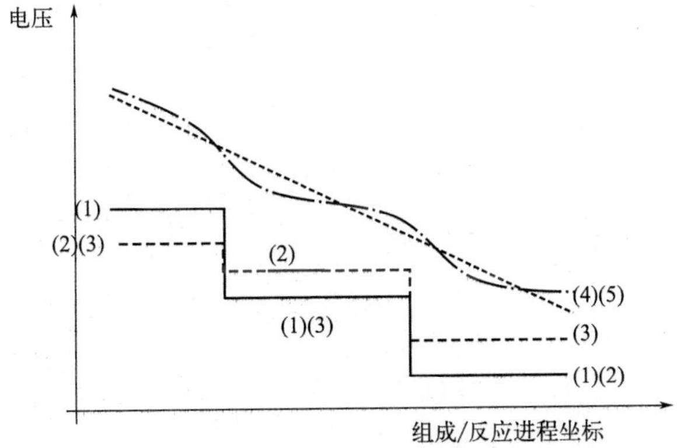

图 5.4　非晶化对电压平台的影响

5.1.5　吉布斯自由能与电压的温度系数

对于任意一个活性电极材料，发生电化学反应后吉布斯自由能的改变与该电极材料电动势的关系，如前所述，为

$$\Delta G = -nFE$$

如果反应的 $\Delta G < 0$，那么 $E > 0$，反应自发进行，吉布斯自由能的变化等于非体积功，也就是电功。吉布斯自由能随着温度的变化关系为

$$\left(\frac{\partial \Delta G}{\partial T}\right)_p = -\Delta S$$

ΔS 为化学反应的熵变，上两式合并得到

$$\Delta S = nF\left(\frac{\partial E}{\partial T}\right)_p$$

上式右侧的偏微分代表电动势随着温度的变化，即电动势的温度系数直接反映熵变。测量体系的熵变有助于分析其中的锂化机理与相组成[4]，例如，通过分析 $Li_xV_2O_5$ 锂化过程中熵变对组成的关系发现在 $x=0.5$ 时发生相变。与开路电压测量相比，导数对变化的敏感度更高，即分析熵变比分析开路电压具有更高的敏感度、精确度，如图 5.5 所示。

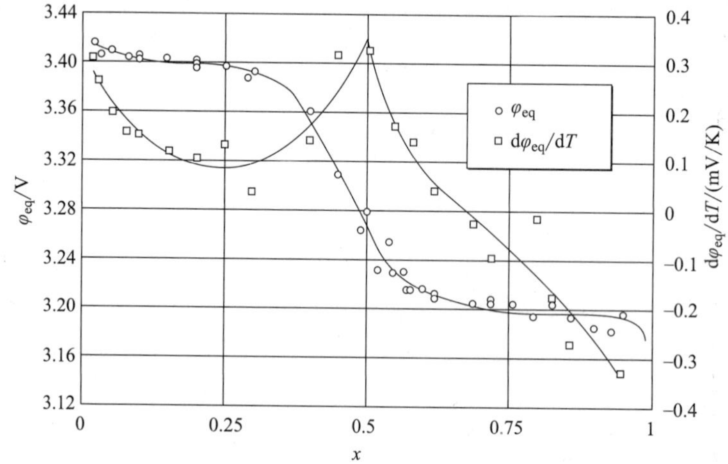

图 5.5　$Li/LiClO_4$(PC)/$Li_xV_2O_5$ 开路电压对组成的关系

电池在可逆放电时伴随着的可逆热效应 Q_r 可以计算出来，为

$$Q_r = T\Delta S = nFT\left(\frac{\partial E}{\partial T}\right)_p$$

情况 1：如果 $\left(\frac{\partial E}{\partial T}\right)_p=0$，$Q_r=0$，电极/电池在工作中既不吸热也不放热；

情况 2：如果 $\left(\frac{\partial E}{\partial T}\right)_p>0$，$Q_r>0$，电极/电池在放电时从环境吸热；

情况 3：如果 $\left(\frac{\partial E}{\partial T}\right)_p<0$，$Q_r<0$，电极/电池在放电时向环境放热。

上述讨论的实际意义，可举实际例子加以说明。如果电池的正负极材料都满足情况 1，那么表示电池的放电能力和环境温度没有关系（注意，这是从热力学角度分析，不是从动力学角度），这样的电池在理论上具有更广泛的使用温度范围。如果组成电池的正负极材料都满足情况 2，那么电池放电时是从环境吸收热量的，环境温度降低后将降低这种电池的放电能力，也就是这类电池不适合于低温使用；如果正负极材料满足情况 3，电池放电时伴随着放热，那么升温将会降低电池的放电能力。当考虑充电过程时，情况正好相反，比如满足情况 3 的电池，升温有利于电池的充电。如果电池的正负极电压的温度系数符号正好相反，整体效果类似于情况 1。

上面的讨论是基于电池体系。在用于讨论具体活性材料的实际应用中需要界定充放电过程。例如，研究石墨电极材料的电化学行为时一般是参考 Li^+/Li 的，仅仅就 C/Li 体系而言，充电过程是石墨脱锂的过程；但是当用于成品电池时，石墨是作为负极使用，充电过程

是石墨嵌锂的过程。

材料的一些热力学数据比如吉布斯自由能对于电池的模型计算、理论电压的计算等十分有用，不过，这方面的数据比较少，比如，并没有 $LiCoO_2$ 的标准生成吉布斯自由能的数据，下面以该材料为例说明推算过程。

查找文献可以知道元素钴的标准电势图如下

$$CoO_2 \overset{\varphi_1=1.416V}{\longleftrightarrow} Co^{3+} \overset{\varphi_2=1.82V}{\longleftrightarrow} Co^{2+} \overset{\varphi_3=-0.277V}{\longleftrightarrow} Co$$

根据公式

$$4\varphi_{CoO_2/Co}=2\varphi_3+\varphi_2+\varphi_1$$

可以得到

$$\varphi_{CoO_2/Co}=0.6705V$$

对于电极反应

$$CoO_2+4e+4H^+ = 2H_2O+Co$$

反应的标准吉布斯自由能变化和电极电位的关系式满足

$$\Delta G=-nF\varphi_{CoO_2/Co}$$

此外，反应吉布斯自由能的变化等于反应式中各物质生成吉布斯自由能的代数和，即

$$\Delta G=\Delta G_{f,Co}+2\Delta G_{f,H_2O}-4\Delta G_{f,H^+}-\Delta G_{f,CoO_2}$$

单质钴和氢离子的标准生成吉布斯自由能为 0，计算得到 CoO_2 的标准生成吉布斯自由能为 -215.46kJ/mol。以金属锂为参考点时，CoO_2 的放电反应为

$$Li+CoO_2 = LiCoO_2$$

图 5.6 为钴酸锂的电极电位随着组成变化的曲线图。

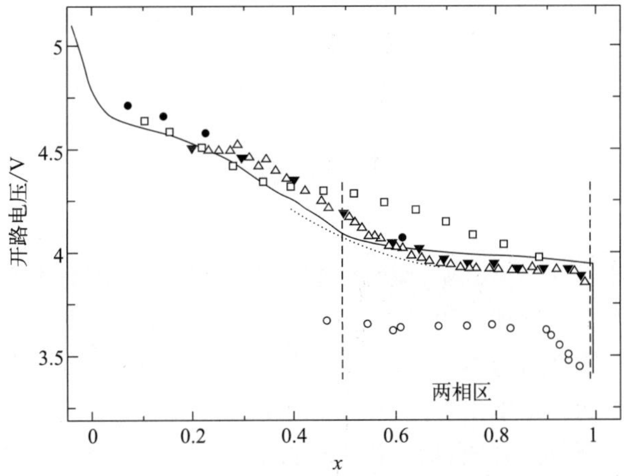

图 5.6 Li_xCoO_2 的平衡电位对组成的关系

放电终点电位为 3.9V，再一次利用反应吉布斯自由能的变化与标准电动势、参与反应物质的标准生成吉布斯自由能的关系，可以计算得到钴酸锂的标准生成吉布斯自由能为 -591.81kJ/mol。如果考虑反应

$$0.5Li+CoO_2 = Li_{0.5}CoO_2$$

图中 $Li_{0.5}CoO_2$ 的电位为 4.1V，利用反应吉布斯自由能的变化与标准电动势、参与反应物质的标准生成吉布斯自由能的关系，可以计算得到 $Li_{0.5}CoO_2$ 的标准生成吉布斯自由能为

−413.3kJ/mol。以此类推，可以得到各种组成的活性材料的标准生成吉布斯自由能。如果用拟合曲线中的电位和组成的关系，还可以直接得到标准生成吉布斯自由能和组成，也就是锂含量/荷电态的关系。

上述方法属于一种近似方法，没有考虑反应中发生相变。

镍元素的电位图，如下所示

$$NiO_2 \xleftrightarrow{\varphi_1=1.68V} Ni^{2+} \xleftrightarrow{\varphi_2=-0.232V} Ni$$

再根据 Li_xNiO_2 的电位-组成曲线，也可以计算出不同组成下的标准生成吉布斯自由能。该方法不适合用于分析 $LiFePO_4$ 电极，或者说在用该方法分析 $LiFePO_4$ 电极时，只能得到两个边界点组成（$LiFePO_4$ 和 $FePO_4$）的标准生成吉布斯自由能，因为该材料是两相反应机理。

5.2 容量

理论容量，指电极活性物质全部参与电化学反应时释放出的容量，一般用电流与时间的乘积表示，如毫安·时、安·时等来表示，虽然库仑才是容量的标准单位，但是电化学中很少使用，原因是使用不方便，不够直观。如果在电化学反应中每摩尔物质交换 1mol 电子，那么对应的理论容量就是 96500C，合 26.8A·h。

理论比容量计算公式

$$Q_{th}=1000nF/M$$

式中，n 为交换电子数；Q_{th} 为比容量，mAh/g；F 为法拉第常数，26.8A·h/mol；M 为摩尔质量，g。

实际容量，指在规定的放电制度下电极活性材料实际放出的电量。恒流放电下输出容量就是电流和时间的乘积，如果不是恒流放电，容量为电流对时间的积分形式，即

$$Q=\int_0^t I(t)\mathrm{d}t$$

式中，$I(t)$ 代表随时间变化的电流，Q 代表容量。

5.2.1 有效容量

一个电极或者电池，并不是其全部放电容量都是可用的，因此有有效容量概念。

图 5.7 是典型的在恒流或者恒阻条件下电池的放电曲线示意图。一般，电池在充完电后不会立即使用，在放电初期对应电压比较高的部分的容量一般是不可利用的，或者说很难全部得到利用；放电后期的容量输出伴随着电压的迅速降低，这部分容量的可利用性也不高，原因是很多用电器对电压下限有规定。对于电池组的情形，因为多个单电池的串联连接，放电后期电压迅速下降阶段对应容量可利用性更加低，并且这部分不可利用的容量区间范围还会增大。

举个例子来说，假如单电池在用电器的截止电压为 V_m 时有 10%的不可利用容量，那么 2 节这样的单电池串联使用时，不可利用的容量至少是 10%，导致这种结果的原因很多，包括电池的不一致性、串联连接产生额外电阻等；解决办法之一就是按照用电器的额定要求额外多串联一些单体电池，当然这样的后果也是明显的：成本增加同时用电器承受的电压上限也增大。

在电池组使用中，很多单体电池的放电电压看起来十分平坦，比如磷酸铁锂，但是当多

个电池串联以后，累积效果导致的电池组的电压倾斜也十分明显：放电到90%SOC和放电到20%SOC时的电压差，对于单体如果是0.2V的话，10个单体对应的电压差就是2V，磷酸铁锂放电平台算是比较平坦的（此时容量比较差），如果充分利用活性物质，使其容量达到160mA·h/g，那么改进措施（包括降低颗粒度、碳包覆等）经常会导致其电压平坦性这个优点的丧失。这反过来要求电池（也就是正负极）放电电压要尽可能平坦，那些诸如某些过渡金属氧化物、石墨烯和碳纳米管，虽然在0.0～3.0V范围容量很大，但是没有明显电位平台，因此这些材料也就不具有任何实用价值。

当然，一切取决于用电器。

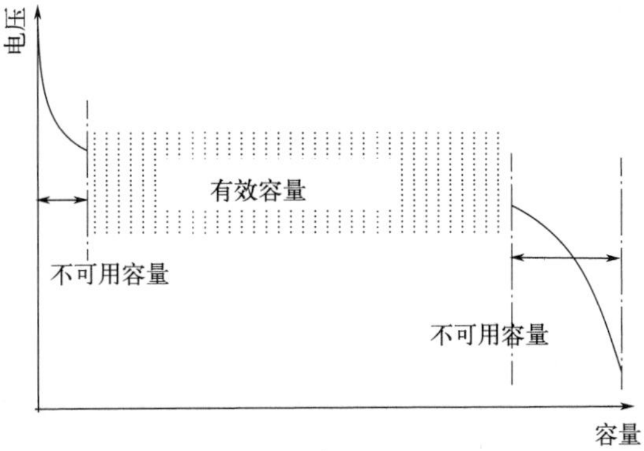

图5.7 电池的容量窗口

实际应用中放电容量不是100%可利用，图中虚线区域对应的容量是有效容量，放电初期与放电后期容量很可能是无效的，取决于用电器运行参数。若电池放电曲线平台很斜意味着有效容量很低，多个单电池串联使用时会加剧这种倾斜程度

可逆容量的概念很模糊。一般情况下，放电容量小于充电容量，笔者认为可逆容量就是指放电容量；对于某些特殊的体系，放电容量会大于充电容量，此时可逆容量应当是指充电容量。或者说，可逆容量是指相邻循环的充电容量和放电容量中数值小的那个。

5.2.2 假容量

假容量，是指电化学容量测试中的无效容量数值，它有时会被包含在测量值中，尤其是在活性物质的容量很小、电极其他成分的比表面积很大的情况下。对于任一由放入同一个电解液中的两个极片构成的系统，都构成电容体系，都会显示一定的电容容量。对于浸入锂电解液中的一对活性电极材料，也不例外，当然后者主要显示的是脱嵌锂容量，电容容量很小。

活性物质质量很小，非活性物质形成较大电容，此时假容量占比就很大。

另一种假容量是指在负极由无效锂形成引起的假容量。对于碳工作电极，锂片对电极的情形，0.1C锂化到0.005V时，再在0.005V恒压保持到0.02C电流，然后0.1C放电到2.0V会出现如图5.8所示的情形。

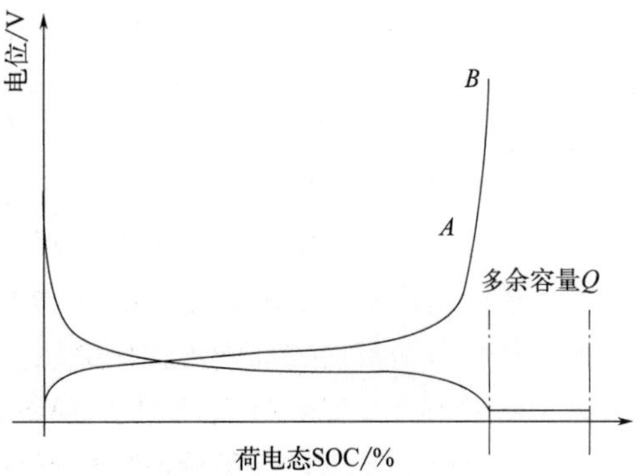

图5.8 碳电极脱嵌锂电位曲线

在 5mV 恒压充电时产生剩余容量，如果考虑在内时会发现首次库仑效率很低。这部分容量可能属于假容量。或者说，属于电容容量，没有真的消耗锂离子，它的本性与脱锂过程中 AB 段曲线的性质一样，都是因为体系具有一定的电容特性而产生的假容量。

假如在 5mV 发生了嵌锂或者锂沉积行为，这种情形通常是在大倍率或者低温循环时发生。0.1C 倍率常温下基本不会发生，即使发生了，沉积的锂也会在 0.1C 倍率的脱锂过程中至少保持 80%的放电（通俗讲，就算是工作电极是金属锂，循环的库仑效率也会在 80%以上，按照这个参考，图 5.8 中那部分多余容量 Q，在相同倍率下反向脱锂氧化时也要至少给出 0.8Q 的容量），上述分析反面证明了，图中的 Q 是假容量。

5.3 能量密度与比能量

能量是比容量更有用的参数，它是电压和容量的乘积。理论能量是指全部载荷子在理论电压（也就是电动势）驱动下获得的能量，也就是理论电压和理论容量的乘积。对于电极材料的情况，它是电动势和理论容量的乘积，一般用功率和时间的乘积表示，比如瓦·时，即

$$P = EIt$$

式中，P 为能量，E 为电动势，It 是理论容量。同样，该参数也有实际能量的概念，它是电极在工作时的输出电压、输出电流以及工作时间三者的乘积，输出电压、输出电流随时间发生变化时，输出的能量为

$$P = \int_0^t E(t)I(t)\mathrm{d}t$$

能量参数的重要性在于它可以否定仅凭容量参数获得的结果，最简单明显的例子就是，虽然一些纳米材料或者某些氧化物如纳米氧化铁具有相当高的容量，但是乘以该材料的输出电压后会发现能量参数很小，没有实际应用价值。

单位体积的能量叫能量密度，单位质量的能量叫比能量，前者常见单位是 W·h/L，后者常见单位为 W·h/kg。二者都很重要，具体到应用领域时却有偏重，比如对于汽车动力装置用锂离子电池，如果电池比能量小，那么电池可能会只能驱动它自身而不能再额外承重；假如该动力电池比能量很大，但是能量密度小，那么动力电池会占据汽车很大一部分空间，导致可用空间不足。

理论比能量是电压与容量的乘积再除以活性材料质量。根据吉布斯自由能可以计算电压

$$E = -\frac{\Delta G}{nF}$$

例如，LiI 形成的吉布斯自由能，在 25℃为－269.67kJ/mol，开路电压的理论值为 2.7965V。理论比能量公式为

$$\text{理论比能量} = 26805 \times \frac{nE}{W_R}$$

式中，理论比能量单位为 W·h/kg；W_R 代表反应物的总质量；n 代表转移电子数，为 1；E 是根据吉布斯自由能计算的理论电压。对于简单的电池反应，理论比能量的计算很简单，例如，对于 Li-I_2 电池，数值就是 560W·h/kg（133.84g 反应物，E 数值为 2.795V），但是对于多步电池反应，多个放电平台的情况，比如 $Li_3V_2PO_4$ 等，计算稍微复杂一点点。以 Li/CuCl 电池为例，最大比能量的计算中，理想情况下，活性物质质量为 106g，电压

2.54V，化学反应中转移电子数为 1，比能量为 642.3W·h/kg。但是对于 Li/$CuCl_2$ 电池，放电反应分成两步进行，首先，

$$Li+CuCl_2 = LiCl+CuCl$$

当产物是 LiCl + CuCl 时，活性物质质量为 141.45g，电池电压为 3.615V，比能量为 685.1W·h/kg。但是如果放电反应进一步进行，反应为

$$Li+CuCl = LiCl+Cu$$

该反应的理论电压为 2.540V，不能直接按照上述方法计算，原因在于前后两个反应中活性物质的质量不同，进一步反应对应的比能量为 481.3W·h/kg。因此，以 $CuCl_2$ +Li 作为起始材料，两个电压平台都得到利用时，比能量为 1166.4W·h/kg，而不是 1327W·h/kg。电压是强度量，和存在的活性材料数量无关，容量则是一个广度量。

energy quality：能量品质/能量品位，与 heat quality 类似[5]，如高温热比低温热更加有用。类似的，高电压的电能比低电压的电能更加有用。电池的电能质量评价如下：

3.5～5.5V 高质量能量；

1.5～3.5V 中等质量能量；

0～1.5V 低质量能量。

能量质量还包含电压特性，电压平台要平。还没有定量参数来评价电压平台的质量。可以利用可利用容量与总容量占比来评价电压平台质量。

能量效率，是放电容量与放电电压的乘积，和充电容量与充电电压乘积的比值，若电压变化明显，那么可引入积分的概念

$$能量效率=\frac{\int Q_{放电}\ d\varphi_{放电}}{\int Q_{充电}\ d\varphi_{充电}}$$

如图 5.9，虽然图 5.9(b) 中充电与放电的平均电压差与图 5.9(a) 中的一样，但是图 5.9(b) 代表的二次电池的能量效率要高于图 5.9(a)，图 5.9(b) 电压平台质量差。而对于图 5.9(a) 的情况，ΔV 的数值越小代表能量效率越高，其电压平台质量高。

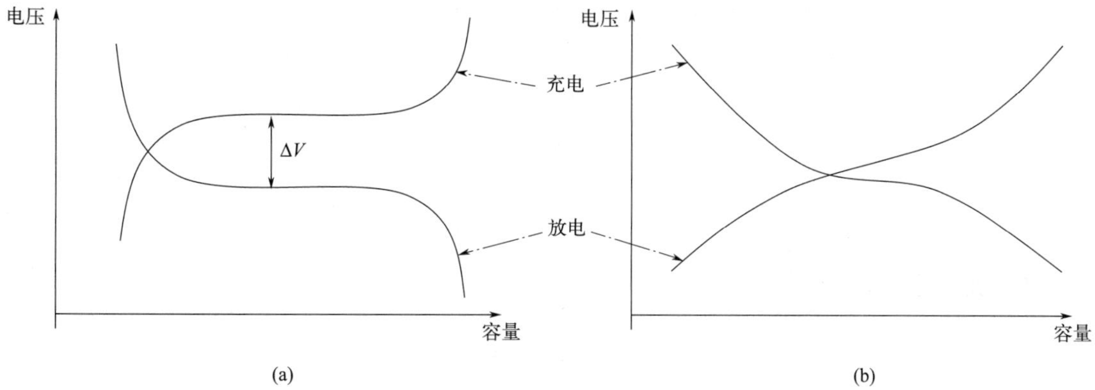

图 5.9　充放电平台的倾斜度与滞后

计算电池标准电位与理论比能量，要想达到“更精确、更准确”是比较难的，主要是不能准确写出符合客观现实的反应物分子式、反应式以及内在的反应机理，举 Ni-Cd 电池的例子，电池反应为

$$2Ni(OH)_2 + Cd(OH)_2 \rightleftharpoons 2Ni(OH)_3 + Cd$$

该反应的平衡电极电位为1.52V，大于Ni-Cd电池的真实开路电压（大约1.2V），主要原因之一是难以准确描述电极的真实组成。另一个原因是电极的结构，微观结晶结构的微小变化就会引起电极电位的变化，锂电池中不少活性电极材料均是如此，它们的组成是相同的，但是微观结晶结构不同，于是电压也就不同。一个例子就是硫酸铁$Fe_2(SO_4)_3$，它有两种结构，单斜结构（$P2_1/a$空间群）和菱方结构（R-3c空间群），在菱方（习惯上称为Nasicon结构）结构中相邻基本单元呈平行排布，单斜结构中呈垂直排布，真实密度更大，单斜结构在嵌入2个Li以后转变成正交（Pbcn空间群）结构，而菱方结构保持不变。单斜结构的开路电压比菱方结构要高0.6V，大约在3.6V。该材料首次放电时可以嵌入2个锂离子，充电时可以脱出1个锂离子，即通常条件下只有1个锂离子是可逆的。

很多理论比能量很高的化学体系（按照经验，电池的实际比能量大约为理论比能量的1/3～1/4，理论比能量高的体系具有更大的实际比能量的可能），都没有实用化，主要原因在于以下几个方面：首先，化学反应动力学速度太慢，原因是多方面的，比如异相界面上的电化学反应势垒过大，没有合适的催化剂，或者传质速度太慢；其次，电流载子生存条件苛刻，比如要无水环境（例如锂离子电池、钠离子电池，虽然前者实现产业化，但是杂质水一直是影响其性能的主要罪魁祸首），或者找不到合适的载子载体，比如，有研究报道镁离子电池，最后还是失败了，原因就是导镁离子的活性物质的缺乏。

5.4 功率

不存在理论功率这个概念，因为功率是电压和电流的乘积，电压具有“理论”含义，电流并不具有理论含义。前边讨论理论容量时使用了电流和时间乘积的说法，本质是该电极材料理论上可以提供的载荷子在理论电压的驱动下获得的能量。如果假设全部活性物质都可以参与电化学过程并且没有副反应的话，输出电流和时间的乘积或者积分永远等于理论容量。

因为电流参数具有“实际”或者“实用”性特点，只有讨论实际功率才有意义，它是电极在相对短的（和其总的放电时间相比）时间间隔内输出的能量和时间的比值。锂离子电池本征电化学反应动力学慢的特点决定了它不可能在整个运行期间一直高功率输出。实际（短时）输出功率为

$$功率 = \frac{\int_{t_1}^{t_2} E(t)I(t)\mathrm{d}t}{t_2 - t_1}$$

5.5 库仑效率

指给定的充放电制度下放电容量与充电容量的比值。

单电极的库仑效率对成品电池的循环性能影响很大，对于成品电池，当正负极等组件确定以后，它的容量是由“现存”的载荷子数量决定的。成品电池的寿命一般以实际容量降低到额定容量的80%为规定期限，这好比开始有1000个锂离子参与电化学循环，当只有800个锂离子可以参与电化学循环时，这个电池寿命就终止了。假设负极的库仑效率是100%，正极的库仑效率是$\eta=0.999$，可以循环n次，那么满足$0.999^n=0.8$，$n=223$。如果要求循

环 1000 次，库仑效率要大于 0.9998。如果再考虑负极的库仑效率不可能是 100%的话，要求将更加苛刻。

这也是有的电极材料在模拟电池中循环次数远大于成品电池中的原因。模拟电池条件下，两个都具有很好循环稳定性的电极，配对组装成电池后，循环稳定性可能很差。

5.6 电池寿命

分搁置寿命和使用寿命。搁置寿命是指电池在不使用的情况下能够存放的时间。使用寿命是指电池在使用条件下当电池的某个指标达到规定数值时使用的时间，一般指实际容量降低到某个规定数值。

因为比较搁置寿命并不方便，科研界也没有统一规定搁置寿命的测试条件，因此常使用循环寿命来评价电极以及电池寿命，不同实验室报道的结果可以相互对比。评价搁置寿命的方法，是电池组装后放电态放置若干时间后，电池可逆容量与设计容量的比值。

5.7 充放电速率

指以多大电流或者电流密度对电极进行充电或者放电，有时用倍率或者小时率来表示充放电速率，这个规定大概源于通常是用电流和时间乘积来表示电池容量的习惯。小时率指以一定电流放完全部容量所需要的时间，倍率指规定时间内放完全部容量所需要的电流数值是 1h 放完全部容量所需要的电流的倍数。采用倍率表示充放电快慢的方法容易引起混乱，因为有的实验室用理论容量换算倍率，而有的实验室用实际容量换算倍率。对于成品电池来说，使用倍率表示更方便，因为此时用额定容量来统一计算。对于研究目的，电流密度参数更方便相互对比。

5.8 放电深度

常用 DOD 表示，是指放电程度，总结文献可以发现，DOD 的计算方法有两种，一种是用当前放出的容量和额定容量的比值，另一种是用当前放出的容量和当前的实际容量的比值。

相应的，有时也会提到充电深度的概念，一般指充入的电量和实际容量或者额定容量的比值。

荷电态，英文简写为 SOC，是指电极或者电池当前的残余容量与当前可具有的容量的比值。健康状态，即 state of health，简写为 SOH。电池的健康状态概念，目前还很模糊，不同研究者关注点不同。总结下来，SOH 涉及的参数以内阻和当前最大可逆容量两个参数为主。内阻指循环若干次/放置若干天以后，电池内阻和最初内阻相比增大了多少；容量参数，指当前电池可逆容量与电池额定容量的比值。在容量不变的情况下，内阻增大后会导致电池的实际输出能力降低。还涉及充放电过程欧姆热产生。对于多个电池组成的电池组，内阻影响更大，因此常常将内阻的变化作为衡量电池健康状态的一个重要评价指标。

功率状态，简写 SOP，指电池/组/堆的当前功率输出能力。随着荷电态降低，SOP 将随之降低；随着内阻增大，SOP 也将降低。作为汽车动力电池使用时，SOP 是一个很重要的参数。

5.9 循环寿命

是指在某规定的充电/放电制度下电极或者电池连续循环至容量降低到某一个规定值时所完成的循环次数。充放电深度不同，循环寿命也不同，例如 $LiCoO_2$/C 锂离子电池在全充全放条件下和在 20%～80% SOC 荷电态范围循环时，循环寿命可以差别很大。

其他条件相同，电流密度较小时，循环寿命较差。

5.10 直流电阻

施加的直流电流改变量与相应的电压的变化量比值的倒数，代表直流电阻，即

$$R=\left|\frac{V_2-V_1}{I_2-I_1}\right|$$

在状态 2 持续时间为 1s 左右，即在电流 I_1 达到稳定后，突然施加 I_2 电流，取 1s 后的电压数据。I_1 和 I_2 差值不能太大，否则将受扩散与电化学极化的严重干扰。

电流改变以后，电压随时间的变化示意图，如图 5.10 所示。

电化学极化和浓度梯度对应的电压改变具有更长的延迟时间，而与电阻对应的电压变化则是瞬间发生的事情，具有与电流改变同步的特点。图 5.10 中电压瞬间垂直方向的改变就对应 $R\Delta I$ 数值。运用该方法时，需要考虑信号延迟问题，测试时间应当不小于仪器时间常数。

还有一种常见的是利用阻抗技术，如图 5.11 所示，无论测量的低频区域的图谱具有何种特征，都可以用高频区域实轴的最小值代表电极/电池的直流电阻（实际上这也存在疑问），有时也称为内阻。

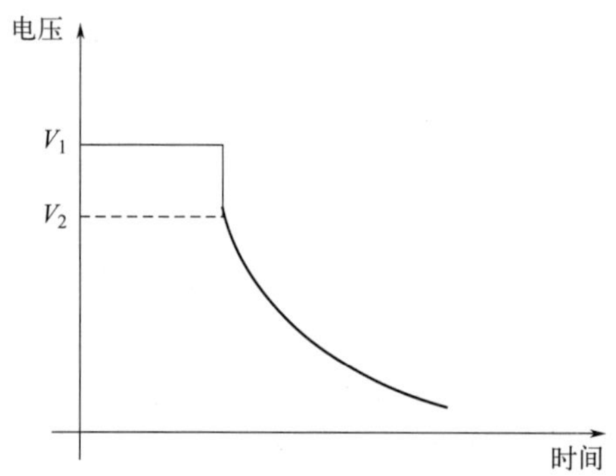

图 5.10 直流电阻测量示意图

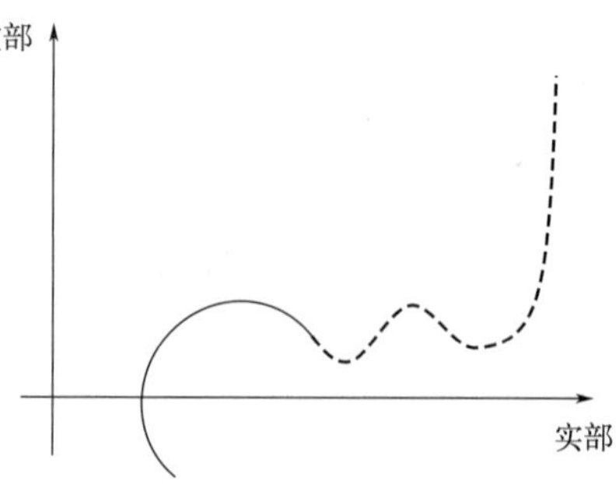

图 5.11 电极/电池阻抗图谱

5.11 充放电曲线形状

充放电曲线，这个看起来十分简单的实验曲线，其实可以告诉我们很多有用的信息，至少包括：容量、电压、能量密度等参数；脱嵌锂反应机理。

5.11.1 热力学本质

本征上，放电曲线形状是由吉布斯相律决定的，可用吉布斯相律来解释，为什么随着荷电态的变化，开路电压有时平坦，有时倾斜。

吉布斯相律表示为

$$F=C-P+2$$

式中，C 为组分数，P 为体系中的相数，F 为自由度。热力学上，强度参数和材料数量没有关系。温度、压力、化学势等都是强度参数。以 Li-I_2 电池为例，其负极为 Li，正极为 I_2，反应进程与组成的关系，如图 5.12 所示。

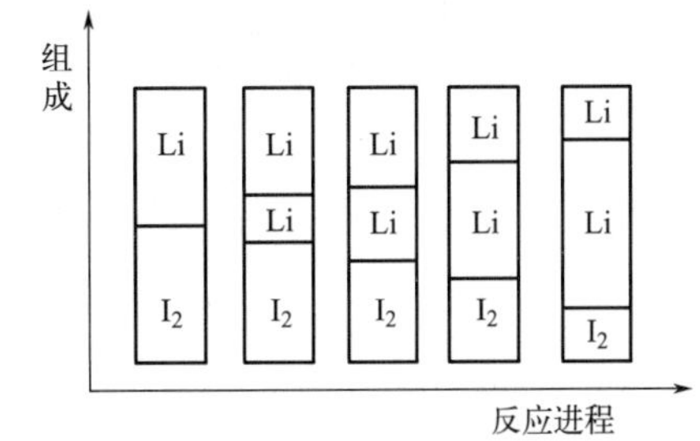

图 5.12 Li-I_2 电池反应进程与组成的关系

对于负极，其组分数为 1，即只有一类原子，其相数也是 1，即锂金属相，因此，自由度就是 2，这意味着，一旦两个强度性质的热力学量确定了以后（这里是温度和压力），那么就没有任何自由度存在，此时，负极所有强度参数全部固定，电压与荷电态无关，电压平台很平。此时，负极的化学组成、电势都是固定值。

负极金属锂放电时被消耗，形成 LiI，Li 被消耗，但是由于 $F=2$，这个 2 代表的温度和压力又是固定的，F 的参与数值为 0，表示不会再有强度量是变化的，锂金属电极电位和荷电态无关。

如果此时假设 I_2 可以溶解在 Li 中形成固溶体相，那么会导致负极的 $C=2$，$F=3$，此时即使固定温度和压力，电极电位也会发生变化，随着荷电态改变，电压呈现固溶体行为，也就是随着组成呈现倾斜的曲线，当然这是假设。

正极 I_2 与负极金属锂类似，$C=1$，$P=1$，$F=2$，温度、压力固定以后，电极电位就不会发生变化，正负极的电极电位都和荷电态无关，自然，电池的电压也就和荷电态无关。这就是 Li-I_2 电池的放电电压平台特别平坦的原因。

根据相图也可以判断电压-组成的关系。假设体系中有中间产物 β 相，并且在两端存在固溶体相 α 和 γ 相，此时的相图，可用图 5.13 表示[6]。

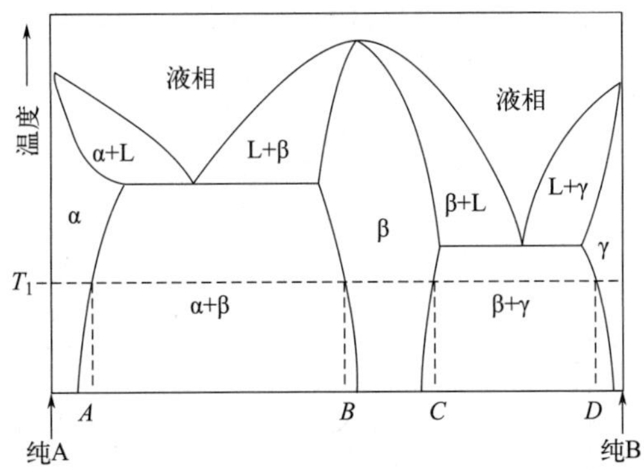

图 5.13 具有中间相 β 和 α、γ 固溶相的二元相图示意图

那么在 T_1 温度下，随着组成的变化，开路电位的变化将具有图 5.14 的形式。开始阶段形成 α 相固溶体，此时电位连续变化，过了图中的 A 点以后，是两相（α 和 β）共存平衡

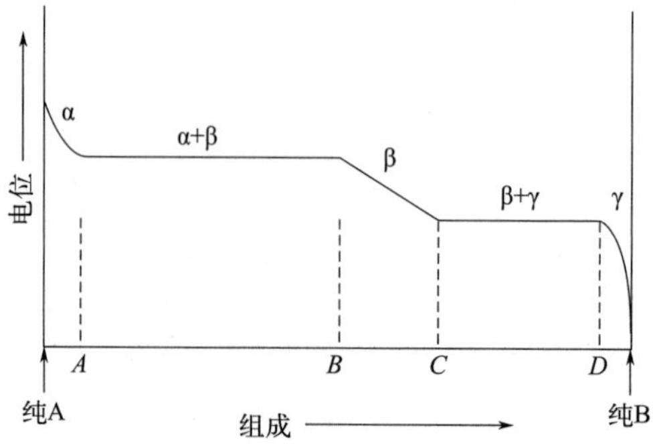

图 5.14　图 5.13 中 T_1 温度下的电位变化示意图

区域，此时开路电位保持不变，当组成大于图中的 B 点以后，孤立相（β）形成，电极电位线性降低，随后又保持不变，对应 β/γ 两相平衡，最后进入 γ 固溶体区域。

如果图 5.14 中的 β 不是孤立相，存在于广泛的组成并分别与两端产物构成平衡体系，此时的相图类型，如图 5.15 所示。

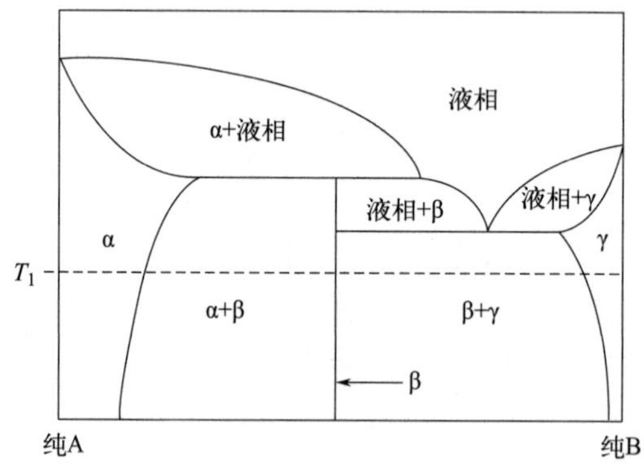

图 5.15　T_1 温度下、β 相不是孤立相的二元相图

在 T_1 温度下，反应进程与电压的关系，如图 5.16 所示，可以发现，会出现电压突变的情形。相图和电压的这种关系是一一对应的，因此，也可以从电压-组成关系反向推测相图，不过做此工作时需要考虑动力学因素。因为即使热力学上电压绝对平坦，动力学因素也会引起倾斜。很多时候，慢的动力学会掩盖热力学因素。

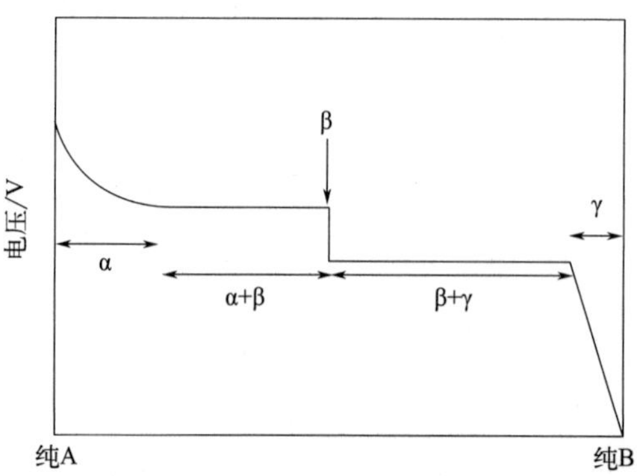

图 5.16　图 5.15 中 T_1 温度下发生相变的电压示意图

即使如此，用电压-组成曲线初步判断反应机理，还是可能的。电流很小时甚至可以使用充放电曲线。

根据放电曲线形状可以判断反应的机理。恒流放电曲线的主要类型，如图 5.17 所示。对于类型 1，放电初期的电压迅速降低源于欧姆极化，随后的弯曲部分相当于电化学极化和浓差极化的形成（这里要考虑固溶体放电机理，它也会导致类似的形状），在电压平台区域电压几乎是定值，代表两相平衡，在放电后期反应物基本被消耗完毕，按照 Nernst 关系，电极电位发生突变。也就是类型 1 更可能代表两相反应机理。对于两相平衡反应机理，反应平台特别平，放电电流增大后，平台基本得以保持，只是发生整体的移动，典型的就是磷酸铁锂脱锂反应。

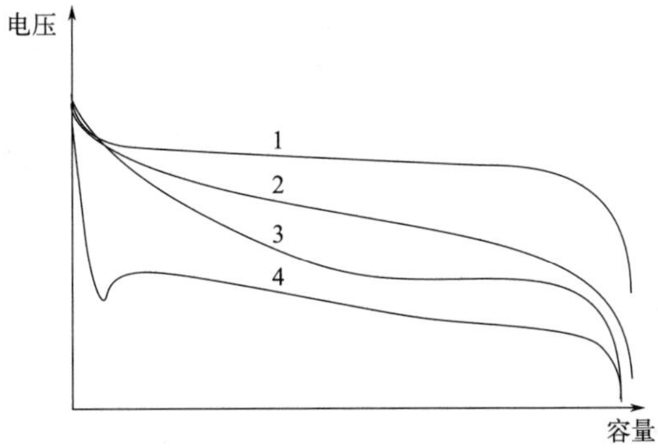

图 5.17　典型的放电曲线形状示意图

类型 2，放电初期电压迅速降低与欧姆极化有关，随后缓慢下降是因为电化学极化与浓差极化，随后，电极电位随容量几乎成线性下降，这很可能代表固溶体行为，即固溶体反应机理，反应为

$$x\mathrm{Li}^+ + x\mathrm{e} + \mathrm{BX} = \mathrm{Li}_x\mathrm{BX}$$

原则上 x 为任意数，实际体系中 x 数值一般是个范围，并且一般接近 0 或者整数 n（$n=1$，2 等）。通常，在新相形成初始阶段很小的组成范围内，会形成固溶体。对于固溶体反应，电位-组成曲线比较倾斜，电流增大后，放电曲线倾斜度加大。典型的固溶体反应就是镍钴锰三元层状材料的脱嵌锂反应。

类型 3 表示反应体系中同时存在固溶体反应与两相反应机理，示意图中代表的是固溶体过程对应的电位区间高于两相过程，如果低于两相过程的平台电位，图中曲线倾斜部分就在平台下边，也就是放电的后期。

对于两相反应机理，在放电初期和末期，通常也存在一个固溶体过程，不过因为这个固溶过程存在区域太小，一般不予考虑。

类型 4 中，放电电压在放电初期迅速降低随后缓慢回升，这种现象的原因：一是产物导电性高于反应物；二是工艺因素，新电极在与电解液浸润不充分的条件下就直接放电。此外，如果活性材料在运行中存在明显的体积变化，也会存在这种现象。

对于多个相先后形成的反应（每个电压区域还是两相机理），比如 Li-Si、Li-Sn，理论上存在多个平台，但是实际上很难测到这些平台，通常得到的是一个类似于固溶体行为的倾斜的曲线，主要原因是动力学因素，以及体积膨胀/收缩引起的内应力的存在。

原则上应当采用开路电压-容量曲线来判断反应机理。用放电曲线形状可以判断反应机理的前提是放电电流足够小。那么放电电流多小才可以呢？简单但是不严谨的方法就是减小放电电流，看放电曲线形状是否发生质的变化。粗略的定量方法是，假如测量开路电压-容量曲线的操作需要 nh 完成，其中开路时间为 mh，那么，电流要小到使放电时间是 mh。

如果对电池的放电曲线随放电电流增大时的变化规律加以总结，主要分成三类，如图 5.18 所示，一种是倾斜型，一种是平坦型，另一种是双电位平台型。三种类型的放电曲线基本形状，与放电电流的大小基本没什么关系，只是位置发生变化，图中显示了电流密度增大后三种类型曲线的变化趋势。

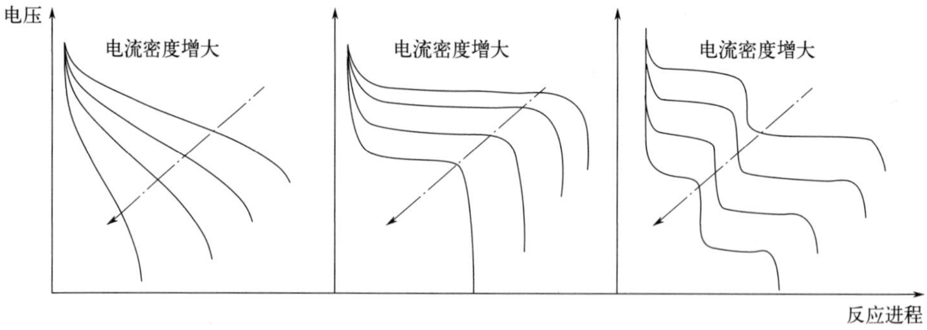

图 5.18　电流密度增大后放电曲线的变化趋势

根据放电电流曲线随着电流增大的变化规律，也可以反映出放电反应机理：对于固溶体型反应，平台斜率增大；对于两相平衡反应，平台斜率基本不变，仅仅是发生平移，平台长度发生改变。

前边的类型 4 曲线的一个例子是 Li-Si 合金的放电，如图 5.19 所示[5]，在放电初期，电压迅速降低，随着放电过程继续，电压会慢慢上升；在充电阶段也会出现这种情况，有文献解释为反应受到新相成核过程的控制，成核之前极化迅速增大，成核后电压发生反向变化。

图 5.19 的情况，还有一个可能的原因就是电极的制备工艺（当然本质上还是和反应机理有关系），一般，如果充放电过程中伴随着活性物质体积的明显变化，有时候就会存在这

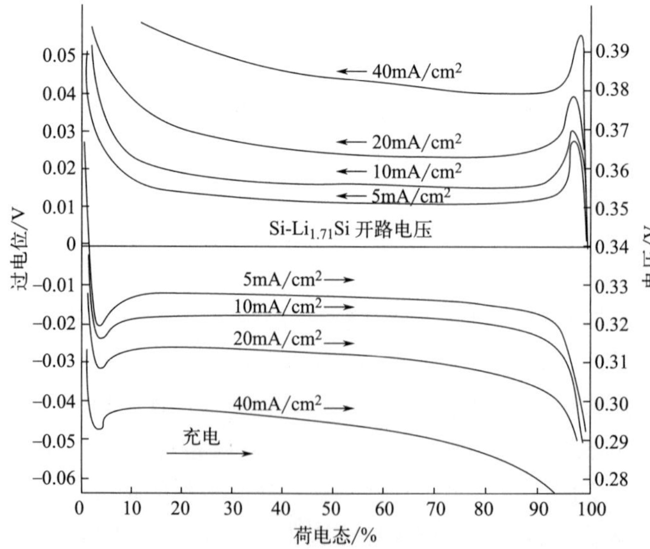

图 5.19　Li-Si 合金充放电曲线图

种电压反常的变化，内中的具体机理还不甚清楚。

这类材料的锂化/脱锂过程，就像人的肺一样，伴随着体积剧烈的变化，循环稳定性很难得以保证。

电化学性能表现，常常能够反映出相组成，所谓的组成决定性质。两相反应机理，条件满足时，会发生有趣的现象：相分离。Li_xFePO_4 就是一个例子。受到动力学速度慢的限制，当外在表现出的平均组成是 $Li_{0.5}FePO_4$ 的时候，在开路放置时，内部会发生相分离，因为该材料是两相反应，不存在 $Li_{0.5}FePO_4$ 这个组成，它逐渐分成两相：$Li_{1-x}FePO_4$ 和 Li_xFePO_4，x 接近 1[7]，高分辨电镜下可看见分离的两相，理论拟合中预测电位发生振荡。该结论为实验所证实，如图 5.20 所示[8]。

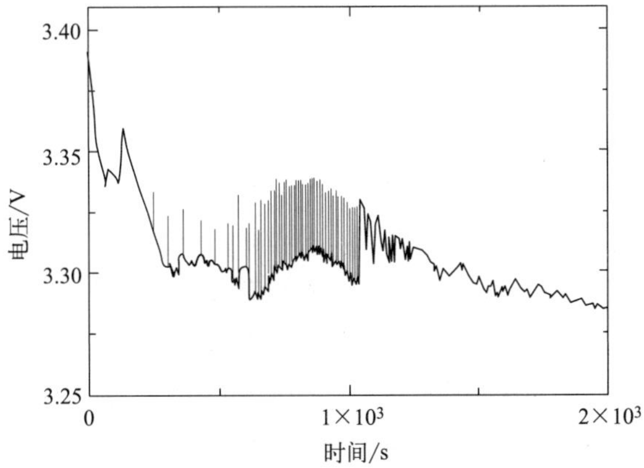

图 5.20　$Li_{0.5}FePO_4$ 开路电位的漂移与振荡现象

5.11.2　非对称充放电曲线

指充电曲线形状和放电曲线形状存在明显不同，例如平台数量不同。若活性材料中含有多个活性过渡金属电对，循环中有时会出现非对称充放电曲线，这可能与每个氧化还原电对的电荷接受能力以及材料内部的氧化还原反应有关系。

假设两个电对分别为 $M_1^{m+/n+}$ 和 $M_2^{p+/q+}$，其中满足 $m>n$ 和 $p>q$。氧化态与还原态粒子浓度相同的时候（忽略活度影响）平衡电位分别为 φ_1、φ_2，假设 $\varphi_1>\varphi_2$，再假设活性材料中两个电对的容量分别是 Q_1、Q_2，那么，如果反应是对称的，充电和放电时电极电位的变化示意图，如图 5.21(a) 所示。$M_1^{m+/n+}$ 电对对应的是 Q_1 容量，由于极化的原因，充电时电位高于 φ_1，放电时电位低于 φ_1，对于每个电对来说，充电的容量基本上等于放电的容量。这是对称的情形。

图 5.21(b) 就是非对称的情形，充电时充入的容量主要反映在 $M_1^{m+/n+}$ 电对的反应，但是放电时，主要放电容量体现在 $M_2^{p+/q+}$ 电对的反应，总容量基本不变。出现这种情形一般暗示着，电极反应过程中放电相和带电相之间的界面比较明显，并且界面移动的速度十分缓慢（相对于活性粒子的固相扩散而言），在固相中的界面附近存在化学反应：

$$(p-q)M_1^{m+}+(m-n)M_2^{q+}\longrightarrow(p-q)M_1^{n+}+(m-n)M_2^{p+}$$

该反应是纯粹的化学反应，它直接导致能量效率降低，充电容量和放电容量不变，但充入的能量小于释放能量，原因是纯化学反应过程会导致部分能量损失，降低电能品位。

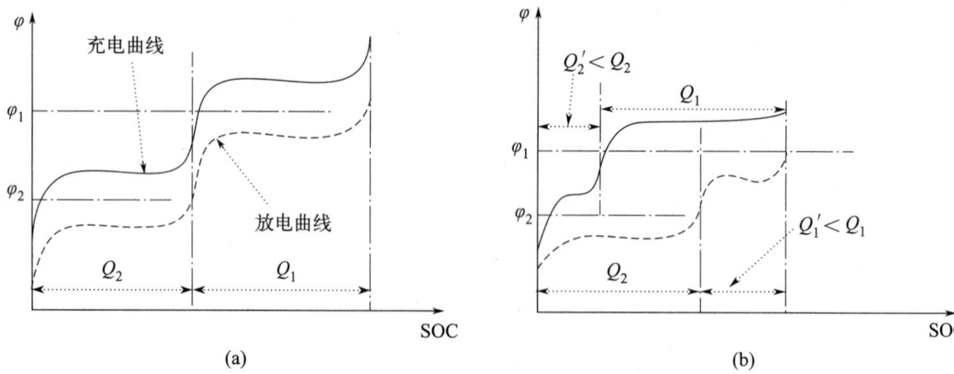

图 5.21　非对称充放电曲线形状示意图

还有一种情形，就是充电和放电两个过程中的电位平台数量不一致，例如，含碳量很低的 $LiCoPO_4$ 正极，其充放电曲线如图 5.22 所示，充电时两个平台，放电时只有一个平台，dQ/dV-组成曲线中，充电过程中两个平台电位分别为 4.94V 和 4.85V，放电平台在 4.7V 附近。这种现象可能与材料中碳含量有关系，碳含量较低时［<0.6%(质量分数)］，充电时两个氧化峰明显；碳含量增大，两个氧化峰消失，在更高的电位下出现另一个氧化峰。

这种不对称现象暗示充电过程与放电过程的反应机理不一样。

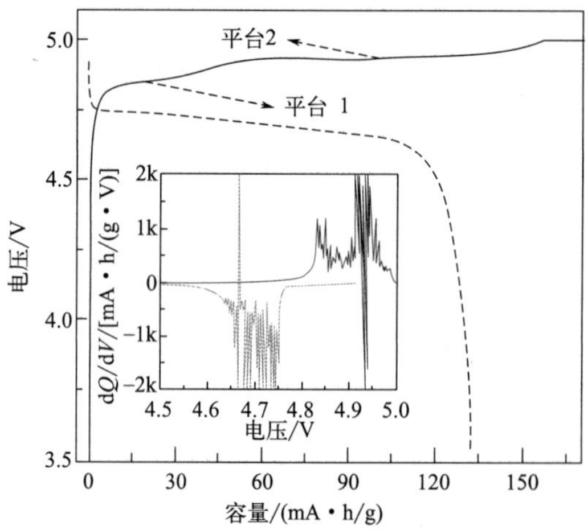

图 5.22　$LiCoPO_4$ 的充放电曲线图

5.12　充放电模式

从大的方面讲，有两种充电模式：无线充电和有线充电。

无线充电的机理和变压器的工作原理类似，通过两个相互耦合的交流线圈，高压交流电转变成低压交流电，在低压一侧配上单向整流器，转变成直流后直接完成直流充电任务。两个相互耦合的交流线圈的距离有限。

有线充电模式是常见的充电方式。恒流充电是有线充电模式中最常见的，在恒定电流下充电到截止电压后即停止；恒流-恒压充电模式中，先恒流充电到一定电压，然后再在某个电压下继续充电到充电电流衰减到某个预先设定的数值为止。该模式常见于 $LiMnPO_4$ 充电中，最后的恒压模式通常是为了补充电，适于难充电的情况。还有 Taper 充电模式，采用的是电池电压和电流的某种线性组合等于常数的模式，即

$$k_1 V_{bat} + k_2 I_{bat} = c = \text{常数}$$

还有脉冲充电模式，脉冲充电模式中，有时为了保证充电效果，会采用充电电流瞬时反向的模式，这种模式的设计多数是为了保护电池不被损坏。充电中电池能够接受的最大电流与荷电态有关，称为荷电接受能力。以最大可能电流充电，可以大幅缩短充电时间。充电电流大于最大可能电流时，会损坏电池。

各种充电模式中，有的仅仅是为了应用方便，有的则是为了达到快充的目的。图 5.23 是典型的充电模式以及响应信号变化示意图。

放电模式中，恒流放电模式和恒流充电模式类似，随着放电进行输出功率逐渐降低。恒阻模式放电中，因为电压会下降，电流降低，输出功率随着电池输出电压的平方降低，放电末期输出功率下降明显，和恒流模式相比，放电时间变短。

恒功率模式放电，初期电压大电流小，后期电压小而电流大。几种放电模式中，这种运行模式时间最长。按照电池恒功率输出能力，分成能量型和功率型。

连续放电与间断放电中，后者放出容量要大于连续放电，如图 5.23 所示，是恒流模式连续放电和间断放电的示意图，在恒流放电模式下，从颗粒内部到表面任意一点的浓度梯度都是常数（假设是平板电极），表面浓度从开路下的 c_0 降到工作条件下的 c_s，随着反应的进行，c_s 和 c_0 同步下降，但是梯度保持不变，当 c_s 降到 0 时，本体浓度降到 c_{01}，此时电位突跃，放电截止。利用这个模型，如果知道平板电极厚度（对于颗粒电极，也可以，只是需要利用球坐标体系的方程来计算），可以计算残余容量。某电流下的残余容量与理论容量差是由固相扩散系数决定的（图中，浓度梯度，也就是曲线的斜率是由扩散系数决定的，而放电末期直线 $c_{01}c_{s0}$ 下面面积大小就代表残余容量，二者正比关系），因此，利用残余容量就可以计算锂离子扩散系数。实际应用中，需要控制活性材料的颗粒大小。

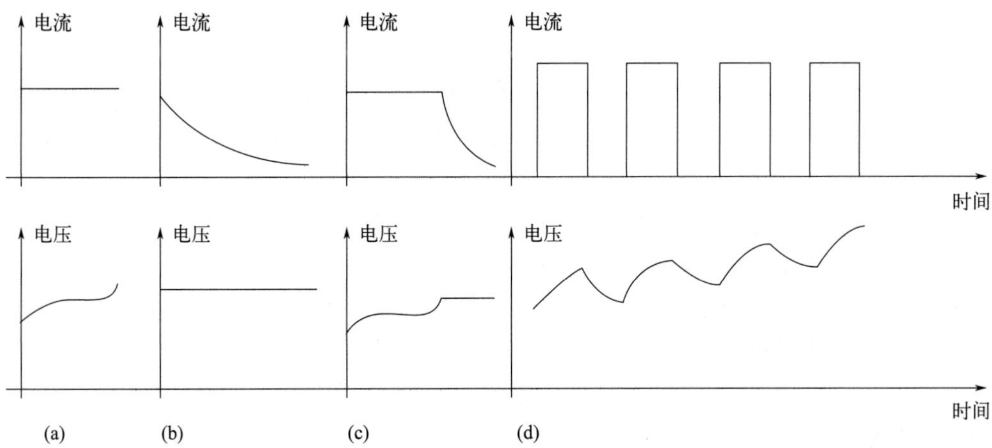

图 5.23 充电模式以及电压响应示意图

(a) 恒流；(b) 恒压；(c) 恒流-恒压；(d) 脉冲充电

间断性放电时，在放电后期中间开路放置时，内部离子浓度会松弛到均匀状态，如图 5.24(a) 所示，随后放电过程中，一部分额外的容量［与图 5.24(b) 箭头所指的三角部

分对应的容量］被释放出来，所以，间断式工作模式下容量会大一些。从图 5.24(b) 可以看出，在活性粒子浓度很低的情况下，放出的电量与扩散系数存在直接的关系，此时的容量，实际上就是残余容量的一部分。

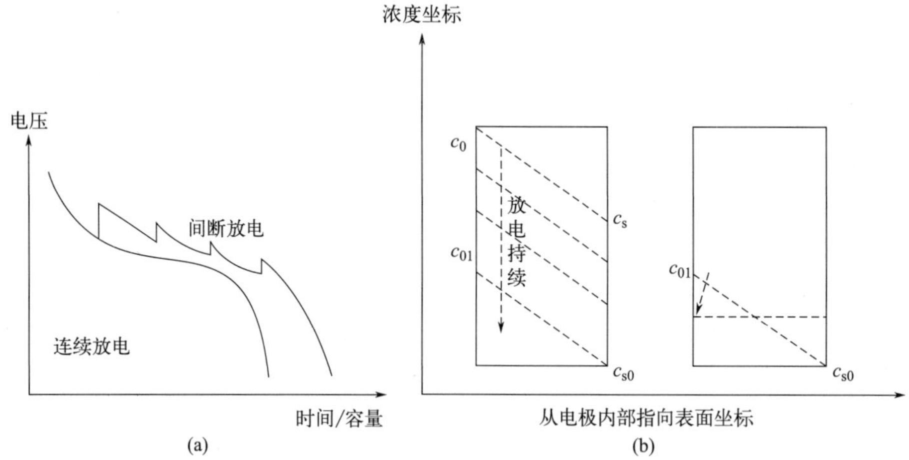

图 5.24 连续放电与间断放电电压变化及颗粒内部浓度变化示意图

电池效率主要指能量效率，是输出能量与充电时输入能量的比值，能量等于容量乘以电压，因此，充放电平台滞后越大，电池效率越低。库仑效率是指充入的容量和放出容量的关系，是荷电粒子损失的量度。

电池效率对于电池能否作为储能中介使用十分重要。在电网调峰功能中，电网电能转化成化学能储存在电池中，在需要时这部分化学能再以电能形式释放出来，这两步能量转化过程中，能量效率参数为决定性因素。

5.13 记忆效应

指当某个电池一直在某个容量范围内使用数次以后（比如每次使用到剩下 30％的电量时就充电），当随后改变使用条件后，电池好像“记住”了先前的使用条件一样，不能迅速“适应”新的使用条件（例如，当随后试图使用那残余的 30％的电量时，电池这部分容量似乎消失了）。

记忆效应和微观结构有关系。活性电极材料反复运行于某个条件下时，参与电化学反应的部分和未参与电化学反应的那部分之间形成了明显的界面，这个界面起了“记忆”功能，当随后改变使用条件时，该界面在动力学上形成类似于反应势垒的作用，阻止先前未参与电化学反应的部分参与反应。

5.14 自放电

自放电是指电池充满电后在放置期间容量损失的现象，自放电速率一般用单位时间内容量损失百分比来表示。

参考文献

[1] 徐艳辉，耿海龙，电极过程动力学：基础、技术与应用．北京：化学工业出版社，2015.

[2] Yoshio M，Brodd R J，Kozawa (eds.) A. Lithium-Ion Batteries：Science and Technologies. ISBN：978-0-387-34444-7 e-ISBN：978-0-387-34445-4，DOI：10.1007/978-0-387-34445-4，Springer Science+Business Media，LLC，2009.

[3] Julien C，Pereira-Ramos J P，Momchilov A. New Trends in Intercalation Compounds for Energy Storage. ISBN 978-1-4020-0595-4 ISBN 978-94-010-0389-6 (eBook)，DOI 10.1007/978-94-010-0389-6，Springer Science+Business Media Dordrecht，2002.

[4] Gulbinska M K. Lithium-ion Battery Materials and Engineering：Current Topics and Problems from the Manufacturing Perspective. ISSN 1865-3529 ISSN 1865-3537 (electronic)，ISBN 978-1-4471-6547-7 ISBN 978-1-4471-6548-4 (eBook)，DOI 10.1007/978-1-4471-6548-4，Springer-Verlag London，2014.

[5] Huggins R A. Energy Storage. ISBN 978-1-4419-1023-3 e-ISBN 978-1-4419-1024-0，DOI 10.1007/978-1-4419-1024-0. Springer ScienceþBusiness Media，LLC，2010.

[6] Julien C，Stoynov Z. Materials for Lithium-Ion Batteries. Springer Science+Business Media Dordrecht，2000.

[7] Ellis B L，Lee K，Nazar L F. Positive Electrode Materials for Li-Ion and Li-Batteries. Chem Mater，2010，22：691-714.

[8] Ju H，Wu J，Xu Y. The Oscillatory Open Circuit Potential：Experimental Evidence for Phase-Separating of $LiFePO_4$. Journal of Advanced Physics，2013，2 (4)：296-298.

第6章

活性电极材料

可用于脱嵌锂的正极材料，主要包括层状系列材料，这类材料具有层状结构，如钴酸锂、镍酸锂、锰酸锂（$LiMnO_2$），以及由上述材料衍生出的三元系列材料；具有三维锂离子扩散通道系列材料，主要是指尖晶石结构锰酸锂（$LiMn_2O_4$）以及由其衍生的高压尖晶石材料；一维扩散通道系列材料，主要代表是磷酸铁锂。

负极材料中，石墨具有层状结构。

硅、锗、锡等负极，和锂的反应不属于脱嵌反应机制，要么属于合金化反应，要么属于生成金属间化合物的化合反应。这类反应的特点是：反应中伴随着母相结构的消失，体积变化大，活性材料利用率低。

另外，还常常研究纳米材料作为锂离子电池的活性物质，包括以下几类：传统材料如磷酸铁锂、锰酸锂的纳米化；硅、锗、锡等负极材料的纳米化；纳米结构金属氧化物，如氧化铁、氧化铜等。这些纳米材料的最大缺点是电压平台不明显，是实用化的最大障碍。

6.1 负极材料

6.1.1 碳负极

碳基材料分为石墨碳、硬碳和软碳三类，图6.1是碳负极分类。软碳可以转换成石墨结构，只要加热到3000℃就可以，它由不定向小晶体组成，在加热时这些小晶体可以进一步长大并变得有序。温度高于2200℃以后，小晶体尺度达到数十纳米，层间距接近石墨的0.3354nm。

硬碳，即使在更高温度下热处理也不会转变成石墨结构。软碳容量低，而硬碳容量衰减和充放电电压滞后是其缺点。硬碳容量大于石墨电极理论容量（前提是扩大了脱嵌锂的电位范围，在石墨工作电压范围内硬碳容量要小很多），与其结构中存在大量缺陷有关。

软碳和硬碳，这两个词中软与硬的修饰词，分别代表着两种碳材料在温度高于2500℃时其结构转变成有序石墨化结构的难易程度。

碳纳米管、石墨烯等不适合作为锂离子电池负极使用，主要缺点在于：①不可逆容量大。它们属于高比表面积材料，可逆容量主要对应层状结构之间储存的锂，而碳纳米管层状

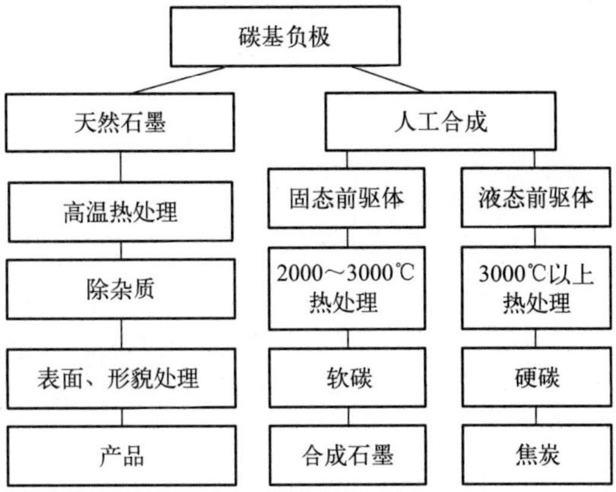

图 6.1 碳负极分类与制备

结构所占比重很少。即使期望空腔可以可逆储存锂，那么也存在着固溶体行为以及扩散长度太大两个缺陷。②电压滞后大，有效容量低。

嵌入石墨中的锂的价态是一个令人感兴趣的科学问题，也一直是争论的难题。利用拉曼研究碱金属-单壁碳纳米管材料 MC_8（M＝K、Rb、Cs），发现碱金属带正电荷，电子从碱金属转移到碳管离域大 π 键中，据此认为，碳纳米管-Li 体系中锂离子为 $+\delta$ 价（$0<\delta<1$）。

若嵌入的锂离子带有正电荷，在分别施加正方向和反方向的两个脉冲测量锂离子表观扩散系数，应当有明显差别，这个差别是由电迁移现象引起的。若锂以原子态存在，那么测量的表观扩散系数与施加脉冲的方向无关，并且这个差别会受到电场方向反转的影响。如果母相中的锂就是“原子锂”形式存在，测量结果不会受到对电极电位相对高低、脉冲方向的影响[1]。

国家标准关于石墨碳负极的规定，主要参数包括天然石墨负极首次放电比容量大于 360mA・h/g 或 345mA・h/g，首次库仑效率大于 95%、93%或 91%，压实密度不低于 $1.65g/cm^3$、$1.55g/cm^3$ 或 $1.45g/cm^3$，磁性物质含量低于 0.1×10^{-6} 或者 0.5×10^{-6}，铁含量低于 10×10^{-6}、30×10^{-6} 或者 50×10^{-6}。

Ⅰ级改性天然石墨负极的指标要求，举一例，包括：水分含量低于 0.2%，振实密度大于 $1.10g/cm^3$，压实密度大于 $1.65g/cm^3$，真密度 $(2.24\pm0.02)g/cm^3$，比表面积为 $(2.0\pm0.5)m^2/g$，层间距为 $(0.3358\pm0.0003)nm$，首次库仑效率大于 94%，首次放电容量不小于 360mA・h/g，对微量金属元素含量的限制包括低于 10×10^{-6} 的铁，钠、铬、铜、镍、铝、钼、铅、汞、镉含量均低于 5×10^{-6}，氟离子、溴离子、硝酸根离子含量低于 10×10^{-6}，氯离子含量低于 30×10^{-6}，硫酸根含量低于 50×10^{-6}，硫元素含量低于 20×10^{-6}，磁性物质（铁铬镍锌）含量低于 0.1×10^{-6}，关于有机物的规定中，丙酮、异丙醇、甲苯、乙苯、二甲苯、苯、乙醇的含量不高于 1×10^{-6}，多溴联苯和多溴联苯醚含量不高于 5×10^{-6}。

6.1.2 金属及相应氧化物

6.1.2.1 金属锂负极

指直接使用金属锂作为负极材料，在医用锂微电池、全固态可充锂电池中，有应用的可能性。

在搁置期间金属锂与电解液之间的反应不断进行，消耗电解液，这是锂金属负极的最大缺点。其他缺点如枝晶，虽然可采用技术手段适当控制，但是，锂金属和电解液的反应属于本征特征，很难控制。

6.1.2.2 其他金属及金属氧化物

主要包括 Ge、In、Zn、Pb、Ag、Pt、Cd、As、Ga、Sn、Sb、Al 等以及对应的氧化物。这类材料的特点是电压平台不明显，电压范围也比较大，对于氧化物形式的初始材料，电化学反应具有置换反应特点。

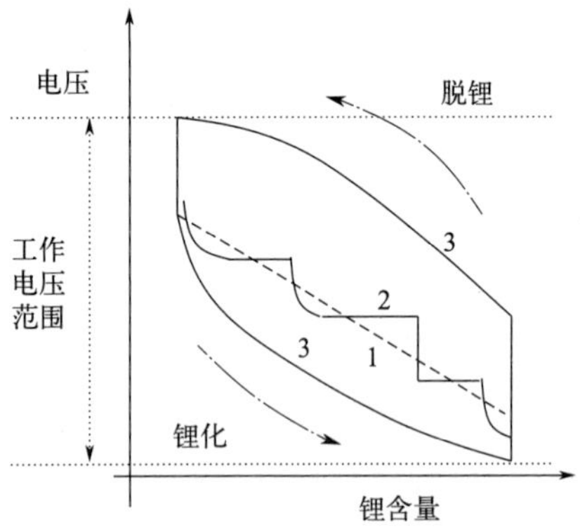

图 6.2 氧化物锂化/脱锂曲线示意图

假如涉及多个反应，理论上在平衡态具有如图 6.2 中曲线 2 所示的形式：每个电位平台代表两相平衡，弯曲部分代表固溶体反应（假如存在的话）。实际的锂化/脱锂过程中，受内应力和非晶化因素等条件的影响会导致锂化/脱锂平台倾斜，如图 6.2 中曲线 1 所示。

内应力、极化、内阻等因素还会进一步导致锂化过程和脱锂过程之间的滞后增大，实际的锂化/脱锂曲线具有曲线 3 的形式。

大部分不具有任何进一步的研究价值。

6.1.3 硅及硅的氧化物

在限制容量的前提下，Si 作为锂离子电池负极使用的可能性很大，但是它不会完全取代碳负极而单独作为锂离子电池负极使用。当 Si 加入到 C 材料中时，目的是增大复合负极的容量，此时复合负极中 Si 充放电循环必然发生在高锂化状态（指 Si 部分）。在有 O 存在的情况下，比如以 SiO_x 为活性材料，会生成不可逆相 Li_4SiO_4。

电池能量密度和比特性是由平均工作电压（正负极电压差）与质量比容量（或者体积比容量）的乘积决定，在以 Si 或者 Sn 替代碳基材料时，电池比容量增大量是否能弥补电池工作电压的降低，是需要考虑的一个重要因素。一个简单的例子可以说明这个问题，假如正极为磷酸铁锂，其工作电压以 3.45V 计，容量以 160mA・h/g 计；当与石墨碳（以 0.15V，350mA・h/g 实际容量计）匹配时，1g 磷酸铁锂匹配 0.457g 石墨碳，全电池理论比能量为 (3.45～0.15)V×160mA・h/1.457g＝362.3mW・h/g。

1g 磷酸铁锂与 Si 负极匹配，Si 负极按照 0.45V 和 4200mA・h/g 计算，匹配后的全电池比能量为 (3.45～0.45)V×160mA・h/1.038g＝462mW・h/g。明显的，使用 Si 负极替代石墨碳负极以后，其容量增长可以弥补因为其脱锂电压升高导致的电池电压下降带来的影响。当然，这是理论的考虑，因为 Si 负极实际容量不可能达到其理论值。

假设 Si 负极实际容量为 p，要满足全电池比能量大于 362.3mW・h/g（这个参数也可以针对不同电池体系采用不同的实际数值）的条件，满足的关系式是

$$\frac{3.45-0.45}{1+\dfrac{160}{p}}\times 160 \geqslant 362.3$$

上式做了简化，未考虑 Si 负极电压与容量的关系，但是可以说明我们目前要讨论的目的。

计算可得 p 至少要 492.5mA·h/g，换句话说，Si 负极的实际容量要大于 492.5mA·h/g 才能保证全电池的质量比特性不变差（和磷酸铁锂/石墨碳体系相比）。高容量 C-M（M 代表其他组分）复合负极材料的开发，可以借鉴上述讨论。负极脱锂电压升高和可逆容量增大两个参数之间存在妥协关系。这里直接忽略了钛酸锂、氮化物，因为二者的电压平台在 1.5～2.0V，不合适。

6.1.4 氮化物负极

大部分氮化物是层状结构，典型的是 α-Li_3N，室温锂离子电导率为 10mS/cm 数量级。其他氮化物都可以看成是部分锂被取代的衍生物。

氮系负极的典型特点是电压高，滞后大。

氮化物另一个应用方向是作为固态锂离子导体。

6.2 正极材料

6.2.1 橄榄石 $LiMPO_4$

$LiMPO_4$，M＝Fe，Ni，Mn，Co，脱嵌锂过程伴随着 $M^{3+/2+}$ 电对的氧化还原反应，电压分别是 3.4～3.5V、5.0～5.4V、4.0～4.2V 和 4.7～4.8V，电导率低是这类材料的基本特征，克服的方法包括元素掺杂以及颗粒表面包覆碳、降低颗粒尺寸。

磷酸铁锂的特点：质量比容量和体积比容量大于尖晶石锰酸锂；原材料便宜；热与化学稳定性高（两个终端组成都如此）；容易做到过充电保护；放电电压平台，不需要 DC/DC 转换器；因为电压低，在电解液的化学窗口范围内，不涉及电解液分解；批量合成高性能材料难度稍微大；杂质单质 Fe 对电池有害，需要严格控制。

大尺寸锂离子电池 $LiCoO_2$ 最可能的替代产品是 $LiFePO_4$。

从元素组成的角度看，$LiCoPO_4$ 具有比 $LiCoO_2$ 更严重的环境污染能力，不可能得到大规模应用，但在微能源系统中获得应用的可能性很大。

$LiMnPO_4$ 是绝缘体，有效容量低。从元素组成、放电平台电压以及合成条件角度看 $LiMnPO_4$ 应当比 $LiFePO_4$ 具有更大的应用潜力和价格优势，但是本征缺陷限制了其大规模应用可能性。

纯相 $LiNiPO_4$ 正极材料，几乎无活性（在现有电解液体系），合成条件要求十分严格。

Fe、Co、Ni、Mn 四元素相互取代，就构成多元橄榄石系列材料，主要利用 Fe 和 Mn 的电化学活性，若应用在微能源系统中，Fe、Mn、Co 三元或者 Fe、Co 二元橄榄石可能是最佳选择。

$FePO_4$ 可逆容量大约在 50mA·h/g，滞后较大，活性物质利用率低。

6.2.2 尖晶石系列

典型尖晶石结构脱嵌锂材料包括 $LiMn_2O_4$、$Li_4Ti_5O_{12}$［$Li(Li_{1/3}Ti_{5/3})O_4$］和 $Li_4Mn_5O_{12}$［$Li(Li_{1/3}Mn_{5/3})O_4$］。

尖晶石系列电压平台，从高压尖晶石 4.9V，到钛酸锂 1.5V，范围很大，电压高的适合作正极，电压低的可能可以作负极，比如钛酸锂。

$LiMn_2O_4$ 综合电化学性能与钴酸锂差不多，价格要便宜很多，环境污染也小得多，回收工艺也简单得多。主要缺点是堆积及压实密度小，高温循环稳定性差。比较适合迷你电动自行车使用。

高压尖晶石通式为 $LiMn_{1.5}M_{0.5}O_4$，M=Ni，Cr，Cu，Fe 等，一般认为 M 为+2 价，Mn 为+4 价态。Cr、Fe 和 Cu 添加后高压平台分别达到 4.92V、5.00V 和 4.99V，位于高压的氧化还原峰对应掺杂过渡金属元素的氧化还原，如 Cu^{2+}/Cu^{3+}(4.99V)。典型高压尖晶石为 $LiMn_{1.5}N_{i0.5O4}$，理论容量 147mA·h/g，实际中会达到 140mA·h/g，由于表面活性太明显，不能作为纳米材料使用，实用化的唯一限定因素是没有匹配的电解液[2]。

$Li_4Mn_5O_{12}$，在 2.9～3.0V 范围出现 JT 效应，在 3V 以上循环时，循环稳定性较好。

$Li_4Ti_5O_{12}$ 理论容量 175mA·h/g，国家标准规定的尖晶石钛酸锂的参数为平均粒径为 0.5～10μm，这个规定范围很大，具体数值要看企业需要。水分含量低于 1～1.5g/kg，振实密度大于 0.9～1.0g/cm^3，压实密度大于 1.9～2.1g/cm^3，真密度大于 3.4g/cm^3，比表面积小于 10m^2/g，锂含量在 6%，铁含量低于 30～80mg/kg，锐钛矿 TiO_2 的 XRD 测试中 I_{101}/I_{111} 峰强度比值小于 0.01，金红石 TiO_2 的 XRD 测试中 I_{110}/I_{111} 比值小于 0.03，首次可逆容量大于 155～165mA·h/g，首次库仑效率在 90%～93%以上，磁性物质铁铬镍含量不大于 20mg/kg，每千克产品中残碱量（碳酸根、碳酸氢根和氢氧根）不高于 0.8～1.2g，氯离子和硫酸根离子的含量都不能高于 30mg/kg，元素镉含量不高于 5mg/kg，铅、汞、铬元素含量不高于 100mg/kg。电化学性能测试条件为 1.0～2.5V，电流大小为 1C。

$Li_2Ti_3O_7$，理论容量为 198mA·h/g。Li_2TiO_3 容量比较小；$LiTi_2O_4$ 尖晶石密度比较大，电压平台 1.50V。尖晶石 LiV_2O_4 循环很差。尖晶石 $LiCo_2O_4$，在 3.9V 脱嵌其 8*a* 位置的锂离子，3.5V 脱嵌其 16*c* 位置的锂离子，但是极化很大。尖晶石 $LiNi_2O_4$ 结构不稳定。反尖晶石 $VLiMnO_4$ 大约 0.6Li 可以可逆脱出，充放电曲线中点电压为 4.1V 和 3.6V，过电位比较大。反尖晶石结构 $VLiMO_4$ 中，M=Mn，Co，Ni 时的 $M^{3+/2+}$ 电对的电位分别是 3.8V，4.2V，4.8V。反尖晶石结构中 $Mn^{3+/2+}$ 为 3.8eV，但是尖晶石结构中 $Mn^{3+/2+}$ 为 3.0eV，暗示 $VLiMnO_4$ 中形成了 VO_4 聚阴离子，强的 V-O 共价键使八面体氧化还原能得以稳定。正交 $LiVMnO_4$ 可以嵌入 3Li，但是不可逆。

6.2.3 Li-V-O-P 系列

脱嵌锂伴随着 Li_xVOXO_4 中的 $V^{5+/4+}$ 和 $V^{4+/3+}$ 电对反应，其中 X=P，As。结构上包括两类 $VOXO_4$(X=P，As，S)，分别为 α、β。β 形式的 $VOPO_4$ 和 $LiVOAsO_4$，脱嵌锂电压分别是 3.98V 和 4.02V。正交晶系 $LiVOPO_4$，脱嵌锂过程对应 V^{4+}/V^{5+}，理论容量 166mA·h/g。在 3.0～4.5V 范围 0.2*C* 倍率下容量大约 100mA·h/g，0.02*C* 倍率时容量 130mA·h/g 以上，充电平台 4.2V，放电平台 3.85V，平台倾斜度与位置类似于 $LiCoO_2$。

三斜晶系 $LiVPO_4F$ 理论比容量 156mA·h/g，在 0.2*C* 倍率下 60℃ 时容量可达到 150mA·h/g，室温 0.1*C* 容量 136mA·h/g，5*C* 容量 107mA·h/g，电位平台接近 $LiCoO_2$，扩散系数为 $(4\sim5.4)\times10^{-11}cm^2/s$。倍率性能不好，循环稳定性较好。平台电压 4.06V，在 3～4.4V，1*C* 循环 300 次后具有很好的容量保持。

$VOPO_4$ 共有 7 种结晶相，其中的两个 α 相，δ、ω 为层状结构，β 是三维结构。δ 相和 α

Ⅱ相的 $VOPO_4$ 电化学活性最高，可逆容量可达到 130mA·h/g，δ 相的循环稳定性很好，35 个循环后容量几乎不减少。初始嵌锂量的顺序是 β≪αⅡ＜ω＜αⅠ＜ε＜δ。该类材料倍率很差。$Li_5VP_2O_8F_2$，$P2_1/C$ 空间群，含 V-O 八面体和 P-O 四面体，$Li_5VP_2O_8F_2$ 的充电曲线中点电压大约 4.0V，中点电压大约 3.0V，滞后比较大。

6.2.4 氧化物（正极）

钒氧化物种类很多，结构复杂，包括 Li_xVO_2、$Li_xV_2O_4$、V_2O_5、V_6O_{13}、$LiNiVO_2$、VO_2 等。钒基氧化物结构中基本上依靠 VO_6 八面体支撑，层间结合力比较弱，因此 V 氧化物的循环稳定性都不是很好，并且充放电曲线比较倾斜。

六方结构 MoO_3 嵌锂量为 1.5Li/Mo，亚稳态 β 相放电到 1.1V 时嵌锂量为 2Li/Mo，完全嵌入 2Li 以后变成非晶。多晶结构 $MoO_3·0.5H_2O$ 嵌锂到 1.5Li/Mo；$MoO_3·H_2O$ 放电平均电位为 2.5V，大约 400mA·h/g 容量，非晶 $MoO_3·2H_2O$ 首次嵌锂容量达到 3.3Li/Mo，大约 400mA·h/g，其中 55%可逆，30 个循环后可逆量变成 1.0Li/Mo。正交晶系 MoO_3 纳米纤维，平台 2.4V，滞后大，容量 200mA·h/g 以上。

$NiMoO_4$ 和 $CoMoO_4$，放电电压平均为 1.75V，充电电压平均为 2.25V，没有明显的充放电电压平台，循环稳定性差。$(MoO_2)_2P_2O_7$，平台电位为 3.1V，进一步嵌锂时在 2.5V 出现另一个平台，对应 $Mo^{6+} \rightleftharpoons Mo^{5+}$ 反应，具有一定的可逆性；进一步放电对应 $Mo^{5+} \longrightarrow Mo^{4+}$ 反应，可逆性比较低。放电截止电压为 2.25V 时容量大约为 125mA·h/g。

Mo_5O_{14}，滞后很大，脱嵌锂过程伴随着一系列数不清的电位小平台，嵌锂电位范围从 2.5～1.5V 以下。

TiO_2 价格较低、环保，理论容量为 335mA·h/g，反应为

$$TiO_2 + xLi^+ + xe \rightleftharpoons Li_xTiO_2，x \leqslant 1$$

热稳定性好，处于电解液化学窗口范围内，不会形成 SEI，存在多种结构，在锂离子微电池领域获得应用的可能性很大。

Brookite TiO_2 纳米颗粒的容量高于 170mA·h/g，但是衰减快。尖晶石 Li_xTiO_2 最大组成为 $Li_{0.5}TiO_2$，168mA·h/g，反应为两相机理，发生在贫锂的四方相与富锂的斜方相之间，当 $x>0.5$ 会引起 JT 变形，实测电压 1.38V。$Li_2Ti_3O_7$，ramsdellite 结构，Pnma 空间群，属于快锂离子导体，脱嵌锂过程为固溶体机理，理论上可以嵌入 2.3Li，对应容量 235mA·h/g，结构稳定性好，体积变化小于 2%。低温层状结构 $Li_2Ti_3O_7$ 首次循环电位平台为 1.6V，随后在 1.6～2.1V 呈现倾斜的平台，与 ramsdellite 的类似，首次容量 136mA·h/g，稳定容量大约 70mA·h/g。$Li_2Ti_6O_{13}$，一般用离子交换方法制备，单斜 C2/m 群，1.5V 有平台，容量大约 200mA·h/g，循环性能不好。

Nb_2O_5，可作为 2V 可充锂离子电池的正极，有单斜与四方两种结构，一般制备成薄膜电极。

严格讲二氧化锰的分子式是 MnO_x（$x \rightarrow 2$），晶体结构包含了 α、β、γ、δ、ε、ρ 等多种，嵌锂后可充性比较差。MnO_2 系列材料之所以未在二次锂电池中获得应用，主要源于嵌锂时结构的不稳定，充电时难以脱出。

WO_x 缺陷是 W 的原子量比较大导致的低的理论比容量。CrO_x，x 数值在 2.7～3.03 范围，初始容量在 240～260mA·h/g，平均放电电压为 3.0V，锂化学扩散系数偏低，材料

倍率性能比较差，循环稳定性差。Cr_8O_{21}，首次放电时 3.2V 和 3.0V 各有一个平台，2.0V 截止电位时首次容量 390mA·h/g 以上，50 次以后可逆容量为 255mA·h/g 左右，平均放电电压 3.0V。Cr_2O_3，3.2～2.9V 有个小平台，与固溶体行为有关，2.9V 大平台与两相反应有关。烧结温度升高容量降低，循环性能都很好，充电电压 3.5V，温度升高有利于循环的稳定性。

CuO 在锂化时，并不是首先发生置换反应，而是类似于嵌入机理，研究不多，其中大部分是作为负极材料来研究的。层状 $LiCrO_2$ 难以充电，其他氧化铬材料容量比较高，但是合成工艺较难，且电压范围偏大。

6.2.5 硫酸盐系列

存在两种结晶结构，即菱方（rhombohedral）和单斜（monoclinic），空间群分别为 R-3 和 $P2_1$，真实密度分别为 3.23g/cm^3 和 3.06g/cm^3，两种结构的差别仅仅是最近邻的两个 FeO_6 八面体的相对取向的差别，这两种结构的硫酸铁导电性都很差。SO_4 单元中形成更强的共价键，会导致 $Li_2Fe_2(SO_4)_3$ 中的 Fe 离子具有更大的离子特征，这导致更大的电压。

菱方结构的硫酸铁中 Fe^{3+} 的电负性为 2.58，属于 Nasicon 结构，Fe-O 键共价特性越小，电压越高，源自 O^{2-} 向聚阴离子中心的强极化作用，它使 Fe 3d-O 2p 杂化轨道变弱，从而降低了 $Fe^{2+/3+}$ 的能量，提高了聚阴离子型化合物的电压。一般规律是 Fe-O 共价键中的 π 电子成分越强，$Fe^{2+/3+}$ 的能量就越高，OCV 也就越低。$Li_xFe_2(SO_4)_3$ 中 $Fe^{2+/3+}$ 位于阳极金属锂费米能级以下 3.6eV。菱方结构晶格参数 $a=0.824$nm，$c=2.218$nm。两种结构的 XRD 图谱十分类似。

两种结构的硫酸铁都可以嵌锂，嵌锂电压都是 3.6V，锂含量大于 2 时电位会突然降低。单斜结构硫酸铁中适合于锂离子的自由空间很小，电化学活性低，因此研究很少，一般均致力于菱方结构硫酸铁的研究。

菱方结构硫酸铁，一般用 r-$Fe_2(SO_4)_3$ 来表示，理论容量为 134mA·h/g，理论能量密度为 482.4W·h/kg 和 1558.2W·h/L。理论计算的两个理论电压值为 3.62V 和 3.676V，实测为 3.6V。嵌锂量可以达到 $Li_{1.8}Fe_2(SO_4)_3$，可逆容量为 67mA·h/g 左右，相当于理论容量 134mA·h/g 的一半，即有一个锂离子的嵌入是可逆的。

单斜结构硫酸铁嵌锂过程是两相反应机理，而菱方结构的是单相固溶体反应机理。不过该机理并未得到进一步证实，大部分研究者倾向于两相反应机理。

$LiFeSO_4F$ 电压为 3.9V 或者 3.6V，可逆容量为 140mA·h/g，而具有 $P2_1/c$ 空间群的 $Li_2Fe(SO_4)_2$ 的为 3.83V，$FeSO_4OH$ 的工作电压为 3.2V，$FeSO_4F_{1-x}OH_x$ 的工作电压为 3.6～3.2V，与 x 值有关。

$Fe_2(SO_4)_3$ 正极材料的优势是合成简单，原材料成本低，工作电压适中，对环境的污染小，缺点是容易吸湿，电导率低，合成工艺决定了很难合成小颗粒的成品材料。

$V_2(SO_4)_3$，嵌锂时电位平台 2.60V，脱锂电位平台是 2.80V 左右，对应的反应为两相反应机理，每个分子式可逆嵌锂量为 2 个锂离子，脱锂时在 2.40V 附近有一个额外的平台。$CuSO_4$，发生 2 电子转换反应，充电时电位平台在 3.5V，放电时为 3.2V 和 2.5V，对应的反应为 $Cu^{2+/0}$ 变化；$CuSO_4\cdot5H_2O$，放电电位为 3.2V，充电电位平台为 3.7V。

6.2.6 Li_2MeO_3 系列

Li_2MO_3 组成的结晶结构与 M^{4+} 半径密切相关，Ru^{4+} 的半径接近单斜与 Rhombohedral

结构的边界，而 Pt 和 Ir 则恰好位于边界上，所以可以预料 Li_2MO_3（M＝Ru、Ir 和 Pt）的结构稳定性不是很好，也比较难合成纯相。

$LiMO_2$ 和 Li_2MO_3 结构上相似，后者可以写成 $Li(Li_{1/3}M_{2/3})O_2$，可以看成前者 M 层中 1/3M 被 Li 取代的结果。

Li_2IrO_3 嵌入电位为 3.2～4.1V，纯相的带隙大约为 1eV，锂离子扩散是三维模式，这点很特别。3.0～4.4V 范围有 135mA・h/g 容量，3.0～4.2V 范围容量为 100mA・h/g；$Li_{2-x}IrO_3$ 中，$0<x<0.75$ 时电压为 3.5V，$1.25<x<1.5$ 范围为 4.0V，$x=1.0$ 和 1.5 时有新相生成。位于 3.5V 的平台容量接近 80mA・h/g，电压平台很平，充放电曲线之间的滞后很小，可逆性很高，容量偏小不适合于经典应用领域，但是也许可以用于微电池领域。

Li_2PtO_3，首次充电时组成到 $Li_{0.8}PtO_3$，与 4V 平台对应的体积比容量可以和 $LiCoO_2$ 媲美，循环中体积变化小于 $LiCoO_2$，$0.5mA/cm^2$ 和 3.5～4.5V 条件下 50 次循环后容量在 80mA・h/g 左右。

Li_2MoO_3 脱嵌锂（锂化/脱锂）反应电位范围很大，首次充电后组成为 $Li_{0.8}MoO_3$，在 1.0～4.5V 范围 3*C* 下容量可以达到 150mA・h/g，滞后大。2.0～4.5V，10mA/g 条件下，20 次循环后容量低于 100mA・h/g，对湿气敏感。

Li_2RuO_3 脱锂后组成为 $LiRuO_3$，伴随着 $Ru^{5+/4+}$ 反应，3.6V 和 3.4V 各有一个平台，3.6V 对应 $0.7<x<1.0$。在进一步充电时在 4.15V 和 4.6V 还有两个平台。

有两种结构的 Li_2MnO_3，即 α 和 β 相，二者的区别仅仅在于 $Li_{1/3}Mn_{2/3}$ 层内 Li 和 Mn 的排布方式，前者是随机排布，后者是有序排布的。绝缘，计算的电压范围为 4.5～4.9V，脱锂后氧原子相互靠近成键，形成 O_2^{2-} 态，计算的锂离子扩散能垒为 0.56～0.63eV。Mn 为＋4 价，一般认为是电化学惰性的。不过实测发现它可以有容量，最初认为可能是 Mn 被氧化成＋5 价甚至更高的价态，目前普遍接受了充电时发生脱氧、脱锂并伴随着结构逐步演变的机理。对其电化学感兴趣的另一个原因是认为在富锂层状固溶体材料中存在着 Li_2MnO_3 局部结晶域/微区，或者某种类似的结构单元[2,3]。

Li_2ZrO_3 锂离子扩散系数在 $(1.9\sim3.2)\times10^{-6}cm^2/s$ 范围，经常作为其他嵌锂材料的表面包覆材料使用，以改进主相的循环性能。在 0.3*C* 下 0.1～2.5V 范围内的容量不高，只有 70mA・h/g 的稳定容量，脱嵌锂过程中结构变化可逆，滞后太大，脱嵌锂电压范围太大。

6.2.7 $LiMeO_2$ 系列

通式为 $LiMO_2$（M＝Co、Ni、Mn、Al、Cr 等），具有层状结构，具有二维锂离子扩散通道。组成结构取决于 M 阳离子的尺寸，对于 A＝Li，Na，得到 α-$NaFeO_2$ 结构。层状氧化物中，因为存在着直接的 M-M 作用，所以这类材料的电子导电性都很大。

$LiCrO_2$ 电化学活性低；$LiVO_2$ 中 V 离子可以迁移到锂面上。$LiTiO_2$ 难以合成，层状结构的 $LiMnO_2$ 和 $LiFeO_2$，一般采用离子交换方法合成。

$LiFeO_2$ 存在着至少四种结构，α、γ、β、β′，α 相属于亚稳态结构，理论容量 282mA・h/g，脱嵌锂平衡电位在 2.5V 附近，平台倾斜度大，脱锂和嵌锂之间滞后很大，充电态氧化性很高，不具有实用化意义。

$LiCrO_2$ 脱锂后发生不可逆相变，Cr 被氧化成＋4 价，Cr^{4+} 发生歧化反应生成 Cr^{3+} 和

Cr^{6+}。2.0～4.9V，室温下 0.05C 倍率的充放电时充电电压平台 4.0V，放电电压平台在 2.9V 附近，放电平台比较倾斜，充放电曲线滞后大，可逆性比较差。

单斜结构 $LiMoO_2$，2.0～3.7V 范围内 185mA·h/g 容量，3.6V 和 3.0V 各有一个平台，脱锂后的产物分别为 $Li_{0.1}MoO_2$ 和 $Li_{0.5}MoO_2$，循环稳定性不好。

$LiMnO_2$ 结构比较复杂，文献之间相互矛盾的地方很多。一般认为存在两种基本的结构，与层状 $LiCoO_2$ 类似的层状 $LiMnO_2$，锂层中存在少量的 Mn；正交结构，Pmnm 空间群；即使同样的层状结构，细节方面也有很大差别。低廉的原材料价格和 285mA·h/g 高的理论容量是它吸引关注的原因，循环过程中晶体结构不稳定是其主要缺点。

$LiNiO_2$ 可以看成是 NiO 的衍生物，一个 Ni^{2+} 被 Li^+ 取代而另一个 Ni^{2+} 被氧化成 Ni^{3+}，电子能量损失谱结果证实 $LiNiO_2$ 中 Ni 的化合价为＋3 价，O 为－2 价，关于这些化合物中的元素化合价，还存在分歧。

结构同 $LiCoO_2$，与 $LiCoO_2$ 相比，$LiNiO_2$ 的表面 Li 占比更高。对于 Li_xNiO_2，x 降低后 Ni-O 以及 Ni-Ni 间距变小，实际可利用容量在 $0.3<x<0.9$。

$LiAl_xNi_{1-x}O_2$，在 $x<0.25$ 范围都是单相，Al^{3+} 是惰性的，所以结构的崩溃被抑制了，同时锂离子扩散系数提高。

掺杂离子的一般作用：抑制结构的变化，提高晶体结构的稳定性，提高锂离子扩散，降低电荷转移电阻。也可以通过包覆的方法改进 $LiNiO_2$ 的循环性能，包覆材料包括：Li_2O $2B_2O_3$ 玻璃、MgO、$AlPO_4$、SiO_2、TiO_2、ZrO_2 等。

$Li(NiCoMn)O_2$ 中过渡金属价态分别为 Ni^{2+}，Mn^{4+}，Co^{3+}，提高 Co/Ni 比可以降低锂位置过渡金属的占比，Co/Ni 比值为 0.2 时有大约 7%～8%的锂位置为过渡金属占据，比值为 0.5 时，占比大约为 3%。Mn^{4+} 存在可降低 JT 效应，Ni^{2+} 为两电子氧化还原中心，Co^{3+} 提高电子导电性和层状结构的稳定性。

$LiNiO_2$ 进一步锂化得到 orthorhombic 结构 Li_2NiO_2，若以该材料作为活性物质，首次循环充电容量 320mA·h/g，放电容量 240mA·h/g，循环中向单斜层状结构演变，循环稳定性不好。

$Li_2Cu_xNi_{1-x}O_2$ 的两个终端组成为 orthorhombic 的 Li_2NiO_2、Li_2CuO_2，都不具有很好的循环稳定性。Li_2CuO_2，Immm 空间群，3.7g/cm^3 密度；$Li_{1.5}CuO_2$ 和 $LiCuO_2$ 都是 C2/m 空间群，单斜结构，后者密度为 4.5g/cm^3，相变是不可逆的。Immm 的 Li_2NiO_2 充电到 4.1V，转变为 R-3m 层状结构的 $LiNiO_2$，密度从 3.7g/cm^3 提高到 4.8g/cm^3。

$LiCoO_2$，从价带角度考虑，$LiCoO_2$ 的最大脱锂程度时具有的价带结构应当如图 6.3 所示，此时 Fermi 能级已经靠近 O：2p 带，进一步脱锂就会导致空穴进入 O：2p，结构就会失去稳定性[4]。

导电性受锂含量影响很大，脱去少量的锂就会引起电导率的明显增加，使其具有金属态的电导率，理论容量为 274mA·h/g，$x>0.5$ 时为两相反应机理。大约可以使用 150～160mA·h/g 的实际容量。

循环性能受到充放电深度的影响，充电至 4.4V 时（相当于 $x=0.36$）50 个循环后容量衰减到 80mA·h/g 左右；充电电位截止到 4.1V 时（相当于 $x=0.56$）循环性能很好。

富锂层状固溶体，其组成为 $Li_{1+x}MO_{2+y}$，有时写成 $xLi_2MnO_3\cdot(1-x)LiMO_2$，研究比较多的包括 $xLi_2MnO_3\cdot(1-x)LiCoO_2$、$xLi_2MnO_3\cdot(1-x)LiNi_{0.5}Mn_{0.5}O_2$ 和

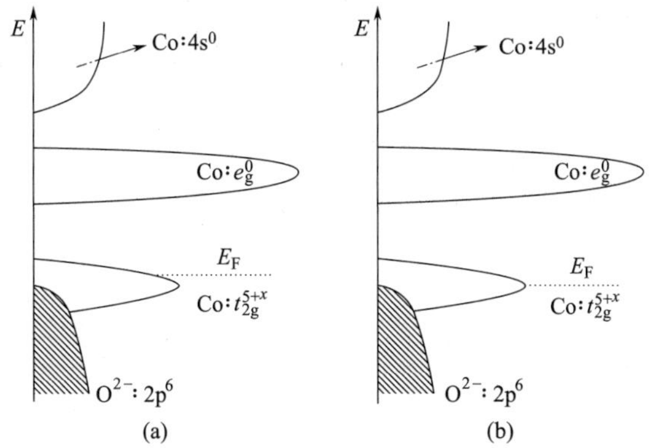

图 6.3 Li_xCoO_2 的电子结构和最大荷电态时对应的电子结构

$xLi_2MnO_3 \cdot (1-x)LiNi_{1/3}Co_{1/3}Mn_{1/3}O_2$、$xLi_2MnO_3 \cdot (1-x)LiNi_{0.5}Co_{0.2}Mn_{0.3}O_2$，倍率差是这类材料的本征特征（与其中的 $LiMO_2$ 部分比较），Li_2MnO_3 的本征惰性决定了这一点。

富锂富锰层状材料一个很大的缺点是平均电压随着循环明显降低，降低幅度甚至到 1V。

该类材料的成功还是失败，取决于：①电池电压随着循环连续降低的机理的研究以及问题的克服，因为这会降低电池能量输出；②充放电之间的电压滞后，滞后的后果，一个是降低能量效率，另一个是影响电池充放电管理[5]。

NCA 组成为 $LiNi_{0.85}Co_{0.15}Al_{0.03}O_2$，$LiNi_{0.80}Co_{0.15}Al_{0.03}O_2$，或者 $Li_{1.00}Ni_{0.80}Co_{0.20}Al_{0.03}O_2$，是 $LiNiO_2$、$LiCoO_2$、$LiAlO_2$ 的固溶体，有 $LiNiO_2$ 高容量、价格低廉、毒性较低的特点，具有 $LiCoO_2$ 的高电导率、高循环性能和 $LiAlO_2$ 较好的热稳定性、较轻的质量等优点。NCA 材料属于对 $LiNiO_2$ 大量改性研究的基础上衍生出来的材料，目前，由于其出色的电化学综合性能，已经得到规模化应用。NCA 系列材料的充放电曲线与 $LiCoO_2$ 的十分类似，只是容量更高，明显高于同为层状结构的 $LiCoO_2$（约为 140mA·h/g）以及橄榄石结构的 $LiFePO_4$（约为 160mA·h/g）。$LiNi_{0.8}Co_{0.15}Al_{0.05}O_2$ 在电位高于 4.5V 就会释放氧气，释放的氧气会和导电剂炭黑反应生成 CO 和 CO_2。

NCM 是层状 $LiNi_{1-x-y}Co_xMn_yO_2$，典型的包括 811($LiNi_{0.8}Co_{0.1}Mn_{0.1}O_2$)、333（有时也称 111，$LiNi_{1/3}Co_{1/3}Mn_{1/3}O_2$）、622（$LiNi_{0.6}Co_{0.2}Mn_{0.2}O_2$）和 532（$LiNi_{0.5}Co_{0.3}Mn_{0.2}O_2$）。$LiNi_{0.5}Co_{0.2}Mn_{0.3}O_2$，表面包覆无机电解质，降低气体的析出，该材料容量大，循环稳定性好，但是高荷电态下会有气体析出，不知道是自己释放的，还是电解液分解，从其稳定性好来看，应当是电解液分解。

高镍层状正极材料市场占有率逐渐上升。

几种典型的正极材料，当应用到电动车领域时，对它们的综合性能的评价，如表 6.1 所示。在比功率方面，NMC 略微好于 NCA，NCA 仅仅在容量上略好于 NMC，特斯拉一次充电里程超过 400km，因此用 NCA。事实上用 NCA 电池的 EV 厂家很少，Nissian、Chevrolet、Renault 选择锰酸锂正极，特斯拉选择了 NCA，BYD 选择了 LFP（中国市场在 2016 年大约是一个转折点，之前以磷酸铁锂电池为主，之后将逐渐转向层状正极材料），本田选择 NMC。可以发现没有一个是完全满足的，混合阴极或者是锂离子电池与其他化学电源联合使用就成为克服单一锂离子电池缺点的一个解决途径。

表 6.1　不同化学体系的锂离子电池评价

参数	阴阳极			
	NCA/C	尖晶石锰酸锂/C	磷酸铁锂/C	尖晶石锰酸锂/$Li_4Ti_{i5}O_{12}$
Durability	好	差	好	TBD
功率	差	差	好	好
能量	好	好	差	差
安全性	差	差	好	好
电池电压/V	3.6	3.8	3.3	2.5
开发商	Johnson Control/Safat	LG 化学	A123	EnerDel
汽车制造商	丰田/福特	GM	Daimler HEV 公交车	无

6.2.8　硫化物

TiS_x，层间作用力为 Van der Waals 力，嵌锂后得到 Li_xTiS_2，$0 \leqslant x \leqslant 1.0$，$x$ 数值比较小时嵌入锂离子价态接近+1，随着 x 数值增大锂离子的价态逐渐降低，$x>0.8$ 时，价态明显降低。

TiS_2 的放电平均电压大约在 2.0V，质量轻，电子导电性好，在 $Li_xTiS_2(0<x<1)$ 组成范围内没有相变，其缺点为：电压偏低，循环寿命不足[6]。

TiS_3，Ti 的价态是+4 价，可以写成 TiS(S-S) 的形式，嵌锂反应分两步进行，其平台在 1.65V 左右。

TaS_2 锂化相 $LiTaS_2$，随着 Li_xTaS_2 的 x 从 0～1 电动势从接近 3.0V 线性降到 1.5V。VSe_2，嵌锂电位十分平，在 2.0V 附近，应当属于两相机理。ZrS_2 在 0.02C 倍率下在 1.9V 有个很平的电位平台，当 Li_xZrS_2 的 x 大于 0.3 时随着锂离子嵌入电位线性降低。根据 $ZrSe_2$ 嵌锂曲线，在整个组成范围都是固溶体行为，电位平台倾斜，平均电位 1.55V。FeS_2，正式写法是 $Fe^{2+}(S\text{-}S)^{2-}$，脱嵌锂反应稍微复杂一些，最终产物是 Li_2FeS_2，总计大约分三步进行。首次放电电压在 1.6～1.8V，首次循环可超过 300mA・h/g，40 次以后不足 150mA・h/g。FeS 在储存期间会转化成 Fe_3S_4，并进一步被空气中的氧气氧化。FeS 和 FeS_2 的充放电曲线形状以及电压平台位置十分接近。

MoS_2 存在四种结构，最大锂离子嵌入量为 $Li_{1.0}MoS_2$，脱嵌锂范围在 $0<x<1$ 对应的理论容量为 167mA・h/g，1.0～3.0V 范围循环 20 次后容量为 130mA・h/g 左右。高度无序 MoS_2，嵌锂电位从 1.8V 一直延续到 1.1V，平均电压 1.70V，比较倾斜。作为阳极使用其电压偏高容量又偏低，作为阴极使用电压偏低。

VS_2 嵌锂后为 $LiVS_2$ 相，嵌锂电位比较平坦，平均电位 2.2V，实际容量在 90mA・h/g 左右。$SnSe_2$ 嵌锂时在 2.10V 有个小平台，在 1.9V 附近有个大的嵌锂平台。SnS_2 首次嵌锂在 2.25V、2.0V 和 1.8V 附近分别有三个电位平台。$Cu_{4-x}GeCo_4Sn_{12}S_{32}$ 首次嵌锂时第一个 2.24V 左右的电位平台对应 $Co^{2+/3+}$ 反应，随后的 2.13V 电位平台对应锂离子占据四面体空位的过程，1.65V 以下发生置换反应。WS_2，n 型半导体，能隙为 1.35eV，平均嵌锂电位大约为 1.9V，平均脱锂电位为 2.5V。

硫化物的缺点是电压偏低，硫元素会引起自放电。

6.2.9 聚磷酸盐

Nasicon结构 $Li_3Fe_2(PO_4)_3$，嵌锂电位为2.8V，十分平坦，具有两相反应特征，理论容量为128mA·h/g，平均电压2.85V，在3.1～2.6V之间连续变化，全放电产物是 $Li_5Fe_2(PO_4)_3$。

单斜结构 $Li_3Fe_2(PO_4)_3$ 可逆容量为116mA·h/g，两个平台，电压分别为2.8V($0<x<1$)和2.65V($1<x<1.8$)，为三相反应机理，当 $x=1.0$ 时存在中间相，大电流性能差于nasiocon结构。也有报道2.88V和2.73V两个电位平台，每个反应都是两相机理，有 $Li_4Fe_2(PO_4)_3$ 生成，0.1C 下可逆容量大约为115mA·h/g。

混合Nasicon结构的 $Li_{2+x}FeTi(PO_4)_3$，$Fe^{3+/2+}$ 在2.8V，$Ti^{4+/3+}$ 为2.5V。

磷酸钒锂也有两种结构，rhombohedral结构在3.7V的平台与 $V^{3+/4+}$ 对应，对应 $Li_3V_2(PO_4)_4$ 和 $LiV_2(PO_4)_4$ 两相反应；单斜结构中三个锂离子都可以脱出，比前者具有更好的电化学性能，脱锂时在 $x=0$～0.5、0.5～1.0和1～2范围各对应一个平台，由于 $Li_{2.5}V_2(PO_4)_3$ 有序相的存在，第一个锂离子脱出有两个平台，第二个锂离子脱出位于4.1V，导致 V^{3+} 全部氧化成 V^{4+}，最后一个锂离子脱出对应 $LiV_2(PO_4)_3$ 和 $V_2(PO_4)_3$ 两相反应，一半 V^{4+} 氧化成 V^{5+}，因为 $V_2(PO_4)_3$ 的电子导电性和离子导电性都很差，这个过程动力学上很难。在3.0～4.3V范围容量在120mA·h/g水平（脱嵌两个锂离子时理论容量133mA·h/g，对应 V^{3+}/V^{4+} 反应）。

最后一个锂离子脱出反应可逆性差。

$Li_3Cr_2(PO_4)_3$ 单斜晶系，从头计算法预测的 $Cr^{3+/4+}$ 反应为4.9V，$Cr^{4+/5+}$ 为5.1V，$Cr^{5+/6+}$ 为5.2V。首次充电时，如果上限定为4.9V时，放电时在4.77V有电位平台，充电时将近1个锂离子脱出，容量为65mA·h/g，放电时大约有0.5个锂离子嵌入，容量为32mA·h/g。

$Li_3Sc_2(PO_4)_3$ 通常作为锂离子导体使用。rhombohedral结构R-3c空间群30～40nm颗粒 $LiTi_2(PO_4)_3$/C复合材料在0.1C 倍率下容量138mA·h/g，充放电平台平均电位在2.45V左右，循环伏安曲线中氧化峰电位为2.60V，还原峰电位为2.38V，背景电流很低；$Li_2FeTi(PO_4)_3$，rhombohedral结构，可逆容量接近140mA·h/g，电位平台在2.75V附近，充电时在2.3V左右有个小平台。$TiNb(PO_4)_3$，1.7V的平台较平，2.4V有个倾斜度比较大的电位平台，很可能也是由两个平台重叠而成的。$LiFeNb(PO_4)_3$，在2.75V、2.30V和1.60V附近有三个嵌锂平台，相应的脱锂平台电位大约为1.80V、2.50V和2.90V。

$LiM_2P_3O_{12}$ 中M为+4价，被+3价离子取代可以提高离子导电性；另一个改进性能的方向就是材料的纳米化。锂化以后 a 轴减小，c 轴增大很多，单胞膨胀。文献报道比较可靠的可逆容量数据在120mA·h/g左右，循环稳定性比较好；其电压在2.5～2.8V范围，作为正极时太低作为负极又太高。

6.2.10 焦磷酸盐系列

从磷酸盐到焦磷酸盐，对于给定的过渡金属氧化还原电对，电压会明显提高，热稳定性也提高，$Mn^{2+/3+}$ 从4.1V提高到4.45V，$Fe^{2+/3+}$ 从3.42V提高到3.5V，材料的热稳定性也明显提高很多。

$Li_2MP_2O_7$ 系列，如果考虑利用其 $M^{2+/3+}$ 电对，理论容量在 110mA · h/g 左右，如果再考虑利用其 $M^{3+/4+}$ 电对，理论容量为 220mA · h/g，不过 $M^{3+/4+}$ 的电位在 5.0V 以上。

预测 $Li_2MnP_2O_7$ 和 $Li_2FeP_2O_7$ 脱出第二个锂离子的电压都高于 5.0V。$Li_2MnP_2O_7$ 的电化学活性很低；对 $Li_2FeP_2O_7$ 的兴趣远高于 $Li_2MnP_2O_7$，主要原因大约是该材料电化学活性高，即使是微米颗粒度的也具有很好的电化学活性，容量可以达到 110mA · h/g。脱出一个锂离子的产物 $LiFeP_2O_7$ 是 $P2_1$ 空间群，这一点似乎得到公认。和磷酸铁锂相比，$Li_2FeP_2O_7$ 不需要纳米化就可以显示很好的电化学，3.5V 电压是铁系磷酸盐中电压最高的。$LiFeP_2O_7$，脱嵌锂平台在 2.8～2.9V，$Li_{1+x}FeP_2O_7$ 的 x 最大值大约为 0.6，可逆容量大约为 60mA · h/g。

$Li_2CoP_2O_7$ 平均电压在 4.9V，代表 $Co^{2+/3+}$ 反应，充电后期引起电解液严重分解，总放电容量接近 90mA · h/g，可利用容量大约 35mA · h/g。$Li_2NiP_2O_7$ 脱嵌锂电压更高。$Fe_4(P_2O_7)_3$ 中 $Fe^{3+/2+}$ 为 3.1V，理论容量 144mA · h/g。$LiFeP_2O_7$ 的 $Fe^{2+/3+}$ 是 2.9V，$LiVP_2O_7$ 的 $V^{2+/3+}$ 是 1.99V，$LiFeAs_2O_7$ 的 $Fe^{2+/3+}$ 是 2.55V。$LiVP_2O_7$，脱锂对应 $V^{3+/4+}$，两相机理，4.26V，$Li_xTiP_2O_7$ 的是 2.57V 和 2.63V。$Li_9V_3(P_2O_7)_3(PO_4)_2$ 实测的两个电位平台分别在 3.75V 和 4.4V 附近，实际容量不到 120mA · h/g。该化合物脱锂后结构稳定性较差，可以释放氧气。

6.2.11 氟化物

NiF_2 首次嵌锂时材料利用率大约 50%，自放电较快，可逆性有限；二氟化物中能量密度最高的大约是 CuF_2，实际容量是理论容量的 25%左右；晶格中的水合水可改进导电性，但是会将纯材料的脱嵌锂 3V 电压（理论预测值）降到 2V。Li/HgF_2，理论电压 3.4V，实际开路电压 3.0V，实际工作电压 1.6V，导电性很差；CdF_2 实际开路电位为 2.6V，脱嵌锂过电位很大；CoF_3 开路电压是 5V，在有机电解质中不稳定。此外还有 NO_2SbF_6、IF_5、FeF_2、NiF_2、CoF_2、BiF_3。AgF_2 的理论放电电压 4.46V，在非水 KPF_6 电解质中 AgF_2 是 3.4V，AgF 是 3.1V。

对于三氟化物，理论容量 700mA · h/g 以上。研究过的三氟化物很多，FeF_3 为 3.0～3.4V，0.3*C* 容量 200mA · h/g 以上，循环稳定性好。TiF_3 为 2.5V，VF_3 为 2.2V，三者具有相同层状结构，可逆容量不到 80mA · h/g（有报道更高的容量，甚至达到 200～600mA · h/g）；MnF_3 是单斜结构，4.2V，但是脱嵌锂时的过电位太大。

CuF_2，嵌锂反应平台电位在 3.10V 左右，脱锂时平均电位为 3.7～3.8V，2.8～4.2V 范围容量大约为 100mA · h/g，衰减很快，滞后很大。FeF_3，如果限定锂化程度为

$$FeF_3 + Li^+ + e \longrightarrow LiFeF_3$$

理论容量 237mA · h/g。FeF_3 不会形成明显特殊的表面化学，因为它的工作电位基本位于电解液的化学窗口范围内，不和溶剂发生反应。Fe_2OF_4 在 4.5～1.5V 范围内呈现一倾斜的平台，几乎成直线，容量接近 220mA · h/g，可逆量为 $1.4Li/Fe_2OF_4$，脱锂平均电位为 3.1V，嵌锂平均电位为 2.4V，类似于电容行为。FeOF 在 10mA/g 电流密度 2.0～4.0V 范围容量大约 200mA · h/g，嵌锂电位大约为 2.6V。FeF_2 属于发生转换反应的阴极材料，锂化反应电位为 1.9～2.1V 左右，去锂反应在 3.0V 以上。CoF_2，嵌锂平台电位大约在

2.4V，脱锂电位在 4.7V，滞后很大。NiF_2 的充放电曲线与 CoF_2 的几乎一样。

6.2.12 其他

层状化合物 FeOCl，层间距 0.79nm，锂离子在层间有较高的扩散系数，放电平台 2.2V，工作电压 1.5～2.2V，可逆性差。$BaMMn_7O_{16}$（M=Mg，Mn，Fe，Ni），滞后比较大，倍率很差，容量较低。

$LiTi_2P_3O_{12}$，锂化相为 $Li_3Ti_2P_3O_{12}$，对应 $Ti^{4+/3+}$ 反应，关于锂化相结构细节还存在一点争论，前者 rhombohedral 结构，空间群为 R-3c，单胞参数大致为 $a=0.8515nm$，$c=2.0912nm$，后者存在 R-3、R3 和 R32 的可能，脱嵌锂反应为两相机理。

$$LiTi_2(PO_4)_3+2Li^++2e \rightleftharpoons Li_3Ti_2(PO_4)_3$$

循环伏安曲线上出现一对氧化还原峰还是两对，可能和锂离子占位有关系，脱嵌锂行为对材料的制备条件十分敏感。

$LiM_2P_3O_{12}$ 中 M 为+4 价，被+3 价离子取代可以提高离子导电性；另一个改进性能的方向就是材料的纳米化。锂化以后 a 轴减小，c 轴增大很多，单胞异向膨胀。文献报道比较可靠的可逆容量数据在 120mA·h/g 左右，循环稳定性比较好；其电压在 2.5～2.8V 范围，作为正极太低作为负极又太高。

$LiSbO_3$，正交结构，$a=0.4912$，$b=0.8679$，$c=0.5089$，0.78V 嵌锂，1.1V 和 1.4V 脱锂，循环很差，滞后也很大。

硅酸盐，对于给定的 $M^{2+/3+}$ 氧化还原电位（M=Fe，Mn，Co，Ni），聚阴离子型阴极的放电电位顺序为 $P_2O_7>PO_4>BO_3>SiO_4$，以 M=Mn 时差别最明显：P_2O_7 结构中电压为 4.5V，PO_4 时为 4.0V，BO_3 时为 3.7V，SiO_4 时只有 3.0V，从这个角度看，硅酸盐材料具有相对低的工作电压的缺点；该类材料作为全固态锂离子电池电极材料的可能性更大。该类材料合成较麻烦，一般情况下，其脱嵌锂电压范围太大，平台比较倾斜，滞后比较大，大电流性能也很差。

$TiSe_2$，嵌锂后 $LiTiSe_2$，存在两种水合物，即 $H_2O·TiSe_2$ 和 $2H_2O·TiSe_2$，嵌锂后组成分别为 $Li(H_2O)\ TiSe_2$ 和 $Li(2H_2O)TiSe_2$。$Cr_{5-y}Ti_ySe_8$ 的脱嵌锂电位平台十分平坦。Bi_2S_3 嵌锂电位在 1.75V 左右并且比较平坦，脱锂电位从 1.75V 一直延伸到 2.75V，1.30V 以上可逆容量大约为 300mA·h/g。Cu-S 系列化合物锂化反应复杂，首次嵌锂时在 2.0V 负极存在一个嵌锂平台，对应的容量大约 75mA·h/g。Ni-S 体系化合物很多，这些化合物的锂化/脱锂反应电位平台都很低。

Li_xNiPS_3，当 $x<0.5$ 时，脱嵌锂电位在 2.75V 左右，$x>0.5$ 时，脱嵌锂电位在 2.35V 左右，进一步降低电位则会发生不可逆的转换反应。Na_2FePO_4F，4.6～1.5V 范围 10mA/g 电流密度下，测量环境温度为 60℃时，嵌锂容量 180mA·h/g 左右，3.75～2.9V 有一个倾斜度比较大的嵌锂平台，容量在 100mA·h/g 左右；Na_2MnPO_4F 嵌锂容量不到 100mA·h/g。电压滞后，脱嵌锂电压范围大，可利用价值很小。

VBO_3，方解石结构，放电至 0.2V 可嵌入 3.72 个锂离子，组成为 $Li_{3.72}VBO_3$，充电到 2.5V，可脱出 2.15 个锂离子，在 0.6V 附近可逆容量大约 420mA·h/g。

有机活性材料中典型的是聚苯胺，循环寿命和自放电不好，充电电压高于 3.7V 时将被不可逆氧化。n 型聚吡咯作为锂离子电池阳极使用时滞后太大。聚噻吩衍生物，79mA·h/g，平均放电电压 3.6V。

MnP_4 具有比较奇特的反应机理，可以反应到 Li_7MnP_4 而保持着产物的晶体特征，锂离子嵌入后伴随着 $P^{-1} \rightleftharpoons P^{-3}$ 反应，这种过程可逆性很大，即所谓的电化学再结晶过程；纳米材料球磨后 25 个循环后稳定容量在 550mA・h/g 以上。FeP_2，可逆性较好，滞后较大。有提出以 P 为负极，红磷可逆容量大约为 70mA・h/g；黑磷首次充电容量 2100mA・h/g，放电容量为 1200mA・h/g，充电平台在 0.75V 左右，放电平台在 1.3V 左右，锂化后组成 Li_3P。

6.3 多电子传输反应物的设计

聚阴离子型框架结构，为实现一个过渡金属离子或者一个分子式完成多个电子传输的脱嵌锂反应机理打开了一扇门，实现平均一个元素在合适的电压窗口完成 $M^{+2/+4}$ 氧化还原活性，此时 M 可以是相同元素，也可以是不同元素。例如，$V^{+2/+3}$ 电压偏低，而 $Fe^{+3/+4}$ 电压又太高，如果同时利用 $V^{3+/4+}$ 和 $Fe^{2+/3+}$，构建 $Li_xFeV(XO_4)_y$ 物质，就可以实现多电子过程，多电子过程中每个电子过程对应的电压最好相互接近；$Li_3V_2(PO_4)_3$ 具有多电子交换的能力，但是电压跨度太大；需要在某个电压范围内实现多电子反应，一个可能办法是混合过渡金属，例如，利用 $Fe^{+2/+3}$ 的同时利用 V 或者 Mo 的 +3/+5 和 +3/+6，从而构建高容量阴极。

焦磷酸盐是可能的候选结构之一。图 6.4 中给出了纯相单过渡金属化合物的电压与容量的同时，给出了构建的二元混合过渡金属的电压与容量位置，例如，Co-V 二元 $LiMPO_4(OH)$ 的电压基本是两种单过渡金属化合物电压的平均值，但是能量密度可以提高到 800W・h/kg 以上。

这类设计能否成功的关键就是结构的稳定性。

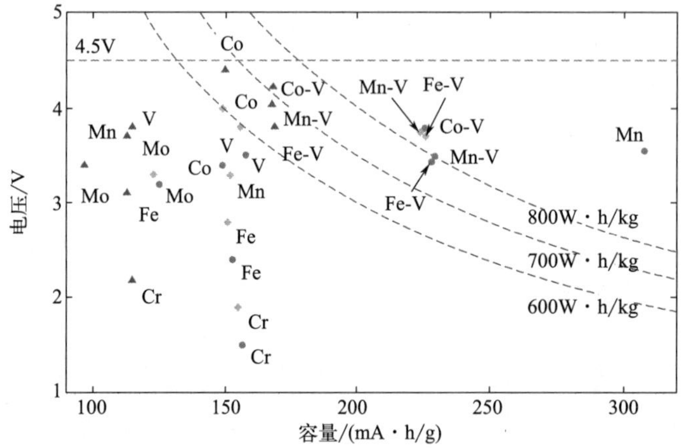

图 6.4 计算的纯相化合物和混合化合物 $LiM_{0.5}V_{0.5}X[X=P_2O_7, PO_4(OH), PO_4F]$ 电压和容量

◆ $LiMPO_4F$；● $LiMPO_4(OH)$；▲ $LiMP_2O_7$

6.4 材料纳米化

材料，显示出与“大块”本体不一样的特性，至少在一维尺度上具有纳米尺寸。20nm

以下的才能称为纳米材料，如果尺度小于 1nm，那么看到的将是原子、分子、粒子类物质，或者说 1nm 尺度的粒子聚集体的性质和分子类似。当多个粒子聚集以后，原子能级水平的扰动有所不同，相邻态的能量差别是 $E/2N$，E 是能带宽度，N 是聚集在一起的粒子数目。分子和纳米材料的差别不是很明显，例如，C_{60}，可以看成一个分子，也可以看成 60 个碳原子的聚集体。尺度降低到纳米，表面区域键长收缩在 4%～30%之间，相比之下，离子键收缩程度比共价键和金属键要小[7-9]。

对于某活性电极材料而言，表观锂离子扩散时间为

$$t=\frac{L^2}{2D}$$

式中，L 是扩散距离，D 是锂离子扩散系数。当材料固定时，扩散系数 D 也就确定了，要想降低锂离子扩散时间，提高倍率，就要降低由电子和离子传输引起的内阻。

电子的传输包括正负极中电子的传输，电极和集流体之间的电子传输。锂离子的传输包括固相中锂离子的扩散、锂离子在界面的转移、复合电极中液相部分内的传输和电解液中的传输。电子的传输速度，在其他因子不变的情况下是固定值，但是颗粒度减小后也会减小电子传输的距离。嵌锂材料嵌锂过程必然伴随着电子传输过程，锂离子“就位”的同时伴随着电子的就位。

界面电荷转移电阻为

$$1/R_{ct}=A\exp(-E_a/RT)$$

其中，E_a 是活化能，T 为温度，R 为常数，R_{ct} 为界面电荷转移电阻，A 是接触面积。接触面积越大，界面电荷转移电阻越小，而更大的接触面积暗示着更小的颗粒。对于电子电导率和离子电导率都很低的活性电极材料，提高充放电过程中活性物质利用率的最有效手段就是降低材料颗粒尺寸，因此材料纳米化成为目前研究热点。

纳米材料显示与本体材料性能不同的主要原因是：①表面原子相邻原子数小于本体，配位数不足，存在未饱和键，稳定性不如本体原子。表面原子对体相原子比值反比于尺寸，颗粒尺寸降低后表面原子占比增高。②量子尺寸效应，导带电子的电子波函数在整个颗粒是非局域性质的，纳米材料中存在不连续的量子尺寸效应。

纳米材料的三个主要缺点是：①电极/溶液界面面积增大会导致明显的副反应、差的安全性和差的日历寿命，高表面活性、低振实密度不利于循环稳定性和能量密度；②合成过程控制难，电极制备代价大，不适于规模化生产；③更低的堆积密度导致低的能量密度。

纳米材料优势：①更短的锂离子扩散距离；②因为更大的电极/电解液界面面积，表面反应更加快速；③能够忍受更大的结构应力；④对于电子电导率低的材料，降低颗粒尺度可以缩短电子传输距离，小的扩散路径、大的比表面积利于快速的动力学[10]。

纳米材料表面能增大，容量可能会超过本体理论容量的限制，电压范围增大。额外的表面自由能可能会引起一系列问题，例如表面重构、表面钝化，不可逆容量损失增大。钴酸锂的颗粒越小不可逆容量越大，更大的比表面积导致更大的表面界面层占比。这个结果暗示不是所有的活性材料都可以纳米化。

兼顾表面活性、循环稳定性等因素，可以推测每一种物质的颗粒都可能存在最优的颗粒尺度或者范围。

更加倾斜的电压形貌，几乎消失的电压平台，归因于纳米颗粒内部应力与界面能的存在。近界面区域不同的结构环境引起氧化还原电位的离散分布，这种变化的表面结构环境取

决于离表面的距离以及表面自身的取向。形貌在颗粒的稳定性方面起着重要作用。颗粒越小，不可逆容量越大。

纳米材料电阻率远大于本体材料。纳米线电阻率比对应的本体材料大20%左右，这归因于表面积增大引起的边界增大，这一物理参数不利于电子导电性，颗粒边界非弹性电子散射，此外还存在电子反射。为了补偿，常常加入导电剂，但是导电剂加入会进一步降低堆积密度。

哪些材料可以纳米化，哪些材料不能纳米化，是个比较有趣的争论。从使用寿命角度看，纳米化是一个不利的因素。纳米化会增大比表面积，如果材料和电解液之间会形成界面相，这样的材料就不适合纳米化。反之，如果不存在界面相，或者说不存在明显异类的界面相，这样的材料就可以纳米化。

电极反应类型对表面化学没有直接影响，相比之下氧化还原电位、表面氧原子反应活性、母相中过渡金属的溶解能力以及使用的电解液的化学稳定窗口，共同决定是否存在表面相以及表面相的性质。氧化还原电位越低，阴极材料与溶液物质的反应活性越低，形成表面相的可能性越低。正极化合物中氧原子的路易斯酸碱性也会明显影响界面相的形成与否以及界面相的性质。例如，Li_xMO_y 化合物比 $LiMPO_4$ 化合物具有更强的碱性和亲质子特性，后者中+5价的P中和了O的碱特性，因此，橄榄石系列化合物与溶液的反应活性要低一些，橄榄石材料就可以制备成纳米材料，而活性高的 $LiMO_2$ 系列就不适合以纳米形式出现。将三元正极材料纳米化以后循环稳定性和高倍率都不好，原因是表面化学活性太高，形成的表面物质干扰动力学性能，层状 $Li(NiCoMn)O_2$ 正极的纳米材料性能不如微米材料。FeF_3 既不是碱性也不是酸性，因此，在经典的电解液中不会形成表面化学，因此，其颗粒尺寸就可以更小。

纳米材料潜在应用领域包括：电子器件、场效应发射管、生物医学领域，作为吸附材料用于废水处理领域；纳米氧化锡用于玻璃表面透明涂层、气体传感器、催化剂载体、太阳能电池等领域；纳米氧化铝用于电池、吸附剂、研磨材料、催化剂领域；纳米氧化铈用于气体传感器、抛光材料领域；纳米氧化硅用于陶瓷、菜油精制、吸附材料、催化剂等方面；纳米氧化钛用于光催化、视频着色、涂料、UV光检测、催化剂等领域；纳米碳材料用于导电橡胶、催化剂载体等领域；纳米氧化锌用于半导体、化学传感器、化妆品、光学材料等领域；纳米氧化铁用于磁成像、传感器、DNA检测等领域；纳米铜用于催化剂领域；纳米银用于医用树脂、医学仪器表面处理、抗菌剂等领域；纳米硫化镉用于光学器件、太阳能电池等领域；纳米金用于药物领域；富勒烯用于超导、传感器、聚合改性、光电材料等领域。

在1990～2000期间主要致力于纳米颗粒的合成以及应用研究，大约从2000年，开始研究纳米材料的安全性、环保性。最初是把这类材料当作新一类环境污染物来对待，研究人长时间接触纳米颗粒的毒性问题，包括职业性接触和消费者接触。在制造、加工与研究中，任何人都会接触纳米颗粒；消费者使用产品中也会接触纳米材料；还有就是通过水、土壤等导致的间接接触。随后又开始研究纳米材料对植物群体的危害[11]。

很多材料即使不是纳米材料也具有一定的危害，比如很多重金属、过渡金属都对环境有害。如果这些材料以纳米颗粒形式出现，危害度会更大。有些材料，尺寸较大时基本无害，纳米化后就会显示毒性，如纳米碳管。

参考文献

[1] 周兆国．电场对锂离子扩散系数测量的影响研究．苏州：苏州大学，2023.

[2] Julien C，Mauger A，Vijh A，et al. Lithium Batteries Science and Technology. ISBN 978-3-319-19107-2 ISBN 978-3-319-19108-9（eBook），DOI 10.1007/978-3-319-19108-9，Springer International Publishing Switzerland，2016.

[3] Julien C，Stoynov Z. Materials for Lithium-Ion Batteries，Springer-Science＋Business Media. Springer Science＋Business Media Dordrecht，2000.

[4] Yoshio M，Brodd R J，Kozawa A. Lithium-Ion Batteries Science and Technologies. ISBN：978-0-387-34444-7 e-ISBN：978-0-387-34445-4，DOI：10.1007/978-0-387-34445-4，Springer Science＋Business Media，LLC，2009.

[5] Lin T，Seaby T，Huang X，et al. On the disparity in reporting Li-rich layered oxide cathode materials. Chem Commun，2023，59：2888-2902.

[6] Julien C，Pereira-Ramos J P，Momchilov A. New Trends in Intercalation Compounds for Energy Storage. ISBN 978-1-4020-0595-4 ISBN 978-94-010-0389-6（eBook），DOI 10.1007/978-94-010-0389-6. Springer Science＋Business Media Dordrecht，2002.

[7] Li Q. Nanomaterials for Sustainable Energy. ISSN 1434-4904 ISSN 2197-7127（electronic），ISBN 978-3-319-32021-2 ISBN 978-3-319-32023-6（eBook），Springer International Publishing Switzerland，2016.

[8] Korkin A，et al.（eds.）. Nanotechnology for Electronics，Photonics，and Renewable Energy，Nanostructure Science and Technology. Springer Science＋Business Media，LLC，2010.

[9] Lebdeh Y A，Davidson I. Nanotechnology for Lithium-Ion Batteries. ISSN 1571-5744，ISBN 978-1-4614-4604-0 ISBN 978-1-4614-4605-7（eBook），Springer Science＋Business Media，LLC，2013.

[10] Zhang Z，Zhang S S. Rechargeable Batteries，Green Energy and Technology. DOI 10.1007/978-3-319-15458-9_13，Springer International Publishing Switzerland，2015.

[11] Lichtfouse E，Schwarzbauer J，Robert D. Environmental Chemistry for a Sustainable World. ISBN 978-94-007-2441-9 e-ISBN 978-94-007-2442-6，Springer Science＋Business Media B V，2012.

第7章

锂离子导体

电池负极最初使用石油焦或者硬炭，它们的容量为150～200mA·h/g，此时不是不想用容量更高的石墨，而是因为没有与石墨兼容的电解液；后来电解液的开发允许采用低结晶度的石墨，其容量提高到250～280mA·h/g，再后来成功开发出与石墨材料兼容的电解液，开始采用高性能合成石墨作为负极，其容量达到320～360mA·h/g。耐高压电解液的开发允许电池充电电压从4.1V提高到4.4V，这也是电池容量得以不断提高的重要原因。目前高压尖晶石材料得不到实用的一个重要原因就是没有能够和它匹配的电解液。

可以看出电解液的重要性。笔者以前编著的《锂离子电池溶剂与溶质》，已由化学工业出版社出版，在此仅扼要介绍。

锂离子导体，按照存在的物理状态，分液态和固态两种，前者如$LiPF_6$/EC+DMC这些常见的电解液，后者如Li_3PO_4晶体、$LiM_2P_3O_{12}$晶体、Li-Si-O非晶玻璃、固体聚合物。

按照可移动的电荷种类，分成单离子导体、多离子导体。

单离子导体是指移动的带电粒子只有锂离子，阴离子被固定在骨架上，这类导体的优点是锂离子迁移数接近1；缺点是欧姆压降大。

多离子导体是指移动的带电粒子除了锂离子还有其他带电离子，多数情况下是阴离子，这类导体的缺点是锂离子迁移数小，一般在0.2～0.4，这会引起液相中明显的浓差极化，优点是欧姆压降小。

水系电解液由锂盐和水溶液组成，属于液态电解液，但是因为其特殊性，本章将单独介绍。离子液体由锂离子和阴离子组成，不使用溶剂，是室温下以液态存在的锂盐，本章也将单独介绍。

7.1 液态电解液

电解液由溶剂与溶质组成，对电解液要求包括[1]：

(1) 液相存在温度范围广，−40～60℃

常用的有机溶剂，高沸点对应高极性、高黏度、高熔点，低熔点常常对应高挥发性、低沸点，宽的温度范围可以通过各种溶剂的混溶实现。

(2) 高锂离子导电能力、低电子导电能力

高离子导电性可降低欧姆极化，低电子导电性可降低自放电。为了达到每平方厘米数毫安的输出，电解质电导率不应小于 1mS/cm。

描述电导率随温度和浓度的变化关系模型，常见的有三个，第一个是 Casteel-Amis 方程

$$\sigma=\sigma_{\max}\left(\frac{C}{\mu}\right)^{3}\exp\left[b(C-\mu)^{2}-\frac{a(C-\mu)}{\mu}\right]\exp\left[-\frac{E_{2}}{R}-\left(\frac{1}{T}-\frac{1}{298.15}\right)\right]$$

式中，$\sigma_{\max}$ 代表浓度为 C 时的最大电导率；μ，a，b，E_2 是拟合参数。另一个是 INLG 方程

$$\sigma=\left[a\exp\left(\frac{-b}{T}\right)C^{3}-d\exp\left(\frac{-e}{T}\right)C^{2}+p\exp\left(\frac{-q}{T}\right)C\right]K$$

式中，$K=0.8\times\{1+\exp[5\times(C-2.1)]\}$，$K$ 的单位是 mS/cm；a，b，d，p，q 是拟合参数。

在 −50～80℃ 温度范围内、1mmol/L 到 2mol/L 浓度范围内可以用 Vogel-Tammann-Fulcher（VTF）方程描述导电性，即

$$\sigma=AT^{1/2}\exp\left(-\frac{B}{T-T_{0}}\right)$$

式中，A，B，T_0 都是常数。B 不具有活化能含义，它与代表形成离子传输的极限自由体积的活化能有关；T_0 代表离子传输能力突然丧失或者是溶解结构的松弛行为突然丧失，或者理解为玻璃态转变温度。

(3) 大的锂离子迁移数

这可有效降低浓差极化，提高功率输出。常见液态电解液锂离子迁移数在 0.2～0.45 之间，聚合物电解质的锂离子迁移数一般小于 0.5，聚电解质具有接近 1 的锂离子迁移数。

如果锂盐用 Li^+A^- 通式来表示，溶剂分子用 Sov 来表示，那么锂盐溶解反应可以表示为

$$Li^{+}A^{-}+n\,Sov+m\,Sov \rightleftharpoons [Sov]_{n}Li++[Sov]_{m}A^{-}$$

[] 代表溶剂化离子外壳中的溶剂分子，在电解液中锂离子和锂盐阴离子不是单独存在，而是以溶剂化的形式存在，不过因为阴离子体积比较大，溶剂化程度比锂离子要低很多，一般就认为阴离子不发生溶剂化。

溶剂化，可以简单地理解为，当一个锂离子运动时，有多少个溶剂分子跟随该锂离子一起运动，溶剂化程度可以用下式粗略估算

$$R_{\text{solv}}=\frac{D_{\text{solv}}}{D_{\text{ion}}}=\frac{r_{\text{S}}^{\text{ion}}}{r_{\text{S}}^{\text{solv}}}$$

分子和分母分别代表离子的有效半径和溶剂分子的有效半径。对于 PC 和 EC，这个数值大约是 2，代表与一个锂离子一起运动的溶剂分子个数是 2，TFSA 阴离子的这个数值是 1.4，表明与 TFSA 一起运动的溶剂分子数为 1.4。采用核磁共振技术发现 LiF 电解液中溶剂的扩散系数大于 F^- 的扩散系数，后者又大于锂离子的扩散系数，这个次序和用理论公式计算结果不一致，次序正好相反，这归因于溶剂化效应。

液态电解液中的锂离子迁移数计算方法很多，可以采用下式计算

$$t_{+}=\frac{I_{\infty}R_{\text{b},\infty}(\Delta V-I_{0}R_{\text{e},0})}{I_{0}R_{\text{b},0}(\Delta V-I_{\infty}R_{\text{e},\infty})}$$

式中，I 是电流，ΔV 是施加电压，R_b 是本体电阻，R_e 是界面电阻，0 代表初始态，无穷代表稳态。变化的公式形式为

$$\tau_+=\frac{R_b}{\frac{\Delta V}{I_\infty}-R_{ct}}$$

式中，ΔV 代表极化电压，I_∞ 代表极化后稳态电流，R_b 代表极化之前的体电阻，R_{ct} 代表电荷转移电阻。两个电阻值可以采用阻抗方法测量。使用 Li/SPE/Li 对称电池，这种方法测量的 0.0118mol/L $LiClO_4$＋PC 中的锂离子迁移数为 0.29。

电解液离子导电能力和锂离子迁移数有关系。二者意义不同之处在于：离子电导率高会降低欧姆压降，锂离子迁移数高既会降低浓差极化也会提高离子导电能力，离子导电能力既和锂离子的浓度、溶剂化程度以及迁移数有关，也和锂盐阴离子的浓度和迁移数有关。

(4) 宽的化学窗口

化学窗口决定了电解液与电池内部所有组件的兼容性，也在很大程度上影响着电池的搁置寿命。

(5) 电化学窗口大

电化学窗口决定了锂离子电池工作电压上限，电池工作电压与容量共同决定其能量密度。

高的工作电压赋予电池电能一个高的能量品质。电化学窗口是个比较重要的因素，下面单独讨论。

(6) 可燃性低

锂离子电池中含有高氧化能力的正极、强还原能力的负极、易燃烧的电解液，可以将锂离子电池看成一个炸弹、燃烧弹，开发阻燃剂、开发凝胶电解质似乎可以解决这个问题。

可燃性主要源于溶剂，因此，可燃性研究主要涉及现有有机溶剂的可燃性和不可燃、低可燃性溶剂开发，阻燃剂开发。溶剂的燃烧测试属于很常规的测试，样品置于玻璃盘上，然后放在燃烧测试室中心位置，燃烧前后对称物盘称重，样品保持器与风箱中称重传感器连接，可以测量失重速度，试验在空气流速 350L/min 和氧气流速 80～30L/min，测试结果如表 7.1 所示。

表 7.1 燃烧测试结果

溶剂	沸点/℃	生成热/(kJ/mol)	蒸发热/(kJ/g)	燃烧热/(kJ/g)	比热容/[J/(K·g)]	理论耗氧量/(g 空气/g 溶剂)
DMC	91	38.74	0.43	14.6	1.83	4.58
DEC	126	41.8	0.34	21.6	1.54	6.98
EMC	110	39.2	0.34	18.4	—	5.94
EC	248	56.3	0.62	12.4	1.33	3.9
PC	242	56.3	0.55	16.6	1.20	5.38

图 7.1 是 Tewarson 溶剂燃烧测试系统示意图，多孔耐燃材料浸待测试剂后放置在系统中，使用红外加热，一般采用条带状多孔材料，在一端点燃后观看火焰扩散速度，可以对比不同试剂燃烧激烈程度。

(7) 价格低，成本低，低污染，低毒性

$LiPF_6$/EC＋DMC 几乎是锂电的标准电解液，优点包括：相对低的熔点，低温范围到

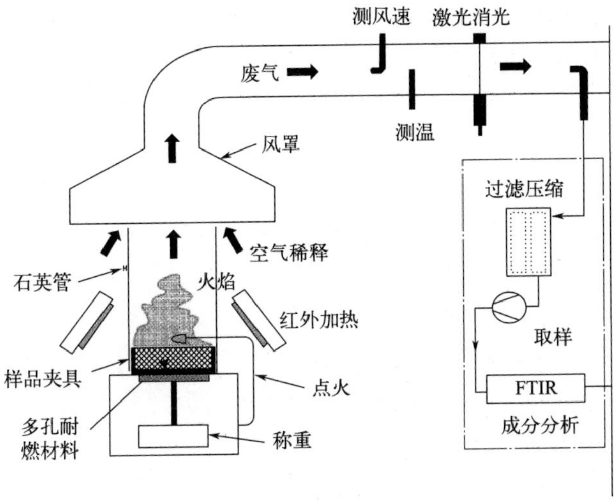

图 7.1　Tewarson 溶剂燃烧测试系统示意图

−15℃；与其他溶剂相比，氧化稳定性较高，这源于中心碳原子为+4 价的缘由，此外 C—H 键的数量也比较少（它被认为是给电子基团）；烷基碳酸酯中铝箔可形成有效钝化层，在 60℃下可以稳定到 5.0V；EC 和 DMC 在碳阳极上可形成稳定的 SEI。

该体系的缺点包括：低于−15℃后电导率迅速降低；溶液黏度相对较高，与非极性隔膜的浸润性不好；$LiPF_6$ 分解成 LiF+PF_5，后者为 Lewis 酸，在 1.5V 时可能被还原，与质子性成分反应生成 HF 和 PF_3O，对 SEI 有破坏作用。

7.1.1　电化学窗口估算

电化学窗口在化学窗口范围内会十分明显提高电解液/电极界面的稳定性，有利于循环的稳定性。锂离子电池电解液的电化学窗口大于其化学窗口，这得益于电解液/电极界面有一层很薄的固体电解质界面的形成，当然，这个固体电解质界面是亚稳态的，这在原则上决定了一些锂离子电池体系的循环寿命是不可能再有质的改进。$Li_4Ti_5O_{12}$ 和 $LiFePO_4$ 之所以能够具有出色的循环寿命，除了其自身母相结构稳定以外，还得益于它们的工作电位都在电解液的化学窗口以内。

锂离子电池中靠近电极表面的电解液承受很大的电势梯度，即使表面上看来电解液处于稳定的电位下，靠近电极部分的电解液也可能会连续分解，如果产物是电子绝缘、导离子的是最好的，形成薄膜的厚度和孔隙度可以通过添加添加剂调节。

上述讨论电解液可以适用的电势范围，主要是从热力学角度考虑，动力学因素主要分析当电位超出电解液窗口后界面处电解液分解速度以及界面稳定程度。

固体电解质的稳定窗口计算相对简单，根据电解质形成的吉布斯自由能，可以简单估算其电化学窗口，假设固体电解质组成为 Li_xA，那么，其分解电位就是上限，可以利用反应的吉布斯自由能计算，例如，LiI 的窗口上限在 25℃时为 2.80V，Li_3N 是 0.44V。发现 Li_3N 的高锂离子导电现象以后，一些人立即致力于以其作为电解质的应用，却忽略了电化学窗口的限制，最终没能成功。电位超出吉布斯自由能决定的上限时会导致固体电解质分解。

电位窗口的下限，一般就认为是 $Li^{0/+1}$ 电位，不过有时还需要考虑其他类型的反应，例如，当 LiI、Li_3N 作为固体电解质使用时，会形成 Li_xI、$Li_{x+3}N(x>1)$ 非化学计量比化合物，从而赋予电解质很强的电子导电能力。对于电解质，电子导电性是禁止的。

如果固体电解质是氧化物，其上限就是氧气析出电位，假设组成是 MO_x，分解反应就是

$$MO_x \longrightarrow M+O_2$$

下限的分析，只要考虑该氧化物与金属锂之间的反应形成电位即可。

对于由 Li、M、O 三种元素组成的固体电解质，假设 MO 和 MO_2 在考虑的条件下是稳定的，Li 和 M 不形成化合物，此时考虑 Li_2O 就可以了，这样的体系是三元相。下限反应是固体电解质和金属锂反应的形成电位，也就是固体电解质的锂化还原反应，即

$$4Li+Li_2M_2O_3 \longrightarrow 3Li_2O+2M$$

该反应对应的吉布斯自由能变化为

$$\Delta G=3\Delta G_{Li_2O}-\Delta G_{Li_2M_2O_3}$$

下限电位就是

$$E=-\frac{\Delta G}{4F}$$

上限反应就是该化合物的分解反应，假设分解反应为

$$Li_2M_2O_3 \longrightarrow 2Li+MO+MO_2$$

吉布斯自由能变化为

$$\Delta G=\Delta G_{MO}+\Delta G_{MO_2}-\Delta G_{Li_2M_2O_3}$$

对应的电位就是

$$E=-\frac{\Delta G}{2F}$$

当然，另一个可能的上限反应就是氧气析出反应，

$$Li_2M_2O_3 \longrightarrow O_2+Li_2O+2M$$

可以根据吉布斯自由能的变化计算该反应的分解电位。

如果固体是多组成的，比如常见的固体电解质包括 O、Si、Al、Mn、Li 等多种元素，一般呈现玻璃态，对于这样的体系的稳定电位范围，原则上办法有两种：一种是查阅资料判断所有可能存在的反应，然后对每个反应，利用吉布斯自由能计算，分别计算出不同反应的上限电位和下限电位，最后，最小的上限电位和最大的下限电位就是该固体电解质的稳定电位范围；另一种就是利用循环伏安技术直接测量稳定的电位范围，反复循环多次扫描还可以帮助确定该固体电解质的稳定性（即考察动力学因素）。

一些固体电解质在中间电位范围是离子导体，电位足够低以后会转变成电子导体，而在电位足够高以后可以传导空穴。

通过串联两个电解质，可以分别向上和向下扩展电位范围，例如，加入 A 电解质的稳定范围是－0.1～0.5V，B 电解质稳定范围为 0.4～3.7V，那么 A 和 B 串联后，B 面向正极，A 面向负极，稳定范围就扩展到－0.1～3.7V。如果是两个固体电解质串联，那么要求这两个固体电解质在很多性能参数上必须一致：热膨胀系数、应力特性等，此外，最好在结晶结构、单胞参数等方面也相互接近或者相同，这样有利于紧密设计以去除边界层阻抗的影响。二者必须是化学上兼容的。对于一个是固体而另一个是液体的情况，稍微好一些；对于

两个都是液体的情况，需要很特殊的情况才能进行，有时还需要额外的离子选择性薄膜。一个可能的例子就是：固体电解质 $LiM_2P_3O_{12}$（M 为过渡金属）和金属锂的稳定性不好，可以在其表面沉积 Cu_3N，然后和金属锂接触，反应后就形成了 Li_3N，达到了扩展 $LiM_2P_3O_{12}$ 电化学窗口的目的。

目前使用的经典锂离子电池体系就是一个固-液-固三相串联扩展电化学窗口的例子，已知碳电极表面形成 SEI 层，正极表面比如锰酸锂、钴酸锂、镍酸锂表面也会形成表面膜，称为 ECI，ECI 和 SEI 层都相当于一层固体电解质，实际上就是等效于扩展了目前电解液的电化学窗口，负极表面的固体电解质 SEI、液态电解液、正极表面的 ECI 三层结构串联，共同扩展了目前锂离子电池电解液的电化学窗口，如图 7.2 所示。

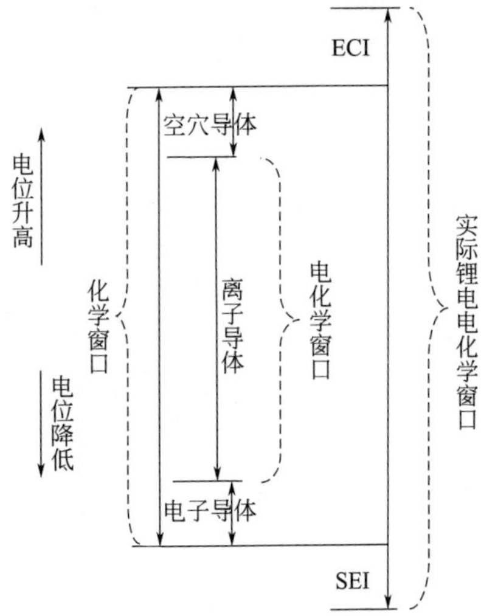

图 7.2　化学与电化学窗口

判断非水锂电解液电化学稳定窗口范围的办法，原则上和固体电解质的方法一致，变得复杂的原因在于有机非水电解液的反应比较复杂，需要考虑的反应包含锂盐的稳定范围、溶剂的稳定范围。

常见液态锂离子电池的溶剂和溶剂化锂盐的电化学窗口，可以通过理论计算估算，并通过实验手段确定。图 7.3 为理论计算得到的溶剂和溶剂化锂盐的电化学窗口范围。纯 PC 溶剂电化学窗口下限接近 0V，上限接近 7V，加入锂盐后电化学窗口普遍会变小，例如，PC+$LiClO_4$ 体系的上下限电位分别为 5.4V 和 0.6V 左右。上限变小可能是因为锂盐阴离子稳定性不足，下限提高的原因可能是参与和锂离子溶剂化的溶剂分子的还原稳定性降低。

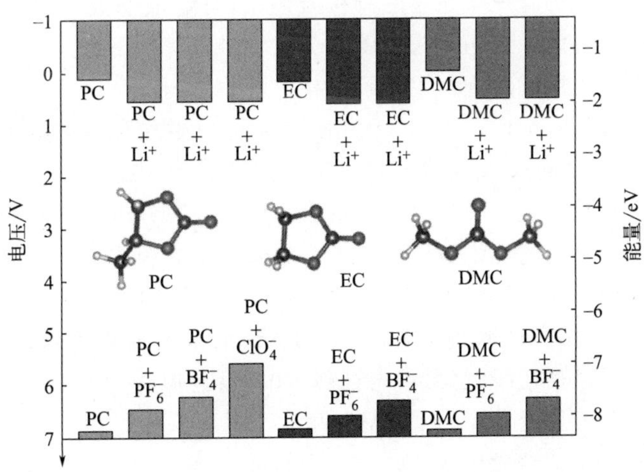

图 7.3　常见溶剂和溶剂化盐的电化学窗口

7.1.2 溶剂

液体电解液由溶剂和作为溶质的锂盐组成。

作为溶剂，它需要具有较高的介电常数，溶剂分子要有比较大的极性，这样保证溶解锂盐，使其“离解为”锂离子和相应的阴离子；溶剂的黏度应当尽可能小，以保证电导率，高黏度会降低液体的流动性；与锂电池各个相/组件兼容；电解液的液态温度范围很大程度上是由溶剂决定的，溶剂液态温度范围要大。

溶剂的本体性质和其供电子或者接受电子的能力一起决定溶剂的作用。Debye-Hfickel theory 解释的是无限稀释下溶剂的性质，当浓度比较大时，供电子或者受电子性质是决定溶剂化和解离性质的主要因素。溶剂分类方法很多，诸如：本体和分子性质，半经验的溶剂化尺度，氢键能力、混合度，表 7.2 是基于酸碱度的分类。这里的酸碱度是指路易斯标度，容易得到电子对就是酸，容易提供电子对就是碱。酸碱度代表与其他物质相互作用的一个量度。

表 7.2　有机溶剂的酸碱度

类别	例子
两性羟基	甲醇、1-丙醇、丙三醇
两性质子	乙酸
亲质子氢键给体	甲酰胺、乙二胺
亲质子	二甲基甲酰胺、二甲基亚砜
憎质子	乙腈、乙酸酐、碳酸丙烯酯
惰性溶剂	四氯乙烯、苯
电子给体	四氢呋喃、DME、DEE

质子性溶剂，电化学窗口小，与 N—H、O—H、S—H 基团有关系。一般，质子惰性溶剂的分子不显示路易斯酸性，因此锂盐阴离子保持非溶剂化状态。了解溶剂这种分类，对于开发添加剂、匹配锂盐具有指导意义。

碳酸丙烯酯，在所有的与锂盐兼容的有机溶剂中，PC 液态温度范围比较宽、黏度比较低的，属于比较理想的溶剂，最初因为与碳基负极材料兼容性不好而退出锂离子电池电解液市场，最近在尝试重新使用该溶剂，主要是寻找合适添加剂。

溶剂混合效果、溶剂的配比，可以通过相图来确定，共熔体系的凝固温度比单独溶剂的要明显低很多，例如 PC+DEC 二元共熔体系凝固温度低于−70℃，是低温电解液的首选。

溶剂的电化学窗口是最重要参数之一，可以采用惰性工作电极利用循环伏安技术或利用恒电位方法测量；理论计算的优势在于在某种组成的溶剂被合成出来之前就可以对其电化学窗口进行理论预测，如果预测结果不理想，那么就没有必要再合成该溶剂了。一般通过计算溶剂的 HOMO（最高占据分子轨道）和 LUMO（最低未占据分子轨道）来预测，HOMO 能量与氧化电位上限近似存在线性关系，类似的，可以近似认为 LUMO 和还原电位存在线性关系，这样就可以参考理论计算的 HOMO 和 LUMO 了。

常用溶剂相对氧化稳定性顺序为 EC>PC>DMC>EMC>DEC，或者是 DMC>PC>EC>EMC>DEC，不同结论很大程度上是因为溶剂纯度不同，微量杂质会明显影响溶剂的电化学窗口，提高纯度可以提高抗氧化性。

典型的有机溶剂分成几大类，包括醚类、酯类、烷基碳酸酯类、腈类，这几大类的溶剂的电化学窗口范围，醚类电化学窗口最大。当前广泛使用的烷基碳酸酯电化学窗口下限不低于 1.0V。

大部分溶剂，纯度小于 99.9%时，分解电位为 4.6～4.9V，提高纯度，就会提高氧化电位上限，一般在 5.2V 以上，纯度越高，化学稳定性越好。在离子液体中 EC、PC、DMC、EMC 和 DEC 的氧化电位上限可以分别达到 6.2V、6.6V、6.5V、6.7V 和 6.7V，稳定电位下限都是 0V，这可能和纯度进一步提高有关，溶剂中的杂质和溶剂合成工艺密切相关，其中最有害的杂质是卤素，开发无卤素杂质的工艺是一个新的方向，虽然一般成本会高很多。

图 7.4 是三种 DMC 的合成路线以及所含主要杂质。

经典的光气工艺：

$COCl_2+2CH_3OH \longrightarrow 2HCl+(CH_3O)_2C=O$　　氯化物杂质

液相反应工艺：

$O_2+2CO+4CH_3OH \longrightarrow 2H_2O+2(CH_3O)_2C=O$　　CuCl催化剂　杂质为卤化有机物

气相反应工艺：

$O_2+2CO+4CH_3OH \longrightarrow 2H_2O+2(CH_3O)_2C=O$　　稀有金属催化剂　无杂质

图 7.4　DMC 合成路线以及所含的杂质

光气反应是 20 世纪 80 年代德国 Bayer 公司开发，反应在 0℃无水溶剂中进行，吡啶或者无机碱类存在可以吸收 HCl 促使平衡正向移动，否则需要在 50～100℃下反应。反应简单，缺点是使用了剧毒物质光气，产物含有氯化物杂质。液相甲醇氧化-羰基化途径，1983 年由意大利公司 Enichem 工业化，该方法缺点是氧气的使用以及水的生成会降低催化剂的稳定性，氧气和还原性气体的同时使用引发爆炸危险，杂质为卤代烃、卤代有机物。其他还有酯基交换反应、尿素醇解反应等。

典型锂离子电池电解液有机溶剂的结构、熔点、沸点、闪点、动力学黏度、介电常数、极性和密度等参数，如表 7.3 和图 7.5 所示[2,3]。

表 7.3　典型锂离子电池溶剂的物理参数

中文名称	简称	熔点/℃	沸点/℃	闪点/℃	η/cP	ε	μ/D	d/(g/cm^3)	氧化电位/V
碳酸丙烯酯	PC	−48.8	242	132	2.53	64.92	4.81	1.2	6.0 (Pt)；5.2 (Pt)
单氟代碳酸丙烯酯	FPC	—	210	—	7.64	190	—	—	6.5(Pt)
乙基丙基碳酸酯	EPC	−81	148	—	1.13	3.0	5.25	0.95	5.1($LiCoO_2$)
乙基异丙基碳酸酯	EiPC	−132	135	—	0.98	3.0	—	0.94	5.5($LiCoO_2$)
甲基异丙基碳酸酯	MiPC	−76	117	—	0.86	3.0	4.92	0.97	5.3($LiCoO_2$)；5.1(Pt)
碳酸乙烯酯	EC	36.4	248	160	1.90	89.78	4.61	1.321	6.7(C)；5.5(Pt)
单氟代碳酸乙烯酯	FEC	17.3	210	—	4.1	78.4	4.7	1.5	6.0 (C)；5.2(Pt)

续表

中文名称	简称	熔点/℃	沸点/℃	闪点/℃	η/cP	ε	μ/D	d/(g/cm^3)	氧化电位/V
乙基-2-氟乙基碳酸酯	EFEC	—	134	—	1.4	6.5	—	1.12	6.4(Pt)
乙基-2,2,2-三氟乙基碳酸酯	ETFEC	—	—	—	0.92	7.1	—	1.33	6.2(Pt)
碳酸丁烯酯	BC	−53	240	—	3.2	53	—	—	4.3(Pt)
γ-丁内酯	γ-BL	−43.5	204	97	1.73	39	4.23	1.199	5.5(Pt); 4.6($LiMn_2O_4$)
氟代 γ-丁内酯	FGBL	26.5	210	—	3.35	72.6	—	1.3	6.8(C)
碳酸二甲酯	DMC	4.6	91	18	0.59	3.1	0.76	1.063	5.5(Pt)
单氟取代 DMC	MFDMC	—	108		0.95	9.0	—	1.24	6.2 (Pt)
碳酸二乙酯	DEC	−74	126	31	0.75	2.81	0.96	0.969	5.2 (Pt)
碳酸甲乙酯	EMC	−53	110	—	0.65	2.96	0.89	1.006	6.1 (C)
甲基-2-氟乙基碳酸酯	MFEMC	—	—	—	1.36	7.3	—	1.19	6.1(Pt)
甲基-2,2-二氟乙基碳酸酯	DFEMC	—	—	—	2.6	9.5	—	—	6.4(Pt)
甲基-2,2,2-三氟乙基碳酸酯	TFEMC	−44	90	—	1.0	9.6	2.67	1.37	6.8(Pt)
甲基丙基碳酸酯	MPC	−49	130	—	1.08	3.0	4.84	0.98	6.4(Pt)
甲基-3-氟丙基碳酸酯	FPMC	—	—	—	1.75	7.0	—	1.2	6.3(Pt)
甲基-2-氟丙基碳酸酯	2FPMC	—	—	—	1.9	7.6	—	—	6.4(Pt)
甲基-3,3,3-三氟丙基碳酸酯	TFPMC	—	—	—	1.75	7.5	—	1.32	6.4(Pt)
甲基-2,2,3,3-四氟丙基碳酸酯	TeFPMC	—	—	—	2.6	9.0	—	1.35	6.5(Pt)
甲基-2,2,3,3,3-五氟丙基碳酸酯	PFPMC	—	—	—	1.4	6.5	—	1.43	6.6(Pt)
乙酸乙酯	EA	−84	77	−3	0.45	6.02	—	0.902	5.4 (Pt)
氟代乙酸乙酯	EFA	—	117	—	0.9	15	—	1.09	5.6(Pt)
二氟代乙酸乙酯	EDFA	—	99	—	0.65	—	—	1.18	4.5(Pt)
2-氟乙基乙酸酯	2FEA	1	119	—	1.0	8.0	—	1.09	5.8(Pt)
乙酸甲酯	MA	−98	57	—	0.37	6.7	1.7	0.93	5.2(Pt)
甲氧基乙酸甲酯	MMOA	—	130	—	0.82	—	—	1.05	5.1(Pt)
氰基乙酸甲酯	MCA	−13	205	—	3.82	28	—	1.12	6.5(Pt)
乙酸-1-甲氧基-2-丙基酯	MPA	—	—	—	1.07	7.6	—	0.96	3.7(Pt)
丙酸-2-氟乙基酯	2FEP	—	—	—	1.12	7.0	—	1.06	6.2(Pt)
丁酸甲酯	MB	−84	102	11	0.6	—	—	0.898	4.6(Pt)
丁酸氯甲酯	CIMB	—	148	—	—	9.5	—	1.09	5.0(Pt)

续表

中文名称	简称	熔点/℃	沸点/℃	闪点/℃	η/cP	ε	μ/D	d/(g/cm^3)	氧化电位/V
丁酸乙酯	EB	−93	120	19	0.71	—	—	0.878	4.3(Pt)
二甲氧基甲烷	DMM	−105	41	−17	0.33	2.7	2.41	0.86	3.5(Pt)
1,2-二甲氧基乙烷	DME	−58	84	0	0.46	7.2	1.15	0.86	5.0(Pt,DME+DMC)
1,2-二乙氧基乙烷	DEE	−74	121	20	—	—	—	0.84	4.5 (Pt)
乙基丙基醚	EPE	−127	63	—	0.31	—	1.16	0.73	3.5(Pt); 4.2(Pt,EPE+DMC)
四氢呋喃	THF	−109	66	−17	0.46	7.4	1.7	0.88	3.5(Pt)
二乙二醇二甲基醚	DC	−64	163	67	1.06	7.23	—	0.95	
亚硫酸乙烯酯	ES	−17	174	79	2.06	39.6	3.74	1.43	4.6(Pt); 3.4($LiCoO_2$)
亚硫酸丙烯酯	PS		188; 214	67				1.47	4.7(Pt); 3.9($LiCoO_2$)
乙基异丙基砜	EiPS	−8	265	—	5.6	55	—	—	5.4-5.6(Pt); 5.7($LiMn_2O_4$)
乙基异丁基砜	EiBS	−15	261	—	5.5	36	—	—	5.6($LiMn_2O_4$)
亚硫酸二甲酯	DMS	−141	126	—	0.87	22.5	2.9	1.29	4.5(Pt); 4.2($LiCoO_2$)
亚硫酸二乙酯	DES	−122	156	—	0.83	15.6	2.96	1.08	4.5(Pt); 2.9($LiCoO_2$)
甲基乙基砜	EMS	32	240	—	5.5	58	—	—	5.5(Pt)
氟甲基砜	FMS	56	180	—	—	—	—	—	6.7
甲基异丙基砜	MiPS	—	225	—	—	—	—	—	5.6(Pt)
2-甲基四氢呋喃	2-Me-THF	−137	80	−11	0.47	6.2	1.6	0.85	3.6(Pt)
1,3-二氧戊环	1,3-DL	−95	78	1	0.59	7.1	1.25	1.06	3.4(Pt)
4-甲基-1,3-二氧戊环	4-Me-1,3-DL	−125	85	−2	0.6	6.8	1.43	0.983	3.4(Pt)
2-甲基-1,3-二氧戊环	2-Me-1,3-DL	—	—	—	0.54	4.39	—	—	4.1(Pt)
碳酸亚乙烯酯	VC	22	162	—	1.54	126	4.45	1.35	5.0(Pt); 4.7(Pt)
乙烯基-碳酸乙烯酯	VEC	—	—	—	2.71	45	—	1.19	4.2(Pt)

续表

中文名称	简称	熔点/℃	沸点/℃	闪点/℃	η/cP	ε	μ/D	d/(g/cm^3)	氧化电位/V
二甲基亚砜	DMSO	18.5	189	—	1.9	46.6	3.9	1.09	4.1(Pt)
环丁砜	SL	27.4	285	—	10.3	43.3	4.81	1.26	5.0(Pt)
3-甲基环丁砜	3Me-SL	0.5	276	—	11.8	29.4	—	1.18	>5.0(Pt)
乙基乙烯基砜	EVS	<−50	242	−6	10.1	—	—	1.15	4.2(Pt)

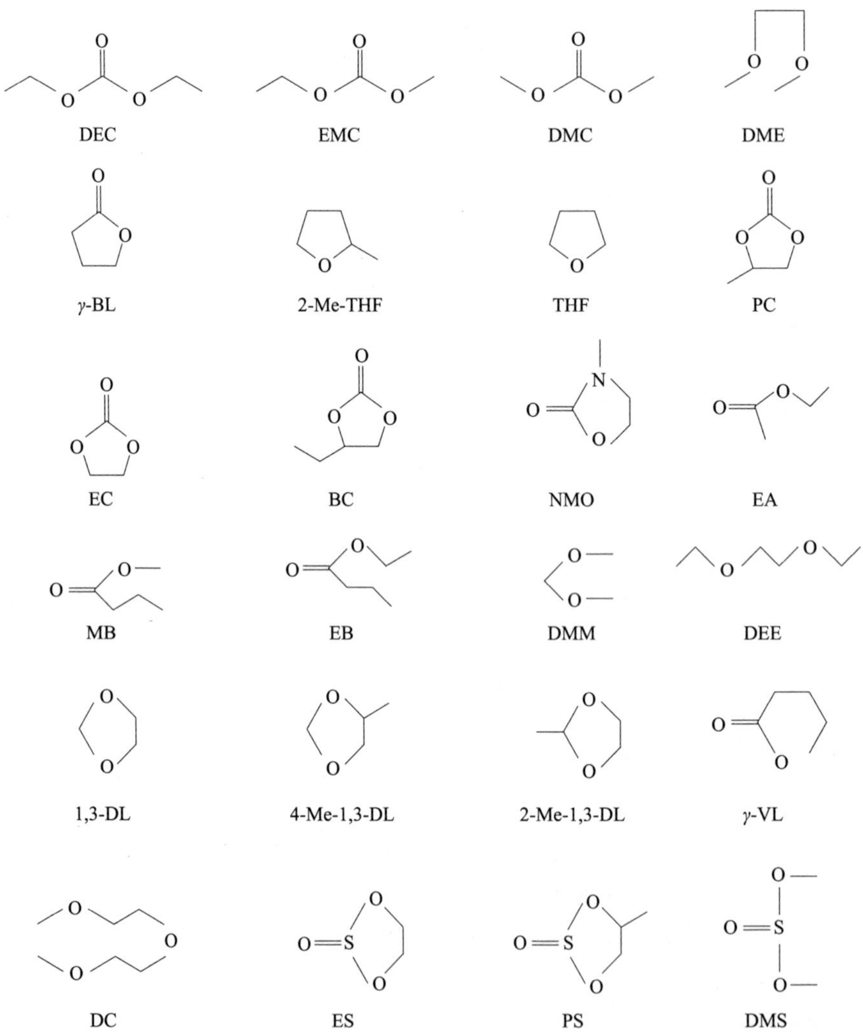

图 7.5　典型锂离子电池电解液溶剂结构式

对于低温应用条件，通过不同溶剂的混合可以拓展溶剂的液相温度范围。例如，PC+40%（体积分数）EMC，液相温度下限为−73℃左右，DEC+17%（体积分数）DMC 的混合溶液熔点为−80℃，DEC+36%（体积分数）EMC 混合溶液的熔点接近−90℃。

开发新溶剂的策略之一是现有溶剂的氟化处理。通常，氟化后会提高黏度，降低电导率，拓展电化学窗口，提高抗氧化能力。单氟、二氟取代后，溶剂极化率提高，介电常数增大，氧化电位明显增大，SEI 稳定性提高，可改进锂循环效率，可燃性降低，锂盐溶解度降低。

7.1.3 锂盐

对锂盐的要求是易溶易解离，锂离子具有高的淌度，阴离子具有高的氧化还原稳定性，与锂离子电池内部所有组件/相都能形成稳定的界面，阴离子无毒，热稳定性好，环保，成本低，合成路线简单，不腐蚀集流体，对湿气不敏感[4]。

新型锂盐的开发方向之一是二价阴离子，这有利于提高锂离子的浓度和迁移数，减少液相浓差极化。另一个方向是具有氧化还原穿梭剂特性的锂盐，如 $Li_2B_{12}F_{12}$。

溶质分真电解质和潜在电解质。前者在固态就有离子存在，后者只有在反应中或者在和溶剂的化学作用中才会显示出离子的存在。前者如 NaCl，后者如乙酸、氯化氢、甲醇：

$$\mathrm{NaCl(晶体)} \xrightarrow[\text{乙腈}]{} \mathrm{Na^+ + Cl^-} \xrightleftharpoons{K} [\mathrm{Na^+ Cl^-}]^0$$

$$\mathrm{2CH_3OH} \xrightleftharpoons{K} \mathrm{CH_3OH_2^+ + CH_3O^-}$$

锂盐组成通式为 LiX，原则上希望阴离子 X^- 具有与溶剂很强的缔合作用，而希望 Li^+ 的溶剂化程度低一些，这样既保证 LiX 的溶解又能保证大的 Li^+ 迁移数，不过事实正相反，X^- 的溶剂化能力很低（这与其大的体积有关），而体积小的 Li^+ 的溶剂化程度很高，导致锂离子迁移数只有 0.2～0.45，很多情况下为 0.25 左右。

锂离子扩散与离子淌度直接相关，溶剂化会降低淌度，阴离子通过形成离子对影响锂离子淌度，降低锂离子的移动性，在 GBL 溶剂中 GBL 分子移动最快，然后是阴离子，最后是锂离子，原因是阴离子几乎是自由的，而锂离子发生了溶剂化。溶剂化能力决定于离子电荷与离子半径比值，比值越大越容易溶剂化，两个容易溶剂化的离子分别是锂离子和氢离子，在水溶液中一个锂离子可以和 22 个水分子溶剂化。

通过离子-溶剂的相互作用，盐发生溶解，而锂离子和溶剂的作用远超过阴离子，目前还不清楚的包括：中性分子与锂离子的作用点；溶剂化后壳层内有多少个溶剂分子，锂离子会不会优先和某些特定的溶剂分子作用。溶剂与锂离子形成溶剂化锂离子的过程还取决于溶剂分子的给电子能力，而与溶剂介电常数关系不大（这样的结论还存在争议）。

常见锂盐的溶解常数顺序为

$$\mathrm{LiTf < LiBF_4 < LiClO_4 < LiPF_6 < LiAsF_6 < LiTFSI < LiBOB}$$

常见锂盐的平均离子淌度顺序为

$$\mathrm{LiTFSI < LiTf < LiAsF_6 < LiPF_6 < LiClO_4 < LiBF_4}$$

常见锂盐离解常数为

$$\mathrm{LiTf > LiBF_4 > LiClO_4 > LiPF_6 > LiAsF_6 > LiIm}$$

二价阴离子锂盐是锂盐研究的一个方向，它的优势在于可以降低盐浓度同时保持锂离子浓度不变，提高锂离子迁移数。原则上，合成的锂盐中锂离子和阴离子的相互作用要弱，阴离子的电荷与尺寸比要尽可能大。

锂盐溶解度与阴离子结构的对称性有关系，降低阴离子对称性可以提高溶解度。双氟（草酸）硼酸根阴离子（DFOB），通过降低阴离子的键合度可以提高盐在溶剂中的溶解度，这与阴离子半径大和电荷在整个阴离子的去局域化有关，前者使溶液中形成的离子对相互作用减弱，后者有助于提高电化学稳定性，提高氧化电位上限。

$LiClO_4$ 在一次性锂电池中得到应用，溶解后电导率高，具有很高的阳极氧化稳定性，价格低，与碳基负极材料兼容，产生的 SEI 层电阻低，耐湿气。和 $LiPF_6$ 比它不能有效钝化铝箔，阴离子的氧化性比较强，具有爆炸危险，在高温、大电流下与有机溶剂的反应活性明显增大。

$LiAsF_6$，电导率略高于 $LiPF_6$，缺点是其 As^{+5} 容易被还原成剧毒低价氧化砷。强烈的 As-F 键使其不易断裂，与醚类溶剂可直接反应，理论计算其阳极氧化稳定性可以达到 6.3V，实验测量值为 4.5V。理论计算的阴离子稳定性顺序为

$$AsF_6^- > PF_6^- > BF_4^- > C_4F_9SO_3^- > (CF_3SO_2)_3C^- > (CF_3SO_2)_2N^- > ClO_4^- > CF_3SO_3^-$$

可以看出上述阴离子中以 AsF_6^- 阳极稳定性最好。在 -20℃时 1mol/L $LiAsF_6$/DMF 的电导率为 8～9mS/cm。关于 $CF_3SO_3^-$ 阴离子存在 5.1V 和 6.0V 稳定上限的分歧。强的阳极稳定性可能是与其强的酸性本质有关。和湿气反应也会生成 HF，反应为

$$LiAsF_6 + H_2O \longrightarrow LiOH + AsF_5 + HF$$

$LiBF_4$，B-F 比 P-F 稳定一些，不易水解，热稳定性更好，毒性小于 $LiAsF_6$，安全性高于 $LiClO_4$，在低温和高温下稳定性好，BF_4^- 阴离子大小为 0.227nm，小于 PF_6^- 的 0.255nm，因此 $LiBF_4$ 阴离子的淌度更高。具有中等水平的锂离子电导性，易使铝箔钝化，使用该盐的电解液通常会显示更高的循环稳定性，与阳极兼容性还不够好，低温电导率不好。有机含硼阴离子的特点是稳定性好、溶解度高，电化学窗口与常见的标准电解液差不多，热分解温度一般高于 250℃，分芳香基含硼阴离子和烷基含硼阴离子，烷基类的热稳定性低于芳香基的；取代基团性质对溶解性，进而对电导率影响明显。无氟有机硼酸盐阴离子的优点很明显，不会引入 HF 杂质；阴离子结构中多个强吸电子中心的存在（B 和 O）使得负电荷广泛分布于阴离子基团上，负电荷分布分散，这降低了阴离子和锂离子的作用，赋予该类盐高的解离能力，溶解度也就高。这类锂盐的缺点是吸湿性强。

$Li[BF_3(CF_3CF_2)]$，简称 LiFAB。$LiBF_4$ 中阴阳离子形成离子对，这使得离子电导率和锂离子迁移数降低。$LiBF_4$ 中 1 个 F 被 CF_2CF_3 基团取代后就是 LiFAB，其低温电导率较好，-10℃时 EC+EMC 中为 1.8mS/cm，室温 7.8mS/cm，与锂离子形成离子对的能力减弱，阴离子大小为 0.289nm（BF_4^- 为 0.227nm），可使铝箔钝化，和铝箔兼容。在正负极表面都能形成即使升温也稳定的 SEI 界面，氧化电位上限 4.25V。

LiTf，化学式 $Li(CF_3SO_3)$，强的吸电子基团（一般是全氟化烷基基团）使得阴离子的稳定性增强，酸性得到增强。阴离子上的形式上的负电荷是非局域性质的，这是吸电子基团的诱导效应和共轭效应一起作用的结果，最初尝试这些锂盐是基于它们有更高的解离常数，从而提高即使介电常数很低的有机溶剂中的溶解度。在有机溶剂中的离子电导率较低，阴离子憎水，水解稳定性高于 $LiPF_6$，Pt 电极上稳定到 4.8V，PC 基电解液中大约 1.7mS/cm，无毒，空气中稳定，对湿气不敏感，热稳定性好，抗氧化能力强，锂离子导电性差，对铝箔腐蚀严重，和 Al 发生反应生成 $Al(CF_3SO_3)_3$，反应如下

$$3Li(CF_3SO_3) + Al - 3e \longrightarrow 3Li^+ + Al(CF_3SO_3)_3$$

发生还原反应形成厚的高阻 SEI 薄膜，反应为

$$2Li(CF_3SO_3) + 2Li^+ + 2e \longrightarrow C_2F_6\uparrow + 2Li_2SO_3\downarrow$$

$$C_2F_6 + 2Li^+ + 2e \longrightarrow LiF\downarrow + CF_3CF_2Li\downarrow$$

$$Li_2SO_3+6Li^++6e \longrightarrow Li_2S\downarrow+3Li_2O\downarrow$$

目前还没得到实际应用。提高烷基链长度可以提高氧化稳定性，例如 PC 基电解液铂电极上测试结果表明 $Li(C_4F_9SO_3)$ 稳定到 6.0V，$Li(C_8F_{17}SO_3)$ 稳定到 6.5V。

LiIm，安全性好，热稳定，高导电性，对 Al 集流体腐蚀严重。$LiSO_3CF_3$，三氟甲基磺酸锂，与 $LiPF_6$ 的电化学接近，抗氧化，溶解于 EC 后库仑效率比较高，缺点是电导率低，其阴离子与 Al 作用强烈，2.7V 时铝箔就开始溶解；一般用作聚合物电解质的锂盐。

$LiN(SO_2CF_3)_2$，简写为 LiTSFI，1984 年 Foropoulos 和 DesMarteau 报道 LiTFSI，3M 公司将其商业化。强的吸电子基团和孤立的 N 原子使 TFSI 阴离子得以稳定，阴离子上的负电荷非局域性质很强，熔点 236℃，360℃以下未发现分解，热稳定性很强。制备的电解液导电性略差于但是接近 $LiPF_6$，热稳定性好，不易水解，浓度比较低的时候对铝箔腐蚀性很强，浓度很高的时候腐蚀性要弱得多。氧化电位上限为 5.0V（也有报道说是 4.3V)，与 Al 箔兼容性差，大约在 4.0V 开始发生腐蚀，所以还没在 LIB 中大量使用。该盐的腐蚀性和浓度以及溶剂有关系，还原条件下生成氮化锂，反应为

$$LiN(SO_2CF_3)_2+4Li^++4e \longrightarrow Li_3N\downarrow+2Li(CF_3SO_2)\downarrow$$

产物进一步还原可生成 LiF、Li_2O、Li_2S 等。

$Li[N(C_2F_5SO_2)_2]$，简称 LiBETI，阴离子体积比 TFSI 的更大，它和小的阳离子比如 Li^+、Al^{3+} 不会形成离子对，这有利于电导率和锂离子迁移数，并且不会腐蚀铝箔。在有机聚合物电解质中使用时大的阴离子有利于阻止结晶。阴离子的位阻效应阻止水解反应，和 $LiPF_6$ 相比，因为它不会形成 HF 而有利于电池容量保持率。5.5V 氧化电位上限。

$Li[B(C_2O_4)_2]$，简称 LiBOB，热稳定到 300℃，5.0V 以上也不腐蚀 Al，PC 溶剂中在石墨表面形成稳定的 SEI，导电性好，价格低，与水混合不释放有毒物质。安全特性好：与镍酸锂稳定到 4.3V，与钴酸锂稳定到 4.5V。在石墨表面不会形成 LiF。在碳阳极以及正极的 SEI 中发现该盐的阴离子，而其他锂盐并没有这种情况。在 EC+LiBOB 中，BOB^- 阴离子不会溶剂化，锂离子被四个 EC 分子所溶剂化，呈四面体构型。在大部分醚类和腈类溶剂中，LiBOB 以二聚态存在，锂离子以八面体方式成核。该盐合成工艺简单，热稳定好，电化学窗口大，能形成稳定 SEI，在烷基碳酸酯中溶解度较大，电导率大，耐过充，环保。Pt 电极测试表明其氧化电位上限为 4.5V，氧化后生成 CO_2，因此也可以作为过充保护剂使用。LiBOB、LiDFOB，在电解液中二者一般优先分解形成表面钝化薄膜。

在低介电常数的溶剂中溶解度低，电导率低，难以大规模合成。部分文献提到它虽然和碳负极兼容，安全性好，但是和阴极之间存在反应活性高的缺点。会发生聚合反应生成低聚物，产物结构如图 7.6 所示。

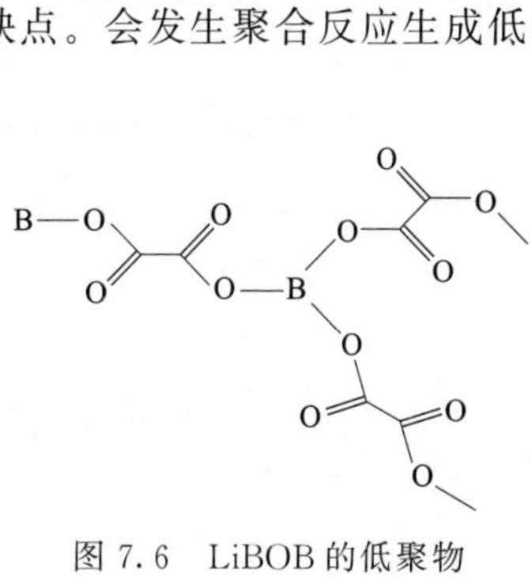

图 7.6　LiBOB 的低聚物产物结构式

$Li[BF_2(CO_2)_2]$，简称 LiODFB，和铝箔兼容，耐过充，可以形成稳定的 SEI，阳极氧化稳定上限大于 5.0V，EC+DMC 中室温电导率为 8.58mS/cm，略低于 $LiPF_6$。

$Li[PF_3(CF_3CF_2)_3]$，简称 LiFAP，英文全称 lithium tris (perfluoroethyl) trifluorophosphate，$LiPF_6$ 中三个 F 被 CF_2CF_3 基团取代，取代结果是形成位阻效应，阴离子非局域特征增强，水解稳定性增强。和碳基阳极反应活性降低，其阴离子尺寸 0.377nm，上限 5.0V，220℃开始分解，

EC+DMC 中室温电导率 8.2mS/cm。LiFAP+$LiPF_6$ 混合使用时可以耐受 80℃的运行温度。

Li[$C(CF_3SO_2)_3$]，简称 LiTFSM，热稳定性好，到 340℃不分解，理论计算其氧化电位上限 6.1V（HOMO 计算的结果），与铝箔反应强烈。Li [$N(C_4F_9SO_2)$（CF_3SO_2）]，简称 LiFBMSI，在 PC+DME 中电导率为 3.5mS/cm，氧化电位上限为 5.9V（或者 5.0V、4.8V）。

$LiC(SO_2CF_3)_3$，溶解能力强，电导率高，高于 $LiPF_6$，在温度低于−20℃时，$LiAsF_6$ 和 LiTFSI 的电导率迅速降低，但是 $LiC(SO_2CF_3)_3$ 的电导率仍然有 1mS/cm 以上，缺点是在 4.5V 以上时开始腐蚀正极集流体 Al；$LiCH(SO_2CF_3)_2$，电化学窗口比较小。实际应用可能性比较大的是 $LiPF_3(C_2F_5)_3$ 和 $LiBC_4O_8$(LiBOB)，后者可使 Al 集流体稳定到 5.0V 以上。

开发各种锂盐同时也可考虑开发新的集流体材料以适应锂盐。事实上锂离子电池中每种部件或者材料或者添加剂是否能使用，除了自身的本征特征，很大程度上还取决于其他部件/材料/组分的选择。

$LiPF_6$，白色晶体，175～185℃分解，可溶解于醚、腈、吡啶、醇、酮、酯类等，不溶于烷烃、苯等，一般，溶剂极性越强溶解度越高，即所谓的相似相溶原理。最大缺点是稳定性差，在有机溶剂中存在分解平衡，即

$$LiPF_6 \longrightarrow LiF + PF_5$$

产物中的 LiF 会干扰负极表面 SEI 层，产物 PF_5 会和痕量的水反应生成酸，引起正极性能衰减。溶解度和导电性都高，和 Al 箔兼容，形成稳定的惰性界面，和碳阳极兼容，各方面性能兼顾得比较好。还有一个缺点是高纯产品生产较难。

1mol/L $LiPF_6$/EC+90%（体积分数）EMC 的电导率，在 20℃时为 6.5mS/cm，在−30℃时为 1.7mS/cm。当 EC 占比提高到 30%时，在 20℃电导率为 8.8mS/cm，在−30℃时发生 EC 沉积。典型的电解液 1mol/L $LiPF_6$/EC+DMC+EMC(30∶35∶35，体积比)，20℃时电导率大于 10mS/cm，在−30℃时小于 2.5mS/cm。

低温下以 $LiPF_6$ 为溶质的锂离子电池体系性能下降明显，一个很可能的原因就是电解液特性的恶化，例如，锂盐析出、溶剂沉淀。

六氟磷酸锂纯度影响 SEI 的形成，高纯 $LiPF_6$ 是开发功能电解液的关键，在 1994 年高纯生产工艺得到实用化。高纯与普通的产品的 SEM 图中颗粒形貌有一些差别，纯度提高以后晶粒可以长得更大。

企业标准中关于六氟磷酸锂的规定为：白色结晶，纯度高于 99.9%，DMC 杂质含量低于 0.1%，水含量低于 0.002%，游离酸含量低于 0.015%，硫酸盐含量低于 0.001%，氯化物含量低于 0.0005%，Fe、Na 元素含量均低于 0.001%，K 元素含量低于 0.0001%。

关于六氟磷酸锂电解液的规定为：无色透明液体，水分含量低于 0.002%（质量分数，下同），游离酸含量低于 0.005%，硫酸盐含量低于 0.001%，氯化物含量低于 0.0001%，Fe、Na 元素含量分别低于 0.0003%和 0.001%，K 元素含量低于 0.0001%。关于密度和电导率参数未做具体规定。

溶剂的还原，分成溶剂自身的还原能力和参与溶剂化的溶剂分子还原能力，在锂盐体系中，主要考虑后者，因为参与和锂离子溶剂化的溶剂分子的还原能力大于自由溶剂分子，例如在 $Li^+(EC)_n$ 络合物中，多余电子倾向于分布在 EC 部分，溶剂化数提高，络合物的还原

稳定性也会提高。还原能力次序为 $[Li(VC)_n]^+ > [Li(EC)_n]^+ > [Li(PC)_n]^+$，理论计算同时证实自由溶剂的稳定次序为 ES≈GS>EC≈PC>VC，也有文献有不同的结论，即 GS>PC≈EC≈VC>ES。

杂环类碳酸酯可改进 SEI 成膜特性；一些线型酯类低温性能会突出一些；部分氟化可改进低温性能，降低可燃性，有助于 SEI 的稳定。

一些典型锂离子电池电解液锂盐性质总结在表 7.4 中[5]。

表 7.4　典型锂盐性质总结

锂盐	物理性质	电解液导电性	电化学性质
$LiClO_4$	熔点 236℃，阴离子正四面体构型	25℃，1mol/L PC 中 5.6mS/cm，1mol/L EC+DMC 中 8.4mS/cm	强氧化性，与铝箔不兼容
$LiBF_4$	熔点 293℃，阴离子正四面体构型	25℃，1mol/L PC 中 3.4mS/cm，1mol/L EC+DMC 中 4.9mS/cm	与铝箔不兼容
$LiAsF_6$	熔点 340℃，阴离子正八面体构型	25℃，1mol/L PC 中 5.7mS/cm，1mol/L EC+DMC 中 11.1mS/cm，甲酸甲酯溶剂中电导率 50mS/cm	与铝箔不兼容，毒性大，氧化电位上限 5.05V（石墨电极）、5.1V(Pt 电极)
LiBOB	熔化前分解，分解温度 293℃(或 300℃)，阴离子四面体构型(指中心原子主体构型)	4.29 mS/cm (1mol/L EC+DEC)；3.1 mS/cm (1mol/L PC)；14.9 mS/cm (1mol/L DME)；7.5 mS/cm (1mol/L EC+DMC)	氧化电位上限 4.5V (DME 溶剂)，与铝箔兼容到 5.0V
$LiB(CO_2CO_2)_2$	245℃分解	5.6 mS/cm (1mol/L DMSO)	
$LiB(O(C_6H_4)O)_2$	250℃分解	25℃，1mol/L PC 中 0.6mS/cm	
$LiB[OC(CF_3)_2]_4$		11.1mS/cm (DME)；4.86 mS/cm (DMSO)	4.5V 上限
$LiB(CO_2R)_4$，$R=CF_3$，C_2F_5，$CClF_2$，CCl_3	约 100℃分解	8.0 mS/Cm (PC+DMC 溶剂)	
$LiCF_3SO_3$(LiTf)	熔点大于 300℃，阴离子四面体构型	25℃，1mol/L PC 中 1.7mS/cm	与铝箔兼容，氧化上限 5.1V(6.0V)
$LiC_4F_9SO_3$		2.3mS/cm (PC+DME)	氧化上限 6.0V
$LiC_8F_{17}SO_3$		1.9 mS/cm (PC+DME)	
$LiCF_3CO_2$		0.4mS/cm (PC+DME)	
$Li[(CF_3)_4B]$		10.1mS/cm (EC+DMC+DEC)	
$LiCF_3BF_3$		5.3mS/cm (PC)；6.1mS/cm (EC+DMC)	5.2V 氧化电位上限
$LiCH_3BF_3$		3.4mS/cm (EC+DMC)	
$Li(CF_3CF_2BF_3)$		5.3mS/cm (PC)	5.3V 氧化电位上限
$Li[(CF_3)_2BF_2]$		7.2mS/cm (EC+DMC)	

续表

锂盐	物理性质	电解液导电性	电化学性质
$LiC(SO_2CF_3)_3$		温度低于－20℃时 电导率高于 1mS/cm	4.5V 时开始腐蚀铝箔
LiFAP	280℃分解	11.1 mS/cm（DME 溶剂）	
$Li[N(SO_2C_2F_5)_2]$			与铝箔不兼容
$Li[N(SO_2CF_3)_2]$	熔点 234℃，360℃分解	25℃，1mol/L PC 中 5.1mS/cm， 1mol/L EC+DMC 中 9.0mS/cm	与铝箔不兼容， 氧化电位上限 5.0V
$LiN(CF_3CO_2)_2$		0.8mS/cm（PC+DME）	
$LiN(FSO_2C_6F_4)$ (CF_3SO_2)		3.0mS/cm（PC+DME）	6.5V 氧化上限
$LiP(O(C_6H_4)O)_2$	熔化前分解， 分解温度 150℃	25℃，1mol/L EC+THF 中 3.89mS/cm	
$LiPF_6$	熔点 200℃，溶剂中 分解温度为 80℃左右， 阴离子正八面体构型	25℃，1mol/L PC 中 5.8mS/cm， 1mol/L EC+DMC 中 10.7mS/cm	与铝箔兼容性不好
$LiPF_5(CF_3)$		4.2mS/cm（PC+DME）	6.2V 氧化电位上限
$LiPF_3(CF_3)_3$		3.9mS/cm（PC+DME）	5.1V 氧化点位上限

图 7.7 是几种典型锂盐阴离子的结构示意图，以供参考。

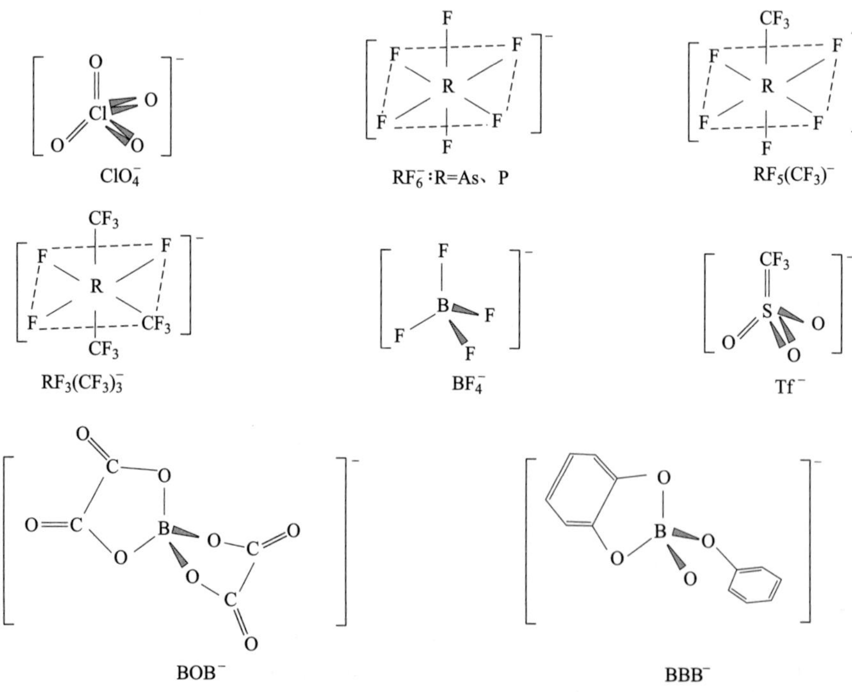

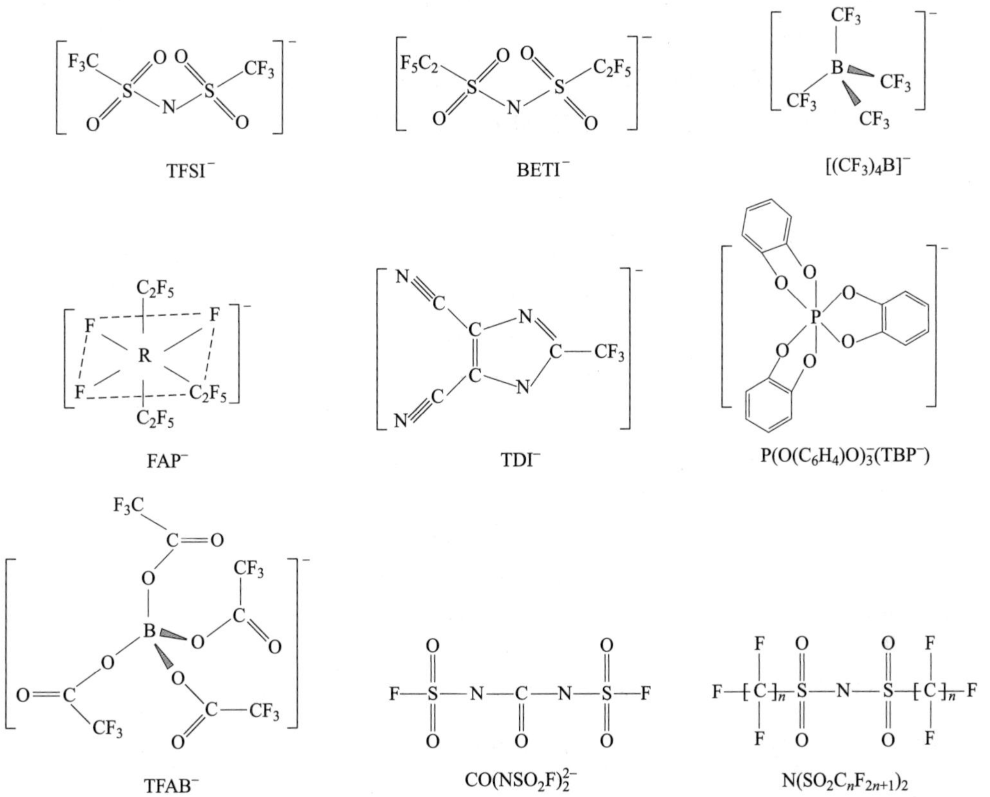

图 7.7　典型锂盐阴离子结构示意图[4]

7.1.4　电解液添加剂

各种添加剂中，首先是石墨类阳极添加剂，包括含未饱和键化合物如 VC。添加剂分成溶剂类、盐类。溶剂型添加剂也具有单独作为溶剂的可能性，盐类添加剂如果是锂盐的话，也有单独作为锂盐的可能性。溶剂类不会解离成正负离子。盐类添加剂在电解液中可以解离成正负离子。添加剂分类方法有多种，大致分为：针对各种阴极材料的添加剂、针对各种阳极材料的添加剂，预防铝箔基体腐蚀的添加剂，增强锂盐溶解度的添加剂，针对表面膜的添加剂，降低电解液可燃性的添加剂，等等。也分成功能型添加剂、安全改进型添加剂和其他(包括防腐剂、润湿改进添加剂)。功能型添加剂主要指负极和正极界面修饰剂。

锂离子电池的一个特点是，当正极或者负极某个成分/相改变，一般，电解液的添加剂就要改变。新型电解液或者电解液添加剂的研究，首先要保证与电池各部分组件的兼容性，比如，阻燃剂必须满足兼容性，同时满足导电性，仅仅阻燃并没有任何意义。

7.1.4.1　成膜添加剂

添加剂研究分成三阶段，主要是针对成膜添加剂而言。第一阶段针对碳基阳极表面 SEI 层改性添加剂，第二阶段是在微米量级正极或者负极活性材料颗粒表面人工构建纳米厚度薄膜，在很大程度上是针对 PC 基电解液/碳基负极材料设计的，特别是天然石墨阳极，第三阶段针对阴极，增强正极/电解液界面稳定性。

根据添加剂的反应机理分成还原反应型、还原聚合型、修饰型、吸附类型等。还原反应型是指在电极电位降低过程中添加剂在溶剂被还原之前先被还原；还原聚合型添加剂在电极电位降低后发生聚合反应，即电还原聚合反应；吸附型是指添加剂吸附在负极表面；修饰型添加剂不参与初期 SEI 的形成反应但是在 SEI 形成末期会参与 SEI 的形成过程。各类添加剂之间界限划分并不明确。

聚合型添加剂分子中一般含有不饱和键，特别是双键，发生类似于电聚合的反应，还原后聚合成高分子有机物，以薄膜形式覆盖在负极表面形成人工 SEI 层，包括碳酸亚乙烯酯（VC），乙烯基碳酸乙烯酯（VEC），烯丙基碳酸乙酯（AEC），醋酸乙烯酯（VA），己二酸二乙烯酯（DA），丙烯酸腈（AAN），二乙烯基吡啶（2VP），顺丁烯二酸酐（MAH），肉桂酸甲酯（MC），膦酸酯，含乙烯基团的硅烷类化合物，呋喃衍生物。

有一类反应型添加剂，它在整个嵌锂电位范围内没有被还原，但是它捕获活性阴离子，或者与一些最终产物反应，形成更加稳定的 SEI 层，如 CO_2，二烷基聚碳酸酯可作为 CO_2 的提供者；电解液中添加碳酸锂有类似效果，可降低气体的生成，提高初始可逆性，改进循环。羧基苯酚、芳香酯类、酐类，它们具有共轭结构，可稳定中间产物。其他具有类似功能的添加剂包括顺丁烯二酸酐，丁二酰亚胺，其中的 N 原子被两个羰基基团链接，可有效抑制 PC 还原，稳定 SEI 层，它们自身不被还原，而是捕获活性中间产物[4,6]。

7.1.4.2 阴极保护添加剂

阴极保护剂主要是保护阴极不被电解液中有害成分攻击，一般会在阴极表面形成保护层。若正极工作电位超过电解液电化学窗口上限，正极表面必然会形成亚稳态的表面薄膜。有报道说 VC 存在时正极界面阻抗降低，加入 VC 聚合抑制剂后该效果会消失，这证实正极表面存在一层表面薄膜。

酸性物质会破坏正极材料，氨基有机碱中的 N 可捕获酸性物质，如丁胺，碳二亚胺类化合物，它们都可以明显改进 $LiMn_2O_4$ 容量保持率。2%的 LiBOB 可以稳定 NCA 正极，它也稳定碳阳极。它还可以稳定 $LiMn_{1.5}Ni_{0.5}O_4$ 阴极，有两个可能的机理，第一种是 BOB 阴离子优先氧化使阴极颗粒表面活性点失活，抑制了溶剂的进一步氧化；第二种是抑制了 Mn 的溶解。

7.1.4.3 $LiPF_6$ 盐稳定剂

$LiPF_6$ 不稳定的原因是化学平衡的存在以及 PF_5 与有机溶剂的高反应性，PF_5 也会与 SEI 成分发生反应，降低负极表面 SEI 稳定性，如

$$Li_2CO_3 + PF_5 \longrightarrow POF_3 + 2LiF + CO_2$$

$$RCOOLi + PF_5 \longrightarrow RCOF + LiF + POF_3$$

$$ROCOOLi + PF_5 \longrightarrow RF + LiF + CO_2 + POF_3$$

通过上述反应，SEI 层中 LiF 含量提高，LiF 晶粒就会不停地长大，从而破坏 SEI 的完整性。

通过加入 Lewis 碱降低 PF_5 活性。PF_5 具有强的缺电子特性，如果添加剂是弱碱性的，$LiPF_6$ 分解平衡基本不受影响。有些添加剂，如 TTFP 可以和 PF_5 形成 1∶1 络合物，氨基化合物也可以作为盐的稳定剂，如 1-甲基-2-吡咯烷酮、氟化氨基甲酸酯，分子中的 N 原子有孤对电子，可与 C═O、P═O 作用。当然，直接添加 LiF 也可以降低 PF_5 含量，这时需

要在对负极 SEI 影响和控制 PF_5 含量之间做出平衡。

7.1.4.4 过充保护剂

过充保护剂在电池过充电的条件下保护电池避免发生着火、爆炸等危险，包括氧化还原穿梭剂和断路添加剂，前者是可逆的保护，后者则是永久破坏电池。

过充电条件下电池温度迅速上升，如图 7.8 曲线 a 所示，初期温度缓慢上升，上升到一定阶段开始热失控，最终发生着火、爆炸。安全添加剂在热失控之前开始起作用，如果是穿梭剂起作用，温度会上升到一个恒定值（曲线 b），如果是断路型添加剂，电池温度很快就会下降到环境数值（曲线 c）。电池的荷电态在安全添加剂起作用那一时刻就保持在某个定值不再增大[7]。

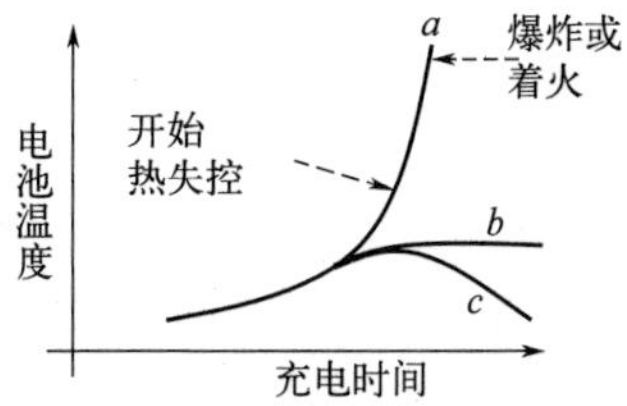

图 7.8 过充后的温度演变示意图

氧化还原穿梭剂必须满足的条件是氧化与还原形式在整个温度范围都与组件兼容，氧化态与还原态都是高度可溶的，溶解度、淌度、扩散系数都足够高，氧化电位略高于充电截止电位（一般希望高 0.1～0.2V），低于电解液分解电位，电化学反应可逆，在正极的氧化反应以及在负极的还原反应速度要快（反应常数大于 10^{-5}cm/s），不会引起副反应，电池工作电压范围内电化学稳定。在正常电压范围内，添加剂以还原形式 R 存在，当过充电发生时，阴极电位升高到某个数值后 R 在阴极表面被氧化，失去电子被氧化成氧化态 O，O 从阴极扩散到阳极，在阳极表面被还原成 R，然后 R 从阳极再扩散到阴极。从上述分析中可以看出穿梭剂的效率取决于其浓度、正负极之间的传输速度、阴极表面氧化反应速度以及阳极表面还原速度、承载的电荷。穿梭剂在略高于充电电位时被氧化，氧化态在负极被还原而使穿梭剂得到恢复，这样，正极电位不会高于穿梭剂的氧化电位，过充电流转变成热。

苯甲醚类可以作为过充电保护剂。

二茂铁和杂环化合物一般运行在 3.0V，氟化酚硼烷类氧化电位 4.46V，适合于 NCA。其他穿梭剂还包括吩噻嗪类，苯胺类等。

与成膜添加剂不同，氧化还原反应穿梭剂以盐类为主，或者是可以被可逆氧化/还原的有机物；成膜添加剂可以是盐类，也可以是溶剂。

断路添加剂，当正极电压高于某个临界值以后，添加剂分解释放大量气体，激活电流切断装置，或者聚合，聚合产物覆盖在正极表面使其绝缘。这种保护方式永久损坏电池。一般是芳香族化合物，如二甲苯、环己基苯、联苯、二苯丙酮、苯基、叔丁基碳酸酯、苯-R-苯类化合物（R 为脂肪烃）、噻吩乙腈。LiBOB 可作为断路添加剂使用，它的草酸组成部分优先被氧化成 CO_2，该过程放热很少，释放的 CO_2 激活断路装置或打开阀门，LiBOB 氧化产生 CO_2 的反应，如图 7.9 所示。

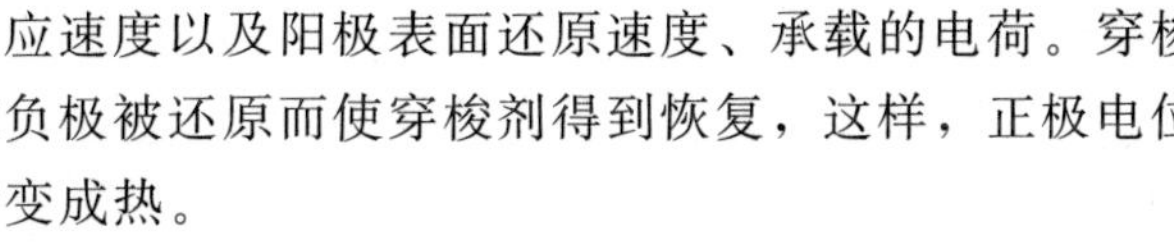

图 7.9 过充电时 LiBOB 氧化机理

苯酚类、呋喃类，只要添加少量就行，过充后产生大量气体，直接激发保护盖，产生的绝缘隔膜使电池断路。联苯、三联苯是合适的阴极添加剂，在 4.5V 分解，过充电时在溶剂分解之前形成保护膜。

7.1.4.5 阻燃添加剂

锂离子电池满足炸弹的特点（虽然其中的化学反应动力学比真正的炸弹要慢得多），易燃易爆，阻燃添加剂就成为一个研究热点。对阻燃添加剂的要求是阻燃效率高、与电解液混溶、低黏度、高沸点，基本不影响锂离子传输，电化学窗口大，与电池内部组件/相兼容，与电极材料浸润好。

阻燃机理包括：①不可燃气体阻止连续氧气供应；②促使电极表面生成阻止氧气连续供应的碳化物；③捕捉火焰中的活性物质，特别是卤素和磷化物。大部分阻燃剂都是有机磷化合物和其卤素取代的衍生物，磷酸三甲酯、磷酸三乙酯的研究较多，阻燃效果好，但是低电位下不稳定，在碳电极上容易被还原。磷酸甲苯二苯酯可以改进钴酸锂/石墨锂离子电池热稳定性，稍微恶化电化学性能，但是循环效率高一些。其他包括亚磷酸三乙酯、三氟乙基磷酸酯［1mol/L $LiPF_6$/PC＋DEC＋EMC 中加入 15％（质量分数）电解液变得不可燃，代价是降低 20％离子电导率］、2,4,6-三氟乙基-1,3,5-三嗪、磷酸甲酚二苯、4-异丙基苯基二苯基磷酸酯、甲基二氟乙酸酯、乙基二氟乙酸酯等。

阻燃剂的使用要付出一定的代价，如电解液导电性、负极性能等。原则上可以考虑直接利用阻燃剂作为溶剂使用，能够使用不可燃电解液是最佳的选择，不过这类溶剂具有黏度大、锂离子导电差等缺点。目前主要策略还是在现有的液体电解液基础上加以研究。直接从阻燃角度考虑电解液体系候选并不合适，因为电化学才是最优先考虑的性能，都是在保证电化学性能的前提下谈论阻燃效果。

7.1.4.6 其他

① Al 腐蚀保护剂。Al 腐蚀和锂盐阴离子关系密切，能促使 Al 钝化的锂盐可作为 Al 腐蚀保护添加剂，如 LiBOB、LiODFB。

② 加湿剂、降低黏度剂。前者改进隔膜浸润性，隔膜一般是聚烯烃，不具有极性；电解液由极性的锂盐和极性的溶剂组成，根据相似相溶原理，隔膜和电解液是不浸润的，这会降低活性材料利用率、增大电池内阻。离子与非离子表面活性剂包括低分子量的杂环烷烃、芳香族化合物都可作为加湿剂。一些过充保护剂也有加湿剂功能，三烷基磷酸酯或线型高分子量酯类也可改进浸润性。

③ 含硫添加剂。一些含硫添加剂可以清除阴极表面活性位点，防止电解液被氧化，改进安全性。一些芳香族化合物，例如联苯，可以在阴极表面形成电子导电膜。

④ Li 沉积改进剂。用于改进金属锂的循环性，抑制枝晶的形成。一些无机添加剂如 SO_2、聚硫、CO_2 和水可改进 Li 在惰性基体上的循环性，使沉积的锂更加平滑，可能是和高活性枝晶发生反应。二甲基四氢呋喃、二甲基噻吩、硝基甲烷在锂沉积之前先被还原，产物可抑制锂枝晶，还能降低界面电阻。一些离子型和非离子型表面活性剂优先吸附在枝晶点，抑制枝晶形成。HF 和 I^- 阴离子可提高锂电极的循环效率。

⑤ 溶剂化增强剂。锂盐解离后的离子溶剂化程度增大后会提高锂盐溶解度，提高电解液离子导电能力。12-冠醚-4 就可促进锂盐溶解。硼酸酯类可增强阴离子的溶剂化程度（B 是缺电子的，可和锂盐的阴离子作用），提高锂离子的迁移数，线型杂环类分子中的 N 是缺

电子的，阴离子受体和阴离子杂化，可提高盐的溶解度。

⑥ 高电压电解液。在常规电解液基础上通过使用适当的添加剂可得到高电压电解液，也可以通过开发新型溶剂和锂盐开发完全不同的电解液体系来实现。

一般认为普通电解液只能承受（最高）4.5V的电压，当正极材料电压超过电解液所能承受的电压范围时，电解液会发生分解，找到匹配的高电压电解液变得十分重要。1mol/L $LiPF_6$/环丁砜电解液，氧化电位约5.8V。砜类化合物作为电解液溶剂氧化电位在5.5V。

到目前为止，还没有开发出适合4.5～4.8V以上的电解液。添加磷酸化联苯衍生物、双马来亚酰胺等可以在阴极表面形成一层保护膜，一定程度上解决问题。有报道称碳酸酯-砜类混合溶剂适合高压尖晶石，循环100次后有97%的容量保持率。

⑦ 氟化处理。将现有的有机溶剂氟化处理可以改进其很多性能参数，可能赋予溶剂更高的阻燃能力、更大的电化学窗口上限。氟化处理，就是用F元素（部分）取代有机溶剂中的H元素，与非氟化母材相比，氟化后电化学窗口上限增大，缺点是电导率降低，黏度增大（可能是氟化处理后分子体积增大的缘故）。

⑧ 电解液添加剂的协同效应。即不同的添加剂之间的耦合，例如磺酸类和碳酸亚乙烯酯的协同效应十分明显，一些含三键和含双键的化合物具有协同效应，不仅可以改进负极SEI，在正极还可以协同电聚合产生表面薄膜。满足协同效应的两个条件是还原电位差别大，不饱和基团在结构上差别很大。

7.2 固体聚合物电解质

固体聚合物电解质，又称为高分子电解质，使用聚合物电解质的优点是由于不含有自由电解液，可以组装成塑料薄膜型而不用金属外壳，有利于提高电池组的质量比能量。一般将PEO称为第一代高分子电解质，第二代高分子电解质是在结构高分子网络中的凝胶膜混合传统的非水电解质。聚合物电解质锂离子电池不适合作为动力电池使用，原因在于其本征的慢速扩散动力学。

与液态电解液体系相比，其优势在于轻便，易加工，电池柔韧性强，可以加工、设计成任意形状；电解液与电极材料之间反应活性降低，与锂金属的反应要远弱于液体电解液，这有可能允许使用金属锂作为电池负极；电解液易燃性低，不易渗漏，可以具有阻燃、自灭火功能，电池安全性提高；电池抗振动能力提高；正负极之间间隔变小，电池可以做得更加紧凑。

分成干型和凝胶型。前者由聚合物基体和电解质盐组成，具有本征特征，后者加入了极性溶剂作为塑化剂。凝胶型又分成热塑型凝胶（thermoplastic gel，物理方法制备）和跨连接型凝胶（cross-linked gel，化学方法制备）两类，后者的稳定性要好于前者。

所有固体聚合物电解质的基本结构类似，存在着共性，如图7.10所示。

主链（骨架）一般是不具有电子导电性的C-C单键构成的，具有多个重复单元，极性官能团是聚合物电解质具有离子导电能力的关键，它的存在是锂盐离解成锂离子和阴离子的前提，非晶区域支链的运动和与极性基团相作用的锂盐一起完成离子导电的任务。

在非晶区域内，离子的运动和支链的运动耦合。结晶区域不利于离子导电，这种结晶区域一般是由链段上的极性官能团相互定向排列形成的，因此，极性官能团的浓度具有两面性：锂盐溶解需要极性官能团，浓度提高有利于离子导电性，但是极性官能团浓度

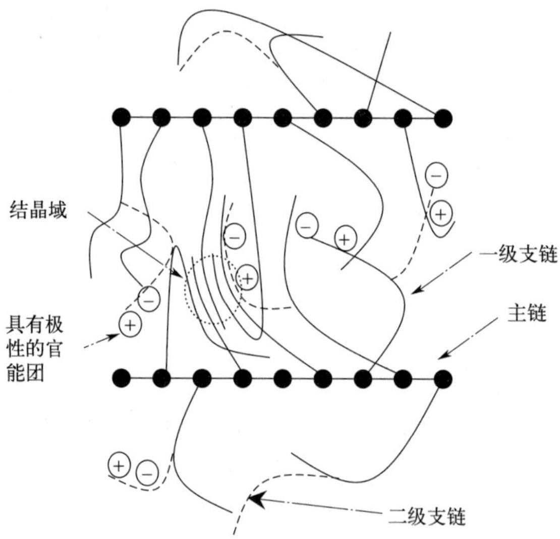

图 7.10 固体聚合物结构示意图

过高后会导致局部结晶域的增多，这不利于离子导电性。

本征固体电解质的电导率遵循 TVF（Vogel-Tammann-Fulcher）方程。

$$\sigma = \sigma_0 \exp\left(\frac{-B}{T - T_g}\right)$$

式中，参数分别是电导率，热力学温度、玻璃态转变温度。

聚合物母体可以是聚醚、聚酯、多硫化物、聚磷腈、聚硅烷、聚胺类等，典型的是 poly ethylene oxide（PEO）。纯固体有机聚合物本征导电能力差，通过添加液体锂离子电解液到聚合物中的方法可以提高锂离子电导率，添加的液体被聚合物吸收，呈凝胶状态，这就是凝胶聚合物电解质，室温锂离子电导率最高可达到 1mS/cm 数量级，一般在 10^{-4}～10^{-6}S/cm 数量级，与凝胶中液态电解液的量有关，电解液量高则锂离子电导率高，不过机械强度就会降低。

提高离子导电性的一般手段，基本包括三点：结构改性、不同种类聚合物混合、锂盐，此外还有添加无机粉末的方法，各种措施联合使用以后，根据目前文献的报道，室温电导率可以提高到 1～0.1mS/cm。虽然文献报道不少凝胶聚合物电解质体系，不过其中不少仅仅只关心导电性，忽略了力学性能，作为正负极分离的介质，机械稳定性是最重要的前提。

按照阴离子存在形式，聚合物电解质分两大类，如图 7.11 所示。对于图 7.11(a) 情况，聚合物上的官能团既带有正电荷部分，又带有负电荷部分，分别与锂盐 LiX 的阴离子和阳离子作用，由 X^- 阴离子、锂离子和支链的运动共同完成离子导电性任务；对于图 7.11(b) 情形，锂盐 LiX 的阴离子直接成为支链的一个链段部分，是被固定在支链上的，离子导电的承担者是锂离子和支链运动。后者称为聚电解质，具有接近 1 的锂离子迁移数，难加工，并且离子电导率也很小，室温电导率小于 10^{-6}S/cm。

PEO 是首选，它是极性聚合物，可溶解锂盐，玻璃态转变温度比较低，从离子离解角度看，EO 几乎是最好的结构单元，缺点是结晶度较高，通常条件下存在结晶。根据 PEO-$LiBF_4$ 的相图，Li/O 值最大在 0.33 左右。如果仅仅考虑电导率因素，可以选择 Li/O 在 0.28～0.33 范围配制固体电解质。

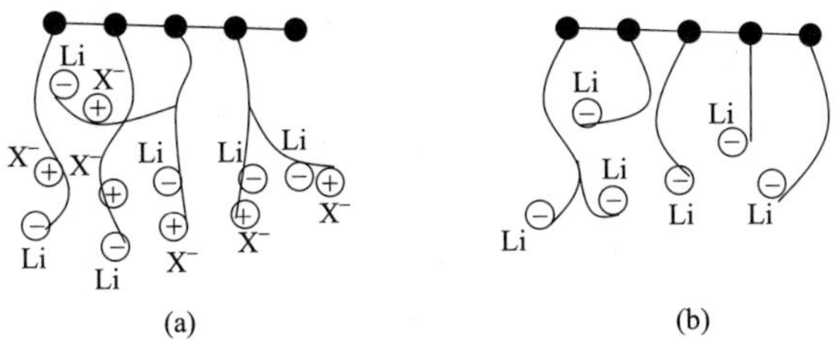

图 7.11 聚合物电解质和聚电解质结构上的差别示意图

LiPVPPB 聚电解质，锂离子的迁移数接近 1，将其和 PVDF-HFP 复合的隔膜，在 50℃时具有 1mS/cm 的电导率。

固体聚合物电解质不适合于功率型锂离子电池。

表 7.5 是凝胶聚合物和固体聚合物导电性质的总结，其中如果添加的是锂盐，就是固体聚合物的导电性，如果添加的是电解液，就是凝胶态。

表 7.5 一些凝胶聚合物和固体聚合物导电性质

聚合物电解质	锂盐，或者液体电解液	离子电导率/(mS/cm)
HPG-PPEGMA	LiTFSI	0.1
PEP	$LiClO_4$	0.1
PEO	—	8×10^{-5}
PEO	POSS-phenyl-$(BF_3Li)_3$	0.4
P(EO-PO)	LiTFSI	0.022
PVDF-PMMA	LiPF6-EC+EMC+DMC	3.38
PVDF-PEO	$LiClO_4$-EC+PC	3.03
PVDF-HFP	$LiPF_6$-EC+DEC	1.2
PVDF	$LiPF_6$-EC+EMC+DMC	1.3
PVDF	5%(质量分数)$LiPF_6$	8.46×10^{-5}
PVDF	20%(质量分数)$LiPF_6$	0.27
PEO/γ-$LiAlO_2$ 陶瓷填充剂	$LiCF_3SO_3$	0.9
PEO/TiO_2 陶瓷填充剂	$LiClO_4$	1.8

7.3 无机晶态锂离子导体

晶体中四种最基本的无序包括：Schottky 无序，即阴阳离子成对出现；Frenkel 无序，即阳离子空穴或者间隙阳离子；氧化还原 Frenkel 无序，即存在外来粒子；Anti-Frenkel 无序，即晶体中存在间隙阴离子或者阴离子空穴。规则晶体 LiX 中阴离子与锂离子规则排列，当其中含有多余的锂离子，或者是热运动引起锂离子离开原位置或者进入晶界、晶体表面，或者临近熔点时导致锂离子偏离其平衡位置而阴离子保持位置不变时，晶体可以显示出离子导电能力[7-9]。

LiX 晶体中的本征缺陷包括阴阳离子空位、间隙离子、阴阳离子位置交换、准自由电子和准自由空穴。锂离子迁移数和锂离子导体的电导率是两个重要的参数，对于在锂离子电池体系中应用，电解液体系的锂离子迁移数和电导率的意义与差别主要体现在二者对极化的贡献上。迁移数的大小影响浓差极化，当有电流通过时，电解液中形成电场梯度，锂离子随之运动，迁移数反映了这种锂离子运动的能力，如果锂离子迁移数小，其导电能力就低，那么主要的运动离子就是其他核电离子，参与运动的锂离子占比小的结果，就会引起很大的锂离子浓度梯度，浓差极化也就大。电导率的影响主要体现在串联欧姆电阻的大小，当电池工作时，电解液的欧姆压降会占去总极化的一部分。

形象点说，假如迁移数大而电导率很小，那么，当施加一个电流后，整个电位降都集中在电解液上面，电极上的极化就会太小，导致电极反应驱动力不足；反之，假如电导率很大，迁移数很小，那么，施加电流后，整个电位降会集中到电极上面，电化学反应随之发生，但是因为锂离子迁移数太小，随着反应进行到与固相接触的液相附近锂离子消耗完毕后，后续锂离子供应速度不足，而导致电化学反应停止发生，这种情形的极端情况，类似于使用钢板代替电解液的情形（电导率很高，但是锂离子迁移数为 0）。

因此，锂离子电池电解液（包括全固态），既要具有高的锂离子迁移数以避免引入大的浓差极化，还要具有良好的离子导电性，以避免引入大的欧姆极化。在实际体系中，这两个参数之间存在相互制约因素，通常，从原理上讲，可以保证电导率不变的情况下提高锂离子迁移数，降低浓差极化，但是对于实际体系来说，提高电导率的努力常常会明显降低锂离子迁移数；而具有大的锂离子迁移数的体系往往电导率又很低。

固体材料中微晶之间的晶界不利于材料的锂离子导电能力，因为它破坏了锂离子传导路径的连续性，会引起很高晶界电阻。很多无机固体锂离子导体的本征锂离子导电能力很强，但是粉体材料的锂离子导电能力很低，原因就在于微晶之间高界面阻抗的存在。

晶体中锂离子的淌度取决于锂有序-无序态以及化学键环境，Hopping 离子导电模式计算的扩散系数 $D=5.6\times10^{-5}cm^2/s$，对应的电导率的最大理论数值为 2.8S/cm（300K），这就是钙钛矿型晶体和 Nasiocon 结构的晶体所能提供的最大可能的电导率。

如果是空穴导电，那么电导率会很低，对温度的依赖关系很强。如果是间隙粒子导电，那么电导率相对高。

$LiBH_4$ 固体电解质锂离子导电性好，与 Li 兼容，但是和正极发生反应，解决办法是在正极一侧磷酸锂，解决与正极的兼容问题。Li_3N 室温电导率 $6\times10^{-3}S/cm$，电位窗口上限 0.45V；薄膜 LIPON 的电化学窗口 0～5.5V，室温电导率为 $2\times10^{-6}S/cm$，可以做得很薄。

钙钛矿化合物的通式为 ABO_3，这类锂离子导体是由 $La_{2/3}\square_{1/3}TiO_3$ 衍生出来的，具有 $Li_{3x}La_{2/3-x}\square_{1/3-2x}TiO_3(0<x<0.16)$ 组成，$x=0.11$ 时室温下单晶锂离子电导率可以达到 1mS/cm，活化能为 0.3～0.4eV，电导率和锂离子浓度密切相关，但材料合成过程复杂，微晶之间界面阻抗比较高，粉体电导率为 $2\times10^{-5}S/cm$ 左右，和锂金属不兼容，界面反应导致 Ti 被还原，一般采用 Ti 系列脱嵌锂材料作为它的负极，比如尖晶石结构的 $Li_4Ti_5O_{12}$。

Nasicon 型锂离子导体通式为 $NaM_2(PO_4)_3$（M=Ge，Ti 和 Zr），组成为 $Li_{1.3}Al_{0.3}Ti_{1.7}(PO_4)_3$（LATP）的在 298K 本体电导率为 3mS/cm。Lisicon 型与 Nasicon 的类似，基本分子式为 $Li_{1+x}M_{2-x}M'_xP_3O_{12}$，M=Ti、Ge、Hf，M'=Al、In，25℃时本体离子电导率为 $(2\sim8)\times10^{-4}S/cm$，微晶边界阻抗很大。Thio-Lisicon 类材料可以看成用 S 取代氧化物中的 O 的衍生物。氩气中制备的 Li_2GeS_3 薄膜 25℃达到 $1.1\times10^{-4}S/cm$ 锂离子电导率。硫化

物玻璃为 Li_2S-SiS_2，室温锂离子电导率为 10^{-4}S/cm，$Li_4GeS_4-Li_3PS_4$ 固溶体室温锂离子电导率为 $10^{-7\sim-3}$S/cm，$Li_{10}GeP_2S_{12}$ 室温达到 0.01S/cm 离子电导率。机械球磨制备的玻璃 $Li_2S-P_2S_5$ 室温锂离子电导率为 0.5S/cm。

$Li_{4+x}Al_xSi_{1-x}O_4$ 是 Li_4SiO_4 和 Li_3AlO_4 的间隙固溶体，有作为高压锂电池隔膜的潜力，其中，Li_9SiAlO_8 具有 Li_4SiO_4 架构，室温电导率为 2.3×10^{-7}S/cm，可承受 6.5V 高压，适合于研究高压阴极材料。$Li_6BaLa_2Ta_2O_{12}$ 室温下离子电导率为 4×10^{-5}S/cm，氧化上限为 6.0V。这类材料的缺点是和阴极材料反应性高。总的来说，硫化物的电导率高于氧化物，更大的电化学稳定窗口上限。

作为结论，以上全部固体锂离子导体都需要进一步改进。目前有使用前景的是 LiPON，电化学窗口为 0～5.5V，制备技术成熟，典型的，在氮气中溅射磷酸锂即可。室温锂离子电导率为 10^{-6}S/cm，可以做得很薄。

对于固体电解质，它与电极材料的界面稳定性很重要，这是一种十分严苛的要求：锂离子扩散通道的连续性得到保证。

晶态锂离子导体可作为高温电池电解质使用，平时不用时处于低温搁置状态，此时自放电速度很小，电池可以长期储存待用。高温电池工作温度在 600～300℃，这类电池常用于军事领域，理想值是 400℃ 0.1S/cm，在储存温度范围内（−40～70℃）离子电导率小到可以忽略以降低自放电。高温下的导电性超出本书范畴，不再讨论。

表 7.6 总结对比了典型凝胶聚合物、干聚合物、无机硫化物和氧化物锂离子导体的典型参数。其中“本体”指不包括颗粒边界之间的单颗粒材料的本征导电性，“总体”是材料粉体的导电性，包括了颗粒边界的导电性。

表 7.6 典型凝胶聚合物、干聚合物、无机硫化物和氧化物锂离子导体的典型参数

类型	组成	25℃时 Li^+ 电导率/(S/cm)	活化能/eV	迁移数	电子电导率/(S/cm)	备注
凝胶型	PVDF+12%HFP/60% 1mol/L $LiPF_6$+EC+DMC	0.003	—	—	—	
干型	P(EO+MEEGE)/LiTFSI O∶Li=0.06	1.1×10^{-5}	—	0.04	—	
硫化物	晶态 $Li_{3.25}Ge_{0.25}P_{0.75}S_4$	0.0022	0.21	1	1.5×10^{-7}	有 H_2S 产生
	非晶 $Li_3PO_4+63Li_2S+36SiS_2$	0.001	0.29	1	—	
氧化物	晶态 $Li_{0.33}La_{0.56}TiO_3$	0.0013(本体) 2×10^{-5}(总体)	0.33	1	5×10^{-10}	
	晶态 $Li_{1.3}Al_{0.3}Ti_{1.7}(PO_4)_3$	0.002(本体) 7×10^{-4}(总体)	0.38	1	—	
	晶态 $Li_6BaLa_2Ta_2O_{12}$	0.005	—	1	—	
	非晶 $Li_{2.9}PO_{3.3}N_{0.46}$	2.3×10^{-6}	0.55	1	$<10^{-14}$	有 PH_3 产生

无机晶态隔膜的一般加工流程，先在 1500℃ 下烧结无机材料，使其熔化，然后刮涂，形成结构密实的固体，随后在 900℃ 左右热处理一定时间，促使结晶，冷却后进行机械加工，形成尽可能薄的薄膜，最后抛光，使表面光滑。

7.4 离子液体

离子液体在室温下呈液态，液体由阴阳离子组成，在电场的作用下阴阳离子可以定向移动，如同熔融态的 NaCl 一样。它在锂离子电池体系中受到关注的主要原因之一是源于离子液体的低可燃性，这可以降低锂离子电池燃烧以及爆炸的风险。大致可以分成两类，一种是“纯粹”的锂离子液体，组成为 LiX，X 一般为有机阴离子，LiX 在室温下呈液体状态。第二种是离子液体+锂盐的组合，类似于 KCl+LiCl 的共融体，具有 LiX+AX 组合，其中 X 一般为有机阴离子，A 为阳离子。

离子液体的最大优点是杂质含量、杂质种类更加容易控制。

广义上的离子液体，阳离子分成含氮杂环类、季铵盐，前者包括咪唑盐、吡啶盐、哌啶盐。阴离子包括各种无机、有机阴离子。室温离子液体具有热稳定的优势，不易燃烧、不挥发，和活性材料的反应活性低。不易燃烧特性有利于保护电池防止着火，不挥发特性有利于防止电池爆炸。离子液体还通常具有更高的电化学窗口上限，例如铝箔在一些离子液体中可以稳定到 5.5V，这允许研究某些正极材料的本征阳极行为而不受铝箔阳极反应的干扰。

大部分室温离子液体的还原稳定性不好，因此一般都用 $Li_4Ti_5O_{12}$ 作为负极，因为和 Li 金属、碳阳极不兼容，如在 0.5V 附近阳离子嵌入石墨层。据报道，阴离子是双氟磺酸亚胺(FSI)，阳离子是 1-乙基-3-甲基咪唑或者 *N*-甲基-*N*-丙基吡咯时，可以和碳负极兼容，0.2*C* 30 个循环后可逆容量为 360mA·h/g。

一般，离子液体的阳极氧化稳定性取决于其阴离子，阴极还原稳定性取决于其阳离子。如果其阴离子中含有带正电荷的基团，那么这个基团也会影响还原行为；同理，阳离子部分含有的负电荷基团也会影响阳极氧化稳定性。对于阳离子是锂离子的情况，还原和氧化窗口完全取决于阴离子。

离子液体的黏度比较大，比一般的锂离子电池有机溶剂 EC、DEC 类的高 1～2 数量级，一般在 30～50cP（水的黏度是 0.89cP），源自阴阳离子之间强烈的库仑作用。黏度和蒸气压是一对矛盾。黏度大的另一个问题是难以填充进电极之间的空隙，与电极的浸润性不好。具有高的安全性和电化学特性的离子液体仍在研究中[4,10]。

7.5 水系电解液

经典传统锂离子电池使用的是有机电解液体系，这种体系和水系相比具有可燃、离子电导率低等缺陷。水系锂离子电池就是用锂盐水溶液替代经典的有机锂盐电解液。

所有的嵌锂材料都具有偏碱性的特点，所以锂盐水溶液一定不能呈现酸性，位于锂盐水溶液化学稳定窗口上限的主要是 $LiNiO_2$ 和 $LiFePO_4$，负极主要以氧化钒、$LiTi_2P_3O_{12}$ 为主，通过提高溶液碱性，可以适当降低化学窗口下限，增强与负极的兼容性，所以，目前常用的锂盐水溶液体系以 Li_2SO_4、$LiNO_3$ 为主，有时适当添加 LiOH 以提高溶液碱性。

$LiFePO_4$ 在有机溶液和水溶液中的 CV 图很相像，脱嵌锂反应机理相同。在水溶液中充放电，电压超出允许范围后，发生析氢或者析氧反应，相应的电池工作电位在 0.8V 左右，这不具有任何优势；如果适当扩展正负极使它们都略微大于水溶液的化学窗口上下限，最大电压大约在 1.3V，这会带来界面稳定性的难题。

水中溶解氧会加速正极材料的衰减，存在溶解氧以后峰电流下降很快，说明 $LiFePO_4$/C 电极性能衰减速度很快；关键是溶解氧是难以消除的，因为水的电化学窗口很小，循环中很容易析出氧气。

总的看，对水性锂离子电池体系研究比较多的学者以中国的为主，西欧和美国等发达国家及地区的科学家发表的相关文章不多。水性锂离子电池体系一般特点是随着循环容量衰减快，很难获得良好的循环稳定性；嵌锂材料容量发挥不理想，电池电压偏低，性能不如 Ni-MH 电池体系，可以说是用高成本合成的材料制造了低电压的电池，因此基本上不具有任何应用前景。即使采用双电解液体系，因为结构的复杂性，也不具有任何实际应用价值。

7.6 总结

几大类锂离子导体[11] 的优缺点对比如下：

液态电解液的优点是价格低、浸润性好、电池组装容易、离子电导率高；缺点是蒸气压高、易燃、有毒、热稳定性低。

离子液体的优点是蒸气压低、难挥发、热稳定性高、界面兼容性好；缺点是价格高、毒性大、离子电导率低，电池组装难度大。

凝胶聚合物电解质的优点是高热稳定性、高机械稳定性、高电化学稳定性，润湿性好，离子电导率高，界面兼容性好，不需要隔膜，更加环保；缺点是电池组装复杂得多。

固态电解质的优点是稳定性好、更加安全，适合高压，易加工；缺点是界面稳定性差、循环寿命差，离子电导率较低（但是这一点可以克服）。

水性电解液的优点是成本，缺点是循环稳定性不好。

参考文献

[1] Xing J，Bliznakov S，Bonbille L，et al. A review of nonaqueous electrolytes，binders，and separators for lithium-ion batteries. Electrochem. Energy Review，2022，5：14.

[2] Julien C，Mauger A，Vijh A，et al. Lithium Batteries Science and Technology. ISBN 978-3-319-19107-2 ISBN 978-3-319-19108-9（eBook），DOI 10.1007/978-3-319-19108-9，Springer International Publishing Switzerland，2016.

[3] van Schalkwijk W A，Scrosati（eds.）B. Advances in Lithium-Ion Batteries. Kluwer Academic Publishers，eBook ISBN 0-306-47508-1，ISBN 0-306-47356-9，2002

[4] Jow T R，Xu K，Borodin O，et al. Electrolytes for Lithium and Lithium-Ion Batteries，MODERN ASPECTS OF ELECTROCHEMISTRY No. 58. ISSN 0076-9924 ISSN 2197-7941（electronic），ISBN 978-1-4939-0301-6 ISBN 978-1-4939-0302-3（eBook），DOI 10.1007/978-1-4939-0302-3，Springer Science+Business Media New York，2014.

[5] Xu K. Nonaqueous Liquid Electrolytes for Lithium-Based Rechargeable Batteries. Chem Rev，2004，104：4303-4417.

[6] Yoshio M，Brodd R J，Kozawa A. Lithium-Ion Batteries Science and Technologies. ISBN：978-0-387-34444-7 e-ISBN：978-0-387-34445-4，DOI：10.1007/978-0-387-34445-4，Springer Science + Business Media，LLC，2009.

[7] Zhang Z，Zhang（eds.）S S. Rechargeable Batteries，Green Energy and Technology. DOI 10.1007/978-

3-319-15458-9 _ 13，Springer International Publishing Switzerland，2015.

[8] Minami T，Tatsumisago M，Wakihara M，et al. Solid State Ionics for Batteries. Springer-Verlag Tokyo，2005.

[9] Osaka T，Ogumi (eds.) Z. Nanoscale Technology for Advanced Lithium Batteries，63 Nanostructure Science and Technology 182. DOI 10. 1007/978-1-4614-8675-6 _ 7，Springer Science + Business Media New York，2014.

[10] Appetecchi G B，Montanino M，Passerini S，et al. Ionic Liquids：Science and Applications. doi：10. 1021/bk-2012-1117. ch004，ACS Symposium Series；American Chemical Society：Washington，DC，2012.

[11] Cavers H，Molaiyan P，Abdollahifar M，et al. Perspectives on improving the safety and sustainability of high voltage lithium-ion batteries through the electrolyte and separator region. Adv Energy Mater，2022，12：2200147.

第8章

黏结剂 集流体 导电剂

锂离子电池中，黏结剂的主要作用是将活性材料和导电集流体黏结在一起，避免活性材料脱落；导电剂的作用是增强加工后的电极的导电性（活性物质的导电性，通常都比较低），扩大三相区域范围，提高活性物质利用率；集流体，顾名思义，是承载活性物质的载体，要具有很高的电子导电性。

本章依次介绍这三类材料。

8.1 黏结剂

锂离子电池活性材料都是一些颗粒状物质，不具有黏性，黏结剂的基本功能是将活性材料附着在导电集流体上，锂离子电池体系的黏结剂必须满足：可以很好黏结活性物质，和金属材料的黏结力高，和活性物质、集流体以及电解液兼容，电化学稳定性高，熔点高，和溶液接触后的体积溶胀要小，最好具有良好的锂离子导电性和电子导电性，浆料的黏度可长时间保持不变，溶于合适的溶剂中（最好是水溶剂），卷压不变形，抗破碎，容易分散，不发生二次凝聚，等等。目前，阳极黏结剂是 PVDF 和 SBR（苯乙烯-丁二烯共聚物），阴极为 PVDF 和 PTFE、ACM 黏结剂。

典型的黏结剂是 PVDF，它同时适合于锂离子电池正极和负极，重复单元为

$$\leftarrow CH_2-CF_2 \rightarrow_n$$

它的稳定形式是α形态，XRD 显示，50%处于结晶态，其余为非晶，市场上典型的 Kureha 公司 PVDF 黏结剂，如表 8.1 所示。PVDF 化学稳定性好，具有很好的力学性能，不与大部分酸碱反应，也不与大部分氧化剂和卤素反应，在一些有机溶剂中也不溶解，比如脂肪类碳氢化合物、芳香族碳氢化合物、醇类和醛类等，只是部分的溶解在发烟硫酸中、一些特别的酮和醚中，一般使用的溶剂是氮甲基吡咯烷酮（NMP）。

SBR，全称为苯乙烯-丁二烯共聚物，与聚偏氟乙烯 PVDF 比，属于水性黏结剂，黏结力更高，弹性更好，更加环保，可以作为负极黏结剂。水性黏结剂更加环保，在电池制作装配中对环境的要求小。

ACM，丙烯酸酯型共聚物，具有更高柔韧性，在正极上有取代 PVDF 趋势。

表 8.1 典型的 Kureha 公司 PVDF 黏结剂

W 系列(粉末状)	
#1100	标准
#1300	标准
#1700	高分子量
#7200	超高分子量
#7300	超高分子量
#9100	高黏度,负极用
#9200	高黏度、高分子量,负极用
#9300	高黏度、超高分子量,负极用
L 系列(溶液型)	
#1120	标准(与 W#1100 对应)
#1320	标准(与 W#1300 对应)
#1710	高分子量(与 W#1700 对应)
#7208	超高分子量(与 W#7200 对应)
#7305	超高分子量(与 W#7300 对应)
#9130	高黏度,负极用(与 W#9100 对应)
#9210	高黏度、高分子量,负极用(与 W#9200 对应)
#9305	高黏度、超高分子量,负极用(与 W#9300 对应)

一些常见的黏结剂,如表 8.2 所示。

表 8.2 常见黏结剂

黏结剂	组成单元	特征
PVDF	$\leftarrow CH_2-CF_2 \rightarrow_n$	广泛使用
PTFE	$\leftarrow CF_2-CF_2 \rightarrow_n$	黏结效果更好,改进倍率、放电性能和储存性能
FKM	$\leftarrow CF_2-CH_2-CF(CF_3)-CF_2 \rightarrow_n$	明显改进循环性能
SBR	$\leftarrow CH_2-CH=CH-CH_2 \rightarrow_m \leftarrow CH_2-CH(C_6H_5) \rightarrow_n-(X)_l-$	改进了黏结力、充放电性能
NBR	$\leftarrow CH_2-CH=CH-CH_2 \rightarrow_m \leftarrow CH_2-CH(CN) \rightarrow_n$	具有很强的黏结效果
BR	$\leftarrow CH_2-CH=CH-CH_2 \rightarrow_m$	改进循环
PAN	$\leftarrow CH_2-CH(CN) \rightarrow_m$	改进电极的导电性
EVOH	$\leftarrow CH_2-CH_2 \rightarrow_m \leftarrow CH_2-CH(OH) \rightarrow_n$	高黏结性、改进循环
EPDM	$\leftarrow CH_2-CH_2 \rightarrow_m \leftarrow CH_2-CH(CH_3) \rightarrow_m \leftarrow M1 \rightarrow_n$	改进循环
Polyurethane	$\leftarrow R^1-O-C(O)-NH-R^2-NH-C(O)-O \rightarrow_n$	改进电极导电性、电池容量和使用期限
PAA	$\leftarrow CH_2-CH(COOH) \rightarrow_n$	与 PVDF 一起使用,改进循环,增强容量
polyamide	$\leftarrow CH_2-CH(COOR) \rightarrow_m \leftarrow X \rightarrow_n$	改进容量与循环
Polyacrylate	$\leftarrow CH_2-CH(OR) \rightarrow_n$	黏结力强,改进循环与容量

型号为BM-400B负极使用的SBR黏结剂，典型参数为：玻璃态转变温度为－5℃，130nm的颗粒尺度，空气中热分解起始温度为248℃，分散介质为水，黏度大约12mPa·s，pH＝6，浸液后溶胀1.6倍，化学与电化学稳定性高，图8.1为BM-400B的TEM图片[1]。

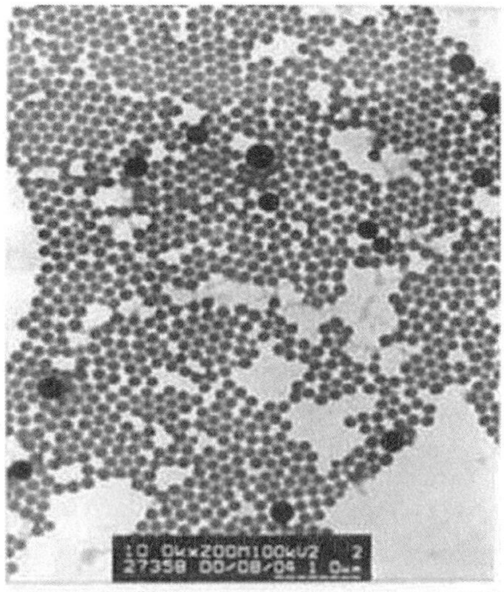

图8.1　BM-400B黏结剂的TEM图像

对正极黏结剂的要求高于负极，要具备很强的抗氧化能力，SBR中含有双键，因此不适合正极使用，抗氧化能力差。正极中PVDF还在使用，方形电池中正极开始使用ACM，型号为BM-500B的正极ACM黏结剂，玻璃态转变温度为－40℃，170nm的尺寸，空气中热分解起始温度为308℃，溶剂为NMP，溶胀性质与BM-400B相同。如果应用于60℃环境，BM-500B是比较合适的，达到相同的黏结效果，用量只有PVDF的1/4。

最初的负极主要用PVDF，目前以SBR比较普遍。SBR比PVDF更加柔韧，黏结力更大，也适合大比表面积的石墨负极，可使用水性溶剂，更加环保。SBR是苯乙烯和丁二烯的共聚物，二者的比值决定了SBR的性能。BM-400B是SBR精细颗粒在水中的分散系统，除了苯乙烯和丁二烯，还有其他一些像有机酸、丙烯酯类等成分，玻璃态转变温度为－5℃。SBR设计的主要是针对负极，70%的锂电池使用SBR黏结剂，它可提供更好的性能，例如，电极柔韧性更好，黏结性更强，使用水性溶剂。因为正极对黏结剂的要求要比负极要高，SBR适合于还原环境，作为正极添加剂不合适，因为含有双键，容易氧化。SBR会降低导电性，影响倍率性能，单独使用SBR保证不了极片的力学性能。

ACM是丙烯酯共聚物，含有一些其他微成分，BM-500B是ACM精细颗粒分散到NMP中的混合物，颗粒是2-乙基-丙烯酸己酯和丙烯腈，还有一些其他随机共聚物，玻璃态转变温度为－40℃。

PVDF和SBR黏结剂的作用机理差别，如图8.2所示。

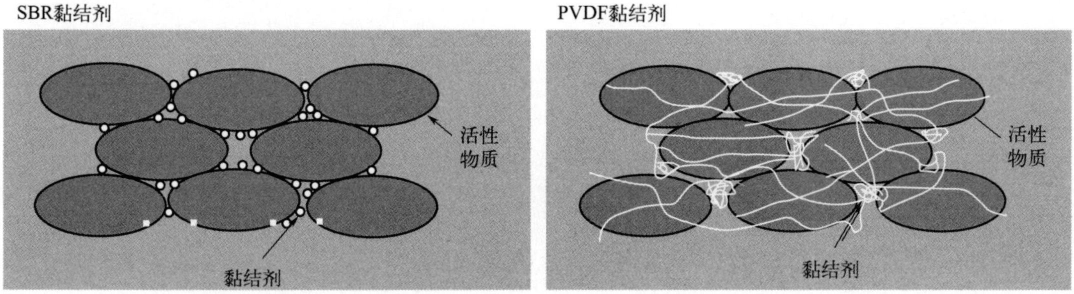

图8.2　PVDF和SBR黏结剂的作用机理差别示意图

可以看出PVDF的黏结主要靠将活性物质缠绕、包覆的方式，而SBR靠的是颗粒之间黏结力。

好的黏结剂应当具有良好的柔韧性，在电极极片卷绕过程中不会发生褶皱、剥皮等现

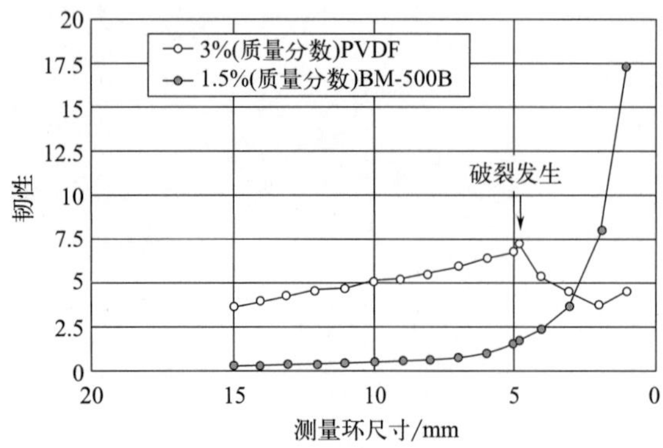

图 8.3 两种黏结剂的柔韧性对比

象。测量方法是，将电极片卷绕成环形，然后施加外力挤压，通过这种方法比较 ACM 和 PVDF，如图 8.3 所示。

在受压强较大的情形下（横坐标可以简单看成受力强度），PVDF 出现裂缝，而 ACM 黏结剂仍然保持很好的柔韧度。ACM 的黏结力远大于 PVDF，实验测试证实，达到 4%（质量分数）PVDF 的黏结力，只需要不到 1%（质量分数）的 ACM BM-500B 黏结剂。

负极黏结剂羧甲基纤维素（CMC），其结构如图 8.4 所示，通常使用其钠盐形式，可溶于水，水性黏结剂是 LIB 黏结剂的一个重要发展方向，CMC 比 PVDF 便宜，生物可降解的聚合物，正极负极均可使用，膨胀度小，弹性好，黏度随着流速明显降低。

其他还有聚乙烯醇（PVA）、乙基纤维素（EC）、甲基纤维素（MC）、羟乙基纤维素（HEC）。壳聚糖黏结剂、木质素黏结剂的结构示意图，如图 8.5、图 8.6 所示。

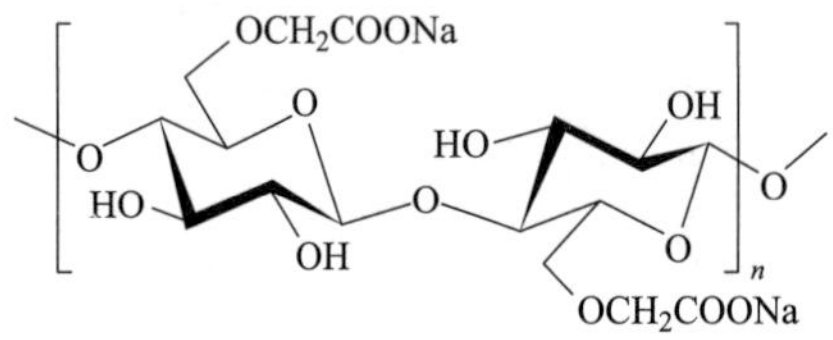

图 8.4 黏结剂羧甲基纤维素（CMC）化学结构

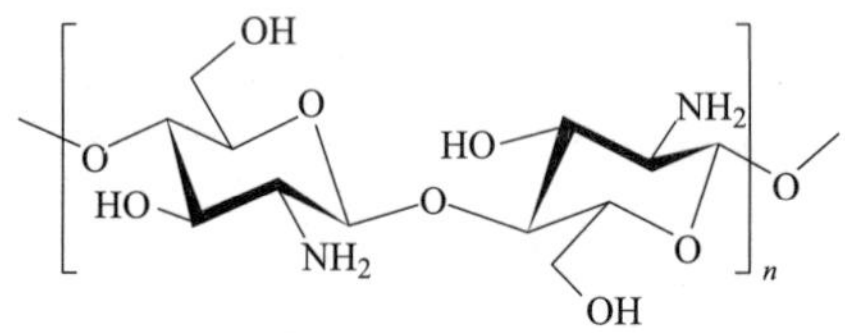

图 8.5 壳聚糖黏结剂的化学结构

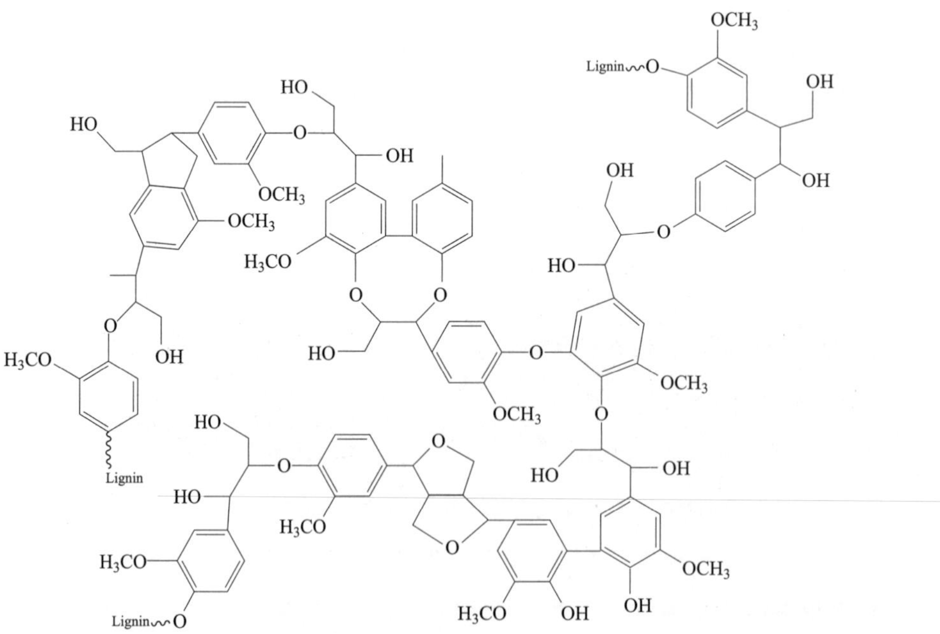

图 8.6 木质素结构示意图

8.2 集流体

集流体是指汇集电流的结构或零部件。广义上也包括极耳，极耳是从电芯中将正、负极引出的金属导体。通常是指直接承载活性物质的导电基体。可用作集流体的材料包括铜、铝、镍、不锈钢、复合材料、导电聚合物、层状复合薄膜材料、导电树脂、覆碳金属箔和柔性导电材料。集流体负责传输电子，不参与任何电化学反应，因此，应当尽可能轻薄，以利于提高电池的比特性和体积特性。

集流体的最大问题是腐蚀，这会引起活性材料脱落。

导电树脂与聚乙烯（PE）和酚醛树脂（PF）集流体由导电填料与高分子树脂基体复合而成。覆碳铝箔集流体是将含碳层涂覆在铝箔表面的复合集流体。含碳层是由碳纤维与经过分散剂处理后的导电炭黑颗粒而构成，与铝箔紧密结合，提高电极的导电性和耐蚀性。此外，在铝箔表面覆盖的石墨烯材料，也改善了铝箔的耐腐蚀性能。柔性导电材料有碳布、棉纸、石墨烯纸、三维碳以及碳纳米管等。

用作集流体的金属箔，还有钛镍形状记忆合金、多孔金属箔、金属纤维织网等。

电池集流体以金属箔材为主，锂离子电池正负极集流体分别选用压延铝箔和电解铜箔。动力电池要求安全、高导、减重，因此锂电用铜、铝箔的厚度持续减薄，性能不断优化。目前，6μm 电解铜箔在锂电铜箔市场占有率达到 65%，2023 年预期达到 70%；4～4.5μm 锂电铜箔受到大力推广，2022 年市场比例达到 9%；10μm 压延铝箔已经进入量产和大面积推广阶段。按照圆柱电池和软包电池数据，6μm 铜箔和 10μm 铝箔分别占电池质量的 6.4%和 3.0%。

铝与锂可以形成锂合金，所以铝只能作为正极集流体使用，铜和锂在常温下不发生化学反应，仅仅在 480℃以上才会形成 Cu_2Li_3 相，所以负极集流体用铜，它比铝贵。

8.2.1 铜箔

90%的铜用于印刷电路板中，用于锂电池体系中的铜大约占比不到 5%。

根据生产工艺，可将铜箔分为压延铜箔和电解铜箔。压延铜箔设备投资大，流程长、生产工艺复杂，幅面宽度受限（目前国内外压延铜箔幅宽以 680mm 为上限，而常规的幅面宽度为 518～620mm），国内量产的厚度是 12μm，非量产产品厚度下限是 6μm，生产成本相对较高。

随着铜箔压延与后处理设备国产化率的提升，项目的投资强度正在大幅度下降。

锂电铜箔一般采用电解方法制备，工艺流程相对较短、幅面宽度大，可以稳定生产幅宽为 1380mm 的锂电铜箔，为了提升生产效率、成材率及市场对大宽幅锂电铜箔的需求，幅宽 2000mm 的生箔装置也在开发试制。与压延铜箔相比，锂电铜箔生产成本较低，可大规模量产，6μm 锂电铜箔生产工艺已经成熟，4.5μm 锂电铜箔的生产技术也在普及。

早期的锂离子电池负极集流体使用压延铜箔，目前，除少数特殊要求的锂离子电池使用压延铜箔外，多数锂离子电池均使用更具成本优势的电解铜箔。

如图 8.7、图 8.8 所示，首先溶解铜盐，然后阴极电沉积，产生的电镀铜首先经过后处理，目的是改进电沉积铜和基体之间的结合力，防止变色、提高可刻蚀、切削性等。然后两步切片后成型。电镀时，不停旋转的钛辊作为阴极半浸入镀液中，电镀电流为 30～100A/dm^2，镀层厚度为 6～210μm。电解铜箔的弹性模量为 70GPa。

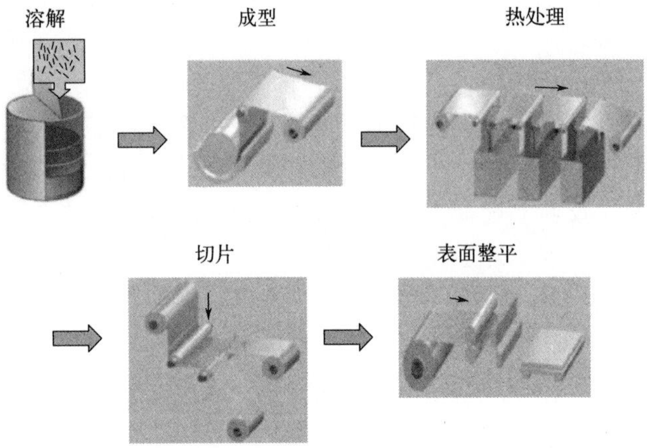

图 8.7　铜箔的加工过程

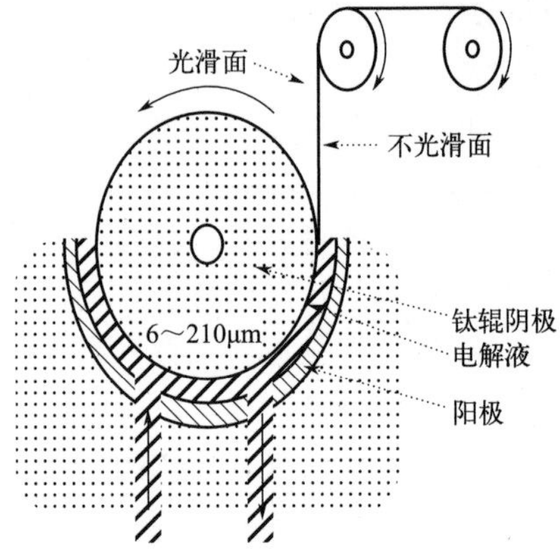

图 8.8　电镀铜箔示意图

铜箔的机械强度和其微观形貌有很大的关系，一些微结构参数如晶体织构、颗粒尺寸、颗粒取向、颗粒边界、结构缺陷等均会影响其力学性能，包括硬度、弹性模量、屈服强度、断裂韧度。铜单晶的弹性模量从 100 方向的 67GPa 变化到 111 方向的 192GPa，多晶铜在所有方向上的弹性模量都是 111GPa，1＊＊面弹性模量高于 2＊＊面的。不过当在 LIB 中作为集流体使用时，对其没有特别的力学性能要求。

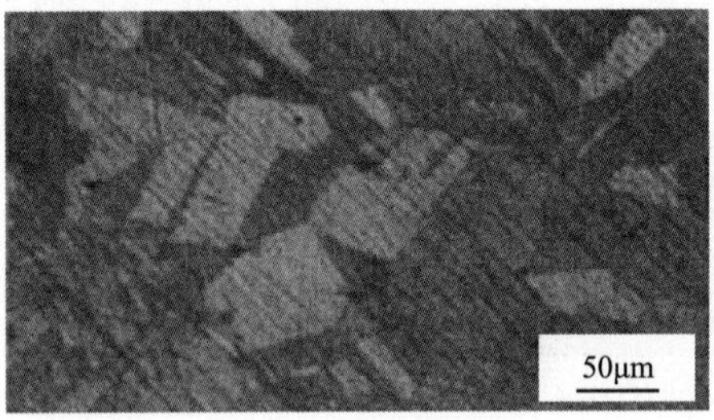

图 8.9　0.3mm 厚铜箔微结构示意图

图 8.9 是 0.3mm 厚铜箔的微结构示意图。

铜表面的氧化膜就有半导体特性，只有几纳米厚。铜箔长期放置在电解液中会发生氧化，这与锂盐溶液强的化学氧化性有关[2,3]。

从图 8.10 中可以看出，在 3.1V 左右 HF 发生分解，也可能是氧化的铜离子的还原峰；1.5～3.0V 范围发生在大气条件下形成的 Cu 的氧化物电还原，大约在 0.6V 时在金属铜上面发生锂欠电位沉积过程，对应的阳极峰在 0.7V，Cu 的氧化

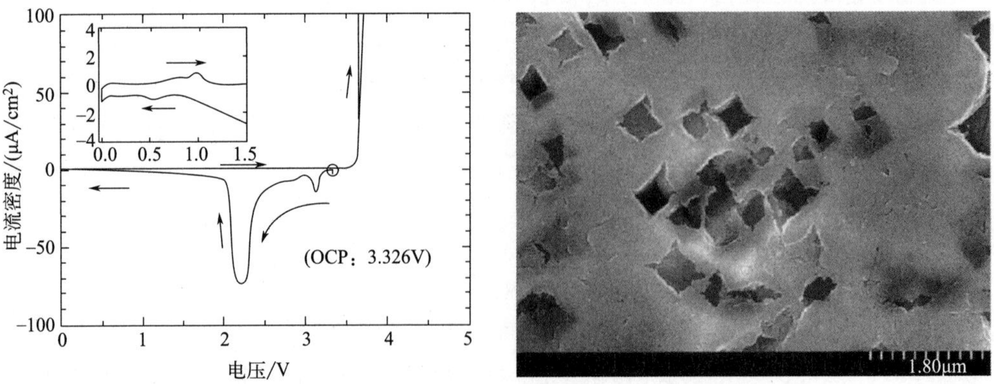

(a)　(b)

图 8.10　锂电解液中 40℃ 10mV/s 的 Cu 的 CV 图（a）和腐蚀后的 SEM 图（b）

和溶解发生在 3.6V，腐蚀后的铜箔 SEM 图，如图 8.10(b) 所示。在电池过放电条件下，全电池输出电压可以到 0V，负极电位可以很高，因为电流分布不均匀，可以发生局部铜氧化现象。

铜集流体性能衰减，主要源自过放电。正常条件下的腐蚀，速度很慢。Cu 氧化的标准电极电位为 3.92V *vs.* Li^+/Li，实测的 Cu^+ 和 Cu^{2+} 的生成电位分别为 3.92V 和 4.17V，相应的还原峰电位分别为 3.28V 和 3.19V（参比为 Li^+/Li），如图 8.11 所示。通常，锂离子电池运行在 2.5～4.2V，此条件下阳极铜箔的运行电压范围为 0～1.5V，在此电位范围铜箔稳定，处于阴极保护状态。在 $LiFePO_4$/C 电池过放电 20%时，负极电位可到 4V 以上，铜箔溶解将不可避免。一旦铜溶解，溶解的铜离子在负极析出，产生枝晶，内阻增大，负极表面 SEI 结构稳定性被破坏[2]。

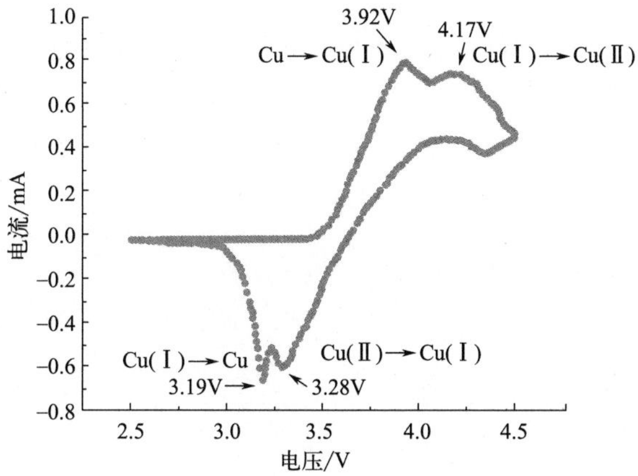

图 8.11　1.2mol/L $LiPF_6$/EC+EMC（3/7，体积比）电解液中铜的循环伏安图

（扫描速度：2.0mV/s）

一般，全电池都是负极容量限制型的，在这种模式下，过放电时正极电位仍然很高，而负极电位可以达到很高，甚至是 3.0V 以上，如图 8.12 所示，此时铜集流体腐蚀很严重，丁二腈可以作为铜集流体腐蚀的保护剂。该图还显示，在过放电的情况下，负极受到的影响更大。

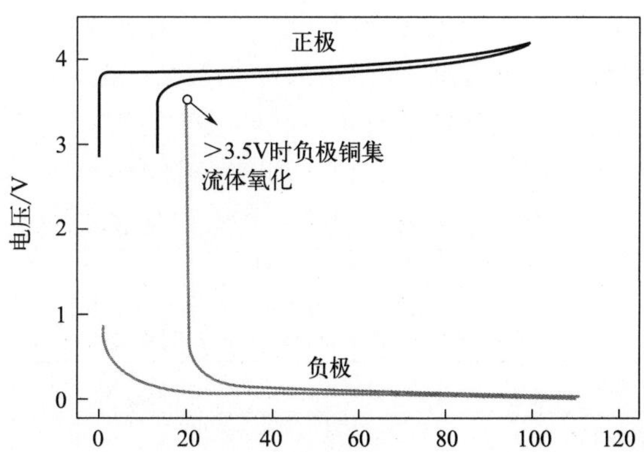

图 8.12　负极容量限制型全电池过放电时正负极的电位变化

锂离子电池电解液中 Cu 箔溶解的定量化分析表明，在新鲜的电解液中放置 20 周以后，浓度大约 50×10^{-6}，如果是 6 个月以上的电解液，浓度为数百$\times10^{-6}$，说明电解液组成对 Cu 的稳定性十分重要，水分和 HF 可以破坏表面氧化层，引起点蚀，有人认为生成了 CuF_2。

Cu 集流体的切割，可以采用激光技术，切割过程伴随着固化、液化等相变，要保持切割后的集流体具有尽可能完美的结构（例如形状规整、边缘光滑等），实验和拟合结果都显示需要控制激光的功率和切割速度，对于高速切割时（5m/s），拟合和实验结果高度一致，切口宽度大约 15.7μm；在 200W 激光功率和 3m/s 切割速度下出现再附着现象，200W 功率 1m/s 时出现鼓泡，这种切割形状不利于电池的性能，容易短路。

目前国内主要以机械切割为主，激光切割技术使用比例大约在 20%，未来发展趋势就是激光切割。

在 Cu 集流体表面形成粗糙表面结构可以承载充放电时体积变化比较大的 Si 活性材料，从而改进硅电极的循环稳定性。电化学处理的目的是提高铜箔表面的粗糙度。

铜集流体，其在锂离子电池电解液中可以呈现出振荡的阳极溶解过程，这方面的研究属于非线性电化学范畴，不过，如果深入分析振荡机制会有助于揭示它在锂电解液中的腐蚀与钝化机理。

8.2.2 铝箔

单质铝为 Fm-3m 空间群，形成的 Al-Li 合金为 Fd-3m 空间群，Al_2Li_3 为 R-3m 空间群，$AlLi_{2-x}$ 为 Cmcm 空间群，最大锂组成合金为 Al_4Li_9，C2/m 空间群。铝和锂可以形成多种金属间化合物，因此，不能作为负极集流体使用。

铝箔表面的氧化膜是绝缘的，内部电场强度很大。标准电极电位为 1.38V *vs.* Li^+/Li。表面的氧化物致密膜提供了良好的保护。该层钝化膜内层为 Al_2O_3，外层为 AlF_3。Al 的优点是便宜、可加工性强、可以被钝化、导电性好，当然其钝化特性强烈取决于电解液组成，与金属锂高反应活性使其只能作为正极集流体使用。

当其作为正极集流体使用时，$Al^{0/+3}$ 电对的标准电极电位比 $Li^{0/+1}$ 高 1.39V，实际锂离子电池体系电压都在 3.9V 附近（如果以金属锂作为参考点，大约为 4.1～4.2V），也就是说，对于铝单质来说，它是处于强氧化环境；反之，铝箔成功用于正极集流体得益于表面钝化层的形成，该钝化层提高了铝集流体存在的电化学窗口上限，提高了铝箔的抗腐蚀能力，钝化层的稳定性与使用的溶剂和锂盐有关系，测量不同锂盐中不同电位下铝集流体的残余电流，可以推断铝基体的适用电压上限。PF_6^- 阴离子有助于铝基体的钝化。

表 8.3 列出了 25℃下不同种类锂盐浓度为 1mol/L 时铝箔的钝化电位，溶剂以及锂盐阴离子的种类密切相关。

表 8.3　25℃不同种类锂盐浓度为 1mol/L 时铝箔的钝化电位

锂盐阴离子	钝化电位/V(*vs.* $Li^{0/+}$)
PF_6^-/PC+DME(1/1,体积比)	>5
$N(SO_2CF_3)_2^-$/PC+DME(1/1,体积比)	3.7
$N(SO_2C_2F_5)_2^-$/PC+DME(1/1,体积比)	4.4
$N(SO_2CF_3)(CN)^-$/PC+DME(1/1,体积比)	<4.2

续表

锂盐阴离子	钝化电位/V(*vs*. $Li^{0/+}$)
$N(SO_2C_4F_9)(CN)^-$/PC+DME(1/1,体积比)	>4.2
$C(SO_2CF_3)(CN)_2^-$/PC+DME(1/1,体积比)	4.7
$C(SO_2C_4F_9)(CN)_2^-$/PC+DME(1/1,体积比)	>5
ClO_4^-/PC	3.5

铝箔和尖晶石锰酸锂甚至是磷酸铁锂正极配合使用时，可以发生坑蚀，源自 HF 的腐蚀作用。在高温循环后，铝箔集流体的腐蚀，如图 8.13(c) 所示，ICP 可以监测到溶解的 Al，裂纹［图 8.13(d)］开始出现。

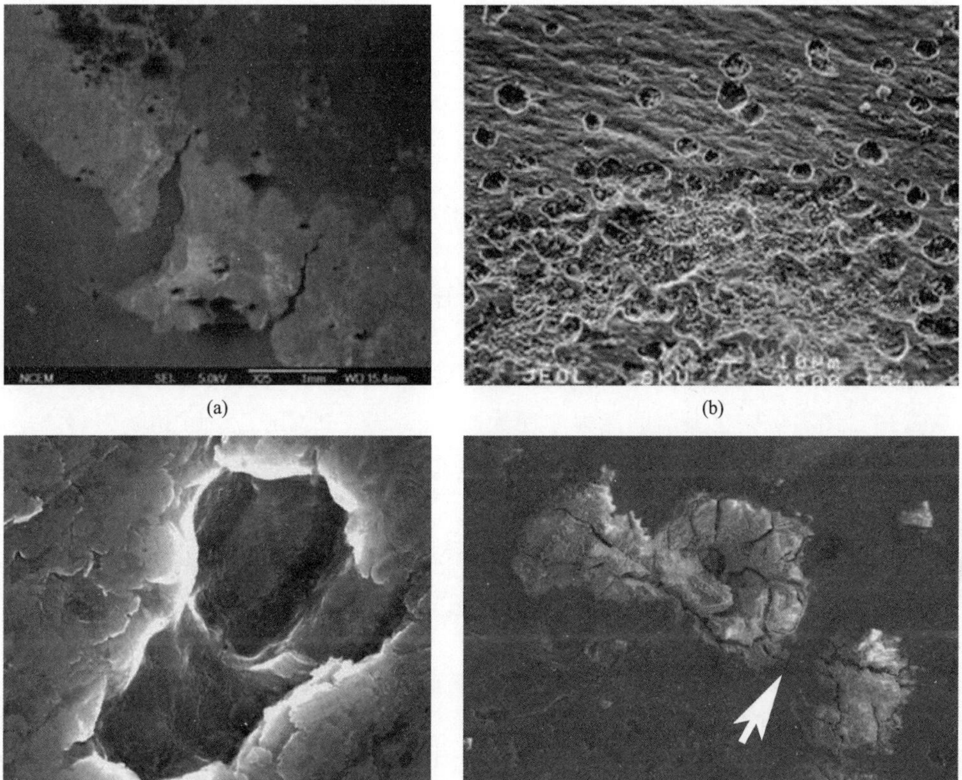

图 8.13　尖晶石锰酸锂（a）和磷酸铁锂（b）配合使用的 Al 集流体腐蚀后的 SEM 图

锂离子电池电解液中铝箔的 CV 扫描，可以说明其稳定性。

图 8.14 显示首次循环中在 3.7V 和 4.7V 存在两个阳极峰，背景电流比较大，没有还原峰相对应。0V 附近代表 Li-Al 合金形成与氧化。在随后的扫描中，阳极电流明显降低，预示着 3.7V 以上的阳极过程是钝化反应过程。如果恒定电位在 4.2V，会检测到振荡的电流响应。钝化膜组成主要是 Al_2O_3。钝化膜损坏机理如下

$$CF_3SO_3^- \longrightarrow CF_3SO_3 + e \longrightarrow CF_2$$

$$2CF_2 \longrightarrow CF_4 + \cdot C$$

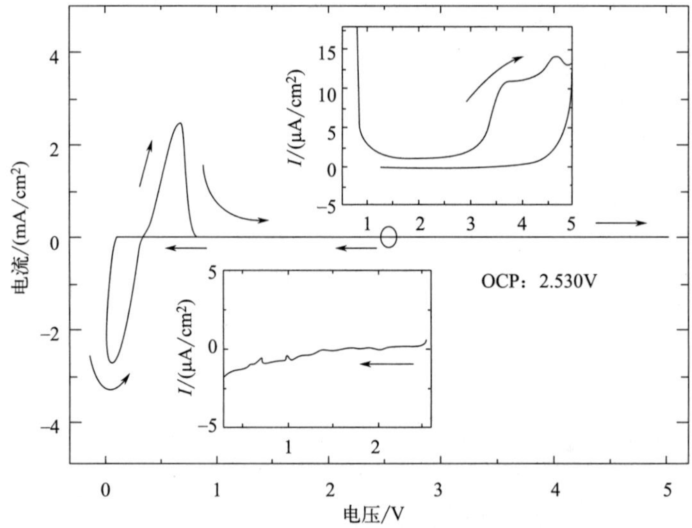

图 8.14　10mV/s 扫描速度下铝箔的 CV 图

$$Al_2O_3+3CF_2 \longrightarrow 2Al+3COF_2$$

$$Al_2O_3+\cdot C \longrightarrow Al+CO \text{ 或者 } CO_2$$

$LiBF_4$ 浓度增大有利于铝箔钝化。上述机理有待验证，不过，正极处于强氧化性环境，溶液酸度增大，或者有机物不稳定产生 CO、CO_2 等物质，都会破坏氧化铝钝化层；与水性溶剂中的金属腐蚀一样，卤素离子对锂离子电解液体系中基体的腐蚀也有明显的加速作用。EC+DME 中，阴离子钝化铝箔的能力顺序为 $BF_4^- > PF_6^- > ClO_4^- >$ LiIm$>$LiTf。一般的，腐蚀机理可以表示为两个基本过程，首先，位于表面的钝化层或者基体上的 Al 与某阴离子形成吸附的络合物

$$Al^{n+}+mX^- \longrightarrow (AlX_m)_{ad}^{(n-m)+}$$

该过程可能是化学过程，也可能是电化学过程，n 是 0 或者+3，然后吸附态的络合物进入溶液

$$(AlX_m)_{ad}^{(n-m)+} \longrightarrow (AlX_m)_{sl}^{(n-m)+}$$

该过程可能伴随着铝离子的进一步溶剂化。

铝箔集流体的钝化特性，与锂盐阴离子、溶剂特性关系密切。在锂离子电池研究历史上曾出现某种物质先被否定而后被肯定的情况，这和研究所用物质、化学试剂的纯度关系密切，也导致不同研究者得出不同的结论。

在不同的电压、不同的电解液中，测量铝箔的残余电流，可以准确判断铝箔的钝化情况。图 8.15 是铝箔在不同的电解液中测试结果。60℃下的残余电流远大于 30℃。$LiPF_6$ 中的钝化性能最好，即使是 60℃时也可以稳定到 5.3V。LiBOB 盐中，30℃下可以稳定到 5.3V，60℃下可稳定到 5.1V[4]。

痕量水分、HF 等杂质对铝箔的稳定性不利。

LiFSI 盐大规模使用的一个障碍是它和铝箔兼容性比较差，不易在铝箔表面钝化；LiFSI+PMPyr-FSI 离子液体由于溶剂的低黏度而具有潜在的应用价值，但是 FSI 阴离子对铝箔的腐蚀性比较强，CV 测试表明在 4.0V 就发生明显的腐蚀，腐蚀电流最大时的电位小于 4.5V，出现腐蚀坑，如图 8.16 所示。

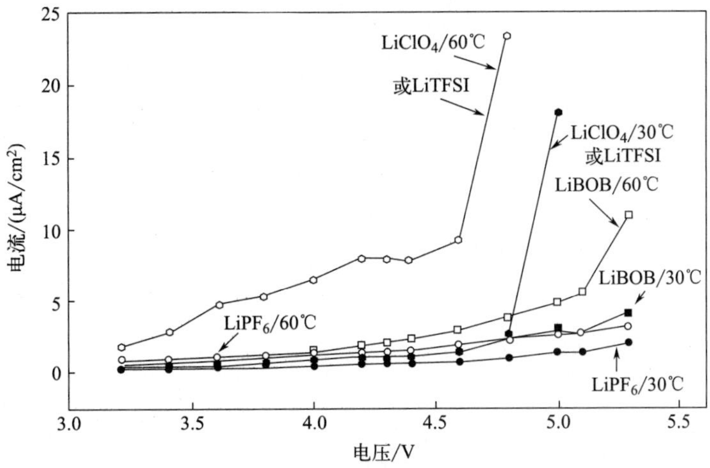

图 8.15　30℃与 60℃下不同电压下铝箔的残余电流

（溶剂为 EC+DMC，溶质分别为 $LiPF_6$，LiBOB，$LiClO_4$）

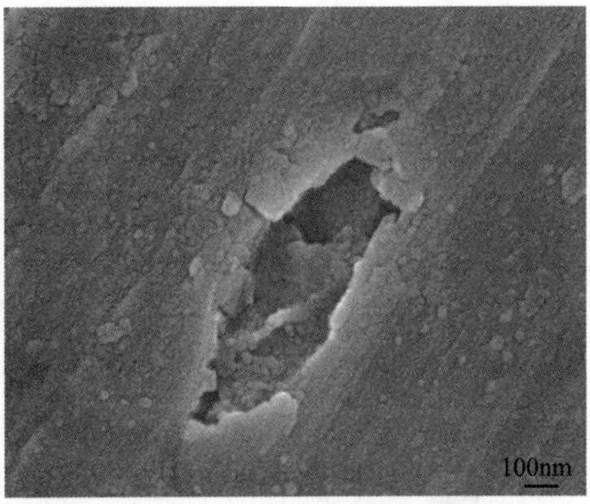

图 8.16　3.0～5.5V 范围 10mV/s 扫描 3 次后的铝箔表面腐蚀坑

有文献提到硼酸盐可作为 LiFSI 电解液中铝箔的钝化剂。钝化铝箔的效果为 LiDFOB＞$LiBF_4$≈$LiPF_6$＞LiBOB，LiDFOB 优良的钝化效果源自由 Al-F、Al_2O_3、B-O 等物质构成的稳定的钝化膜。如图 8.17 所示，首次 CV 循环中 DFOB 阴离子就可以有效钝化金属铝，随后的循环中在 4V 以上的钝化电流越来越小。

在烷基碳酸酯＋$LiN(CF_3SO_2)_2$ 体系中，与集流体表面平滑程度有关系，平滑的表面比不平滑的表面更加稳定，后者仅可以稳定到 3.5V，关于 HF 对钝化膜的影响还存在争论，有人认为微量 HF 可以促进 Al 钝化，改变钝化膜的成分，有 AlF_3 和

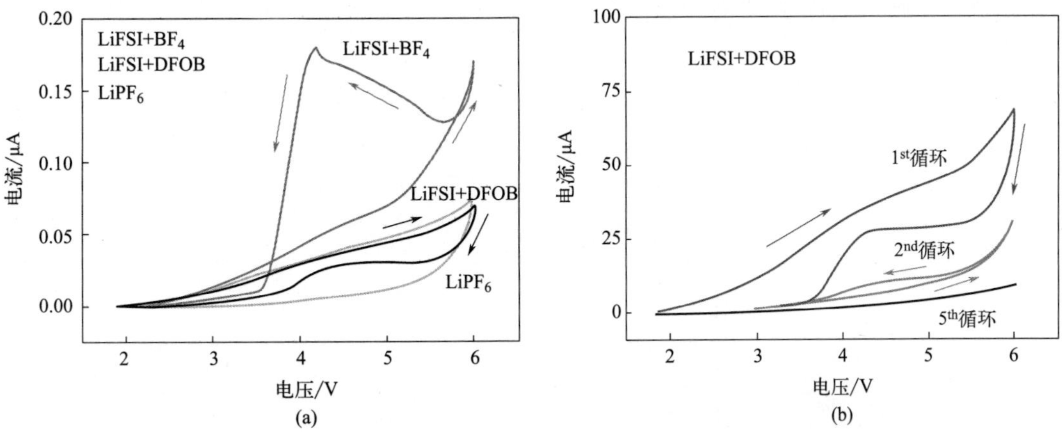

图 8.17　(a) Al 在 LiFSI，LiFSI＋BF_4^-，LiFSI＋BOB^-，LiFSI＋$DFOB^-$ 中的首次循环伏安曲线；(b) 在 LiFSI＋$DFOB^-$ 中的前五次循环伏安曲线

AlOF 存在。此外，加 $LiBF_4$ 可以促进 Al 在这类电解液中的钝化，某些溶剂如二氟乙酸甲酯（MFA）有助于 Al 钝化。

在 LiBOB[$LiB(C_2O_4)_2$]＋烷基碳酸酯电解液中，到 5V 时阳极电流仍不是很明显，保持在相对低的水平，表面出现 Li_2B^+，LiO^+，B_2O^+，LiC^+ 等活性物质，其中 Al_2O^+ 物质随着电位提高到 5V 后含量突然大增，当然，主要成分还是 Al-O 类物质。在烷基碳酸酯＋LiBETI[$LiN(SO_2C_2F_5)_2$] 中，在 5.0V 时可以发生再钝化过程，即可以稳定到 5.0V。

在锂离子电池电解液中集流体的钝化是其作为集流体使用的大前提，Al 的优点是便宜，可加工性强，可以被钝化，导电性好，当然，其钝化特性强烈取决于电解液组成，铝箔在 EC＋DMC＋$LiPF_6$ 中钝化性能最好。Al 钝化过程消耗电量，$LiPF_6$ 可以阻止溶剂在 Al 上电氧化，促进 Al 钝化，即使和别的锂盐共存时，它也显示此功能，导电剂炭黑却减弱 $LiPF_6$ 这种钝化效果。$LiClO_4$＋PC 中大于 3.5V 时 Al 就开始氧化。在 0.5mol/L $LiCF_3SO_3$/EC＋DEC 中，$LiBF_4$ 浓度增大后，有利于 Al 表面钝化。

铝箔价格大约为每千克 4.23 美元，每立方米 11420 美元。铜箔比铝箔要贵很多，能够将铝箔作阳极使用，是最好不过的，这可以通过控制阳极充电电位来实现，如果活性物质是 Sn，充电电位不低于 0.3V 的时候 Al 集流体不会发生锂化。这种想法不错，不过仍然很难实现，原因就在于电流密度分布是不均匀的。

8.2.3 其他集流体材料

铜和铝都比铁贵，曾考察过铁作为集流体的可能性，CV 测试表明 1.5～2.0V 范围时的阴极电流过程代表大气环境下形成的氧化铁类物质的电还原，随后出现锂的欠电位沉积，未发现 Li-Fe 合金的形成过程，欠电位沉积锂的电氧化发生在 1.0V，3.0V 以下会发生 Fe 的氧化，不过是形成一层很薄的氧化铁薄膜，在电位高于 3.25V 时发生电解液的电氧化。

铁金属作为集流体的最大障碍是 Fe^{2+} 对整个锂电池来说属于有毒物质。

循环伏安测试表明（图 8.18），Cr 金属表面在 1.4V 形成表面 SEI 结构，锂欠电位沉积发生在 0.5V 左右，0.7V 左右发生大气条件下形成的氧化铬的电还原，在正向扫描时，在 1.0V 左右发生沉积锂的电氧化，在 4V 以下没有明显的阳极过程，4.2V 以上的阳极过程代表氧化铬的形成，4.5V 以上时可能发生了 Cr 的缓慢溶解。Cr 的稳定电位范围为 2.5～4.0V，不适合作为锂电池的集流体。

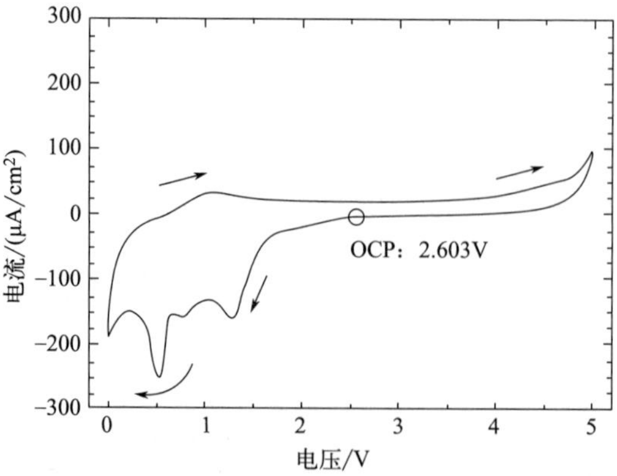

图 8.18 锂电解液中 Cr 的循环伏安曲线图

Ni，一般认为可以稳定到 4.5V，研究报道不多，大约是因为它比较贵的原因。笔者猜测，仅从电化学和化学稳定性、延展性等因素考虑而不考虑价格因素前提下，它既可以作为正极也可以作为负极集流体使用。

不锈钢可用作正极或负极集流体，和 Fe 相比，不锈钢表面可以形成相对致密的 Fe、Cr-氧化物薄层，水溶液中形成的氧化物表面薄膜是含水的氧化物或者氢氧化物，当作为锂电池的集流体时，铁氧化物在酸性条件下易溶解，因此，理想的，表面薄膜中以 Cr 的氧化物更加理想一些；如果在高电位、碱性强一些的条件下，铁的氧化物更加好一些。

304 不锈钢作为正极集流体的可能性，仅从电化学和化学稳定性来说是可以的，可能不会比 Al 集流体差。

其他集流体材料的尝试，和开发活性电极材料导电添加剂的研究有些许重合，包括各种碳纤维、碳布、现有集流体的改性。裂解聚酰亚胺石墨材料在 4.5V 下也不被氧化；碳纳米管、石墨烯集流体，可能用到全固态锂离子电池中。

降低集流体密度可以提高锂离子电池比特性，自 2016 年开始，尝试使用表面金属化的有机膜作为电池集流体，例如，有机薄膜表面镀铜。目前成本暂时还比较高。

PP 及 PET 复合铜箔为“三明治”结构，以该等高分子材质薄膜作为基体，两面沉积金属铜层制成了一种新型复合箔。工艺流程为：基膜预处理→磁控溅射铜层种子层→分切→表面预处理→电镀增厚→水洗→防氧化处理→烘干→分切→检验→成品。

基材为 PET、PP 膜（厚度约 3～5μm）。首先采用磁控溅射的方式，沉积厚度 20～80nm 的铜层，作为种子层，实现有机薄膜表面金属化，然后通过水电镀增厚的方式，将铜层加厚到 0.75～1.5μm，制作总厚度在 4.5～8μm 的复合铜箔，用作锂离子电池的负极集流体。

PP、PET 复合铝箔与复合铜箔相似，为“三明治”结构。以 PP、PET 为基体，采用真空蒸镀工艺，沉积金属铝层制成。复合铝箔的铝层厚度约 1μm，热失控时，金属层瞬间熔断，从而抑制电池起火。复合铝箔在安全性上具有显著优势。

复合铝箔厚度一般在 6.5～8μm，而目前电池用压延铝箔厚度在 8μm 以上。以厚度 6.5μm 复合铝箔为例，其密度是 8～10μm 压延铝箔的 54%～43%，体积占比下降 18.7%～35%，具有提升能量密度的相对优势。复合铝箔的关键生产流程为：原膜→表面预处理→真空蒸镀沉积→重复增厚→检测→分切→真空包装→储存。

PET 复合铝箔是锂电正极集流体的理想选材之一，是压延铝箔的重要补充材料。PET 复合铝箔正处于研发与应用的前沿，产业化进展缓慢。

8.3 导电剂

理想情形下，活性电极材料应当是电子和锂离子的混合导体，为实现彻底的锂化/脱锂反应，实现高的活性物质利用率，活性材料内部每一位置都要具有通畅的锂离子和电子传输通道，对于活性材料中每一个位置，锂离子都具有“满意”的离子传输与相应电子的电子传输能力，否则，这个位置就属于“死的”，不能被利用的。

如果活性材料自身的离子和/或电子传输能力不足，就要求活性材料各个部分在充分接触离子良导体（电解液或者电解质）的同时，也要与电子良导体保持接触。如果活性物质是绝对电子绝缘的，提高其利用率，颗粒度应当小于 4nm，因为电子隧穿的最大距离是 2nm。

锂离子电池中的电子良导体一般是指导电添加材料，大多为碳材料。

当电子导电性比较差的活性材料与导电碳混合后，混合物导电性的数学描述，包括对数关系（logarithmic equations）、渗透模型（percolation theory，PT）和等效介质模型（the effective medium theory，EMT）。

对数关系适合于各单独组分导电能力差别比较小的情形，后两者处理两个电子导电性差别比较大的二元组分混合物。二元粉末体系电子导电性与高导电性成分体积分数的关系，根据 PT 模型，具有图 8.19 形式，当高导电成分体积分数低于极限值时，由于导电网络没有建立起来，高导电组分各个碎片之间不存在电接触，混合物整体电子导电性仍然很差。当高导电组分体积分数达到临界值时，混合物中导电网络得以建立，导电性能发生质的突跃。图中给出混合物高导电状态和低导电状态下相组成示意图，左下图中，黑色部分是电子导电相，白色部分是绝缘相，当含量比较低时，电子导电相不能建立起有效电子通路；右下图中，黑色部分刚刚相互接触，完整的电子通路得以建立，混合物电子导电能力迅速提高。进一步增加导电相的体积分数不会进一步明显提高混合物电子导电能力，会导致能量密度降低。

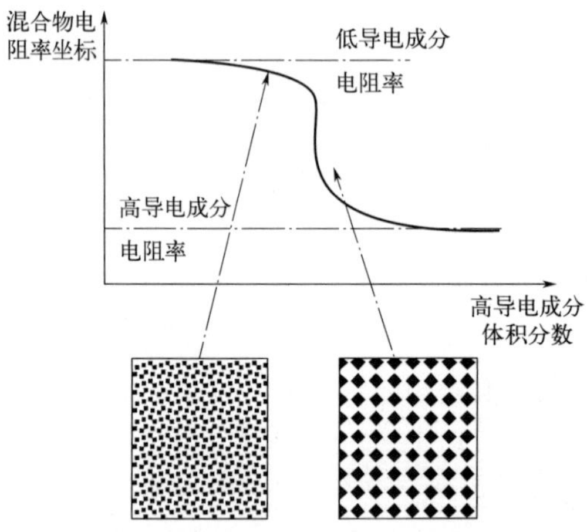

图 8.19　PT 理论中混合物电导率随高导电物质体积分数的关系

在锂电池的正负极中，导电剂的添加量稍微大于极限值即可；动力型锂电池的导电剂添加量稍微再多一些。

如上所述，当导电剂的体积分数低于某个极限值，导电剂基本不起作用；而高于极限值后，进一步增加导电剂含量，对电极片整体导电性能改进贡献不大，从电极综合性能考虑，导电剂添加量以略多于极限值最佳。

图 8.20 是 $LiCoO_2$ 正极和不同导电剂混合物的导电性。导电剂添加量以 10% 为上限，根据电池的用途可适当降低，例如，能量型锂离子电池中导电剂含量可以低一些。

常用导电剂为导电炭黑，图 8.21 为典型导电炭黑的 SEM 图[1]，形成导电网络。对导电剂的要求包括[5]：

① 耐氧化与还原。尤其是耐氧化能力，当作为正极，特别是高压正极的导电添加剂，要经得住正极活性物质、正极析出氧气的氧化，有时候还需要考虑高温（指 60℃以上）下耐氧化能力。当温度较高，正极电压较高时（例如高压尖晶石材料可工作到 4.9V)，导电剂的耐氧化能力会明显影响电池的循环稳定性。

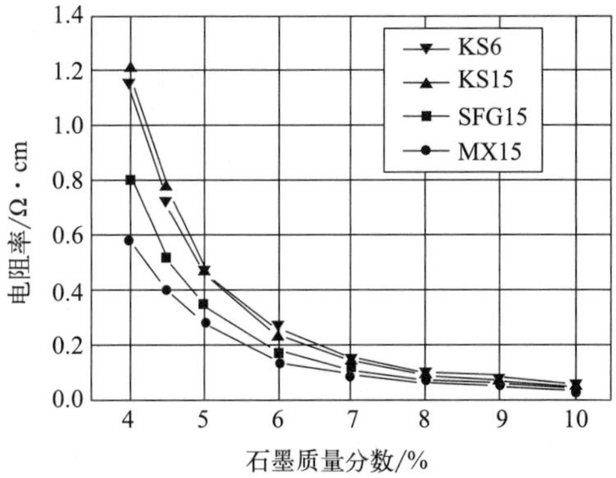

图 8.20　$LiCoO_2$ 和不同导电碳材料混合物压片后的电阻率

压力为 $3tf/cm^2$，四探针方法测量

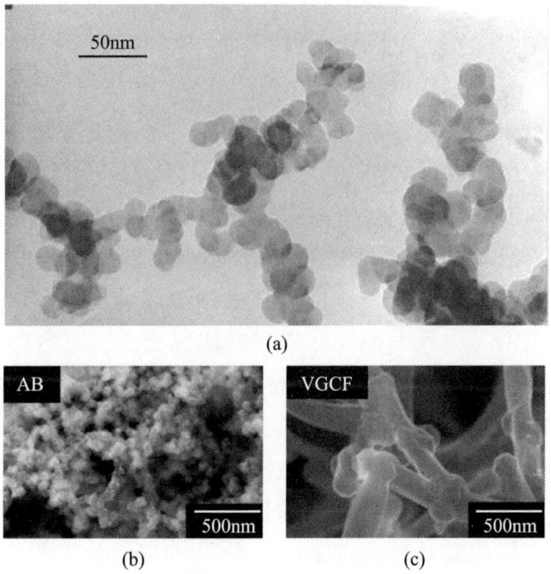

图 8.21　导电炭黑（a）、乙炔黑（b）和气相生长碳纤维（c）的 SEM

② 低密度、低溶胀、高弹性。密度低一些利于电池组的比特性；浸液后溶胀程度低一些有利于保持极片、电池的几何形状。很多极片在浸液后会溶胀变形，这与导电剂、黏结剂润湿后的溶胀有关；高弹性利于电池极片紧凑性，可缓冲活性材料脱/嵌锂过程中体积的变化。锂离子电池，无论正极还是负极，一般趋势是，锂化过程伴随着体积膨胀，脱锂时伴随着体积收缩，在工作中正极和负极的体积变化趋势正好相反。

③ 高电子导电性。既然作为导电剂使用，总是希望其电子导电能力越大越好。对于导电碳，制备工艺会影响成品导电性，主要控制碳原子杂化方式，如果出现大量 sp^3 杂化碳原子（类似于金刚石中碳原子的杂化），就会明显降低导电性。理想的是，材料中存在大量碳碳双键和碳碳三键结构（碳碳三键的耐氧化和抗还原能力差于碳碳双键）。

④ 电化学惰性。要求导电剂不应当具有脱/嵌锂能力，否则，不仅降低其导电能力，还会因为在表面形成钝化膜而消耗锂电池中有效锂含量，特别是作为负极导电剂使用时。

⑤ 容易分散。导电剂团聚，会对电池制备工艺产生负面影响，提高电池制造成本。

表 8.4 中是一些常用的导电炭黑特性。

表 8.4　一些常用的导电炭黑特性

类型	BET 比表面积/(m^2/g)	导电性	分散性	纯度
P 型导电炉黑	120	差	差	差
ENSACO™ 150G	50	中下	中	中下
ENSACO™ 210G	55	中下	中	中下
ENSACO™ 250G	65	中	中	中上
ENSACO™ 260G	70	中上	中	中上
ENSACO™ 350G	800	好	差	中
SUPER™ S	45	中上	中上	中下
乙炔黑	80	中下	中等	中上
超导炉黑 N-472	250	中等	中下	差
Ketjenblack EC-600JD	1270	很好	差	中等

表面活性，是指材料表面与周围环境相互作用的趋势。导电添加剂的表面缺陷，包括异相性表面、非晶碳结晶边角、空位等表面缺陷以及表面官能团、表面氧化物，会和使用环境相互作用。在正极，高比表面积炭黑会加速电解液的氧化速度；高比表面特性还会加速锰酸锂正极 Mn 溶解，对电解液、黏结剂的吸附行为会影响浆料的稳定性。

稳定的表面结构、易分散的炭黑是最好的。成组锂离子电池，一般限定正极在 4.3V，否则碳导电剂氧化明显；这从另一个角度指出导电添加剂的研发方向：开发耐高压导电剂。

关于是石墨还是炭黑做导电添加剂好，需要视情况而定，某些情况下只需要考虑导电剂的导电性，特殊情况下还需要考虑导电剂的导热能力。导电剂颗粒越小，体积能量密度越小，改进大电流性能的效果越明显。有时会混合使用炭黑和石墨。热导率方面石墨有优势，热导率高利于热量的耗散。

有提出将各种碳纤维、纳米碳管、石墨烯作为导电添加剂。从石墨烯/复合材料电化学性能来看，当作为锂电正极或者负极添加剂时，石墨烯的导电性可对高倍率做出贡献，也有文献报道以纳米碳管作为导电剂改进正负极的高倍率（功率）特性，作为正极使用时，表面不会形成 SEI 层（即不会损耗有效锂）。假如不考虑其他因素，仅考虑作为正极添加剂以增强正极倍率，石墨烯和纳米碳管具有一定实用性。表 8.5 是一些采用石墨烯或者纳米碳管导电剂后活性材料的性能。

表 8.5　一些采用石墨烯或者纳米碳管导电剂后活性材料的性能

活性材料	容量/(mA·h/g)
10～40nm 的 $LiMn_2O_4$/石墨烯	1C 为 137,10C 为 101
10～40nm 的 $Li_3V_2(PO_4)_3$/石墨烯	0.1C 为 129,50C 为 46
200nm 的 $LiFePO_4$/石墨烯	0.1C 为 161,10C 为 116
$Li_3V_2(PO_4)_3$/C/石墨烯	5C 为 104,50C 为 85
Co_3O_4-石墨烯	4.5A/g 为 931
Fe_3O_4-石墨烯	0.2C 为 1120
10～15nm $Li_4Ti_5O_{12}$/石墨烯	50C 为 128
$Li_4Ti_5O_{12}$/CNT	0.2C 为 149,50C 为 47.5

导电添加剂改进活性物质倍率特性，可从电极循环伏安曲线看出来，相应的氧化还原峰电流会增大。

表 8.6 是典型的石墨类导电添加剂的参数。

表 8.6　典型的石墨类导电添加剂的参数

材料	颗粒尺度/μm	颗粒形状	BET 比表面积/(m^2/g)	Scott 密度/(g/cm^3)
KS4	4.8	等距不规则球体	26	0.05
KS6	6.5	同上	20	0.07
KS15	17	同上	12	0.1
SFG6	6.5	不等轴鳞片状	16	0.06
SFG15	18	不等轴鳞片状	7	0.09
SFG44	48	不等轴鳞片状	5	0.19
MX15	18	不等轴鳞片状	9	0.06

一般，将电子导电能力差的活性材料与导电剂机械混合来提高电极整体的导电性；如果活性材料电子导电性特别差，这种简单的机械混合的效果就不明显。或者说，要达到满意的活性物质利用率，必须大量使用导电剂，这明显降低能量密度，一个办法就是将活性材料与导电剂集成在一起，图 8.22 是一个例子，外层导电剂与内层活性材料紧密结合，而活性材料又是直接与中心电子导电材料紧密结合，这种三明治结构在大幅度改进导电性、提高活性物质利用率的同时还节省了空间，有利于能量密度；当然，轴向长度不宜过长，否则离子传输速度会受到影响。该图是一种提高磷酸铁锂材料电子导电性、活性物质利用率的思路示意图，使用了纳米碳纤维导电材料。

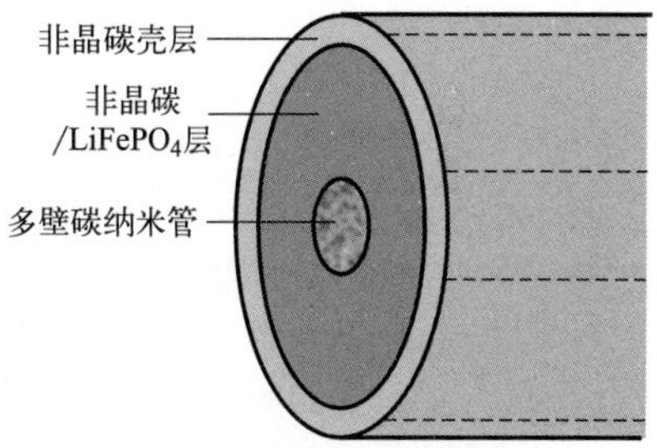

图 8.22　导电剂与活性物质集成结构示意图

另一类可能的导电剂是导电聚合物（导电聚合物也有作为集流体使用的可能），其结构中存在大量共轭π键，包括聚乙炔（PA，3～1000S/cm）、聚苯胺（PANI，0.01～5S/cm）、聚吡咯（PPy，0.3～100S/cm）、聚噻吩（PTh，2～150S/cm）、聚苯乙炔（PPV，0.001～100S/cm）等；中性共轭聚合物导电性要低很多，在 $10^{-5\sim-10}$S/cm 范围；通过元素掺杂可提高到 10^4S/cm。

常见导电聚合物的结构单元，如图 8.23 所示。

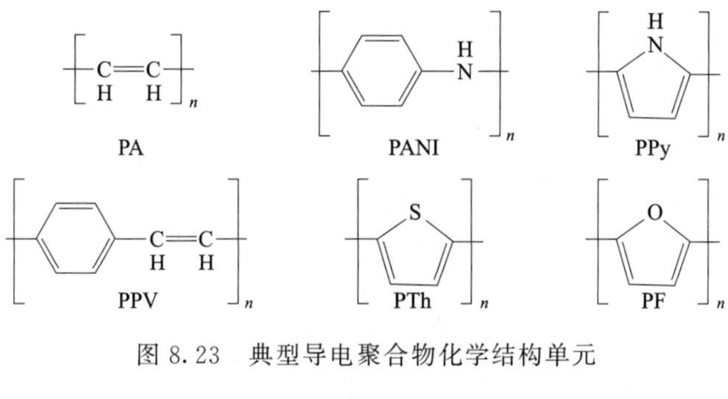

图 8.23　典型导电聚合物化学结构单元

有些导电聚合物还具有脱嵌锂能力，有时作为正极候选材料来研究，例如PANI作为锂离子电池正极使用时可逆容量达75.7mA·h/g，80次循环后保持率为95%以上；PPy和PTh聚合物的容量达到140mA·h/g，存在的问题主要包括容量和功率密度仍然很低，有机活性材料稳定性差。

锂离子电池正负极都是膜电极，厚度大约50～100μm，活性材料层附着在Al或者Cu箔两侧，中间用隔膜隔开，正负极的多孔性利于活性物质的充分利用，而导电剂会影响多孔性；导电碳中杂质含量要严格控制，包括一些金属单质、氧化物等，它们经常导致电池性能衰减。

分析显示导电剂会影响集流体的钝化，如炭黑导电剂会减弱铝箔钝化效果。

参考文献

[1] Yoshio M，Brodd R J，Kozawa A. Lithium-Ion Batteries Science and Technologies. ISBN：978-0-387-34444-7 e-ISBN：978-0-387-34445-4，DOI：10.1007/978-0-387-34445-4，Springer Science + Business Media，LLC，2009.

[2] Guo L，Thornton D B，Koronfel M A，et al. Degradation in lithium ion battery current collectors. J Phys Energy，2021，3：032015.

[3] Fei X，Dong Z，Gong B，et al. Lightweight Through-Hole Copper Foil as a Current Collector for Lithium-Ion Batteries. ACS Appl Mater Interfaces，2021，13：42266-42275.

[4] Jow T R，Xu K，Borodin O，et al. Electrolytes for Lithium and Lithium-Ion Batteries，MODERN ASPECTS OF ELECTROCHEMISTRY No. 58. ISSN 0076-9924 ISSN 2197-7941（electronic），ISBN 978-1-4939-0301-6 ISBN 978-1-4939-0302-3（eBook），DOI 10.1007/978-1-4939-0302-3，Springer Science+Business Media New York，2014.

[5] Minami T，Tatsumisago M，Wakihara M，et al. I Tanaka，Solid State Ionics for Batteries. ISBN 4-431-24974-5，Springer-Verlag Tokyo，2005.

第9章 隔膜

锂离子电池的四个主要组件（正极、负极、隔膜、电解液）中，隔膜组成最简单，只有C、H两种元素，利润率也最大，但是，国内在锂离子电池隔膜方面，与正极、负极、电解液相比，落后很多。隔膜是电池中的惰性部件，不参与任何反应，虽然不是电池性能的本征决定因素，但是也会影响电池的安全性、功率输出特性等参数。

锂离子电池对隔膜的基本要求包括：质量轻，机械强度好，形状稳定，与电解液浸润性好，浸液后离子导电性好，非电子导体，有一定弹性，孔隙率高，孔径均匀且易控制，一定的物理强度以允许加工，厚度等性质均匀，化学稳定性高，不与电解液、正负极活性材料、正负极集流体反应，温度升高后具有闭孔功能，以及其他与价格相关的参数要求。

锂电池市场中的30%是电池组件形成的市场。其中，美国电池隔膜的市场，在1977年为2.37亿美元，2002年为3亿美元，在2007年，大约为4亿美元，2020年大约为10亿美元。上述数据主要指液态锂离子电池的高分子隔膜，一些固体高分子凝胶聚合物隔膜的销售情况还不明了，全固态锂离子电池正处于规模化应用前夜，市场应用仍在摸索中。

9.1 隔膜加工工艺简述

隔膜的加工工艺，主要包括湿法和干法两种。图9.1是干法工艺和湿法工艺流程图[1]。

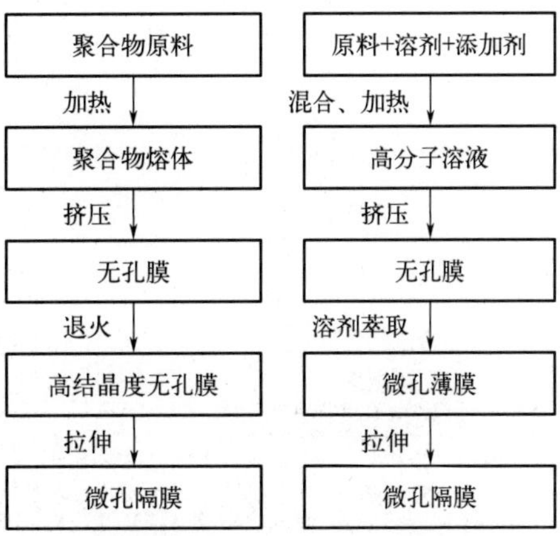

图9.1 隔膜干法工艺与湿法工艺流程图

干法工艺是无溶剂加工过程，典型的干法工艺，首先，将高分子材料熔化形成均匀的高分子溶液，然后挤压得到薄膜，退火处理以除去缺陷并加速结晶过程，最后拉伸。干法工艺中原始材料是聚合物，工艺程序相对简单，采用机械拉伸方法成膜，得到的隔膜是各向异性的，干法工艺产生裂缝状孔。

湿法工艺隔膜形成过程，可以总结为：将低分子量的有机树脂混合，然后加热熔化得到均匀的高分子溶液，对于处于热力学平衡态的分子水平上均匀分布的高分子溶液，以某种方式破坏了其热力学平衡以后，从单相向两相转变，其中一相中聚合物含量低，而另一相中聚合物含量高，形成薄膜基质。高分子含量少的相形成孔结构，当把该相（通常是易挥发的溶剂）移出去以后，就形成多孔隔膜。

打破热力学平衡的方法有多种，对应的有多种隔膜加工技术，包括热诱导相分离、非溶剂诱导相分离、蒸气诱导相分离、溶剂蒸发诱导相分离等。

高分子溶液稳定存在的一个前提是温度必须高于临界温度，当体系温度降低到这个临界温度以下，则会发生相分离，这就是热诱导相分离。

非溶剂诱导原理为高分子在两种溶剂中溶解性不同。首先，高分子和溶剂 A（溶解性高）形成稳定的高分子溶液，将该溶液涂在基体上形成薄膜层。将薄膜层浸渍到溶剂 B（非溶剂，高分子在其中溶解性很差）中，在化学势梯度的驱动下，薄膜层中的溶剂 A 和溶剂 B 发生相互交换，最后薄膜层从单相转变成两相，高分子含量少的相被除去后形成空孔，于是得到多孔隔膜。

气相诱导相分离和非溶剂诱导相分离类似，不同之处是，高分子和溶剂形成的稳定高分子溶液暴露于非溶剂形成的蒸气中，非溶剂进入稳定的高分子溶液中导致相分离。

溶剂蒸发诱导相分离原理是，高分子溶解在溶剂 A 和溶剂 B 组成的混合溶剂中，溶剂 A 中溶解度大，而 B 中小。溶剂 A 挥发速度快于 B，从而诱导相分离过程。

湿法工艺原料是聚合物、溶剂以及添加剂，得到的隔膜具有各向同性、孔径大、孔隙率高的特点，湿法工艺得到相互连通的球形或者椭球形孔。湿法工艺适合于 PE，干法工艺适合于 PE 和 PP。

挤压式隔膜生产示意图，如图 9.2 所示。聚合物原料一般是颗粒状，从上料漏斗进入挤压设备线的滚筒中，在那里在加热和旋转螺杆的机械作用下被熔化，沿着滚筒向前运动，此阶段温度略高于熔点，通过成型模具时熔化的聚合物膨胀成气球形状，内部充满了空气，然后冷却成单相管式膜，此阶段温度稍微低于熔点。在转子作用下被挤出去形成双层隔膜，经过修剪形成两个相同的隔膜。

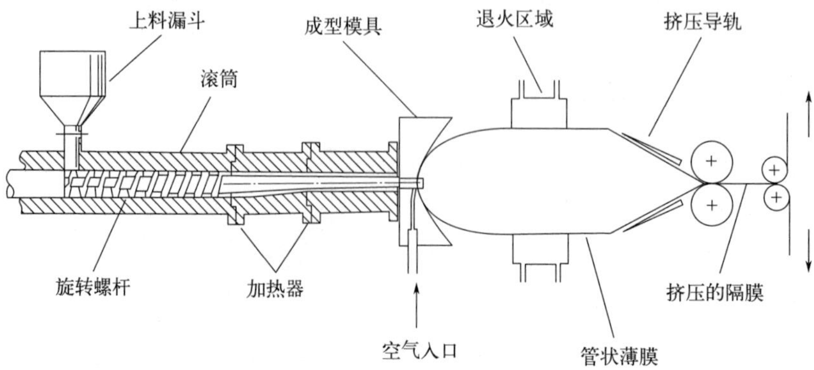

图 9.2　挤压式隔膜生产示意图

9.2　经典隔膜简介

锂离子电池隔膜属于微孔隔膜，如 PP，PE，PTFE，PVC，按照成膜工艺，大致分成三类：多孔聚合物隔膜，无纺布隔膜和无机物改性隔膜。

聚烯烃隔膜缺点是热稳定性差，因为熔点较低，还有就是浸润性差，这与它的组成主要是 C—H 键和 C—C 键有关，这类化学键的极性小。

市场上常用的经典锂离子电池隔膜是聚丙烯 PP 和聚乙烯 PE 隔膜。普通聚砜类聚合物隔膜外观，如图 9.3 所示[2]。典型的大规模商业化隔膜是 PP（聚丙烯）隔膜和 PE（聚乙烯）隔膜，隔膜单元分别为—CH_2—CH_2—和—CH(CH_3)—CH_2—。两者价格约 1.5 美元/kg。作为对比，杜邦公司的纤维素隔膜大约为 5 美元/kg；PVDF 隔膜约 25 美元/kg；聚甲基丙烯酸甲酯 PMMA 的价格大约为 10 美元/kg。

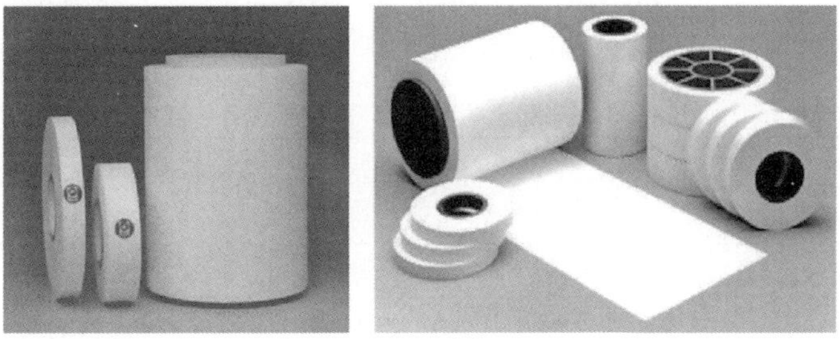

图 9.3　聚砜隔膜

图 9.4 为几种隔膜的微观 SEM 图。

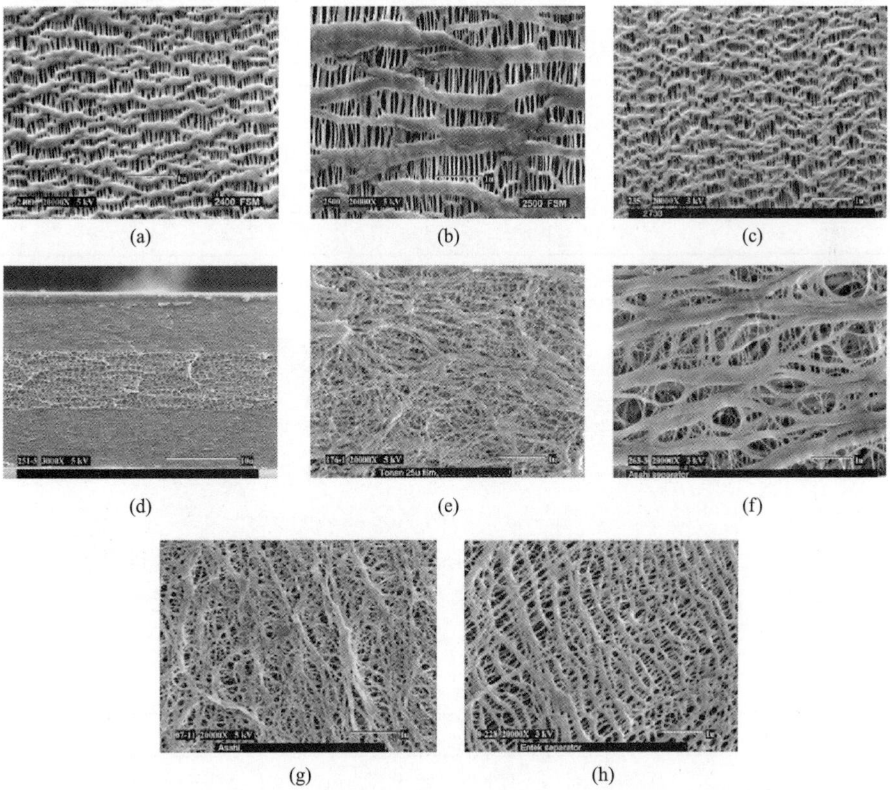

图 9.4　隔膜 SEM 图

(a) 单层 PPCelgard 隔膜 2400；(b) 单层 PP Celgard2500 隔膜；(c) 单层 PE Celgard 2730 隔膜；(d) 三层 Celgard 2325 隔膜横断面；(e) Setela (Tonen) 隔膜；(f) Hipore-1 (Asahi) 隔膜；(g) Hipore-2 (Asahi) 隔膜；(h) Teklon (Entek) 隔膜

锂离子电池隔膜参数包括，低于每平方米1美元的价格，厚度为25μm以下，McMullin数小于11，透气性指标小于35s/10cm^3，与电解液完全浸润，电池中可使用10年的化学稳定性，孔径小于1μm，孔隙率40%～60%，机械强度大于98MPa，刺穿强度大于300g/25.4μm，热稳定性方面要求90℃加热60min后小于5%的收缩度，水含量小于50×10^{-6}，1000psi下小于2%的拉伸强度，扭曲率小于2mm/m，大于150℃的熔融完整度，在130℃时可以闭孔，浸液后的离子导电率为1～100mS/cm[3]。

表9.1是市场上主要锂离子电池隔膜，其中的离子电阻是指1mol/L $LiPF_6$/EC+EMC(3∶7，体积比)电解液。隔膜厚度增大，利于安全性，不利于大电流输出。Gurley数代表透气能力，一般，透气性好，浸液后离子电阻低。

表9.1　市场上主要锂离子电池隔膜参数

厂商	隔膜结构	组成	加工手段	厚度	Gurley s	离子电阻率 /Ω·cm^2	孔隙率 /%
Asahi Kasai	单层	PE	湿法加工	25μm	21	2.66	40
Celgard	单层	PP或者PE	干法加工	20μm或25μm	20～24	1.3～2.5	约41
	多层	PP/PE/PP	干法加工				
	PVDF涂覆	PVDF涂覆的PP、PE或者PP/PE/PP	干法加工				
Mitsui	单层	PE	湿法加工	—	—	—	—
Entek	单层	PE	湿法加工	—	—	—	—
DSM	单层	PE	湿法加工	—	—	—	—
Tonen	单层	PE	湿法加工	25μm	26	2.56	41
Nitto	单层	PE	湿法加工	—	—	—	—
Ube	多层	PP/PE/PP	干法加工	—	—	—	—

9.3 评价隔膜的参数

隔膜各个参数性质会影响到锂离子电池性能，隔膜厚度降低可以提高电池单位体积容量，也就是能量密度；适当调控孔径、孔隙率、厚度，可调控浸液后电阻率，这与电池内阻、倍率特性相关；电池的高温性能与隔膜的耐氧化能力有关；等等。

隔膜各种参数对正负极乃至电池电化学性能的影响与对隔膜力学性能的影响，呈相互矛盾的状态，需要在二者之间进行平衡，通常是优先考虑力学方面的性能要求。这些参数的影响，如表9.2中所示[4]。

表9.2　隔膜参数及其影响

参数	数值	说明
厚度	11～50μm	厚度降低可以提高电池容量、降低内阻，电池安全性降低。对于消费电子产品，一般小于25μm，如果作为混合电动车和纯电动车电池，一般在40μm以上
孔隙度	35%～65%	孔隙度增大，内阻降低

续表

参数	数值	说明
孔径	小于 1μm	隔膜的孔径在 0.03～0.1μm(一般在 0.05～0.5μm)。孔径增大，内阻降低，抗穿刺能力降低，必须小于颗粒尺寸
McMullin 数	5～30	现有隔膜，提高电解液的电阻大约 6～7 倍，Mcmullin 增大后，内阻增大，倍率降低
电阻(吸液)	<2Ω·cm^2	容量型允许隔膜面电阻大一些。面电阻增大导致内阻降低、大电流性能降低
击穿强度	>300g/mil	强度高利于加工，不变形
穿刺强度	>100kgf/mil	指对颗粒穿刺的耐受力，强度高可阻止内部短路、枝晶、毛刺的损伤，比如卷绕电池时，正极-隔膜-负极-隔膜的卷绕会引起活性材料颗粒挤压隔膜，锂电要求至少为 100kgf/mil
收缩率	<5%	PE 在 120℃下 10min 后收缩 10%。对于 LIB 要求 90℃ 60min 后收缩小于 5%
拉伸强度	<2%	利于加工，不变形
熔断温度	约 130℃	熔断温度低一些利于保护电池防止燃烧爆炸
保持完整性的温度	>150℃	升温后，隔膜微孔关闭后，隔膜的完整性要得以保持，否则正负极接触会导致短路。90℃真空加热 60min 收缩要小于 5%
润湿性	—	C、H 二元素组成的隔膜，润湿性都不好。润湿性不好会引起局部高电阻、活性材料利用率低
化学稳定性	—	主要商业化隔膜的化学稳定性还不影响锂离子电池性能。抗氧化能力好利于高温储存和高温性能
形状稳定性	—	电解液中不变形
扭曲率	<0.2mm/m	—
高温闭孔	约 130～165℃	孔自动关闭功能赋予电池安全性；如果不正常使用导致电池升温引起闭孔，会导致电池失效

(1) McMullin 数

假设电解液电阻为 R_e，隔膜厚度为 L，面积为 A，电解液比电阻 ρ_e 为

$$\rho_e = R_e A / L$$

隔膜吸取饱和电解液以后电阻为 R_s，电阻率为 ρ_s，则

$$\rho_s = R_s A / L$$

McMullin 数定义式为

$$N_M = \rho_s / \rho_e = \tau^2 / \varepsilon$$

式中，ρ_e 代表液体电解液电阻率，ρ_s 代表浸电解液后隔膜电阻率，τ 为曲折系数，ε 为孔隙度。理想的 N_M 趋近 1，实际锂离子电池隔膜为 5～15 范围。

隔膜电阻的经验公式为

$$R_s = R_0 \varepsilon^{-\alpha}$$

在模型计算中常用上面公式计算膜电阻，其中的 α 是 bruggeman 指数。

浸液后隔膜的电阻率是纯电解液的 6～7 倍。

(2) Gurley 数

Gurley 数指在压差为 1.21kPa 时，100mL 空气通过面积为 2.54cm^2 的隔膜所需要的

时间。

（3）孔隙率

可以通过简单的吸收液体的办法确定，公式为

$$P=\frac{w_T-w_s}{\rho_1 V_s}$$

式中，w_s 代表干隔膜的质量，w_T 代表吸液后隔膜的总质量，ρ_1 为电解液密度，V_s 为隔膜样品的表观体积。拟合研究证实，当曲折系数固定为 3.8 时，孔隙率从 0.15 变化到 0.9，对电池大电流下（5C）放电容量有明显影响，而对小电流（0.15C）放电容量以及放电电压平台的影响可以忽略。

孔隙率、隔膜厚度、Gurley 数，三个参数之间，存在一定的关系，即单位厚度的 Gurley 数的对数与孔隙率的对数存在线性关联，如图 9.5 所示[1]，可以预料，当孔隙率越大的时候，一定量的气体透过一定面积的隔膜需要的时间越短。图中的斜率为－3.2。

孔隙率与隔膜纵向拉伸强度的关联性不大。

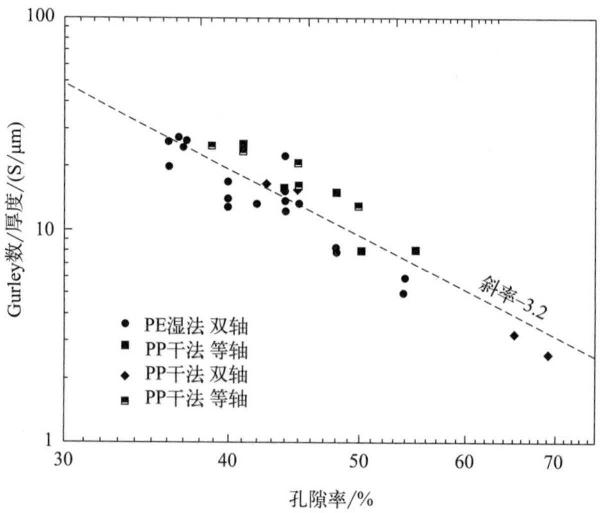

图 9.5　隔膜孔隙率与 Gurley 数和隔膜厚度比值的关系

（横纵坐标均为常用对数坐标）

（4）曲折系数（tortuosity factor）

曲折系数代表表观微孔长度与隔膜厚度比值，公式为

$$\tau=\left(\frac{\varepsilon R_s}{R_0}\right)^{0.5}$$

或者表示为

$$\tau=\frac{l_s}{d}$$

式中，ε 代表孔隙比，也就是空腔体积与隔膜实体体积的比值；l_s 代表图 9.6 中微孔的长度；d 代表图中隔膜的厚度。曲折系数大，利于抑制枝晶，但是增大内阻，降低锂离子导电能力。

图 9.6 中（a）的曲折系数大于（b）。

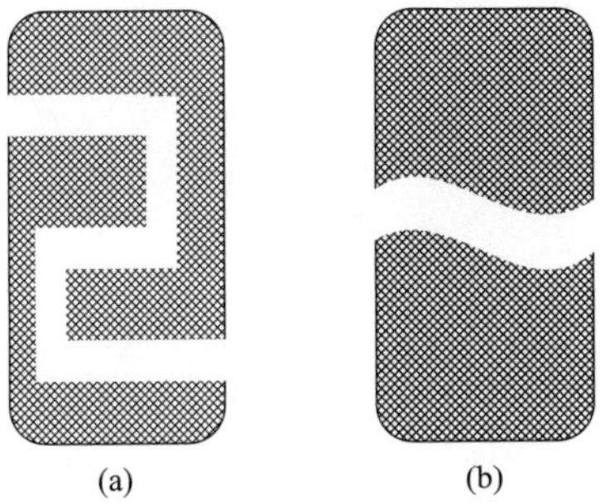

图 9.6　曲折系数含义示意图

（5）浸润性

浸润性指隔膜对电解液的吸收和保持能力，是隔膜与电解液之间亲和程度的量度。目前用的隔膜和电解液的浸润性都很差，原因是隔膜为非极性，而电解液都是极性的。加入表面活性剂可改进浸润性，隔膜浸润性不好会降低活性物质利用率。

（6）孔径

孔径指隔膜中微孔大小，公式为

$$d=-\frac{4\gamma\cos\theta}{\Delta P}$$

式中，d 代表孔的直径，ΔP 是跨越孔的压力差，γ 为液体的表面张力，θ 为接触角。

（7）隔膜闭孔功能

常温下隔膜是多孔结构，隔膜两侧通过隔膜内部微孔连通；当温度上升以后，如图 9.7 所示，隔膜中的微孔自动闭合，在电池内部切断电回路，伴随着电池阻抗迅速上升。

PP 熔断温度在 160～165℃，PE 隔膜在 130～135℃。图 9.7 中，微孔闭合之前，微孔清晰可见；闭合后表面趋于平滑，微孔消失[5]。

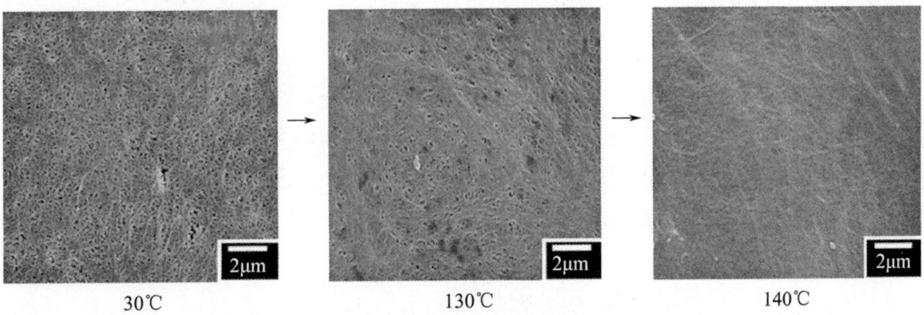

图 9.7　PE 隔膜表面形貌随着退火温度的变化

（在指定温度下退火 5min）

图 9.8 是具有熔断闭孔功能隔膜在 18650 电池短路测试结果，当温度升高到一定温度后，隔膜闭孔机制被触发，内部化学和电化学反应被终止，外壳温度在达到 120℃以后开始下降，有效避免燃烧、爆炸。

在模拟内部短路的针刺实验中，隔膜熔断闭孔功能起着类似的作用。

新型功能隔膜技术之一是引入支链，支链上是一些有机官能团，它们具有阻燃、溶胀等各种功能。

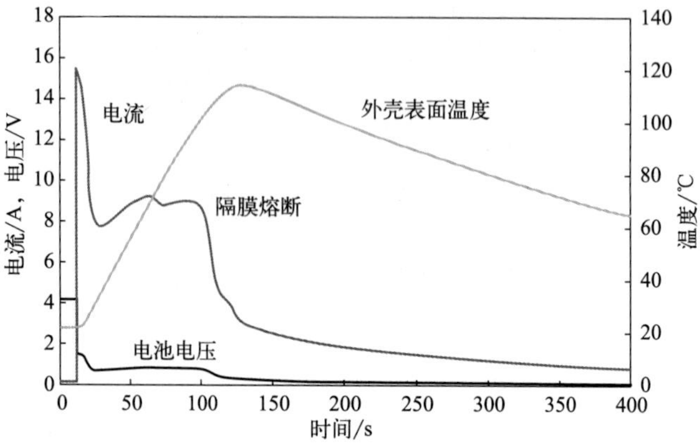

图 9.8　18650 电池外壳温度、电流与电压随着电池温度的变化

（8）热稳定性

热稳定性指温度升高后隔膜保持形状的能力，如果温度升高引起隔膜形状明显变化，那么会导致正负极直接接触。一般用受热收缩来衡量。

（9）收缩性

公式为

$$收缩率=\frac{L_i-L_f}{L_i}\times 100\%$$

式中，L_i 代表隔膜初始长度，L_f 代表隔膜高温放置若干时间后的长度。

（10）隔膜重量

一般在 7～16g/m^2。

（11）熔融完整性

高温下孔关闭以后，隔膜能够保持完整性，避免正负极直接接触短路。

对于一般锂离子电池应用，对隔膜大体上的要求为，厚度小于 25μm（电动车动力电池隔膜大约 40μm），隔膜的孔径在 0.03～0.1μm（一般在 0.05～0.5μm），孔隙度大约 40%，耐 75℃温度，穿刺强度至少 400g/mil，90℃下放置 60min 收缩不大于 5%，亚微米孔径，1000psi 下小于 2%的变形的拉伸强度，每米小于 0.2mm 的扭曲度，McMullin 数小于 8。

市场上主要隔膜制造商，主要以日本、美国为主。Asahi Kasei 化学品公司生产聚烯烃隔膜，为双轴取向隔膜（biaxially orientated）；Celgard 系列隔膜为 Celgard LLC 生产，以 PP、PE、PP/PE/PP 为主，为单轴取向隔膜（uniaxially orientated），Entek 生产的是陶瓷填充超高分子量双轴取向 PE 隔膜，Exxon Mobil/Tonen 生产双轴取向 PE 和 PE+PP 混合隔膜；SK 能源生产双轴取向 PE 隔膜，Ube 工业生产单轴取向 PP/PE/PP 三层隔膜。

主要隔膜材料有：PE（聚乙烯），PP（聚丙烯），PET（聚对苯二甲酸乙二醇酯），UHMWPE（超高分子量 PE，它的高温熔融完整性特别好），P（VDF-HFP），PE+DOP（邻苯二甲酸二辛酯），PE/异链烷烃多层复合薄膜，PAN（聚丙烯腈），PI（聚酰亚胺），PI/PET 复合隔膜（PET 作为 PI 支撑体），PVDF-PMMA，PVDF-PAN，等等。

常用的 Celgard2400 隔膜，为 PP 质材，25μm 厚，在 1mol/L $LiPF_6$/EC+EMC 中面电阻为 2.6Ω·cm^2，孔隙度为 40%。

9.4 隔膜改性与新型隔膜

隔膜的改性，主要从以下几个方面着手。

第一是隔膜制备过程中，在主材中加入其他有机成分，改进隔膜某方面特性，比如浸润性；加入陶瓷粉末，如氧化铝等，纳米氧化硅等无机成分，有助于保持隔膜的热化学稳定性，提高抗穿刺能力，主要应用于高功率锂电池中，有时称为陶瓷改性隔膜，甚至就直接叫陶瓷隔膜。

第二是对现有隔膜进行表面处理，例如用丙烯酸、甲基丙烯酸甲酯等接枝，等离子体处理，在表面形成表面官能团，改变表面极性。因为隔膜是与正负极活性材料紧密接触的，隔膜表面上的官能团会参与正极和负极表面 SEI（对于正极也用 ECM 表示）的组成，并增强 SEI（ECM）的稳定性，提高碳负极表面与电解液的浸润性，从而改进活性材料的循环稳定性。

图 9.9 总结了隔膜表面改性的优缺点。

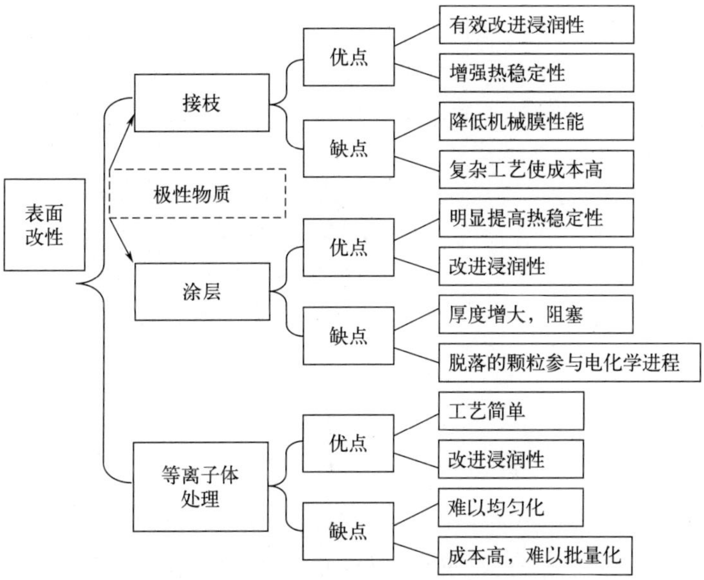

图 9.9 隔膜表面改性的优缺点

(1) 新型隔膜基材，如 PVDF 隔膜。无机材料制备的隔膜，综合性能不好，仅仅在某个方面比较突出。

表 9.3 是一些表面改性聚烯烃隔膜的性能。

表 9.3 表面改性聚烯烃隔膜性质总结

隔膜	涂层材料/接枝材料	液态电解液	电解液吸收率	离子电导率/(mS/cm)
PE	AN-MMA 涂层	$LiClO_4$-EC/DMC	91%	1.0
PE	PVDF-HFP/PMMA 涂层	$LiClO_4$-EC/DEC	403%	1.69
PE	SiO_2/PMMA 涂层	$LiPF_6$-EC/DEC	180	0.74
PP	SiO_2/Al_2O_3 涂层	EC/DEC	120	0.78
PE	PVDF 涂层	$LiPF_6$-EC/EMC/DMC	—	0.89

续表

隔膜	涂层材料/接枝材料	液态电解液	电解液吸收率	离子电导率/(mS/cm)
PE	SiO_2/poly(lithium4-styrenesulfonate)涂层	$LiPF_6$-EC/DEC	242	0.75
PP	Tannicacid 涂层	$LiPF_6$-EC/DMC	125	0.46
PE	MMA 接枝	$LiPF_6$-EC/DMC	210	1.01
PE	AN 接枝	$LiPF_6$-EC/EMC/DEC	—	1.4
PP/PE/PP	MMA 接枝	$LiPF_6$-DMC/EC	240	1.21
PE	PVDF-HFP/PEGDMA 接枝	$LiClO_4$-EC/DEC	125	0.38

新型隔膜体系与制备工艺大部分处于实验室阶段，如电纺丝制备隔膜，高分子溶液在电场作用下克服溶液的表面张力后经过喷嘴高速喷出，直接得到聚合物纤维，直径在 40～2000nm 范围，工作原理以及获得的隔膜如图 9.10 所示，在聚偏二氟乙烯（PVDF）、聚对苯二甲酸乙二醇（PET）、聚丙烯腈/聚亚胺（PAN/PU）获得应用。

（2）电纺丝隔膜。电纺丝方法制备的隔膜，纤维之间主要靠物理作用结合，因此，其最大的缺点是浸液后力学性能比较差，纤维之间的结合力不够强，优点是孔隙度高、吸液率高、浸润性好，图 9.10 是电纺丝方法制备的隔膜示意图以及隔膜的典型 SEM 图[6]。

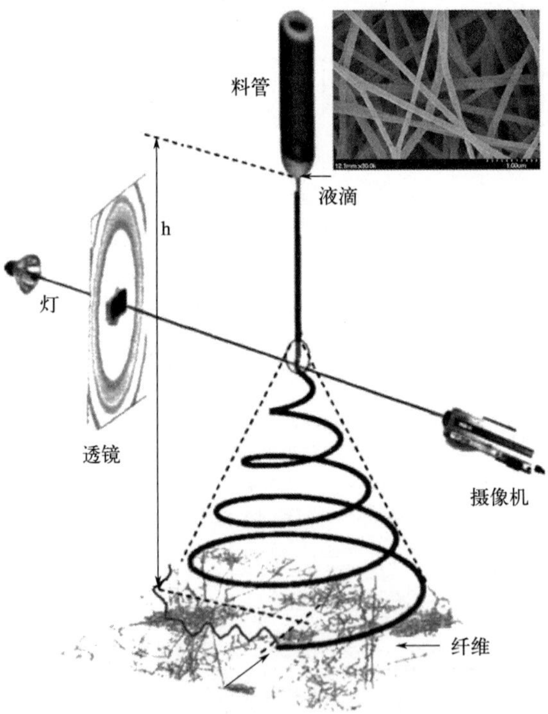

图 9.10　典型的电纺丝工作原理及隔膜 SEM 图

主要电纺丝纤维隔膜包括 PET、PI、PPESK 等，静电纺丝隔膜与传统的 PP、PE 类隔膜比，可以解决隔膜孔隙率低、热稳定性差、浸润性差（这些会导致较高的电池内阻、较差的倍率和低的活性物质利用率等后果）等缺点，如前所示，电纺丝隔膜的缺点主要是浸液后力学性能变差，丝之间结合力变弱；另外是电纺丝隔膜的厚度普遍偏大，除了 PAN 的厚度比较小以外，其他都达到 100μm 数量级，而 PP、PE 系列隔膜的厚度可以小到 10μm 数量级。聚对苯二甲酸乙二醇（PET）熔点为 255℃，在 413℃时开始出现分解征兆（质量损失 5%），具有很好的拉伸强度，孔隙度达 89%，吸液率达到 500%（Celgard 隔膜孔隙率为 40%～55%，吸液率为 176%），离子电导率在室温下可达到 2.27mS/cm 以上。

电纺丝 PI，即 polyimide，热稳定温度到 500℃，因为隔膜中存在供电子和吸电子基团，它们与极性溶剂相互作用，可以提高隔膜对电解液的保持能力和浸液性。电纺丝 PPESK 隔膜强度高，热稳定，隔膜在 220℃处理后，形状几乎不变，吸液率达到 1210%，室温离子导电能力 3.97mS/cm。

静电纺丝方法制备纤维隔膜的一些候选有机物的结构，如图 9.11 所示。

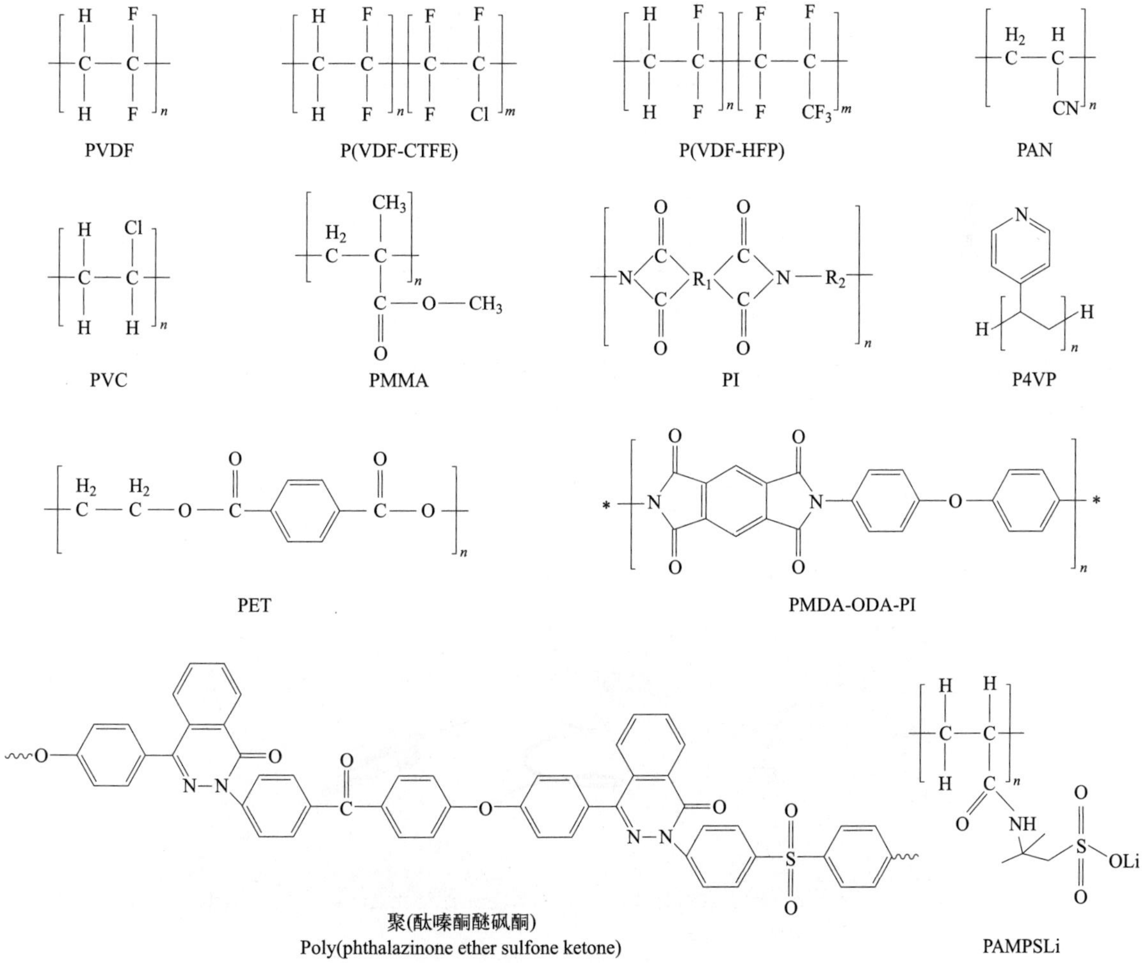

图 9.11　一些用于静电纺丝材料的分子结构

表 9.4 是静电纺丝隔膜总结。

与经典的隔膜应用相比，电纺丝隔膜多用于凝胶电解质体系。

隔膜各种参数对正负极乃至电池电化学性能的影响与对隔膜力学性能的影响，呈相互矛盾的状态，需要在二者之间进行平衡，通常是优先考虑力学方面的性能要求。

与经典的隔膜应用相比，电纺丝隔膜更多用于凝胶电解质体系。

表 9.4　电纺丝隔膜总结

隔膜	平均纤维直径/平均孔尺寸/μm	厚度/μm	孔隙率/%	20℃离子电导率/(mS/cm)	稳定电压/V	吸液率/%	强度/MPa	熔点/℃	分解温度/℃
PET	0.3～0.42	40	89	2.27	5.0	500	12	255	413
PMDA-ODA-PI	0.2	40	75	1.24	—	256	10	>240	500
PET/PI	0.144	40	65	0.90	—	220	51	>180	—
PPESK	1.38/4.23	98	92	3.79	4.47	1120	1.9	>273	—
PVDF	0.4/3.28	—	—	1.7	4.5	260	6.5	166	—
P(VDF-HFP)	1.1	100～125	—	4.59	>4.5	425	—	160	438
P(VDF-CTFE)	0.23	—	—	>2.0	>4.0	800	—	120～180	>455
PAN	0.35/0.38	35	76	1.0	>4.7	—	—	—	253
PAMPSLi	0.17～1.5	—	—	0.021	4.4	650～960	—	—	304
50%TPU/PVDF	0.57	—	86	3.2	5.0	279	—	—	329
纤维素/P(VDF-HFP)	0.2/1.66	60～70	78	0.4	5.0	712	8	—	—

(3) 纤维素类隔膜。纤维素及其衍生物作为隔膜材料的好处是孔隙度易控、力学性能与热特性合适，无毒，和电解液浸润性好。纤维素高分子链之间主要依靠氢键结合[7]。纤维素材料制备的隔膜，比较厚，孔隙率高于聚砜隔膜。40μm 厚纤维素隔膜，150℃加热 30min 不变形，机械强度为 12MPa，70%孔隙率，270%的吸液率，室温离子导电率为 2mS/cm。

(4) 隔膜修饰改性。在 PP 和 PE 系列隔膜表面再加一层其他材料可对原隔膜某些性质加以修正改进，例如，表面外衬一层 PVDF 材料后，复合隔膜浸润性会明显提高，图 9.12 是 PVDF 外衬 Celgard 隔膜的表面与断面 SEM 图[8]。

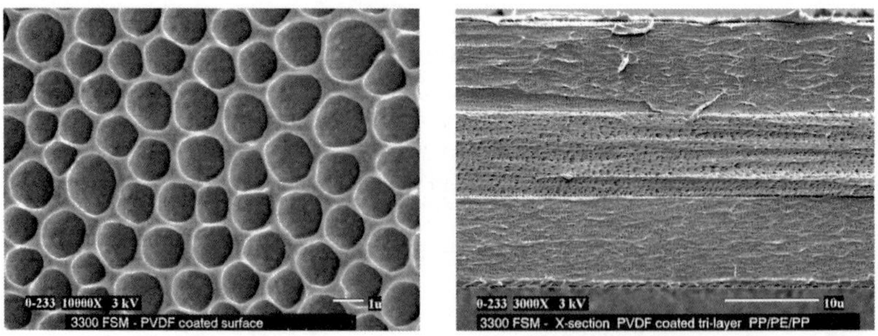

(a)　　(b)

图 9.12　PVDF 外衬后的 Celgard 隔膜表面 (a) 与断面 (b) 的 SEM 图

隔膜浸润性比较差的本质原因是隔膜的元素组成基本是 C 和 H，其中的共价键极性很小，而电解液中锂盐和溶剂都具有很强的极性，因此，隔膜和电解液相互浸润能力很小，这会使隔膜吸收电解液的能力很差（所以，在实际组装电池时采用真空灌注电解液的方式），增大 LIB 的内阻。

PVDF 外衬在 Celgard 隔膜表面，是通过引入极性基团的方式改进隔膜的浸润性。也可以采用接枝、等离子体处理的方式引入极性基团到隔膜表面[9]，改进浸润性。将隔膜在富氧的条件下等离子体处理就可以引入极性官能团改进浸润性；或者将表面等离子体处理后迅速浸入发烟硫酸溶液片刻，从而引入磺酸基团，可有效改进隔膜浸润性。除了磺酸基团，还可以接枝甲基丙烯酸甲酯、丙烯酸、二乙二醇二甲基丙烯酸酯等。

提高隔膜浸润性和热稳定性的另一个方法是加入无机纳米材料，如二氧化硅、氧化铝、氧化锆等。加入的方法有两种，第一种是在现有隔膜基础上加入无机化合物，例如PE隔膜表面涂有无机纳米材料制成的浆料，然后干燥；第二种是在制备隔膜时就加入无机纳米粉体。

前者，无机纳米材料主要分布在隔膜表面，后者，主要分布在隔膜本体中。电纺丝方法制备的PVDF-SiO_2复合隔膜，150℃下加热1h不变形，孔隙率为85%，吸液率为646%，室温离子导电性为7.47mS/cm。PE-Al_2O_3-SiO_2复合隔膜，24μm厚，160℃加热1h收缩率为5%，孔隙率为68%，吸液率为95%，离子导电率为0.65mS/cm。

除了将极性材料（如PVDF）覆盖在非极性隔膜（如PP、PE隔膜）表面以外，这些有机极性材料也可以直接做成隔膜，如PVDF隔膜、PVDF-HFP（六氟丙烯）共聚隔膜。因为存在极性基团，这类隔膜通常可以形成局部微晶区域。PVDF隔膜熔点约170℃，结晶度为40%～60%，吸液率可达到300%，弹性模量为1500～3000MPa，介电常数为6～12，电子电导率为10^{-13}S/cm，在135℃加热1h后，不变形；PVDF-HFP共聚隔膜的熔点为130～140℃，结晶度为15%～35%，弹性模量为500～1000MPa，介电常数为11，3.5mS/cm的电导率，50℃加热1h，不变形，150℃加热1h，收缩率为18.3%～20%[10]。PVDF-PAN（聚苯胺）的共聚隔膜，吸液率可达到414%，25℃时电导率为2.9mS/cm；作为对比，25μm厚的cergard隔膜，孔隙率为44.1%，吸液率只有89%，常温电导率为0.537mS/cm。

纳米陶瓷颗粒与无纺布PET隔膜复合在一起，如图9.13所示，热稳定到210℃，在浸润性、渗透性方面得到明显的改进，全电池穿刺实验结果显示电池的温度明显低于普通的PE隔膜，证实安全性的改进效果。热致变形程度也低于Celgard隔膜系列（通常，纳米陶瓷改性的有机隔膜，在温度变化后的形状变化会远低于无纳米陶瓷时的隔膜）[11]。

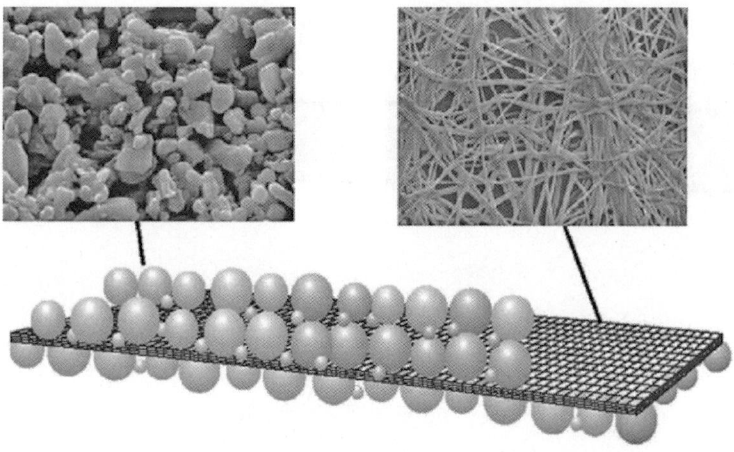

图9.13 纳米陶瓷颗粒、无纺布PET复合隔膜

2015年年底隔膜价格，一般国产16μm隔膜大约在3～7元/m^2，高档隔膜在10～18元/m^2。国产隔膜价格低很多，质量差一些，2023年，价格在0.7～2.6元/m^2范围。

参考文献

[1] Mun S C, Won J H. Manufacturing processes of microporous polyolefin separators for lithium-ion batteries and correlations between mechanical and physical properties. Crystals, 2021, 11: 1013.

[2] Brodd (ed.) R J. Batteries for Sustainability. Springer Science+Business Media New York, ISBN978-1-4614-5790-9, ISBN978-1-4614-5791-6 (eBook), DOI: 10.1007/978-1-4614-5791-6, 2013.

[3] Weber C J, Geiger S, Falusi S, et al. Material review of Li ion battery separators. AIP Conference Proceedings, 2014, 66: 1597.

[4] Bhushan (ed.) B. Solid-State Thin-Film Lithium Batteries for Integration in Microsystems Scanning Probe Microscopy in Nanoscience and Nanotechnology, Nano Science and Technology. DOI 10.1007/978-3-642-25414-7-20, Springer-Verlag Berlin Heidelberg, 2013.

[5] Song K W, Kim C K. Coating with macroporous polyarylate via a nonsolvent induced phase separation process for enhancement of polyethylene separator thermal stabvility. J Membrane Sci, 2010, 352: 239-246.

[6] Ding B, Yu (eds.) J. Electrospun Nanofibers for Energy and Environmental Applications, Nanostructure Science and Technology, DOI 10.1007/978-3-642-54160-5 __4, Springer-Verlag Berlin Heidelberg, 2014.

[7] Lizundia E, Costa C M, Alves R. Slanceros-mendez, Cellulose and its derivatives for lithium ion battery separators: A revew on the processing methods and properties. Carbohydrate Polymer Technologies and Applications, 2020, 1: 100001.

[8] Arora P, Zhang Z. Battery Separators, Chem Rev 2004, 104, 4419-4462; R J Brodd (ed.), Batteries for Sustainability, Springer Science+Business Media New York 2013, ISBN 978-1-4614-5790-9 ISBN 978-1-4614-5791-6 (eBook) DOI 10.1007/978-1-4614-5791-6.

[9] Li Z, Ju L, Li D, et al. The MMA and SO_3Li-grafted polypropylene separator used in Li ion batteries. Ionics volume, 2012, 18: 673-677.

[10] Barbosa J C, Dias J P, Lanceros-Merndez S, et al. Recent advances in poly-vinylidene fluoride and its copolymers for lithium ion battery separators. Membranes, 2018, 8: 45.

[11] Julien C, Mauger A, Vijh A, et al. Lithium Batteries Science and Technology. ISBN978-3-319-19107-2, ISBN978-3-319-19108-9 (eBook), DOI 10.1007/978-3-319-19108-9, Springer International Publishing Switzerland, 2016.

第10章

全电池技术

全电池技术主要涉及电池设计与组装两个领域。电池设计注意事项、电池设计思路，以及电池结构、可靠性、基本组装流程，是本章介绍的重点。另外，对用电器来说，电池的输出性能十分重要，这体现在电池的等效电路参数上。具体的参数和具体的电池工艺、结构等相关，本章主要介绍等效电路。

锂离子电池在低温环境下的性能得到额外关注，本章将单独介绍低温锂离子电池的主要问题，以供设计参考。

10.1 设计

设计时需要考虑如何将电池性能最大化，涉及正负极容量匹配、电池几何形状、回收/维护的方便，等等，以满足不同客户需求。

10.1.1 一般性考虑

在实际应用中，附件成本在整个电池/电池组/电池堆中占据的比重随着单体电池的数量增加而增大，或者说随着能量水平的增大而增大，这是由控制电路随着单体电池的增多复杂性几乎呈指数性上升的特点决定的。直接使用一个单体电池时附加的控制电路十分简单，甚至不需要使用一些特别的传感器比如温度传感器，只需要检测一下电流、电压就可以了，而数千个单体电池组成的电池组的控制电路的复杂性却不只是单体电池的数千倍。

就电池堆而言，包含了传感器、电缆线、电子控制、单电池、单电池之间的连接；电池堆内包含了电池组、结构布局、电池组件之间连接、热管理（包括加热和冷却）、管路等。集成时，也就是构建电池堆时，需要考虑单体电池化学、单体电池形状、单体电池之间的电连接方式（串并联）、单体电池相互之间空间位置、冷却系统和加热系统、维护的方便性、成本、电池管理系统。

电池设计涉及诸多问题，图 10.1 给出了电池设计中需要考虑的因素[1]。

在电池水平上涉及正负极材料选择、电池几何结构、极片厚度与孔隙率、极片的力学性能、内阻的控制、电解液/锂离子导体、内置充电保护、隔膜参数等；多个电池组成电池组时需要考虑电池组的安全性、单体电池的匹配、单电池连接方式、充电装置，通信与软件界

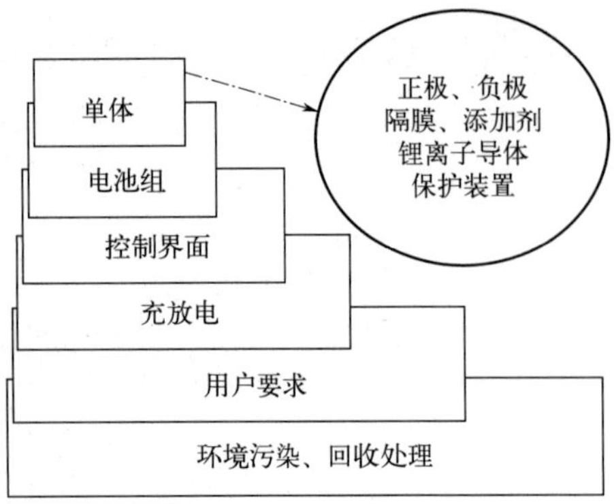

图 10.1 锂离子（组）电池设计需要考虑的因素

面涉及电池健康状态、荷电状态的监控，直流/交流转换、功率调控、规模充电中的峰值调控，用户要求，环境问题，回收处理，总成本控制等。

在电池组的层面上，需要考虑应用领域对电源的能量密度/比能量、瞬时输出功率的要求，需要考虑单电池数量、寿命。电池（组）成本的核算，包括各种组件/组分（包括单电池的组件和组分、电池组的 BMS 单元、连接件、壳体等）的成本。在设计中还要考虑电池回收环节，原则上，电池应当设计成利于回收的模式，降低淘汰电池的回收成本和环境成本，不过，这方面还没相关标准。

正极和负极容量相对值，谁更大一些，是电池设计中涉及的一个重要问题。负极和正极的容量比为 x，$x>1$。负极容量过量的目的是预防负极沉积金属锂，缺点是首次循环中容量损失大；还有一种设计就是负极容量小于正极，这么设计的好处是可以限定正极的充电深度，例如，限定钴酸锂的充电深度，防止其处于高度贫锂状态。

设计中还要考虑负极需要额外的 10%～15%锂形成 SEI 层。

电池体系中最重要的是正极、负极，在选择正负极材料的同时必须考虑电解液，在电解液（电）化学窗口允许的前提下尽可能保证高的电池电压。目前主要的正极和负极（包括候选）体系有：4.8V 的高压尖晶石，3.9～4.1V 的钴酸锂、NCM 三元、NCA 和尖晶石锰酸锂，3.4V 的磷酸铁锂，1.5V 的 $Li_4Ti_5O_{12}$，0.2～0.3V 的碳基负极。

$LiCoO_2$ 阴极的锂离子电池，能量密度大约在 110～190W・h/kg，循环寿命在 300～500 次，缺点是不适合大倍率运行，此外，循环 2～3 年后内阻增加明显。尖晶石锰酸锂电池能量密度低于钴酸锂，大约为 110～120W・h/kg。NiCoMn 三元电池，如果充电电压从 4.1V 提高到 4.2V，循环寿命会从 800 次降到 300 次。

主要锂离子电池体系的参数，以 18650 型为例，如表 10.1 所示，其中负极为碳材料。

表 10.1 主要实用化的锂离子电池体系参数（18650 型为例）

电池化学	可逆值	电压/V	理论比能量/(W・h/kg)	实际比能量/(W・h/kg)	理论能量密度/(W・h/L)	容量/A・h	实际能量密度/(W・h/L)
$LiCoO_2$	0.6Li	3.7	420	206	1597	2.4	530
333	0.7Li	3.6	450	210	1561	2.4	530
NCA	0.75Li	3.6	470	265	1597	3.2	690
$LiFePO_4$	1.0Li	3.4	370	126	1126	1.6	325
$LiMn_2O_4$	0.8Li	3.8	330	132	1146	1.5	340

电极以及电池的设计，很大程度上是由其应用领域决定的，换句话说，下游产品决定。一些锂离子电池下游产品，包括电子产品、玩具、笔记本电脑等，预留给锂离子电池组一个固定空间，那么问题就转换成在固定的空间范围内，哪种电池结构、选择哪种电极材料，可以提供更多的电能，设计起着决定性作用。

设计中，可以基于化工/化学原理开发计算机程序，针对设计的电池结构与组分，在组装出实体前预测其性能，这些预测可以十分接近实际情况，诸如电极内电流分布，活性物质利用率，电极厚度和孔隙度，导电材料与活性物质的比值，阴阳极容量比，电解液导电性。

常见锂离子电池都是放电组装，需要充电活化。

10.1.2 循环寿命

在电池性能最大化方面，当选定了正负极材料、电解液后，基本性质也就被确定下来，随之要考虑的是不同组件、组分之间的耦合，因为全电池循环性能不仅仅与单电极循环寿命有关。

大部分文献报道的某活性电极材料循环性能都是在模拟电池条件下测试的结果，对电极使用金属锂，这样做的合理之处在于可以研究材料的本征循环能力，考察材料在脱嵌锂过程中相结构的稳定性，缺点是无法准确判断其库仑效率，考察得到的性能是在电荷载子也就是锂离子无限满足前提下的循环性能。

全电池的运行环境和模拟电池有很大不同，可供使用的锂离子数量有限，整个电池在充放电循环中的库仑效率将明显影响循环寿命。

假设电池正负极等都是理想的，那么，在100%的库仑效率下，电池循环过程中容量无衰减。假如每个循环的库仑效率为99.5%，循环100次以后电池容量只有初始容量的60%稍多（即$0.995^{100} \approx 0.606$）。假如，此时每个循环0.5%的库仑损失是由负极界面SEI层引起的，此时，虽然电池容量不停地衰减，但是正极实际上很可能仍保持着可以提供初始容量的潜在能力，换句话说，正极的本征容量没衰减，但是电池的容量却在衰减。图10.2显示了这种影响。

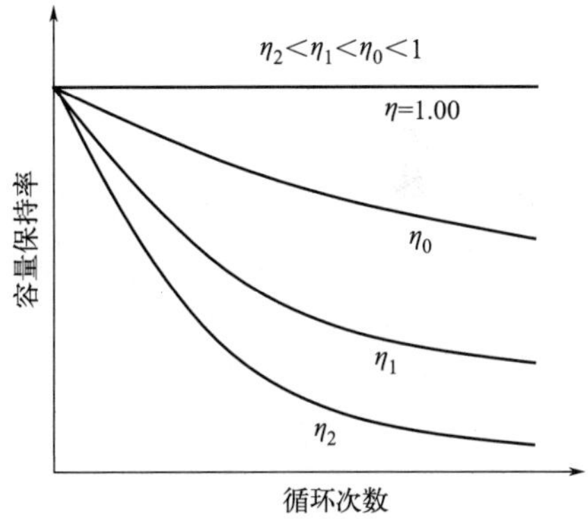

图10.2 库仑效率和循环次数对电池容量的影响

10.1.3 运行参数与正极容量

一个和电池的设计有关，也和电极/电池工艺有关的变量是正极容量。锂离子电池的复杂性尤其是正极的复杂性包括化学组成变化大，相同的化学组成时放电容量与电压运行范围有关。设计时要预先考虑正极电压运行范围以及相应的容量和循环稳定性，工艺上也要考虑这个问题。

正极容量与运行参数，尤其是电池工作电压上下限密切相关，这要求在电池设计阶段就要依据各种正极容量与工作电压范围的关系，来确定正极材料的选择。

例如，钴酸锂在4.4V上限时容量为175mA·h/g左右，循环20次后降低到120mA·h/g；在4.2V上限时初始容量138mA·h/g左右，50次循环后为115mA·h/g；在上限为4.1V时初始容量为120mA·h/g，50次循环后保持在115mA·h/g。Li_3CrMnO_4正极，充电截止电压为4.5V时容量为150mA·h/g，截止电压为4.7V时为160mA·h/g以上，5.0V截止电压会给出将近190mA·h/g的容量。

主要的正极材料钴酸锂（LCO）、镍酸锂（LNO）、镍钴二元（LNCO）、镍钴锰三元（LNCM）、锰酸锂（LMS）、磷酸铁锂（LFP），在不同电压上限时的容量，如图10.3所示。

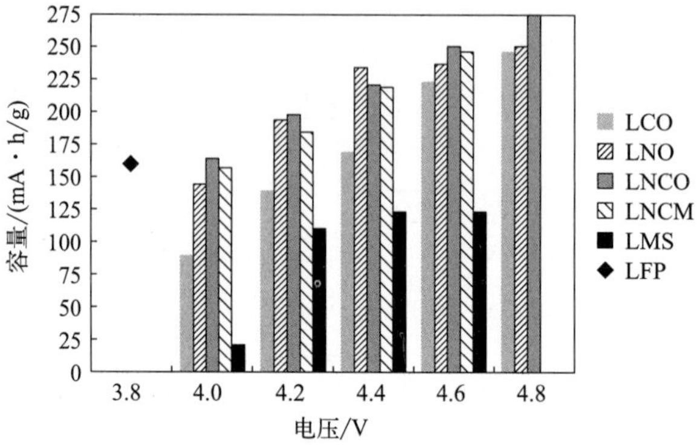

图 10.3　不同电压上限时主要正极材料的容量

正极材料的密度和填充量密切相关。电池几何形状主要由客户决定，当电池几何形状确定后，总是希望单位体积的能量密度最大，这和活性材料的振实密度密切相关。影响振实密度的参数有活性材料的形貌、颗粒形状等以及材料的真密度。几种典型材料的真密度分别为：$LiFePO_4$ 3.6g/cm^3，$LiMnPO_4$ 3.4g/cm^3，$LiMn_2O_4$ 4.2g/cm^3，$LiNiO_2$ 4.8g/cm^3，$LiCoO_2$ 5.1g/cm^3。市售的正极的颗粒度，大致分成三种大小：2μm 量级、7μm 量级和 20μm 量级。例如，$LiFePO_4$ 产品粒度有 1.0μm、4.8μm 和 15μm 三种；钴酸锂有 3μm 和 20μm 两种（指平均颗粒大小）。

影响振实密度的其他参数如颗粒形貌、大小等，不同厂家有所不同。

和正极材料一样，负极碳材料的颗粒越小，大倍率越好，但是不可逆容量越多，这需要权衡。

主要厂家的碳材料产品性能指标，如表 10.2 所示。

表 10.2　市售碳阳极主要性质

制造商	型号	类型	BET 比表面积/(m^2/g)	D_{50}/μm	可逆容量/(mA·h/g)	首次循环效率/%
Osaka Gas	MCMB6-28	2800℃石墨化的软碳	4	5～7	295.3	92
	MCMB10-28		1.96	12～13	326.9	92
	MCMB25-28		1	25	334	92
	OMAC-15	石墨化的软碳	2.59	15.31	364.9	96
	OMAC-21		—	—	356.0	93
Hydro-Quebec	SNG-12		8.59	12.1	370	86
Superior Graphite	LBG-1025	天然石墨	<4.9	19	360	91
	SLA-1020	热提纯天然石墨	<5.5	20	363	92
	SLC-1015	表面处理天然石墨	<1.2	25	352	92

获得应用包括曾经获得应用的商业化锂离子电池碳材料大致分成三类：硬炭、天然石墨和合成石墨。天然石墨价格低，电压平台低且平，库仑效率高，可逆容量 330～360mA·h/g，倍率差，与 PC 不兼容。倍率差原因之一源自其高度的各向异性，一般是片状形貌，c 轴短，与 c 轴垂直方向尺度比较大，涂在铝箔上后，一般是 c 轴垂直于导电基体，锂离子的嵌入方

向和电子传输方向垂直，c 轴电阻率为 $10^{-2}\Omega \cdot cm$，a 轴电阻率为 $4\times 10^{-5}\Omega \cdot cm$，从而影响倍率性能（基本上可以近似认为，在活性材料中锂离子传输路径和电子传输路径必须相同）。

活性电极材料，最好是现用现制备，或者是小心保存，要避免与湿气接触，特别是正极材料，在和湿气接触后会发生阳离子交换反应，也就是质子和锂离子的交换反应，在颗粒表面生成杂质，例如暴露在空气中后发现 $LiFePO_4$ 晶胞收缩，暴露时间越长晶胞收缩越大，很可能就是因为锂损失。$Li_4Ti_5O_{12}$ 也可以和空气中的水汽反应导致材料的电化学性能下降。

活性材料的比表面积是个矛盾的参数，比表面积大，那么堆积密度就会低，但是高倍率会好，这个主要看应用的场合。平均颗粒尺寸和颗粒分布也与涂膜工艺密切相关，不同电池制造商以及不同类型的电池，都有所差别。一般，比表面积值在 $0.5m^2/g$ 左右。

成本、性能之间的平衡导致在实际应用中使用混合阴极。一种是 NCA 和尖晶石锰酸锂混合。长期循环后使用混合阴极的全电池负极上 Mn 含量明显更低，这种策略不仅降低成本，还可以通过提高负极的循环而改进全电池的循环稳定性（沉积到负极的 Mn 会催化负极上的副反应，破坏 SEI，从而恶化负极性能，减少全电池中有效锂含量）。除了 NCA 和尖晶石锰酸锂混合正极外，其他还有钴酸锂和 $LiCo_{1/3}Ni_{1/3}Mn_{1/3}O_2$ 混合（7∶3，质量比）、富锂层状固溶体和磷酸铁锂混合、富锂层状固溶体和 LiV_3O_4 混合、层状镍钴锰三元和尖晶石锰酸锂混合。

10.1.4 电流密度分布

小型电池，一般不考虑电流密度分布不均匀问题。大型高功率使用时，需要考虑电流密度不均匀的后果。以堆叠式方形电池讨论，如图 10.4 所示，当将正负极极片一片一片堆起来以后，引出极耳，可以看到电流密度在极耳附近最高，而与极耳相对的远角电流密度最低。

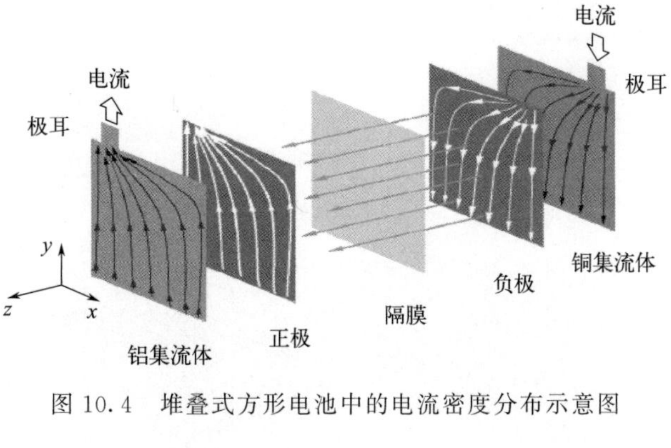

图 10.4 堆叠式方形电池中的电流密度分布示意图

这样的电流密度分布告诉我们两个事实。第一，在靠近极耳附近活性物质的利用率最高，在与极耳相对的远角活性物质利用率最低。第二，在放电时靠近极耳处的活性物质容易过放电，同时远离极耳处的活性物质还没充分放电，也就是活性物质放电深度与它在电极上的位置有关。同样，充电时越靠近极耳的活性物质充电越充分，也越容易被过充电。

极耳处是电流密度最高位置，容易被烧焦、被腐蚀。极耳附近的电解液也容易被氧化、分解。

10.1.5 电池几何形状

单体锂离子电池主要包括软包装电池、方形电池和圆柱形电池三大类，与前两者相比，圆柱形电池可以在单位体积内填充最多的活性物质，体积能量密度相对高，机械稳定性也更好。

18650 电池是直径 18mm、高度 65mm 的圆柱形电池，2015 年产量为 6.6 亿只，之所以如此量大，是因为它几乎适用于任何场合，从移动电子到电动汽车。

方形电池中的极片排布要么是卷绕式的要么是堆叠式的。

三种电池的结构示意图，如图 10.5～图 10.7 所示。

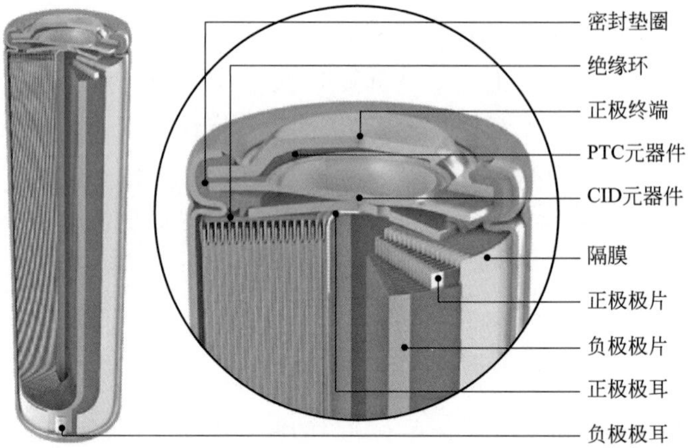

图 10.5　圆柱形锂离子电池内部结构示意图

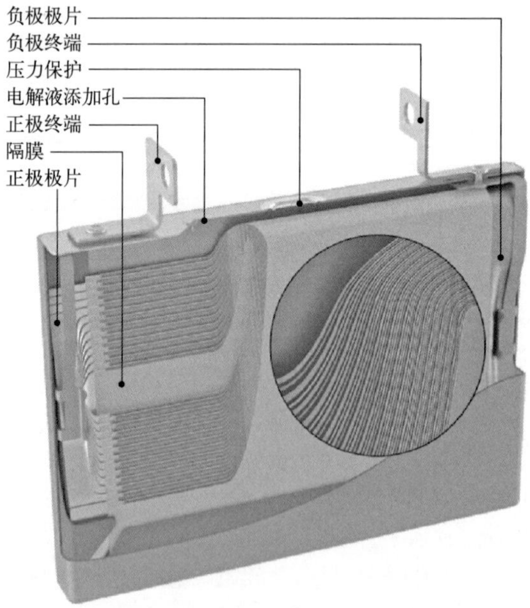

图 10.6　卷绕式方形电池内部结构示意图

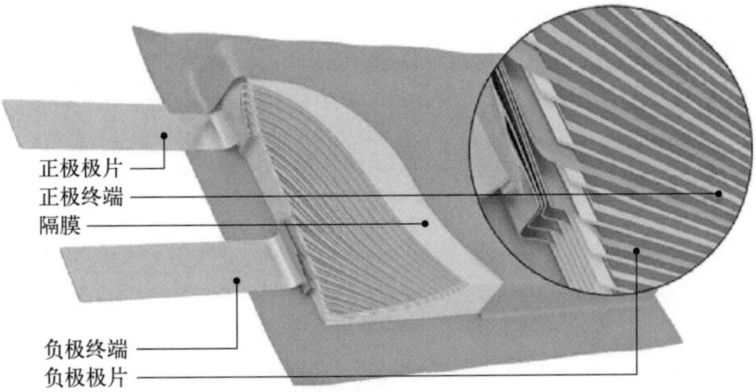

图 10.7　堆叠式软包电池内部结构示意图

对于圆柱形电池，将正极极片、隔膜、负极极片、隔膜依次叠好后卷绕起来放入圆柱状壳体内，正极接电池帽，负极接电池壳体。一般，电池壳都是不锈钢（偶见铝壳），耐挤压不变形。安全装置包括了电流切断装置 CID，当电流过大时会自动断电流。

对于功率型单电池，按照质量占比，正极集流体铝箔占 5%，正极活性材料占 19%，负极集流体铜箔占 10%，负极活性材料即碳负极占 4%，11%的电解液，隔膜占 4%，其他组件如电池壳、外包装等占 28%；对于能量型的单电池，隔膜占 2%，电解液占 16%，碳负极占 17%，负极集流体铜箔占 4%，正极活性材料占 41%，正极集流体铝箔占 2%，其他组件组分占 9%。上述为一般的组成。

随着技术进步，单体电池容量逐年上升，以 18650 电池为例，1999 年时一个单体 18650 电池的容量为 1800mA・h 左右，2006 年时为 2600mA・h 左右，此后 NCA 正极逐渐获得应用，单体电池在 2009 年达到 3000mA・h 左右，到了 2012 年，因为 NCM 系列正极得到实用化，单体 18650 电池容量提高到了 3500mA・h。如果使用 Si 负极、NCM 正极材料，容量可达到 4000mA・h，这对于直接使用单体电池的场合具有一定意义，对于高压应用场合也许并没什么实际意义。单体电池容量上升的同时，价格却在迅速降低，2010 年价格大约是 1000 美元/kW・h，到了 2016 年时价格降到 273 美元/kW・h，随着时间几乎成线性下降。

表 10.3 是 18650 电池的性能指标，在零下 20℃，其容量降到 1800mA・h 左右。

表 10.3　目前 18650 电池性能参数范围

项目	参数
尺寸(直径×高度)	18mm×65mm
重量	约 45～50g
容量	约 3.0A・h(0.2*C*,3.60V)
平均电压	约 3.7V
充电电压	4.3V 或更高
充电时间	约 2.5h
体积能量密度	530～550W・h/L
质量能量密度	200～210W・h/kg

续表

项目	参数
循环次数	300(80%保持率)
充电温度	0～45℃
放电温度	−20～60℃
储存温度	−20～45℃
阴极材料	$LiCoO_2$,Li(NiCoMn)O_2
阳极材料	石墨

10.1.6 单电池等效电路

当将电池组或者电池作为电源使用而需要分析电路性能时，需要考虑单电池的电输出特性，这通常涉及其等效电路。

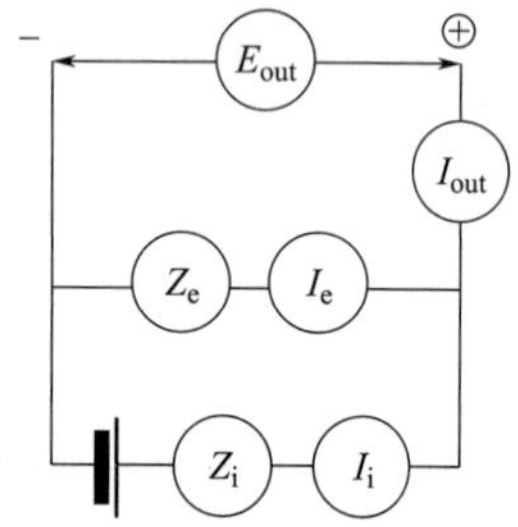

图 10.8 电池的等效电路

图 10.8 是基于化学原理给出的等效电路，其中 E_{out} 代表电池的输出电压，I_{out} 代表输出电流，Z_e 和 I_e 分别代表电解液中存在电子渗漏情况下的电子电阻和电子（自放电）电流，Z_i 和 I_i 分别代表电极存在离子的渗漏、离子转移情况下的离子传输阻抗和离子（自放电）电流。

理想情况下，Z_e、I_e、Z_i 和 I_i 都不存在，输出电压等于电池的理想开路电压[2]。

该等效电路图也显示了两种自放电机理：离子渗漏与电子渗漏（微短路），前者，如氧化还原穿梭剂，后者相当于微短路。自放电反应包括化学的和电化学的，上述两类自放电反应中的电子渗漏可以理解成是电化学的，可以通过充电使容量恢复；离子渗漏引起的反应，可以理解成是化学的，对于化学类的自放电，通常难以恢复其损失的容量，氧化还原穿梭剂是个例外。在没有外部回路时，电池的容量也因为电子的渗漏不停地损失。

输出电压和锂离子的迁移数有关，某个离子的迁移数是指液相总电流中某种离子运动对应的电流分量，理想情况下锂离子迁移数为 1，不影响输出电压；但是假如存在离子渗漏行为，电子转移电阻和离子渗漏电阻是串联的关系，开路条件下，满足

$$E_{out}=E_{th}\frac{Z_e}{Z_e+Z_i}=E_{th}t_{Li^+}$$

只有当锂离子的迁移数接近 1 时输出电压才接近理论数值。与电流相关的界面阻抗的存在会使锂离子有效迁移数降低，会引起输出电压的额外降低。

锂电池模型，除了（电）化学的，还有物理模型、半经验模型（基于数据的模型）和等效电路模型，直观的是用电子元器件表示的电路模型，一种 Randles' 等效电路结构，如图 10.9 所示，其中 E_{th} 是理论输出电压，图中相当于一个无内阻无内部电子和离子渗漏的理想电源，E_{out} 为实际输出电压。

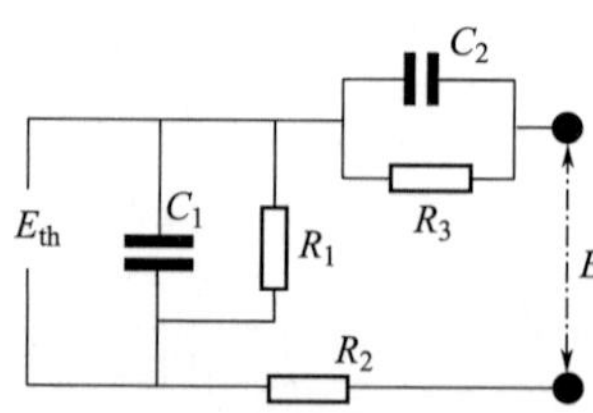

图 10.9 单电池等效电路

也可以是多个（RC）回路模型。

在分析某单体电池的等效电路时，很大程度上就可以确定该电池的应用场景，这反过来会影响到电池的最初设计，以优化性能，满足客户所需。

10.1.7 可靠性分析

有些场合，对电池可靠性要求不高；在高端领域应用时，会要求很高的可靠度，通常在98%以上。

计算可靠性的方程为

$$R(t)=e^{-\lambda t}$$

式中，$R(t)$ 是可靠度函数，λ 是失效率，在系统的运行时间内的失效次数，t 是工作时间，用单位时间表示（比如小时）。平均无故障时间（MTBF），可以简单理解为发生两次连续故障中间间隔时间。如果给定的工作 200h 的可靠度是 99.0%（代表 100 个电池工作 200h 后，有一个电池失效），那么平均无故障时间按照下式计算：

$$\mathrm{MTBF}=\frac{1}{\lambda}$$

计算结果为 19900h，大约是 830d，2.3 年，也就是使用这种电池的情况下，大约每 2.3 年出一次故障。我们总希望平均无故障时间尽可能长。

电池的可靠性分析，需要生产厂家基于大量产品数据来分析，国内厂家在这方面做得还不足。

10.2 扣式电池

扣式电池结构，它是实验室常用的用于评价活性电极材料的模拟电池。各种扣式电池结构大同小异，基本结构如图 10.10 所示。

最外层是负极外壳，内部先放置导电弹簧片，然后依次放不锈钢片、金属锂片、隔膜、研究对象（目标极片）、铝网或者不锈钢金属片，有时还需要弹簧片以保证良好的接触，然后滴加电解液，扣上正极外壳即可，正负极外壳之间的绝缘垫圈，有的是直接放在正极外壳内部，有的需要自己手动放上。

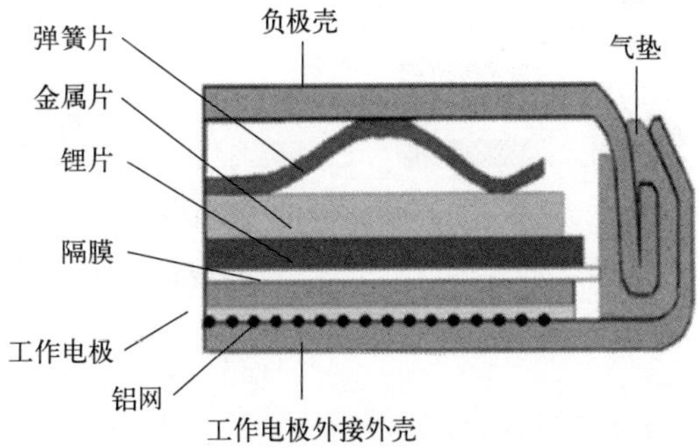

图 10.10 扣式电池结构示意图

使用过的扣式电池，需要处理掉，不能大量存放，否则，大量电池放在一起，容易短路。一般可用钳子剪开，放入盛水（大约 500mL 水）的烧杯中，烧杯置于通风橱中即可，反应产物氢氧化锂是弱碱性，基本没有环境污染。每次只能处理一个，量多了以后会危险。

实验室使用扣式电池测试，对电极通常使用锂片，测试的结果代表的是被研究对象的本征性能，这是在锂源无限大的情况下测试的结果。成品电池中锂源有限。

10.3 圆柱电池极片制造

全电池组装，是将各种原材料、组件组装起来形成一个完整可用的电池体系。原料或者原始组件包括正负极活性材料、正负极导电剂和黏结剂、正极集流体铝箔、负极集流体铜箔、隔膜、电解液、壳体、外包装等。

本章主要讨论液态锂离子导体的电池组装，使用固态锂离子导体的全电池，主要用在微电池领域，将在后边阐述。

从原材料到全电池的整个流程，以 18650 圆柱形电池作为例子[1]，如图 10.11 所示。

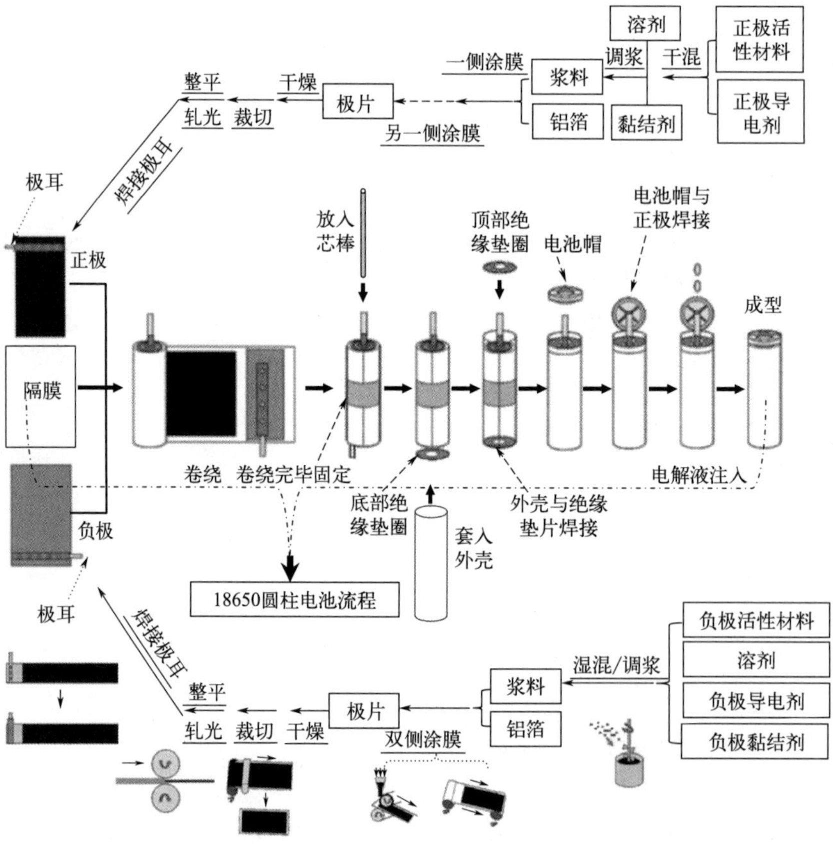

图 10.11 全电池流程示意图（从极片到全电池过程以 18650 圆柱形为例）

首先要将活性材料制成极片，极片制备包括活性材料、导电剂和黏结剂以及溶剂混合制备浆料，然后将浆料涂敷在集流体上，干燥，整平（切割，如果有必要的话），极片就制备出来了。然后极片和隔膜叠在一起，卷绕起来就得到圆柱形或者方形电池。

如果极片进行切割，然后将极片和隔膜堆叠起来，就是堆叠式方形电池。

10.3.1 极片制造基本流程

锂电池及极片结构比较简单，如图 10.10 所示。电池的基本单元是正极、隔膜、负极，三层叠在一起卷绕起来制成圆柱形或者方形电池，卷绕时要使用额外一层隔膜以防止正负极直接接触。

方形电池结构也可以采用堆叠式结构，这种结构的一个好处就是存在着这样一种可能，当电池整体性能不足，面临淘汰时，可以更换其中部分极片，重新组装起来使用，即所谓的淘汰电池的再生处理，而不是直接完全被淘汰进入回收流程。

极片中活性材料占比90%左右，黏结剂一般为PVDF，溶剂为NMP，在球磨机中正极活性材料、导电炭和黏结剂干混，混合均匀后，加入一定的溶剂调浆，涂在正极集流体上。负极活性材料是石墨，黏结剂是PVDF，或者是水性黏结剂如CMC，溶剂是NMP或者是水。正极集流体是铝箔，厚度一般在10～20μm量级，常见的是16μm厚，负极为10μm厚的铜箔。单体电池见图10.12。

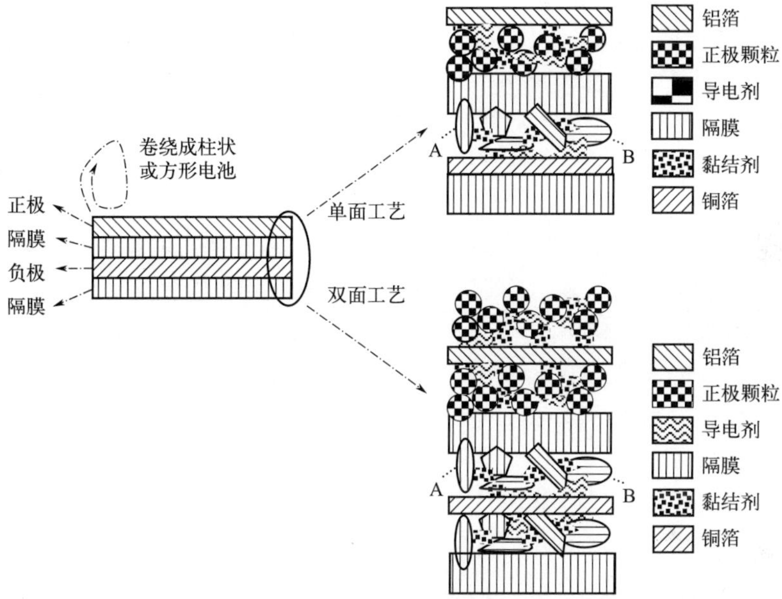

图10.12　单体电池结构示意图

从混合浆料设备中出来直接进入涂料设备，涂覆方法分成夹缝挤出涂布、刮刀式和背涂法。背涂常用于不连续的涂层工艺，涂层有规律间隔一段距离，这种涂层的尺度要么直接和最终的尺寸对应，要么进一步切割。涂层厚度由电机自动控制，误差一般要小于2μm。

能量型电池的集流体可以薄一点，以腾出空间用于填充更多的活性材料，功率型的一般要厚一点以保证低内阻。对于能量型应用，一般在集流体反面进行二次涂层。涂敷完毕后极片经过高温处理以蒸发溶剂，烘干的极片通常要压实一下以增大单位体积填充量，保证颗粒接触的连续性。压力负载和速度取决于制造商。压实后极片切割以适应最后的尺寸，然后连接极耳，铝极耳超声焊接到正极，负极使用镍或者镀镍极耳。

正极活性物质颗粒尺寸在5～30μm范围，颗粒大一些利于能量密度，小一些利于功率密度。保证能量密度的另一种做法是将两种颗粒尺寸差别比较大的正极活性材料混合以实现单位体积内最大填充。一般情况下，正极导电剂是各种碳材料，黏结剂是PVDF，或者是SBR。正极涂层（含有活性材料、导电剂、黏结剂）的厚度，大约在50～300μm，厚度越大越有利于能量密度而不利于功率密度。正极活性物质的载量，一般在15～30mg/cm^2（磷酸铁锂在10～15mg/cm^2，三元载量大约在15～20mg/cm^2，钴酸锂载量大约为20～25mg/cm^2），负极一般在 6～25mg/cm²，功率型载量大约为能量型载量的 2/3，各厂家之间也有差别。负极黏结剂，可以是羧甲基纤维素 CMC，或者是 PVDF，负极活性物质涂层厚度和正极一样，一般在 50～300μm 范围，铜箔厚度和铝箔差不多。

隔膜的厚度在 9～40μm，功率型电池使用的隔膜要厚一些。

电极的孔隙率是一个重要工艺参数，孔隙内充满电解液。根据电化学反应机制，同时具有良好的电子电导率和锂离子电导率的位置才能充分参与电化学反应，否则将不会被利用，也就是降低活性物质的利用率。显然，孔隙率决定了电子导电相和锂离子导电相体积对比。孔隙率还影响电极/电池的内阻，通过控制单位面积活性物质的载量和极片压实时的压力，可以控制孔隙率。

例如，活性物质为 $LiNi_{0.8}Co_{0.2}O_2$，荷电态为 50%，孔隙率为 35.2%时直流电阻小于孔隙率为 42.6%的。荷电态降低后直流电阻也会增大，在 10% SOC 时的荷电态比 50% SOC 的可以增大将近 1 倍，孔隙率小一些时，不同荷电态时的直流电阻差异小。

降低黏结剂和导电剂添加量，降低铝箔、铜箔厚度，增大压实密度，双面涂膜工艺的使用，合理结构设计，电极活性材料性能的不断进步，数个因素一起，使 18650 型锂离子电池的容量从 1990 年的 850mA·h 增长到 2015 年时已经达到 3.0A·h 左右。目前，锂离子电池体系的能量密度已经提高到极限，以以前的模式再进一步提高现有锂离子电池体系的能量密度是不太可能的，至少增长速度会明显降下来。进一步提高能量密度，需要颠覆性的技术，比如全新电解液体系的使用。

图 10.13 是真实的锂离子电池结构，上图可以看出卷绕式结构，下图是解开的电池，其中白色为隔膜，黑色为涂有活性材料＋导电剂＋黏结剂的正极极片。典型的，对于一个成品电池，负极和正极的容量比为 1.05～1.15，负极需要额外的 10%～15%锂形成 SEI 层，多数锂离子电池都是正极容量限制型装配，预防负极沉积金属锂，而通过控制充电电压控制正极锂离子含量，以避免正极过度贫锂导致安全性降低。

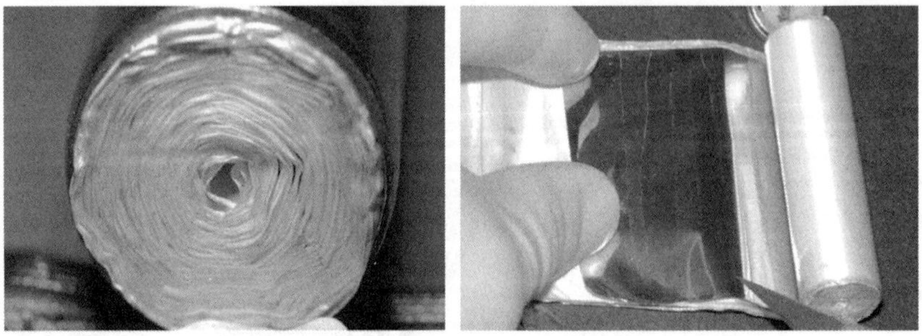

图 10.13　卷绕的电池和解开的电池

10.3.2　混料

图 10.11 的电极制备流程中，首先，电极活性物质和相应的黏结剂、导电剂混合，混合方式有干混和湿混两种。

干混，是将活性物质、导电剂直接机械混合，然后加溶剂调浆。湿混，是将溶剂和活性物质、导电剂、黏结剂一起直接机械混合。可选择的导电剂有乙炔黑、Ketjen 黑和石墨，黏结剂如 PVDF，EPDM。一般，正极采用干混，活性材料与碳基导电剂在干燥固态下高速混合，保证颗粒均匀分布，粉碎聚集体，活性材料一般占 90%，然后混合体与 PVDF 以及 NMP 溶剂一起进行球磨。

干混机器是大型混合机器，原理上和实验室的球磨机类似，干混后加入溶剂和黏结剂，混合用球一般 2～3mm 直径大小，球磨条件会影响电池性能。控制浆料到目标黏度，然后将调制好的浆料涂在相应的集流体上，加热干燥，卷绕起来待用。如果需要，可以对集流体另一侧再做一次涂膜，即双面涂膜。然后切割成相应大小尺寸极片，进行压制整平后焊接上极耳即可。形成浆料时添加的溶剂，对于 PVDF 黏结剂，一般使用氮甲基吡咯烷酮 NMP，对于 EPDM 黏结剂可以使用水性溶剂，这会明显降低溶剂成本以及环境成本。

如果目的是将几种物质混合均匀，称为球磨；如果目的是利用球磨使原料发生化学反应，习惯上则称为机械合金化，球磨在锂离子电池电极材料制备中得到广泛应用。1966 年 Benjamin 尝试用高能球磨方法改进镍基超合金的力学性能，后来，随着机械化学理论的完善而逐渐扩展到材料合成领域，能够促使精细颗粒均匀分散，局部温度可达到 1000℃以上。

球磨，从机械角度看有粉碎、混料的功效，将不同反应物颗粒磨碎后在尽可能小的颗粒尺寸上对不同的原料加以混合，力求混合均匀；从化学角度看还有化学合成的功效，在将不同的原料磨碎、混合同时还促使不同的原料/相相互反应、融合。行星球磨机是常见的混料仪器，其运行模式如图 10.14(a) 所示，球磨罐在进行自身的旋转同时还进行公转，与地球自转同时围绕太阳公转的现象类似。

球磨罐内部的情形，可简单描述如下，如图 10.14(b) 所示。球磨罐为逆时针旋转，内部的粉料随着罐壁运动，使用的球，一般采用不同尺寸的大球和小球混用以增强粉碎、混合效果、效率，大球用于粗磨，小球用于精磨。以罐壁为参考，球运动方向为顺时针，粉料从球左侧进入球和罐壁之间，并在那里被磨碎、挤压、融合。对于某个尺寸的球，在其他参数固定时，它能够磨碎的最小尺寸是固定的，因此要大小球配合使用。

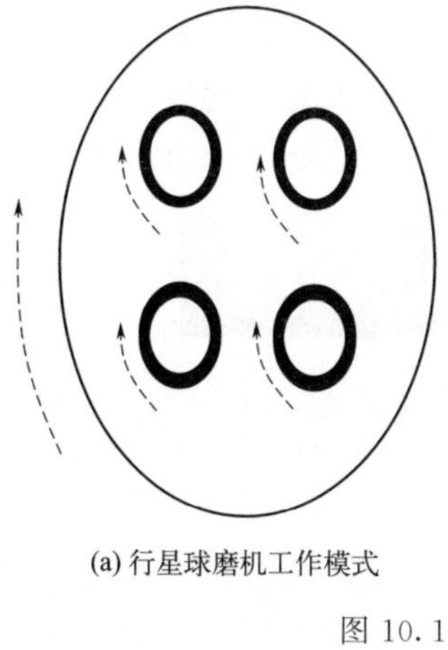

(a) 行星球磨机工作模式

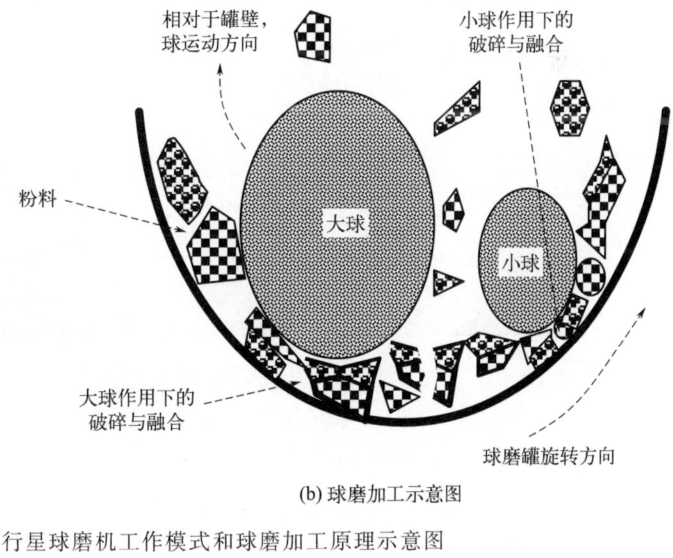

(b) 球磨加工示意图

图 10.14　行星球磨机工作模式和球磨加工原理示意图

球/料质量比和球磨时间均影响球磨后粉料的颗粒大小，一般，球料比越大，球磨的效率越高；球磨后的颗粒大小随着球磨时间呈指数下降。仅从混料的角度讲（在锂离子电池电极材料合成以及极片制备中，球磨的目的主要是混料），2.0～3.0h 时间比较合适；如果以机械合金化为目的，经常要球磨 10h 以上，并且强度也要大，例如储氢材料中 Mg-Ni 合金的球磨。

对于材料的合成，球磨属于混料过程。也可将球磨作为后处理工序使用，将高温烧结的产品球磨一下，起到粉碎的作用。球磨后的产品颗粒度大小不同，因此，一般会在球磨后再将产品按照粒度分离、分级，不同颗粒度的产品应用到不同的领域。后处理工序中使用球磨粉碎时一般球磨时间要尽可能短，否则会影响材料的结晶度，特别是材料颗粒外表面的结晶度。

负极极片一般采用湿混，工艺和正极极片类似，可选的黏结剂包括 PVDF，CMC 和 SBR，使用行星球磨机比较好，浆料黏度在 10000～20000 之间，涂在 15～20μm 厚的金属铜箔上，也包括单侧涂膜和双侧涂膜，涂层厚度 50～300μm，涂覆的过程可以规律性终止，以利于卷绕等后续工艺。干燥后压实以提高能量密度，平整表面以减少对隔膜的损伤。取决于黏结剂类型，PVDF 用 NMP 作溶剂，CMC 用水作溶剂。

10.3.3 极片厚度控制

电极厚度，是影响活性物质利用率的重要参数。对于受扩散过程控制的电极过程，电极厚度增加 n 倍时，相应的活性物质载量也会增加 n 倍，但是电极容量的增长却不是 n 倍，就是说，电极厚度增加后，测量到的单位质量比容量会降低。因此，容量型和功率型电池在单位电极面积活性物质载量这个参数上差别很明显，功率型的电极比较薄，单位面积活性物质载量要小一些。

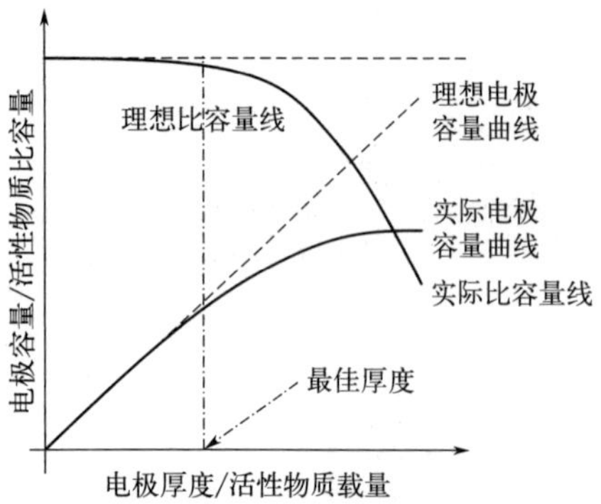

图 10.15 电极厚度与电极容量/比容量的关系

活性物质利用率和电极厚度关系，如图 10.15 所示，理想情况下（即无扩散影响的情况下），随着电极厚度增加，电极容量线性增大，比容量与电极厚度没有关系，实际情况是当电极厚度增大到某一个量值时，比容量会明显降低。

图中给出了最佳电极厚度位置。该推断是基于电极过程动力学基础理论得出的，是定性结论，具体的最佳电极厚度数值是多少或者范围，原则上仅仅取决于锂离子导电相和电子导电相的比值以及锂离子和电子的导电能力。

比功率输出能力和电极厚度关系更加密切，图 10.16 为电池软件仿真结果，图中的 A・h 数是电池容量。可以看出，在阴极厚度为 25μm 时 10A・h 容量的电池 10s 峰值功率输出能力接近 1.0kW，60A・h 的电池输出能力为 5.0kW；当正极厚度为 200μm 时，差别变得不明显。相同的容量下随着极片厚度增大输出的功率降低。

钴酸锂正极极片制备工艺较成熟。高镍正极材料的一个共性问题是制备浆料过程中比钴酸锂正极容易胶凝，一般认为是正极材料碱性过高，也就是残锂量过高的原因，这可以从材料合成中克服（即在合成中减少锂源使用量，不过这么做的后果是容易导致杂质如 NiO 的生成以及 Li/Ni 无序），另外一个可能就是针对合成出来的高镍正极进行处理，比如水洗工艺，发现适当水清洗可以改进 $LiNi_{0.8}Co_{0.1}Mn_{0.1}O_2$ 的循环，略微降低容量，充电后在 90℃ 储存 30d 后，水洗样品中溶解的 Ni^{4+} 远小于没有水洗的，未水洗的样品会向尖晶石结构转

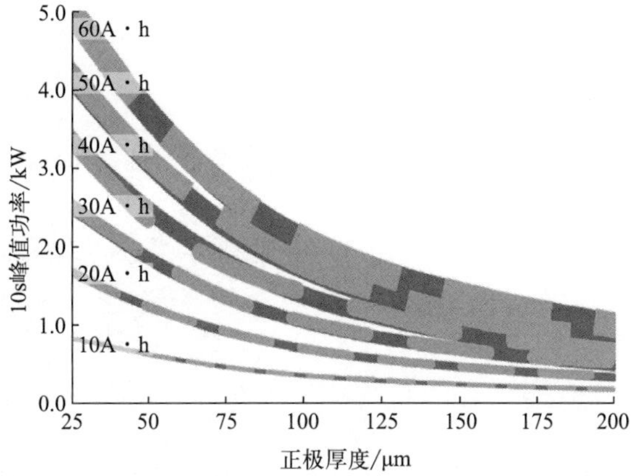

图 10.16　10s 功率输出能力与电极厚度的关系

变，水洗的则保持层状六方空间结构。水洗后接近表面处存在着接近 NiO 立方结构的表面相，且表面阳离子无序度增大。

正极总厚度在 80～250μm，在电极集流体两侧涂上两层不同致密度的活性材料（甚至活性物质形状、种类都可以不同），可以兼顾能量密度和输出功率的要求。对于活性材料层，靠近集流体一侧孔隙度在 30%～50%，靠近隔膜一侧在 50%～60%。改变湿膜的厚度为 150～350μm，然后制备的干膜，80℃干燥过夜，694MPa 压实。

图 10.17 是 NCA 正极极片的 SEM，厚度对其充放电影响明显，厚度增大后，表观上看是比容量降低，实际上是活性物质利用率降低。

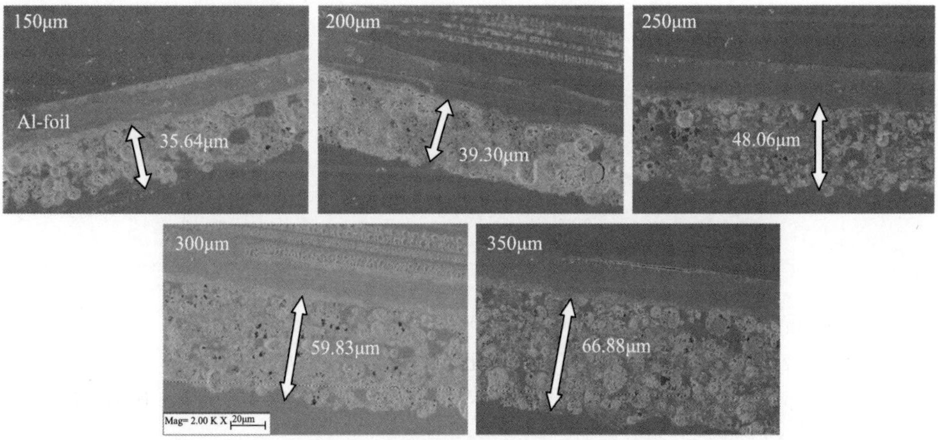

图 10.17　不同厚度 NCA 极片侧视图

10.3.4　极片切割

极片切割目的是得到需要尺寸的极片，切割表面的质量会影响电池性能，切割方法有机械切割和激光切割。

机械切割缺点是工具等比较昂贵，切割工序不稳定，切割质量难以保证，切割产生的毛刺等缺陷可能引起电池内部短路。如图 10.18 所示，机械切割产生的缺陷包括三种：边缘侧弯（a）、小尺寸杂质附着（b）和极片弯折（c）[3]。

激光切割的优势是没有刀具的磨损，能量集中、速度快，实用性强，几乎适合所有的材料，针对不同材料调节激光切割的速度和功率即可，图 10.19 是激光切割的正极顶视和侧视 SEM 图。

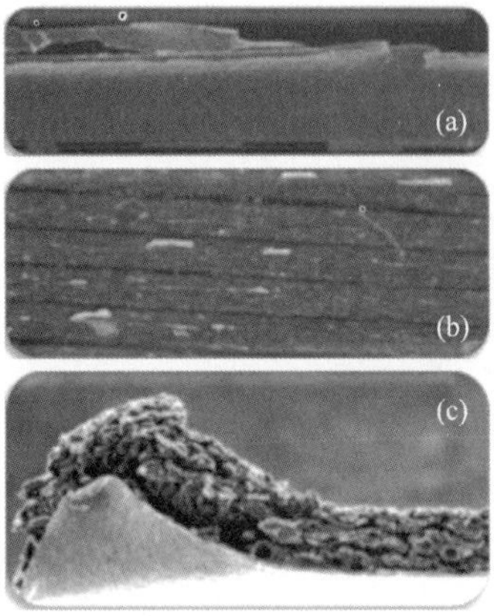

图 10.18　极片机械切割缺陷

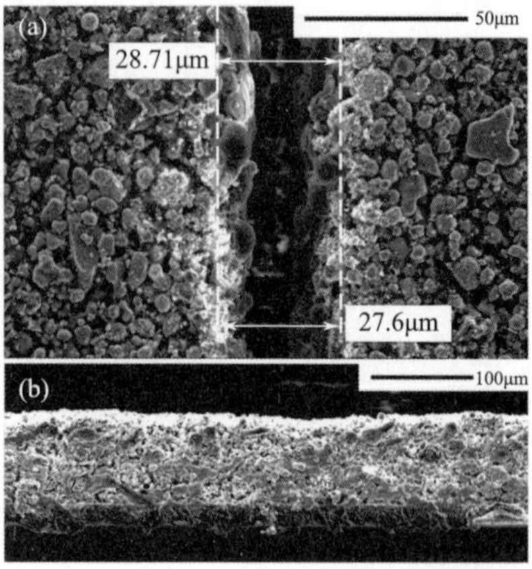

图 10.19　极片激光切割后的顶视（a）与侧视图（b）

10.3.5　极片性能影响因素

涂料过程要保证混料均匀，涂膜方式包括狭缝挤出式，刮片式，背涂式。原则上都适合正极与负极，背涂式一般用于非连续加工涂层过程，在固定的间隔上进行，间断选择，可以直接和最终的电池尺寸适应，也可以进一步切割。反面进行第二次涂层，即集流体两面涂膜，可提高比特性。涂膜后的极片，通过烘干，将溶剂挥发，然后压制，提高压实密度，按照最终电池尺寸切片，焊接极耳，负极极耳使用 Ni 材料，一般采用超声焊接。

集流体，正极可用 16μm 铝箔，负极一般用 10μm 铜箔，如果用于 EV，上述过程控制参数要更加精准，精密，黏度、分散度等要求更加精确，误差要更小，扰动小。此时，分批次混合已经难以保证一致性，顶级制造商采用连续式分散/混合装置设计代替分批次混合方式。

提高极片中导电添加剂有助于高的电子导电性，但是太多高比表面积的添加剂有可能影响活性颗粒的紧密接触，使得有效电子导电性降低；PVDF 等黏结剂太多会降低离子电导率，如果黏结剂含量低于极限值也会降低电子导电性和循环寿命，因为活性颗粒和集流体之间物理接触变差。电极组成对电极性能的影响与黏结剂/导电剂比值有关系，比值合适时，惰性物质用量小，从而会提高能量密度。

电极的压实对电化学性能的影响也十分明显，以 NCA 正极极片为例，电极组成为 84%（质量分数）NCA，4%（质量分数）Super P，4%（质量分数）SFG6 和 8%（质量分数）PVdF-binder，固定湿膜厚度为 250μm，当压实压力从 0～867MPa 变化时，放电容量随着压力提高呈增大趋势。

以 NCA 正极为例考察石墨、炭黑和 Super P 三种导电剂的影响，发现 Super P 的效果远远大于 SFG6。

导电剂的添加量影响电子导电性，进而影响内阻和活性物质的利用率。图 10.20 给出了三种不同品牌的炭黑含量对钴酸锂和锰酸锂正极电阻的影响。虽然直观上对于 Ensako 250G

型号的炭黑似乎以10%的添加量最合适，但是实际上并不是如此，要考虑电池的应用领域，其5%的添加量必不能被排除在外，比如对输出功率要求不高的场合，与10%的相比，这种选择可以保证电池的能量密度获得些许的提高。

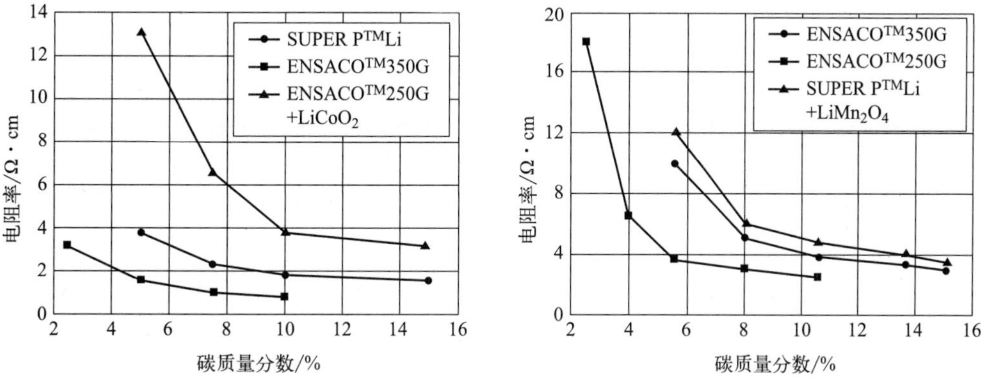

图 10.20　添加剂种类、含量对正极导电性的影响

导电剂的其他负作用还包括正极的高比表面积炭黑会加速电解液的氧化。对于锰酸锂正极，高比表面特性还会加速Mn的溶解。稳定的表面结构、易分散的炭黑是最好的。炭黑对电解液、黏结剂的吸附行为还会影响浆料的稳定性。

10.4　方形堆叠式电池极片制造

图10.21给出的极片制备工艺，一般适合于方形堆叠式电池[4]。

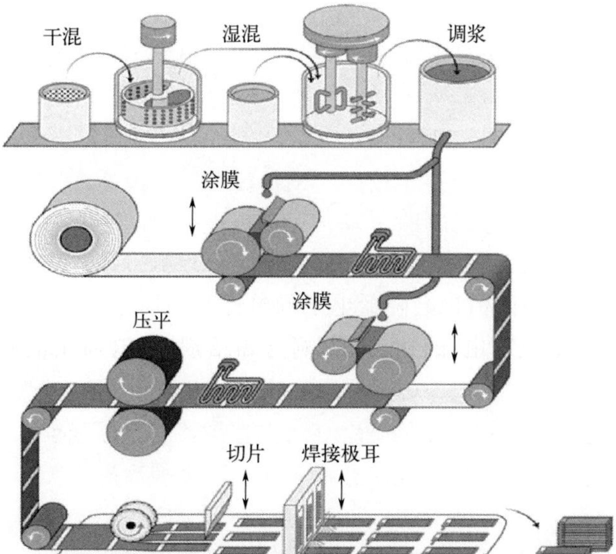

图 10.21　极片工艺流程示意图

首先干混，然后加入黏结剂、溶剂湿混形成浆料，随后在铝箔上两次涂膜，每次涂膜后干燥；两次涂膜后整平压实，最后对极片切割得到目的尺寸的矩形极片，最后焊接极耳。

极片干燥过程中回收NMP溶剂，不仅降低污染，还因为该溶剂比较昂贵。经济性数据为，蒸发回收1kg的NMP大约需要10kW·h电力，蒸发回收1个10kW·h电池堆的NMP需要420kW·h电力。

黏结剂功能是将活性材料颗粒、导电剂以及集流体黏结在一起，要有宽的电化学/化学窗口，较高的熔点，在浸液时溶胀速率要尽可能小，最好同时具有较好的电子和锂离子导电能力，要有利于浆料在较长时间内保持恒定的黏度，在溶剂中溶解度高，易成型，易加工，在切割极片时不会被挤碎变形。

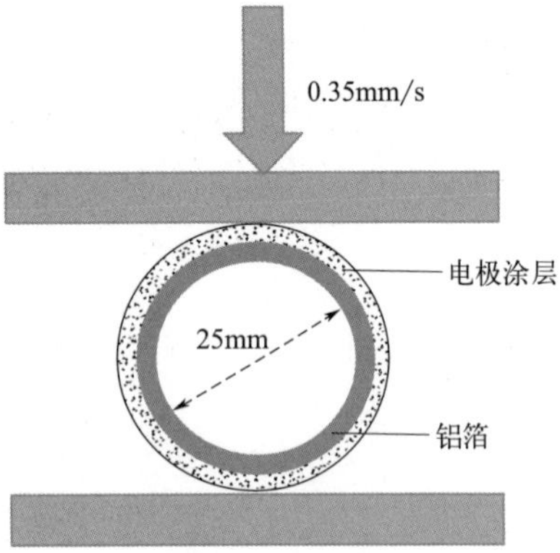

图10.22 黏结剂黏结效果/电极柔韧性测试装置示意图

总是希望较少的黏结剂就可以将同量的固体成分黏结在一起，PVDF和ACM二者相比，在达到相同的黏结效果时ACM的用量只有PVDF的1/3。

考察黏结剂黏结效果的办法是测试极片的柔韧性，测试方法如图10.22所示，浆料涂在铝箔上制成极片，做成直径25mm的圆环，然后施加0.35mm/s的挤压速度，测试压力与变形响应，以此评测电极的柔韧性以及黏结剂的黏结效果。

浆料的黏度和最终极片的放电容量密切相关，以NCA为例，当浆料的黏度大约为0.8Pa·s、1.05Pa·s、1.18Pa·s和1.35Pa·s时，在0.2*C*倍率时容量差别不明显（除了0.8Pa·s黏度下制成的极片），在5*C*时容量差别较明显，黏度为1.050.8Pa·s显示更高的容量。

电解液的浸润性会影响两个因素：浸液后极片的膨胀，以及活性材料利用率。如果从极片角度看这个问题，那就是极片的浸润性。对于多孔极片，如果和电解液的浸润性不好，那么极片孔内很难进入电解液，未被电解液浸泡的活性物质将不会参与充放电过程，这会降低活性物质的利用率，还会增大电池内阻。如果极片和电解液浸润性好，那么极片会膨胀变形（这个也和黏结剂、导电剂的性质有关）。

一般说，正极和电解液的浸润性比较好，碳负极和电解液的浸润性很差，这从正负极以及电解液的化学组成上就可以轻易判断出来。碳基负极材料的表面经过强酸浸渍、电化学氧化或者等离子体处理以后引入极性基团，例如含氧的烷基氧、羧基等表面官能团，可以改进它和电解液的浸润性，同时还可以改进它的黏结性。

隔膜的选择要考虑隔膜的影响因素。隔膜厚一些会挤占活性物质的有效空间而降低电池的容量，隔膜厚度、孔尺寸、孔隙率和曲折系数会影响内阻，厚度越大、孔径越小、孔隙率越小、曲折系数越大则内阻越大。隔膜要耐氧化，有足够的机械强度，耐活性物质刮伤，以防止内部短路，针对电池使用环境的温度选择隔膜，温度偏高时隔膜要能够不变形，要有闭孔功能，PE和PP的闭孔温度有所差别，一个是130℃左右，另一个是165℃左右。

锂离子电池电解液的选择属于最难也最简单的。之所以说难，是因为在尽可能高的电化学窗口和尽可能宽的液态温度范围的前提下需要平衡一系列参数，还要考虑添加剂的选择。之所以说简单，是因为在很多情况下选择的余地不大。锂离子电池下一步的革命性进步应当首先从电解液的革命性进步开始，主要是高压电解液的开发。

在锂离子导体一节中提到了电解液的电化学窗口。溶剂有自己的电化学窗口，溶质也就是锂盐也有自己的电化学窗口，当将不同的溶剂混合在一起时要考虑溶剂之间可能发生的反应，当再和锂盐混合在一起时，锂盐和溶剂之间的相互作用也会引起额外的效果，例如，EC 溶剂的还原性在加入锂盐后会明显增强，原因是和锂离子溶剂化的 EC 分子的还原性增强。

除了组成，电解液稳定性窗口还涉及黏结剂、导电剂、集流体、活性物质特性并受它们影响。不同组分之间的耦合作用常常出乎意料，在锂离子电池实践中经常出现这样的情况，即每个组件、组分都是最好的，但是将它们组装成的电池的性能确是差的，最大的原因就是出现了耦合作用。在实际电极体系中，电解液、嵌锂活性材料、黏结剂、导电剂、集流体这五个组件（组分），任一个组件/组分的性能研究都受到其他四个组件/组分的干扰。例如铝箔在 TFSI 阴离子构成的离子液体中可以稳定到 5.5V，但在常见电解液中达不到这个电位；精准的设计和实验很重要；此外，这种特征也决定了文献报道的某个组件/组分的结果未必就是其本征结果。上面谈到的 Al/TFSI 体系适合于研究一些 Li_xMO_y 脱嵌锂的本征行为，这种行为是只针对这个电解液体系而言的，未必适合并且很多情况下的确不合适其他电解液体系。

10.5 全电池组装

10.5.1 圆柱电池组装

极片制备完毕后就是全电池工艺，对于 18650 电池，如图 10.11 所示[5]。

首先，正极和负极极片以及隔膜堆叠起来，一起在卷绕机下绕着中心一个芯棒卷成一卷，到尺寸满足以后先放负极绝缘垫片，再放正极一侧绝缘垫片，通过测量阻抗检查是否短路，然后插进电池壳，然后电焊进入中空的芯棒中将阳极与电池壳底部焊接在一起，然后一个圆形绝缘材料帽放在电池芯卷的顶部，在那里将正极极耳导出来，在用压接方法密封之前，在电池顶部做一个圆形凹槽，以固定电池卷，并为密封用衬片和正极终端做个基座，该过程用凹槽机完成，安上将密封衬片、正极终端、CID 和 PTC 安全器件整合在一起的电池帽，放到凹槽中，将正极与正极终端采用超声焊接方式焊接起来。

使用真空灌注机灌注电解液，真空目的是保证电解液均匀分布在电池内部，确切进入隔膜中间。因为湿气会引起负面效应，电池组装要在干燥环境中进行，即使如此，还是可能含有微量水汽。

电池组装后，通常还可以采用一些措施排除组装过程中可能引入的水分，例如，真空干燥 16～24h。完成的电池用乙醇或者丙酮清洗除去外表面的残留电解液，然后检查渗漏情况保证密封效果，一般使用可检验碳酸酯蒸气存在的电子仪器检验。然后用 XRD 检验电池内部构造是否合适，最后检验电压电阻是否正常。

10.5.2 软包与方形电池组装

图 10.23 为软包电池装配过程。

首先将正负极和隔膜堆叠好，卷绕到需要的尺寸后焊接到外板上，放入加工好的外包装袋，先用热封口机将一个侧面和顶部热封，从另一侧注入电解液，然后密封这最后的一侧，充放电化成后，在侧面开口放出化成产生的气体，最后再密封即可[4]。

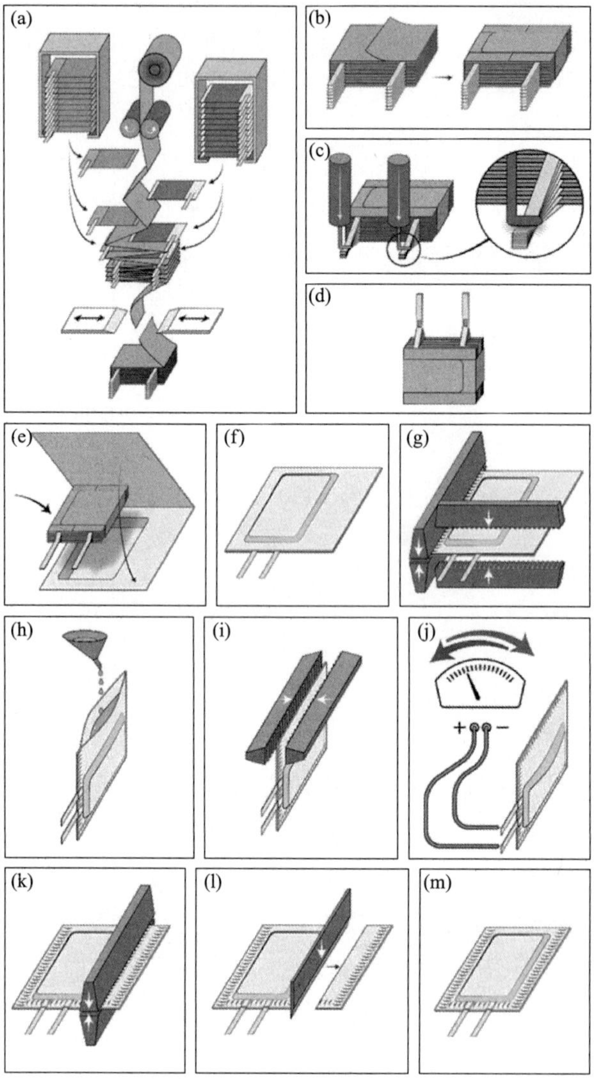

图 10.23 软包电池制造过程流程图

图 10.24 为方形电池制备流程。

某种程度上，方形电池和软包装电池工艺类似，只是差别在外包装上。如果是卷绕式的极片排布，那么方形电池的制造和圆柱形的十分类似，主要是电池形状和尺寸不同引起过程的不同，因为没有极耳附在电极上，电极终端是直接和极片连接的，因此在卷绕时电极极片是非对称堆叠的，卷绕后芯棒加紧包好，用超声焊接将芯棒与电极终端连接，如果电池壳是铝壳，内部需要一个绝缘材料包上，然后放入壳中，电池帽激光焊接到电池壳上，然后通过电池帽上的小孔用真空灌注机灌注电解液，然后密封气孔，最后的成品电池最后用于检验。

软包电池一般为层状结构，极片可以是卷绕式，也可以是堆叠方式。图 10.23 是堆叠式流程，电极片交替堆叠，使用 Z 形隔膜隔开，如图 10.23(a) 所示，堆叠后压紧，相同极片在同一侧焊接在一起，形成电极终端［图 10.23(b)～(d)］，然后放入电池壳［图 10.23(e)、(f)］，电池壳一般是塑封铝箔，金属箔热塑封一侧［图 10.23(g)］，检查是否内部短路，通过加热去除湿气，一般用真空加热方法。未密封的一侧用于灌注电解液［图 10.23(h)］，然

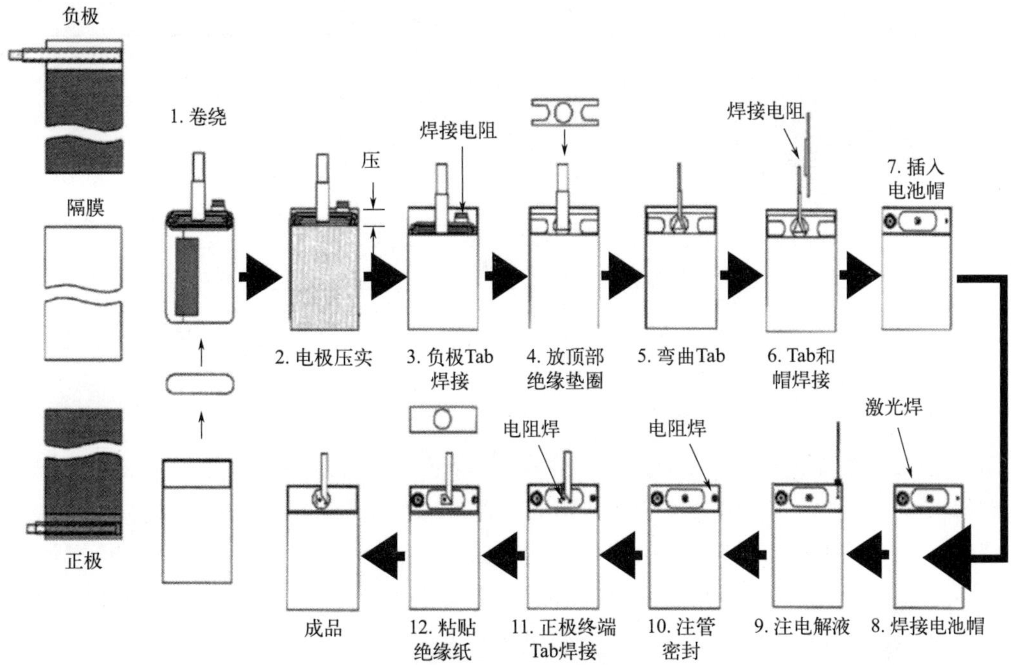

图 10.24　方形电池制造流程

后真空密封成两室结构，目的是使电解液更好进入电池芯中［图 10.23(i)］，软外壳的机械保护能力差，初始循环释放的气体会使电池膨胀，在前边的两室结构中的额外的空腔可用于收集初次充放电产生的气体［图 10.23(j)］，然后剪去这个多余的空腔［图 10.23(k)（l)］，最终的电池［图 10.23(m)］用于后续检测、贴标签等。

10.5.3　产气的处理

方形软包装电池、平板聚合物电池，如图 10.24 最后几步所示，这几步的意思，是在灌注电解液之后对电池进行化成处理，也就是充放电循环几次，目的是除去水分，在化成处理中水分会参与反应生成气体，这些气体进入辅助气室中，如图 10.25 中右边部分，这个气室是专门设计用于排气的，在除去水分后，将气室气体放出，然后直接热封气室和平板电池之间的部分，最后再剪去气室，就可以了。

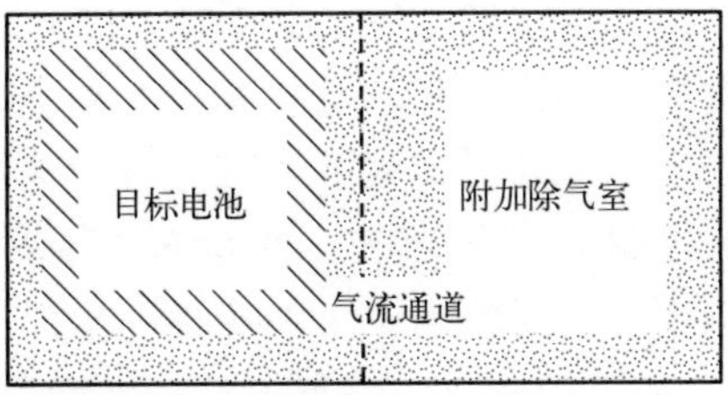

图 10.25　平板电池产气的处理手段

锂离子电池都是放电组装，需要充电活化。

电池的各个组件/组分，都有一定的参数要求，以钴酸锂为例，市场上典型钴酸锂的参数，如表 10.4，随着电解液组成、钴酸锂合成的技术进步，钴酸锂的上限电压不断增大，其容量也不断提高，目前大部分厂家的产品，容量都在 150mA・h/g 左右。

表 10.4　市售钴酸锂的典型参数

指标	参数	杂质	质量分数/%
Li 含量/%	6.6～7.4	Co_3O_4	≤1.0
Co 含量/%	59.3～60.7	SO_4^{2-}	≤0.3
Li/Co(摩尔比)	0.95～1.01	H_2O	≤0.2
比表面积/(m^2/g)	0.35～0.55	Ni	≤0.1
D_{50} 平均颗粒尺寸/μm	7.0～10.0	Cl	≤0.1
振实密度/(g/cm^3)	0.9～1.3	Na	≤0.05
填充密度/(g/cm^3)	1.9～2.3	Fe	≤0.02
10%(质量分数)浆料 pH 值	9.5～11	K	≤0.01

最后组装的典型的 18650 电池组件/组分的参数组成，如表 10.5 所示。18650 电池体积为 16.5cm^3，三元/钴酸锂混合正极和碳材料匹配时总质量为 44.3g，单独使用 NMC 时电池质量为 43.1g，使用磷酸铁锂时为 39.0g。磷酸铁锂电池正极容量以 160mA·h/g 计算，正极容量为 1552mA·h，负极容量以 355mA·h/g 和 350mA·h/g 计算，负极总容量为 1846mA·h/g 或 1820mA·h/g，负极、正极容量比值为 1.17～1.19。

表 10.5　三种典型 18650 电池的组件/组分参数

组件	钴酸锂/三元混合				三元正极				磷酸铁锂			
	质量/g	面积/cm^2	厚度/μm	体积/cm^3	质量/g	面积/cm^2	厚度/μm	体积/cm^3	质量/g	面积/cm^2	厚度/μm	体积/cm^3
隔膜	1.2	942	19	1.8	1.4	944	23	2.2	1.2	940	20	1.9
铝箔	1.7	403	16	0.6	3.1	389	30	1.1	2.1	396	19	0.7
正极活性材料	18.3	715	91	6.5	11.3	654	67	4.4	9.7	793	70	5.5
铜箔	2.9	402	8	0.3	7.5	418	20	0.8	3.9	396	17	0.7
碳负极	8.1	739	81	6.0	6.2	695	60	4.2	5.2	793	50	4.0
电解液	4.6				4.4				6.4			
外壳	7.5				9.2				10.5			
总和	44.3			15.2	43.1			12.7	39.0			12.8

卷绕式方形电池类似于卷绕式圆柱形电池，也是负极接金属外壳。除了卷绕式设计，还有正负极交叉式排布设计，用 Z 形隔膜隔开，与卷绕式相比，这种设计适合大电池，因为电流分布更加均匀。

低功率能量型锂离子电池内部有 PTC 装置。高功率电池中一般不放置 PTC，因为 PTC 在大电流下会导致比较大的电压降，影响输出。圆柱形电池的 PTC 在电池内部，方型电池的 PTC 一般放在外部，与圆柱形电池相比，方形电池的空间利用率更高。方形和圆柱形电池都使用硬壳，一般是 304 不锈钢材质。

软包装的用热塑铝箔，优点是电池更轻，比能量更大，电池可以很薄，缺点是软包外壳提供的机械保护不足，不能内置任何安全器件，因而只应用在移动电子器件，可充分利用空间，比如手机电池。

超声焊接用于单体锂电池之间、电池内部之间的电连接，为了预防任何低质量的电池连接点需要接近 0 的漏检率，保证焊接质量同时降低人工检测强度。

图 10.26 是超声焊接系统，工作原理为：焊接时，电能转变成高能超声机械振动，通过一个声学上的调谐喇叭传输到焊接点，导致与冶金学类似的连接。如果出现低质量的连接点，整个电池组或者电池的性能下降，连接不好的地方会出现打火放电现象。

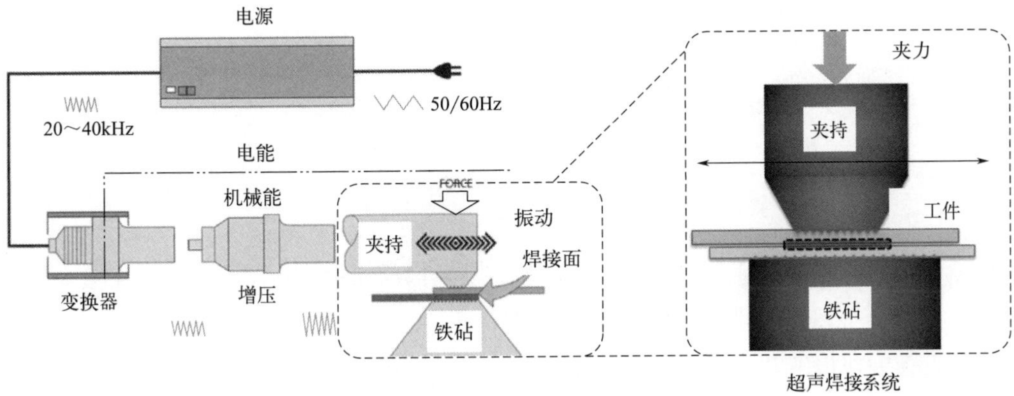

图 10.26　超声焊接系统

10.6　低温锂离子电池

在－20℃，锂离子电池容量为室温时的 60％左右。松下 18650 电池，在－40℃时功率和能量密度只有 25℃的 1.25％和 5％，分别为 10W·h/L 和 5W·h/L。经过一系列改进后，电池低温性能有所改善，目前，18650 电池室温下额定容量为 2400mA·h（0.2*C*，3.78V），在零下 20℃时为 1800mA·h 左右。室温下容量为 900mA·h、3.8mm×35mm×62mm 的聚合物电池，在零下 20℃容量为 25℃容量的 60％[6]。

电解液组成对低温性能有影响。首先，低温下电解液的电导率降低，温度降低后内阻增大。差的低温性能还与高的电荷传输电阻有关。有观点认为，低温性能差主要是碳负极中锂离子扩散速度慢，而不是电解液电导率的降低。低温下，放电态石墨中锂离子扩散速度低于充电态的石墨，这样的结果暗示着给低温下放电态的锂离子电池充电要比让它放电更困难。

碳酸酯-$LiPF_6$ 系列电解液的低温性能不好，添加其他溶剂如丁酸甲酯可提高低温性能。低温下，不同锂盐的导电性差别变得不重要，LiFSI、LiTFSI、LiBETI 的低温应用前景比较好。要保证降低温度后电解液不凝固，仍然保持液态，可通过不同溶剂的混合实现，例如 BL-EC 混合物共熔温度为－56.3℃；EMC 可以大幅度降低溶剂的冰点，拓展温度范围；甲酸甲酯＋EC＋$LiAsF_6$ 电解液在 22℃时电导率为 25.3mS/cm，在－40℃时为 8.4mS/cm；EC＋DMC＋DEC 比较适合－25℃温度，甚至－40℃。低温电解液用锂盐方面研究不多，主要是兼容室温和高温的考虑。

低温应用的一个障碍是充电时负极沉积金属锂。如图 10.27 所示，图中 *C* 曲线是恒流充电时电池电压的变化，曲线 *A* 是正极相对于参比电极 Li^+/Li 的电位变化，曲线 *B* 是负极相对于参比电极电位变化，曲线 *C* 是 *A* 与 *B* 的差值。在充电末期，负极电位低于参比电位，这表示低温充电的后期负极上有金属锂沉积。如果充完电后立即放电，放电曲线如曲线 *E* 所示，在放电初期有一个明显高的电位平台，如果充电后放置一段时间再放电则没有这个

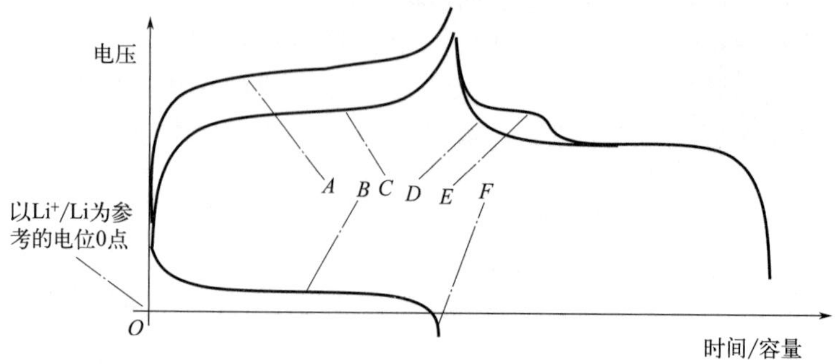

图 10.27 低温充放电曲线示意图

高的平台，此时放电曲线如图 D 曲线所示。

立即放电时的高电位平台实际上是正极相对于金属锂的平台，正常平台是正极相对于碳负极的电位平台，后者要比前者低大约 0.2～0.4V。

上述发现表明以下几点。第一，低温下充电速度过快，或者是室温下充电速度特别快的情况下，负极会沉积金属锂；第二，这部分沉积的金属锂可能会带来电池中有效锂损失，还可能会带来安全隐患。第三，需要开发特殊负极材料，以避免负极在低温下充电时沉积锂，或者是即使沉积锂，也能比较快速地吸收这部分金属态的锂。

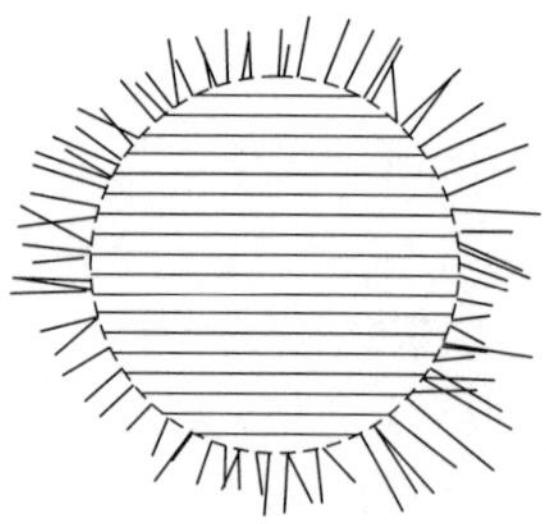

图 10.28 适合于低温应用的碳负极颗粒核壳结构示意图

石墨材料和金属锂不能共存，会自发发生锂嵌入石墨中的过程。

在相同充电条件下，石墨碳负极低于锂金属电极电位而沉积锂，但是硬碳材料不会，即硬碳低温抗锂沉积性能要好于石墨。基于此，开发一种新型适合于低温的碳负极材料，它具有核壳结构，核为石墨碳，是锂库，壳为放射性分布的低结晶度石墨、无序石墨，如图 10.28 所示。这种结构的好处是，锂离子可以从所有的方向沿着径向传输，缺点是牺牲了一部分可逆容量。低温锂离子电池开发，必须以损失一定的常温性能为代价。如果考虑采用全部是放射状分布的颗粒，可逆容量与有效容量的损失会比较大。

2.7～4.3V 电压范围循环，−20℃时，三元正极材料容量为 70～80mA·h/g（333 正极）和 120～130mA·h/g（811 正极）。低温下正极容量降低的幅度没有负极的大，低温性能的改进需要从负极和电解液入手，正极低温性能改进余地很有限。

对于组成固定的正极材料，进一步改进低温性能几乎是不可能的，改变正极组分的方式改进低温性能的途径，并不科学。通过微结构方面的改变来改进正极低温性能，也几乎是不可能的。

通过优化电解液组成、修饰负极微观形貌等路线改进低温性能，必然以损失常温性能为代价。锂离子电池低温性能的控制因素，从组件/组分角度看是负极和电解液，从反应动力学角度看，是低温下浓差极化和电化学极化比较大，在低温下液相存在着锂离子供应不足或者说不及时的情况，提高锂盐浓度可以一定程度缓解这种情况。最现实的方式是，提高低温性能的同时不兼顾常温性能。低温电池就是针对高纬度高海拔地区的使用，而低温性能不好但是常温性能好的电池，仅仅针对热带地区。

图 10.29 是环境温度对汽车行程的影响。在整个环境温度范围内都能保持良好性能的锂离子电池，目前还不存在。

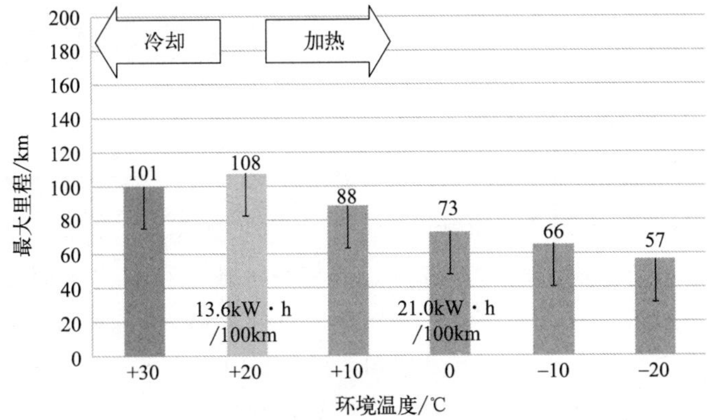

图 10.29　温度对汽车行程的影响

10.7　全电池成本分析

锂离子电池，短期制造成本为 100～200 欧元/kW・h，其中 25%为阴极＋阳极。隔膜和电解液各占 8%，其他组件占 16%，电池组装占 35%。

电池组成本中，电池自身成本占 65%，车辆制造商可接受的电池成本是 150 欧元/kW・h（这个仅仅指电池自身），最终价格在 300～400 欧元/kW・h（因为车辆制造商还需要将电池组装成电池组），特斯拉 2020 年价格目标是 10kW・h NCA 电池组为 3100 欧元，也就是 310 欧元/kW・h。

作为动力电池应用时，从电池堆层次上看成本构成，电池自身仅仅占 50%，BMS 占 7%～8%，电力电子占大约 10%，劳动力成本占大约 7%～8%，保修维护成本在 13%左右，收益在 13%左右（2012 年的统计结果）。

表 10.6 是锂离子电池的市场发展及预测。

表 10.6　LIB 市场发展　　单位：GW・h/年

应用领域	2010 年	2015 年	2020 年	2025 年	2030 年
手机	6	11	17	28	44
平板电脑	1	7	12	17	25
笔记本电脑	12	9	9	9	11
其他移动电子	3	4	7	12	20
移动电子，总量	21	31	45	66	100
纯电动汽车	0	11	65	115	200
插拔式混合电动	0	2	8	13	25
混合电动	0	0	2	7	15
其他道路运输领域	0	0	1	2	5

续表

应用领域	2010 年	2015 年	2020 年	2025 年	2030 年
道路运输，总量	0	13	76	137	245
储能领域	0	0	2	10	30
其他领域	1	1	2	7	15
总量	22	45	125	220	390

非电池组分/组件中最重要的是电池管理系统、电子器件和软件部分，它们一起控制电池运行。如果超出预定的电压、电流和温度，锂离子电池就存在明显的安全隐患，BMS 必须像智能控制仪一样预防非安全运行模式。当出现意外时 BMS 也能够隔离事故电池预防危险。还要和其他软硬件以及人进行交流以通知人可以进行什么操作、不能进行什么操作。

电池堆中主要部件的材料成本，单体电池成本为 145 美元/(kW・h)，BMS 为 21 美元/(kW・h)，热管理系统为 10 美元/(kW・h)，壳体 8 美元/(kW・h)，总线等为 2 美元/(kW・h)。

电池组水平上需要满足易于电连接，有合适的冷却系统，高冷却效率，寒带地区还需要预热系统，合适的保护与防护措施。重要的适用参数：比能量、比功率、能量密度、功率密度、循环寿命。大部分实用电池的能量密度是理论密度的 1/4～1/5。

2010 年 USABC 定下的电池目标是：对于 PHEV 电池，能量密度 100W・h/kg，容量为 11.6kW・h，价格为 35 美元/(kW・h)，对于 BEV，容量为 40kW・h，能量密度为 200W・h/kg，价格为 100 美元/(kW・h)。纯电池电动车的成本组成中，电池占总成本的 50%，驱动系统占 10%～20%，装备器材占 13%～27%，车体占 8%～19%，车架占 5%～9%，其他占 6%～15%。

作为动力电池和作为储能使用时，成本方面有所不同。表 10.7 是电动车电池的一些成本数据，关于表中的数据还有争议，2009 年锂离子电池真实成本可能在 990～1220 美元/(kW・h)。不过，同一种计算方法给出的结果还具有一定的可比性，表 10.7 中显示锂离子电池价格低于 Ni-MH 的。

表 10.7 电动车电池成本估算

电池类型	化学	比能量/(W・h/kg)	成本/[欧元/(kW・h)]	用户
铅酸电池	$Pb\text{-}PbSO_4/H_2SO_4$	30～35	100～150	GM EV1
Ni-MH	AB_5 型合金/$Ni(OH)_2$	60～80	300～350	丰田 Prius 丰田 Rav4ev-1
LIB	NMC NCA LMO LFP	120～200	500～750(2011 年) 300(2013 年)	i-Miev Nissan Leaf Mitsubishi

之所以在电动车中使用锂离子电池作为动力源，主要是利用它的高能量密度优点，但是其功率输出能力差，解决其功率差的缺点途径有二，一是牺牲其能量密度以换取功率特性的改进，二是和其他储能装置配合，特别是直接采用锂离子电池＋电容器混合动力系统。锂离子电池适合于温和的工作条件，电动车运行期间脉冲运行模式是难免的，这对锂离子电池伤

害很大。

锂离子电池能量密度为120～200W·h/kg，与1991年相比其成本至少降低了一个数量级，日历寿命、倍率容量问题还没解决，80%放电深度下循环次数2000次，40%放电深度可以循环4000次。如果锂离子电动车大规模使用，其成本，从量产角度来看会降低，但是从资源角度看，会升高。对于轻型纯电动车，电池组能量按照40kW·h计算，需要的锂离子电池组是250kg，其中阴极占80～100kg，阴极中的Co，按照333材料计算需要15kg，如果是纯钴酸锂需要50kg。

假设平均每个电动车使用Co 30kg，每年Co总开采量的10%用于电动车行业，每年电动车总量将限定在19万辆；每千瓦·时大约需要0.08kg锂，而锂资源也很有限；以2010年原材料需求量为基数，到2030年，Li消耗量增大200倍；资源不足会导致成本和价格上升。目前，无钴正极材料比如锰酸锂的性能还不满足电动车对电池要求，最好的是NCA正极，在45℃下以80%DOD循环，容量衰减80%时的循环次数为1000次以上（NMC大约为500次，锰酸锂和磷酸铁锂更差；30℃下尖晶石锰酸锂的表现最佳）。从自放电来看，NCA表现最佳，60℃放置50周容量保持率大于90%。

从内燃机向电池驱动汽车转变时汽车组件会减少30%以上，但是EV质量不会变得更轻，Nissan Leaf车重1580kg，相对应尺寸差不多的大众Golf为1140～1400kg。Nissan Leaf电池为24kW·h，重量300kg。如果在SMART汽车装14.5kW·h电池，里程大约100km。用于驱动电动车的电池组能量密度远低于汽油。电池充电速度远低于加油速度，意味着要整个晚上都在充电。

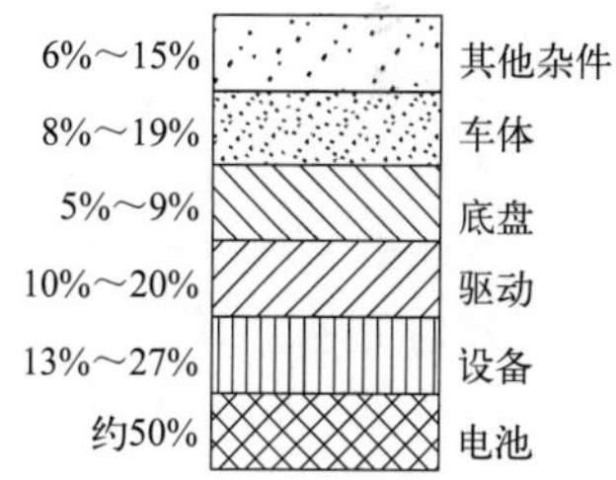

图10.30　电动车成本组成

图10.30是电动车的成本组成。动力电池占据生产成本的60%，占据总成本的40%。

参考文献

[1] Brodd (ed.) R J. Batteries for Sustainability. Springer Science+Business Media New York, ISBN 978-1-4614-5790-9 ISBN 978-1-4614-5791-6 (eBook) DOI 10.1007/978-1-4614-5791-6, 2013.

[2] Huggins R A. Energy Storage. ISBN 978-1-4419-1023-3 e-ISBN 978-1-4419-1024-0, DOI 10.1007/978-1-4419-1024-0, Springer ScienceþBusiness Media, LLC, 2010.

[3] Lee D, Patwa R, Herfurth H, et al. Parameter optimization for high speed remote laser cutting of electrodes for lithium-ion batteries. J Laser Appl, 2016, 28: 022006.

[4] Yoshio M, Brodd R J, Kozawa A. Lithium-Ion Batteries Science and Technologies. ISBN: 978-0-387-34444-7, e-ISBN: 978-0-387-34445-4, DOI: 10.1007/978-0-387-34445-4, Springer Science+Business Media, LLC, 2009.

[5] van Schalkwijk W A, Scrosati (eds.) B. Advances in Lithium-Ion Batteries. Kluwer Academic Publishers, eBook ISBN 0-306-47508-1, ISBN 0-306-47356-9, 2002.

[6] Minami T, Tatsumisago M, Wakihara M, et al. Solid State Ionics for Batteries. Springer-Verlag Tokyo, ISBN 4-431-24974-5, 2005.

第 11 章

电池安全性

单体电池通过串并联组成电池组。电池组包含的单体电池数量，从几到几十、几百甚至更多，视应用领域而定。将电池组再通过串联或/和并联连接，就组成电池堆。

多个单体电池组成电池组/电池堆时，最重要的问题是单体电池之间差异问题。即使出厂时“无差异”、绝对均匀一致，因为空间位置的不同也会引入差异，比如，对于空冷的电池堆，迎风第一排电池和最后一排电池的充放电曲线的差别，如图 11.1 所示，从图中看似乎这个差别很小，但是，这种差别会随着循环进行而不断放大。其鲁等人测试单体电池电压分布发现在满电态单体电池之间的电压差为 20mV，在 30%荷电态时为 50mV，这种差异会随着循环越来越大。

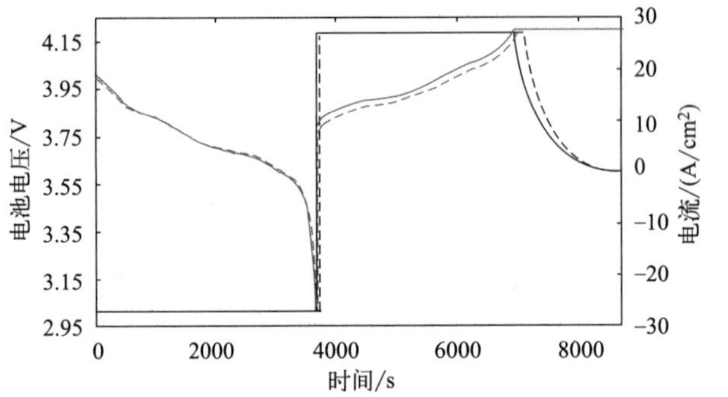

图 11.1　某实验中迎风第 1 排和第 11 排两个电池的充放电曲线

从锂离子电池商业化之初的 1991 年开始，就不停发生安全事故，这些锂电事故的发生促使生产商不断改进锂离子电池的安全性，包括系统水平/电池组水平上的安全性和单体电池水平上的安全性。即使单体电池自身是安全性很高的设计，但是当组成电池组作为电动车动力电池使用时，安全性也会大幅度降低。在汽车出现碰撞情形下，电池至少不燃烧不爆炸，这是最基本的要求。汽车碰撞后，里面的人很难顺利离开出事的汽车，此时如果电池出现燃烧、爆炸、释放有毒气体，就会诱发二次伤害。

当电池组作为储能系统的储能电池使用时，短期相同时间内，安全性会高于作为动力电池使用的情况，但是从电池组整个寿命周期来看，安全性情况未必更好。

锂离子电池事故分运输中的事故和使用中的事故。锂离子电池的运输一般采用空运，主要原因是它的生产地主要在亚洲，而不少用户在北美和欧洲，并且消费电子产品设计循环快，导致客户常常要求立即送货的需求。美国运输部将锂离子电池和锂离子聚合物电池定为运输危险品。

11.1 安全事故

1995 年，苹果公司 Power Book 5300 移动电脑锂离子电池在测试中出现过充事故。1995 年 11 月 4 日，Sony 电池 Koriyama 制造厂笔记本电脑用圆柱型锂离子电池爆炸，大火起于电池制造过程中的最终检测工段，大约 300 万只电池着火，过火面积超过 $7000m^2$；1997 年 8 月，Matsushita 电池公司在 Moriguchi 的工厂出现事故，其电池堆放 13 层高，100 多万电池燃烧，可能原因是机械挤压；1999 年 Los Angeles 国际机场 10 万只 Li-MnO_2 锂原电池和 2 万其他类型 LIB 电池因为包装不合适发生机械损伤，裸露的电池之间发生接触，导致短路、过充电和过放电[1]。

2000 年 Dell 公司召回 27000 台由 Sanyo 公司生产的笔记本电脑用锂离子电池，Compaq 召回由 Sony 公司制造的 55000 台配有锂离子电池的笔记本电脑，原因是电路板上控制充放电的电路部分有缺陷。2002 年 8 月 14 日纽约 Clarence 发生大火，有 68t 废物被烧掉，其中 2/3 是锂电池。当时准备热处理废弃 LIB 时发生大火，据认为原因是电池壳体之间的短路，也就是外部短路。

2004 年 8 月，因为连续的冲击、振动导致包装方式不合理的锂离子电池外部短路引起着火。2006 年 9 月，一架飞机准备起飞时一乘客笔记本电脑开始冒烟，被扔到大门区域后，它继续冒烟并最终燃烧，原因是电池内部缺陷。因为使用不合适的包装容器导致 2007 年 7 月英国 Preston 废物处理工厂大火，储存锂原电池着火。

2007 年 12 月，因为包装不合理引起外部短路，FedEx 的一个设备上发生锂离子聚合物电池冒烟。2008 年 6 月 21 日，在日本举行的一个会议上发生笔记本电脑着火，持续了 5min，原因是电池过热。2008 年 6 月日本一辆本田混合动力车着火，使用的是磷酸铁锂电池。2004～2009 年 6 年期间，由包装不合适、运输中的机械冲击和机械振动引起电池外部短路等导致的事故至少有 12 起；2006～2010 年期间，由于电池内部缺陷引起的飞行事故总计至少 8 起。

2010 年 1 月乌鲁木齐两辆使用磷酸铁锂电池的电动大巴着火。2011 年 4 月杭州，一辆使用 16A·h 磷酸铁锂电池的 Zotyc M300 型电动车着火，原因是铝外壳和电池之间的绝缘失效导致电池组内部短路。2011 年 7 月 18 日上海一辆电动公交车自燃，原因是磷酸铁锂电池过热。2013 年 3 月在日本 Yokohama 一辆混合动力车的电池组过热，一些单体电池熔化；2013 年 10 月 1 日特斯拉 Model S 电动车电池着火。

在电动自行车领域，EV GlobalMotors 公司曾经在他们的电动自行车产品中召回 2000 个电池。

作为储能系统的锂离子电池事故，还没有统计。不过有关于其他储能电池系统事故的报道，在 Kahuku 风能农场使用的是铅酸电池＋太阳能电池联合系统，从 2011 年 4 月到 2012 年 8 月发生三次着火事件，其电池系统为含有 12000 个铅酸电池的电池堆，容量为 15MW，着火是电池系统使用的小型电容器引起的。第三次着火使建筑物受损，同时电池组完全被毁。

相同条件的应用，可预料锂离子储能电站事故将多于铅酸电池。安全技术对比上，铅酸电池存在氢爆炸，Ni-MH 存在氢燃烧、氢爆炸，LIB 存在电解液燃烧、爆炸，风险逐步升级。纯电动车电池组含有 8000～10000 个单体电池，电池组事故率在万分之八到千分之十左右，目前，纯锂电电动车总是出事故，这并不意外，因为只要电池组中一个单电池出现意外，就会导致电池组异常。锂离子电池（组）使用中的任何意外，例如火中处理、过充、短路、机械挤压、强烈震动等都可以触发放热反应而导致燃烧爆炸。

11.2 原因分析

作为一个与外界无物质交换的密闭体系，锂离子电池中存在强氧化剂（钴酸锂、锰酸锂、高镍三元等正极活性物质，荷电态越高氧化性越强）、还原剂（各种导电碳添加剂、负极活性物质特别是充电态的锂化碳）、易燃物（负极碳、导电剂、非水有机溶剂），几乎满足一个炸弹或者燃烧弹的组成标准。

对于数个到数千个单电池组成的锂离子电池组，其出现事故的可能性更大。

11.2.1 爆炸

电池在意外情况下会释放气体，如果气体不能被及时释放出来，在内压增大到一定程度后会引起电池爆炸，这属于物理爆炸。如果这些气体被释放出来，但是不能及时被排走而是积累在某个空间（比如电池组外壳内），和氧气混合到一定极限后会发生化学反应性爆炸。

电池中的化学反应可以是温和的也可以是爆发式的，电池（组）的损伤分成两类。物理损伤包括电池（组）壳体的破坏，化学破坏包括有毒的腐蚀性物质的漏液、可燃性成分的泄漏。对于电池组需要考虑电子元器件连接处的腐蚀会引起设备的损坏。环境危害主要源于有毒物质的渗漏，特别是有毒气体和挥发性有毒有机溶剂。

电池内部短路是事故引发原因之一，常常会导致各种可燃气体产生。在“正常”使用条件下，内部短路发生的频率是每 100 万～1000 万只电池出现一只。这种短路没有任何预兆，从制造商的角度看，没有任何办法检查出这个电池。随着时间推移逐渐养成，一般发生在三个月以上，但是，在 1～3 年阶段可能又不会出现。

新电池一般不会导致安全性问题。制造过程中混入的金属颗粒会引起内部短路。在短路后，可以监测到这类金属颗粒。这些颗粒的确切组成并不明确，铁、锌、镍肯定会引起内部短路。Ni/Ni^{2+} 电位是 2.9V，正极中的镍颗粒被氧化后在负极被还原，Ag、Fe、Cu 等亦然。

模拟电池内部短路测试电池安全性的重要实验是电池穿刺实验。表 11.1 是电池穿刺实验中产生的气体的组成，除了表中的气体，还有挥发的溶剂。

有可燃性气体，还有氧气。

表 11.1　电池产气组成

气体	100%荷电态新电池	100%荷电态放置八周
	25℃体积分数/%	45℃体积分数%
氢气	8.2	0.3
氧气	0.1	1.7
CO	4.2	11.3

续表

气体	100%荷电态新电池	100%荷电态放置八周
	25℃体积分数/%	45℃体积分数%
CO_2	12.6	26.3
CH_4	13.5	11.5
C_2H_4	3.1	无

上述气体和氧气混合，在一定浓度范围下，就可以发生燃烧、爆炸，锂离子电池中一些有机物的燃烧极限，如表 11.2 所示。

表 11.2 各种燃料的燃烧极限

燃料	燃烧下限(体积分数)/%	燃烧上限(体积分数)/%
氢气	4.0	75
CO	12.5	74
methane	5.3	15
ethylene	3.1	32
ethane	3.0	12.5
propylene	2.4	10.3
C_4 碳氢化合物	1.6～1.9	8.4～9.7
C_5 碳氢化合物	1.4～1.5	7.5～8.7

11.2.2 电池温度

电池温度由热产生和热耗散之间的平衡决定，非水设计使得热量耗散过程很慢。使用中如果电池温度高于某一数值（一般是 130～150℃），就会触发电极和电解质之间的放热反应，因为缺乏负反馈机制，电池内部温度将进一步上升。如果反应产生的热被及时耗散，电池温度就不会升高；如果系统的散热速度比产热速度慢，因为放热反应是剧烈短时爆炸性发生的，化学反应近似在绝热条件下进行，电池温度迅速攀升；同时，温度升高后又加速化学反应，即存在正反馈机制，最后导致热失控。

一个 10W·h 的 18650 钴酸锂电池，绝热条件下，阳极与电解液的反应可使温度上升到 300℃，阴极与电解液反应可使温度上升到 460℃，电解液完全燃烧可使温度上升到 1825℃，整个电池的电化学能量可使电池温度上升到 700～800℃，释放的总能量超过 400kJ。

目前的商业化锂离子电池热稳定性是到 60℃，高于这个温度后电池性能下降明显，安全性迅速降低。

升温导致内压上升，任何压力上升都会引起电池内部机械损伤、短路、电流路径的不可逆破坏、变形、膨胀等。

锂电储存的能量包括电能和化学能，储存的电能很容易测量，储存的化学能很难测量，一般用燃烧时消耗的氧气来评价。有时用可燃物质的燃烧热计算，不过比较粗糙。一个 18650 电池的组成，包括 3～10g 电解液，1.6g 隔膜，隔膜燃烧热按照 42.66kJ/g 计算，DEC 燃烧热为 20.92kJ/g，石墨的燃烧热是 33kJ/g，一个 18650 电池的燃烧热大约 280kJ，全充满时电能为 7～11W·h（25～40kJ），1 个 2～3A·h 的 18650 电池总能量为 300～320kJ，此外还有包装材料等。1万个2A·h 18650电池，总能量2～3GJ。含有六个单电池的笔记本电池组总能量是3500kJ。

上述电池产生热可以熔化铝箔，但不能熔化铜箔，实践中，一般认为一个100%荷电态的18650电池完全放出储存的能量可达到400kJ，可以将自身加热到600～700℃（根据Al和Cu的熔点判断电池温度上限为659℃以上，1083℃以下）[1]。

图11.2是热失控后的18650电池，可以看到熔化铝凝固形成的白色珠子；铜箔未熔化，说明电池内部温度范围为铝熔点以上铜熔点以下。

图11.2　热失控的18650电池

11.2.3　热失控

锂离子电池（组）安全问题的本质是热失控，触发热失控包括短路、过充电、机械损害、靠近热源，或者说产热速度大于散热速度。不采用安全措施时，锂离子电池体系中不存在负反馈机制，一旦有局部热失控发生，这种过程会立即被放大。

锂离子电池热失控大约可分成三步，首先，在不正当使用电池以后导致升温，在80～90℃发生碳负极和电解液反应，不正当使用包括机械性的（如挤压、内部短路、外部短路、重摔、穿刺）、电的（如过充、过放、大脉冲充放电）、热的（如环境温度过高特别是离热源太近、明火），温度提高到120℃后，负极SEI分解加速，分解过程释放气体，例如

$$(CH_2OCO_2Li)_2 = Li_2CO_3 + C_2H_4 + CO_2 + 0.5O_2$$

在锂化石墨负极上发生电解液还原，如

$$2Li + EC = C_2H_4 + Li_2CO_3$$

$$2Li + PC = C_3H_6 + Li_2CO_3$$

$$2Li + DMC = C_2H_6 + Li_2CO_3$$

第二步，当温度升高到140℃以上，正极与电解液发生放热反应，正极分解释放氧气，例如

$$3Li_xCoO_2 = (1-x)Co_3O_4 + (1-x)O_2 + 3xLiCoO_2$$

$$Co_3O_4 = 3CoO + 0.5O_2$$

不同的正极与电解液反应的活性、起始温度有所不同。从活性材料来看，不稳定的机理

取决于活性物质和电解液本性。

对于 $LiCoO_2$，升温后会分解释放氧，反应为

$$Li_{0.5}CoO_2 \longrightarrow 0.5LiCoO_2 + 1/6Co_3O_4 + 1/6O_2$$

释放的氧和有机溶剂反应产生热。在 130℃，$Li_{0.5}CoO_2$ 和 EC+DEC 开始反应，在 190℃ EC 分解，反应为

$$10Li_{0.5}CoO_2 + C_3H_4O_3\ (EC) \longrightarrow 5LiCoO_2 + 5CoO + 3CO_2 + 2H_2O$$

$LiNiO_2$ 脱锂后由于存在 Ni^{4+}，热稳定性很差，分解反应是

$$2LiNiO_2 \longrightarrow Li_2O + 2NiO + 0.5O_2$$

在 200℃左右正极和电解液剧烈反应。和 $LiCoO_2$ 相比尖晶石锰酸锂具有更好的热稳定性，18650 电池的测试证明了这一点。尖晶石锰酸锂的循环稳定性主要受循环中 Mn 的溶解限制，80℃下的加速试验证实，Mn 溶解量与 HF 的含量直接存在近似线性的关系，80℃放置 10d，电解液为 1mol/L $LiPF_6$/EC+DEC，HF 含量为 500×10^{-6} 时，电解液中 Mn 含量在 1000×10^{-6} 以上，提高其稳定性的主要途径就是使用添加剂。

研究者提出了很多 Mn 溶解的机理，基本上大同小异，共同点是都与 H_2O、羟基 OH 以及由它导致的 HF 有关系。痕量水在锰酸锂表面形成 Mn-OH 物质（水可能来自电解液、锰酸锂合成中的残余水、电池制备中引入的等），它和 $LiPF_6$ 反应生成 HF，随后，这种 HF 就会进攻锰酸锂，加速 Mn 的溶解。

实验条件下测量的高镍三元正极材料，随着镍相对含量的增大，可逆容量增大，其和电解液的反应起始温度也降低。例如，333 材料可逆容量为 160mA·h/g 左右，可以稳定到 306℃，而 811 材料可逆容量大约 200mA·h/g，热稳定性到 232℃。当镍含量提高到 0.85 时，可逆容量提高到 205mA·h/g 左右，但是稳定温度上限降到 220℃左右。这里，也许即使 220℃的温度，相对于负极/电解液的稳定性来说，从单纯测试角度看没什么，但是这 85℃左右的降低很可能暗示着两种材料在充电态的氧化能力有质的飞跃。

镍含量高也会导致容量保持率降低，如图 11.3 所示，容量测试电压上限是 4.3V。

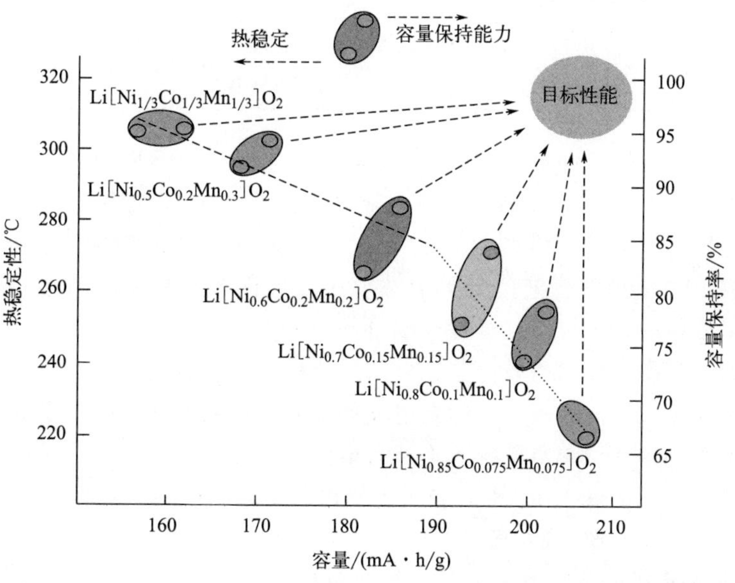

图 11.3　$Li_{1-\delta}[Ni_xCo_yMn_y]O_2(x+2y=1)$的放电容量、容量保持率和热稳定性的关系

在180℃以上，电解液被氧化，释放大量热，电池温度快速上升，升温速度为每分钟100℃以上，电解液的氧化产物一般是水和二氧化碳，同时伴随着正极的分解，如

$$Li_{0.5}CoO_2+0.1C_3H_4O_3(EC)\longrightarrow 0.5LiCoO_2+0.5CoO+0.3CO_2+0.2H_2O$$

经过猛烈的能量释放，产生的危害包括物理伤害，如电池壳体的飞溅、电池物理爆炸，腐蚀性、有毒物质的化学伤害，对环境的污染。

热失控以及热产生取决于电池的荷电态，荷电态越高，热失控过程起始温度越低，电池使用史、施加的负载和电池的类型也和热失控有关系。例如，经常采用脉冲充放电的电池热失控概率大于恒流充放电的电池。大脉冲放电的危害与电流密度分布不均匀密切相关，因为不可能做到绝对均匀的电流密度的设计，电流密度分布不均匀是本征存在的，相对小的总电流会弱化这种不均匀性，但是大电流脉冲却是强化这种不均匀性。

大脉冲放电会导致正极电流密度高的位置的局部电压远超过测量的平均电压，氧化性远大于其余部分，形成所谓的热点；在负极引起局部电压升高，集流体氧化。

此外，大脉冲充放电过程产生的焦耳热也多。

热源来源包括：①化学反应可逆热；②欧姆电阻与极化产生不可逆热；③腐蚀反应，短路与其他反应热。一般，在小电流条件下，前二者很小，容量下降不会被加速。与化学反应相关的热随电流线性增加，电阻热随电流平方增加。大脉冲充放电条件下前二者会导致很高温度，极端条件下引起不均匀的温度分布，产生热点；过高的温度加大活性材料不均匀衰退，降低电池性能。热点加速腐蚀反应并反过来提高热点温度，甚至引起爆炸。

一般，欧姆热占54%左右，电化学反应热占30%，表11.3是18650锂离子电池不同温度下发生的反应和热源分析。

表11.3 18650锂离子电池热源分析

温度/℃	相应过程	释放能量	在10W·h 18650电池释放能量/kJ
80～120	阳极分解，与电解液反应	每克阳极约400J	约11
150～300	阳极分解，与电解液反应	每克阳极约1300J	
150～300	阴极分解，与电解液反应	每克阴极约1600J	约23
250～400	盐与溶剂反应	每克电解液约900J	约4
约450自动点火	溶剂完全燃烧	每克溶剂约18kJ	约110

过充电时，负极沉积活性很高的金属锂，正极材料中过渡金属的氧化态升高导致氧化能力增大，并释放氧，正极电阻升高，电池内部电阻热产生速度加快，电解液在正极氧化分解，电池危险性增大。金属锂熔点为180℃，过充电后在负极沉积的金属锂可能是熔融态；嵌入锂的碳材料Li_xC_6和电解液之间的放热反应在温度升高到一定程度后可以加速进行，这个升温可以是整体的，也可以是局部温度过高。

在电解液热力学稳定窗口以外，与充电的电极材料接触后电解液会分解，因为电位超出了化学窗口。过充电发生的原因，一般是电连接错误、充电电路故障，在电池组水平上的原因还包括电池的不均匀性。单电池水平上还有电流密度分布不均。

过放电条件下，比如低于1V时，负极电极电位会升到负极集流体铜箔发生氧化的电极电位，从而导致其氧化溶解、Cu离子溶解到电解液中。再充电时，溶解的铜离子物质沉积到负极表面形成高阻层并导致负极失活，破坏负极表面SEI，锂离子在表面的传输受到阻碍，负极被严重伤害，进一步导致负极活性物质脱落，随后充电时电压会迅速升高，导致实

际上充电的失败。高阻层会产生大量欧姆热，引入不安全因素，引发短路、热失控。

大部分消费电子产品对锂离子电池的放电做了限制，以预防过度放电。

11.2.4 错误使用与随机失效，锂脆

错误使用电池和随机正常失效有明显不同，错误使用可预测，对所有电池都是均等的，可进行有效评价，可以采用保护装置预防。但是，随机正常失效没有前兆，不可预防，很难估算、评价。失效时电池内部温度分布不均匀，存在热点，PTC、隔膜熔断等保护措施几乎无效。

容易被忽略的一个问题是，容器金属材料易发生金属锂脆化，类似于氢脆现象，叫锂脆，例如，金属铝和锂就可以发生这类现象，少量的锂会导致金属铝失去其力学性能，产生裂缝。电池壳体在高应力下的锂脆可以加速裂缝的形成和延展。

11.3 安全措施

安全措施主要针对事故原因而设定。前边谈及的不安全因素，大致分成几类。第一，过充电、过放电。原因是电子电路故障、线路连接失误；电池组水平上的单体电池不均匀性。第二，过热。外部原因引起的过热包括电池离热源太近，散热差。第三，内部短路。一般是制造工艺/流程缺陷引起。

锂离子电池安全措施包括安全阀、阻断添加剂，电流切断装置，如热熔丝、PTC 器件（PTC，正温度系数器件，指升温后电阻增大，一般是陶瓷和聚合物类）、热熔断隔膜等。

对于电池组，为了安全，需要做到以下几点[2]：

① 用颜色标记电缆线，有明确安全说明，预防生产线和组装时接错；

② 整个系统要有接触保护，使用特殊连接件；

③ LIB 电池堆要进行安全测试，外壳使用高强度钢，预留安全空间，采用安全阀门等措施；

④ 电池终端分离，防止意外短路；

⑤ 高压组件连接采用特殊电子回路设计，意外情况下 BMS 可以自动切断高压系统；

⑥ 意外情况下高压系统可自动放电，高压放电或者高压电火花自动关闭功能；

⑦ 意外情况下高压系统可以自动断电；

⑧ BMS 始终连续监控电池组的情况。

锂离子电池安全机制主要针对上述三类不安全因素设计，安全措施有两种：一种是提前性消除，或者降低出现安全事故概率，比如提高电子电路的可靠性，提高电池的均匀性，改进制造工艺等；另一种是针对结果的预防性措施，引入负反馈过程，包括设计安全阀，使用热敏电阻、正温度系数陶瓷材料、具有熔断功能的隔膜、阻燃添加剂、氧化还原穿梭剂，等等。

在系统水平上，合适的电子控制系统可预防过充电过放电，对电池温度监控，使用附加热管理系统；利用软件系统时刻监控电池运行，对电池运行历史加以记录，记录电池运行参数，包括电压、温度、电流、荷电态，监控不同单电池以及电池组之间这些参数的差别，进行一致性检验和失效预测。

11.3.1 隔膜闭孔功能

锂离子电池隔膜是聚烯烃多孔薄膜，以单向拉伸聚乙烯 PE、聚丙烯 PP、双轴拉伸 PE、PP/PE/PP 为主，电池温度上升会引起 PE、PP 材质微孔关闭，聚乙烯隔膜熔点 135℃，聚丙烯为 165℃。135℃以上 PE 闭孔同时会失去其机械稳定性、变形，导致正负极直接解除。超高分子量聚乙烯可以克服这个问题，它也在 135℃熔化，但是保持力学性能到 180℃。

图 11.4 是 18650 电池模拟内部短路的针刺实验结果，当内部短路发生后电池电压迅速降低到接近 0V，电池壳体表面温度经过 100～200s 后上升到 120℃，随后隔膜熔融闭孔，回路被切断，壳体表面温度逐渐降低。如果隔膜不具有熔断功能，20s 内温度上升到 550℃以上，电池冒出黑烟，并开始燃烧。

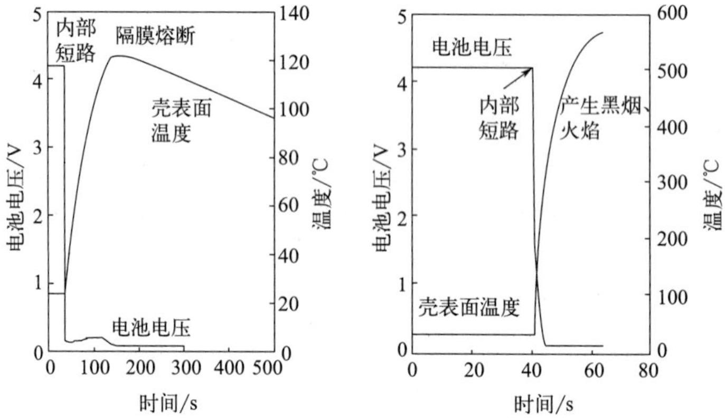

图 11.4　18650 电池模拟内部短路的针刺实验

从中看出隔膜的熔断闭孔功能的重要性：切断电池内部所有的化学类和电化学类反应，避免电池燃烧和爆炸。

11.3.2 降低电解液可燃性

锂离子电池安全性关键核心是电解液，锂离子电池用的电解液都是低熔点低沸点的，燃点大约 30℃，基于碳酸烷基酯的锂离子电池电解液，在高温下和阳极、阴极反应活性很强。本征上，碳材料嵌锂电位仅仅比金属锂高 0.2V，锂化碳/电解液界面是亚稳定的。碳阳极颗粒尺寸大约 10μm，比表面积很大，经过循环后其比表面积可增大 5 倍左右。高温下，石墨阳极表面 SEI 薄膜被破坏，阴极和碳酸酯发生放热反应。

通常使用的 $LiPF_6$/EC+DEC+DMC 电解质电化学窗口到 4.5V，这个体系是典型的锂离子电池电解液，目前还没有替代产品。因为，若电解液的电压上限提高，就表示溶剂中有元素处于高氧化态，这同时表明溶剂与负极的反应活性必然高，对于高活性负极，低氧化态溶剂体系的安全性和兼容性更好。

该体系可燃性很高。

添加阻燃添加剂是一个研究热点。开发新型不可燃溶剂是另一个研究热点。阻燃添加剂以现有的溶剂氟化、有机磷化合物为主，例如磷酸三甲基、氟化碳酸乙烯酯。

11.3.3 添加剂与包覆等措施

氧化还原穿梭剂，是针对过充电设计的，要求其热稳定性、化学与电化学稳定性、溶解度与扩散系数、合适的氧化还原电位、可逆的电化学，没有副反应，氧化和还原形式都是可溶、高淌度，氧化态和还原态对电池组件惰性。工作电位稍微大于正极电位平台，过充电后电位高于正极安全电位时，穿梭剂被氧化，氧化形式扩散到负极并在那里被还原成初始状态。

断路添加剂，在过充电时切断回路，永久终止电池的工作，包括两类，一类释放气体，另一类发生聚合反应。若同时加入穿梭剂和断路添加剂会增大可靠度，此时要求后者的激活电位要略高于前者。

电流密度分布不均匀是电池（组）安全性逐渐降低的原因之一。在正极，表面电流不均匀，表面活性存在空间分布，高活性点电压更高，电解液在这些区域优先分解，例如

$$(C_2H_5O)_2CO + PF_5 = HF + C_2H_4 + C_2H_5OCOOPF_4$$

$$C_2H_5OCOOPF_4 = POF_3 + HF + CO_2 + C_2H_4$$

这些区域的活性材料结构也容易崩溃，从而引起性能衰减。一些添加剂在活性点位置先于电解液氧化分解，产物将活性点与电解液隔离，阻止溶剂分解，达到提高安全性和循环稳定性目的。这些添加剂存在一定的负作用，在能量型锂离子电池中应用的可能性更大。

包覆，例如，钴酸锂包覆氧化铝和氧化镁后，充电到 4.4V，差热分析显示放热峰值温度从未包覆的 208℃提高到 213℃和 217℃。从分解放热角度看，包覆效果并不好。另外，锂离子电池热失控的起始温度在 80～100℃范围，也就是说，锂离子电池的不安全性主要和负极有关。包覆也不适合大批量生产，所以这里不做详细介绍。

各种常见阴极材料升温中的峰值功率，如图 11.5 所示，大致趋势是镍含量越高，峰值功率越大，表示镍含量越高，放热越明显，安全性越低。磷酸铁锂的最低，其在滥用的情形下最安全。

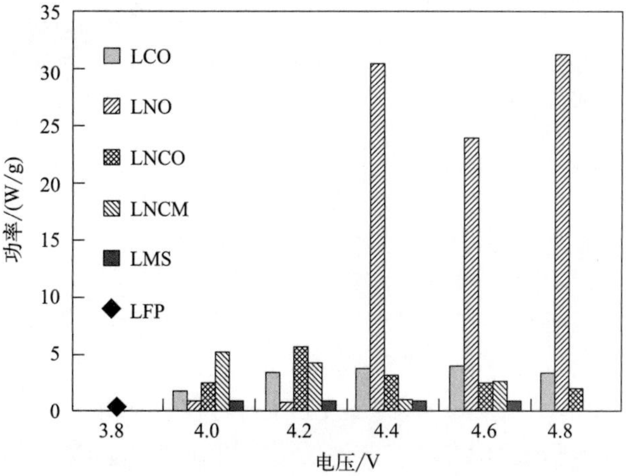

图 11.5　阴极材料 DSC 热分析的峰值功率

对于碳阳极，SEI 稳定性与否很重要，稳定的 SEI 利于循环性能并提高高温下石墨阳极的热稳定性。保证 SEI 稳定性的措施，除了碳负极的形貌控制、电池循环控制以外，关键是

控制微颗粒杂质特别是微量金属杂质，比如 Cu、Fe 等，因为它们会在负极沉积并催化负极表面的反应。

离子液体在电极表面没有形成 SEI 的倾向，热稳定、不易燃烧、不挥发，具有高安全性、合适电化学特性的离子液体仍在研究中。

锂离子电池体系对杂质含量要求较高，比如 Fe、Cu、Zn 等，添加这些杂质或者其氧化物对正极或者负极材料改性时需要考虑安全性。$LiFePO_4$ 正极材料中杂质铁含量必须严格控制，否则会带来电池性能甚至是安全性能方面的隐患。一些电解液添加剂，如 Cu-TF 添加剂（copper trifluoromethanesulphonate），据文献报道对电极循环性能具有一定的改进作用，但是实际上这类添加剂基本上不会应用到锂离子电池体系中，原因在于会引入 Cu 等有害杂质。

一些文献报道了表面修饰的方法改进电极性能，其中，比如，金属氧化物、单质金属例如 Ag 修饰的报道比较多。即使对于模拟电池（对电极为金属锂）这样的结果具有一定可靠性，应用到电池体系的可能性还是需要考虑的。例如，在模拟电池环境下发现 Ag 包覆可以改进很多材料的电化学性能，它在 3.6～3.8V 被氧化。电池内部从正极到负极电位线性下降，Ag^+ 物质向负极扩散，在隔膜上电位低于 Ag^+ 还原电位的位置被还原成单质银（总会存在这么一个位置的），并沉积在隔膜上，如图 11.6 所示，隔膜上这些单质 Ag 会给成组电池带来明显的安全隐患。

一些文献报道的氧化物包覆，这些氧化物也存在类似的危险。

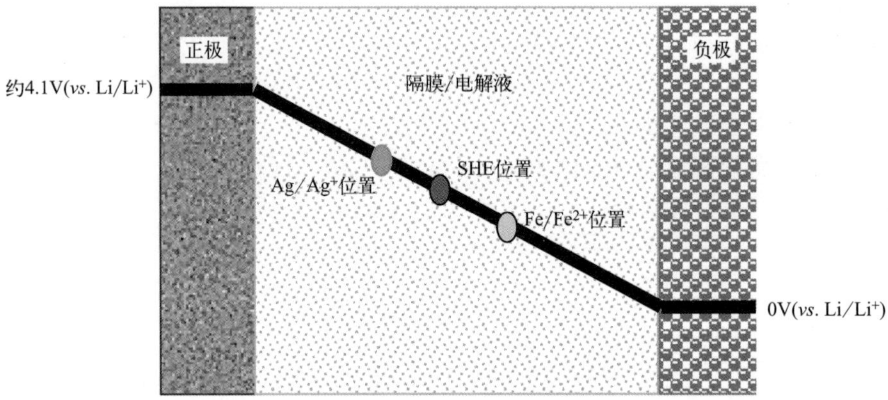

图 11.6　氧化态的 Ag^+ 在隔膜特定区域沉积示意图

11.3.4　PTC 元器件

PTC 元器件，包括陶瓷类、导电聚合物类，在温度升高时电阻增大，导致 PTC 电阻上升到无穷大的温度称为触发温度，一般是 100℃。

使用 PTC 的初衷是防止外部短路，PTC 工作运行模式最好是可逆，这样，在排除危险后电池可以继续工作，实际上的 PTC 元器件仅可以可逆工作数次，当它们不能可逆地重置后就保持高电阻状态。

PTC 成本不高，经济上有优势；分内置和外置两种，内置更加安全。放置 PTC 的钴酸锂电池过充电到 10V 也不会着火或者爆炸。一种 PTC 是混有炭黑的 PE 聚合物，含有双金属涂层，温度升高后电阻迅速上升。

一些 PTC 元器件设计成外部使用的可反复安装的单元，以方便更换，成本不高，比熔丝便宜。PTC 可以是一个元器件，也可以是具有该功能的涂层。

陶瓷 PTC 材料类似熔丝，可以在高压下工作，可以以很高的精度返回它的一般电阻状态，相对大的尺寸限制了它在小型高元件密度电路板中的应用。高的本征电阻，使其仅适合在低压电路中使用，因为跨越它的高电压会引起电路的运行问题，消耗大量额外能源。陶瓷材料 PTC 的另一个本征缺陷是高的热容，对中等过电流的响应时间偏长。

导电聚合物 PTC 装置是非线性的 PTC 热敏仪，是聚合物和导电颗粒的复合材料，在高于玻璃转变温度 T_g 时聚合物转变成非晶态，温度低于 T_g 又返回晶态。在通常的运行温度范围，包裹在聚合物晶体基体中的导电颗粒具有低的电阻，温度升高以后（>125℃），聚合物结构变为非晶态，基体的膨胀导致导电路径的隔断，电阻提高数个数量级，将电流降低。它的一个优势是，一个微小的电流就可保证 PTC 装置处于触发态，预防导电链返回到初始态。在断开回路时，装置冷却，聚合物返回正常状态，电阻也是。

导电聚合物 PTC 装置，用塑料和导电材料混合物制成，它的温度由环境温度和内部 I^2R 热损失产生的热决定。一般，I^2R 热损失很低，不能产生足够的热将聚合物转变成非晶态，但是错误使用后，大电流导致热损失产生的热很多。恢复热平衡以后，PTC 能够使电流保持在不损伤设备水平同时保持仪器的触发温度，可逆性高。

导电聚合物 PTC 设备允许小的残余漏电电流通过回路，当它被触发激活后产生的跨越 PTC 的电压降，在一些小型器件中特别是需要精确功率要求的设备中，要求较严格。

导电聚合物 PTC 电流限制设备有一些固有的问题，它们可以在几微秒内被触发，但是响应时间仍然小于熔丝。在对响应时间要求不高的场合可以使用。和一般的熔丝比，价格还是有点贵，可以承受的最大电流和电压有限。不过，和其他陶瓷材料对比优点是低的运行电阻，不影响电池的正常工作；此外，由于低的热容，对过电流响应相对要快于陶瓷类 PTC。

装有 PTC 的锂电池在升温过程中的电阻变化表明，在 100℃左右其电阻升高和 PTC 元件有关，在 135℃左右进一步升高与 PE 熔断过程有关。如果装有熔丝，那么它一般在 90℃熔断，伴随着一次电阻升高。在 160℃左右内阻降低，一般是因为隔膜彻底熔融导致内部短路。超高分子量聚乙烯在 135℃熔化，但是可以保持它的力学性能到 180℃。

11.3.5 安全阀

锂离子电池在非正常运行条件下，内部压力会上升，内压升高的原因包括过热、过充、过放。当热失控以后伴随着大量气体的生成，在电池内部压力突然提高后，安全阀被打开以释放压力，防止电池爆炸，保护隔膜不被破坏。

如果电池受到猛烈的机械破坏，安全阀开始工作释放内压。安全阀装置一旦被触发，会释放大量挥发性有机物，电池内部和外界贯通，电池将彻底被淘汰，因此属于备用的安全装置，有时为了保证安全阀及时打开，需要加入特殊添加剂，这些添加剂在某种条件下会释放大量气体以激发安全阀。

在不合理使用的情况下，使用其他装置如 PTC，可以不需要安全阀。一种安全的机械连接方式，凹的铝盘焊接到阴极，它在释放气体的时候断开电路，对于这样的设计，使用 $LiCoO_2$ 阴极测试，当电池过充电电位高于 4.8V 的时候，安全阀被打开，可以保护电池过充电引起的热损伤。

18650 电池采用典型的帽结构，如图 11.7，那里有个安全阀，电池内压达到极限值后安全阀打开。也有设计成密封小孔状，它最初的用途是灌注电解液，后来演变成作为灌注电解液口，密封后就作为安全阀[3]。

方形电池的安全阀位置不固定，圆柱形电池的安全阀都在排气帽位置，也就是正极的终端。方形电池安全阀的位置可以有很大差别，可以在电池上面，下面或者侧面。

安全阀工作原理，如图 11.8 所示，图(a) 是正常情况下阀门状态，当内部压力增大后，阀门向外鼓起，如图(b) 所示，当内压达到限定值以后，阀门上的压痕被破坏而打开，如图(c) 所示。

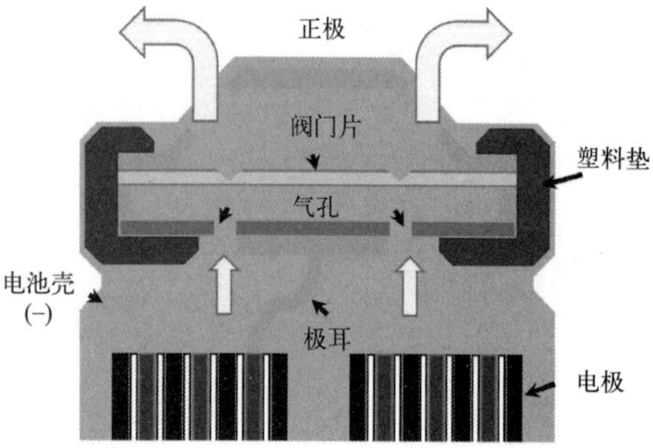

图 11.7　18650 电池帽结构中的安全阀示意图

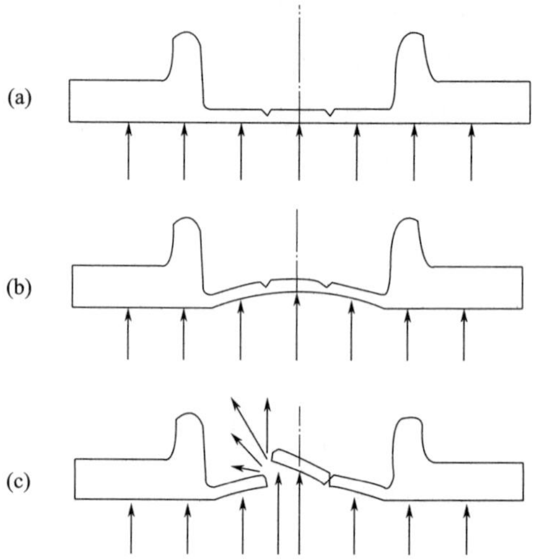

图 11.8　安全阀工作原理

11.3.6　熔丝、电热调节器与电子安全电路等

熔丝，当温度超过某一数值就会熔断掉，响应时间为数秒，价格低，结构简单，适用面大，属于永久隔断电路的保护。不过，因为放置在电池外部，只需要更换就行。不适合脉冲放电，而脉冲放电是电池正常的工作模式之一。

其他电路隔断器，如磁开关、双金属热偶、电子保护电路，都可以用于保护电池，它们必须能够承受连续的电流通过以及偶尔的脉冲冲击，尺寸和价格因素排除了磁开关和双金属热偶的应用。

电热调节器，用于感应电池内部温度，可以放在充电器内部，可设定成满足特殊的充电条件且控制输入电流，通过温度的变化率控制电池。PTC 温度控制器具有正温度系数，而电热调节器电阻随着温度上升而下降，也被称为负温度系数电热调节器 NTC。二者都用于控制和保护电路。

外部控温方式主要涉及电池和整个系统的设计，电池不能靠近热源，要散热良好，可配置风冷、水冷装置；制冷分空气、液体和固体制冷。固体制冷使用固态相变材料，具有很多优势，缺点是提高电池组的体积和重量、效率较低、在温度低于室温时会干扰电池预热。

热或者温度切断仪器（TCO），和电池堆串联，在固定温度下运行，当预设电池内部温度满足后，会自动终止充电或者放电。

电子安全电路，通常称保护电路模块 PCM。对于大型电池堆，电子安全电路成本可占到 20%以上，取决于设计。最安全的设计模式是对每个单体电池进行实时控制，当然这也导致很高的成本。大型锂离子电池组需要外部过充/过放保护电路，当电池中某个电池比其他电池更早达到某一个充电或者放电状态时旁路系统被激活，该电池的充电或者放电被单独终止，直到达到平衡。

有认为锂离子电池化学可以进一步修饰，安全水平会进一步提高，将不需要 PCM。

11.4 工作安全区域

内部短路机理有锂枝晶和锂沉积、颗粒迁移和隔膜刺穿、局部短路（此处讨论的局部短路产生的热不会引起热失控，但是引起局部隔膜熔断，然后诱发更大尺度的短路，从而引起热失控。不是整体热失控的直接原因，是诱因）。

是否热失控源自内部短路，这个有时很难说。高度不均匀的温度分布会触发内部短路。

内部短路的预防主要涉及电池制备加工控制，制造过程容易引入金属颗粒到电池中引起短路，可能来源于金属切割、材料加工、成型工艺、车间灰尘，其中的 Fe、Ni、Zn 最有害，这种失效模式存在诱导期，在燃烧、爆炸发生之前存在几分钟时间发生升温现象；负极锂枝晶形成也会导致内部短路，快充电条件下锂枝晶可以熔化；颗粒迁移与隔膜刺穿，如负极杂质金属被氧化（杂质可能来自导电剂、黏结剂、集流体或者活性物质甚至是加工中引入的）；还有可能是局部颗粒短路，局部大电流产生。

内部短路时，电池内部温度分布高度不均匀，电池内部形成局部热点，如果局部热点温度足够高就会触发局部热分解反应，温度、浓度、反应速度、电池内部的热传导、电池内部材料的热容与表面散热过程耦合结果将决定这个局部热点是否会最终导致热失控。

预防锂沉积的设计包括：负极容量大于正极容量的设计；负极极片长度/面积大于正极极片，负极极片更厚一些也有助于阻碍锂沉积。在固定阴阳极容量比的前提下，增大负极面积的效果并不明显。厚隔膜有助于阻止锂沉积。

总之，内部热点形成与局部产热和散热速度相对大小有关系。目前，内部短路的触发机制，以及内部短路后如何导致热失控的，都不是很清楚。图 11.9 是一个 18650 电池正极放置一个金属颗粒后的充放电情况，经过两个循环后发生内部短路，温度迅速攀升。在一个 2.6A·h 18650 电池激发一个内部 10W 功率的短路，测量结果表明表面温度在 500s 后升高到 550℃。

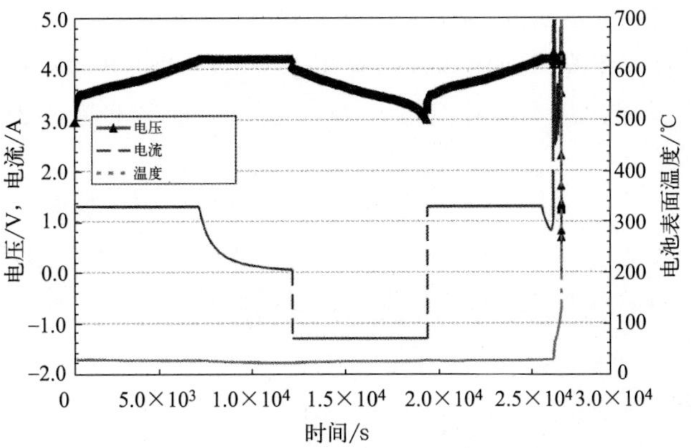

图 11.9 正极放置一个金属颗粒后的电压、电流和温度响应

如果激发一个内部 3.5W 功率的短路，电池壳体的温度将不会上升，而是缓慢降低。这是产热速度慢于散热速度的结果。

锂离子电池的热传导能力很差，Cu 和 Al 箔比附在上面的材料的热传导性能要高数个数量级，石墨面内热导率为 40～140W/(m·K)，面间热导率为 0.3～1.40W/(m·K)，阴极的热传导很差，钴酸锂大约为 1.58W/(m·K)，Al 和 Cu 分别为 240W/(m·K)、395W/(m·K)。

外部短路主要涉及包装、运输。此外还有机械损伤，比如针刺、挤压、剧烈震动等。

对于给定的电池结构、电池尺寸、电池材料和电池设计以及给定的热传输条件，可以给定一个电池使用的安全区，如图 11.10，x 轴代表短路放电功率，y 轴代表能量的耗散过程，假设一个短路发生，沿着纵轴向上可以看成时间的延续（或者看成短路耗散能量与总能量相对大小），如果一直在阴影内部（左下区域），那么表明随着时间推迟，这个短路功率产生的热将逐步耗散，不会引起热失控；否则，就会热失控，进入右上区域[3]。

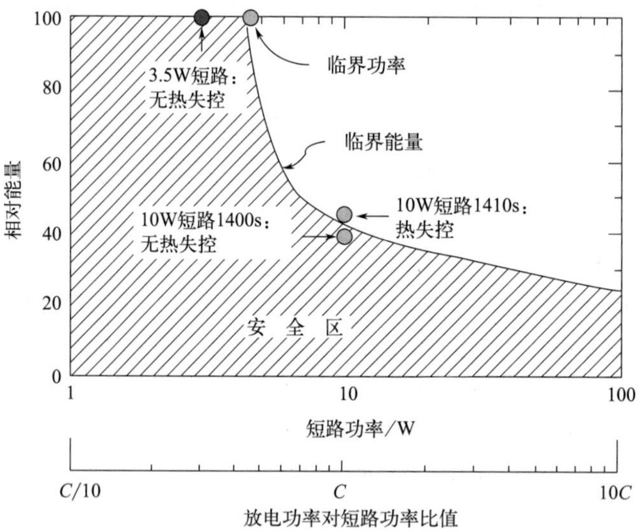

图 11.10 锂离子电池使用安全区

图中的纵坐标代表相对能量，等于短路条件下耗散的能量与电池中储存的电能的比值。针对每一个型号的电池或者电池组，都有必要对其进行安全区确定，这有利于用户、生产商制定对应的安全策略，以保证安全。

国外对 LIB 和锂原电池运输的规定，主要是针对活性锂的量来定的。2006 年后制定了严格的锂电池空运标准，不允许使用客机同时运输锂电池。对于个人来说，带的锂电池要求全充满电的情况下负极锂含量不能超过 5g，负极累积锂含量不超过 25g，锂电池总重不超过 5kg。

锂原电池着火，不能用水灭火，以避免产生大量氢气；卤代烷烃灭火剂也不具有有效的灭火效果。但是 LIB 着火，看起来可以使用水灭火。水可以用于 EV LIB 的灭火，不过前提是水量要大。用水对高能电池灭火时的电击危害可以忽略。

11.5 电池检测

锂离子电池的检测项目很多，其中大部分与锂离子电池的安全性有关，包括电测试，机械测试，环境测试，包括振动试验、钉子穿透、粉碎、掉落、加热和热冲击、扔到热的液体、高温储存、低温充电、真空泄漏、翻转、碰撞、挤压、盐雾、海水浸泡、过充电和过放电、短路测试等。电池温度提高与电池化学及放电速率有关。

使电池安全运行需要一个有效的热管理系统，主要与表面冷却速率有关。大型电池设计时要保证各种条件下的安全。充放电过程中各种电化学反应与物质传输过程发生，开路条件下也继续着一些反应与过程，它们发热引起电池温度提高，特别是绝缘或热环境中。定量测量电池在各种条件下内部热的产生率对于开发大型电池堆的热管理系统很有实际意义。

下面是关于锂离子电池/电池组检测的一般性总结，供参考。

11.5.1 海水浸泡、盐雾试验

浸入海水中 2h，电池/电池组不着火不爆炸。15～35℃下喷盐雾 2h，然后在 40℃ 93% 的相对湿度下保持 20h，循环三次后不漏液，外壳完好。

11.5.2 挤压测试

机械挤压分成三类，如图 11.11，三个方向的挤压测试，电池要满足一定的机械强度要求。挤压过程中电池经历了放电、变形、内部短路。电池/电池组经过挤压测试后应当不着火不爆炸[4]。

图 11.11 三种机械挤压示意图

11.5.3 电解液可燃性测试

如图 11.12 所示，将电解液滴在不锈钢网上的 SiO_2 纤维上，在一端点火，观察火焰传输速度和距离。测试用电解液为 1mL，纤维为 12.7mm×127mm，厚度为 0.3mm。欧盟做的测试表明，常见有机溶剂的自加速分解温度起始温度顺序为 DMC>EC>DEC>PC，单有机溶剂比混合的稳定[5]。

典型电解液在空气中安全性顺序为 1.0mol/L $LiPF_6$/EC：DEC（1：1，质量比）>1.0mol/L $LiPF_6$/PC：DEC（1：1，质量比）>1.0mol/L $LiPF_6$/EC：DMC（1：1，质量比）>1.0mol/L $LiPF_6$/PC：DMC（1：1，质量比）。在氩气中安全性顺序为 1.0mol/L $LiPF_6$/EC：DEC（1：1，质量比）>1.0mol/L $LiPF_6$/EC：DMC（1：1，质量比）>1.0mol/L $LiPF_6$/PC：DEC（1：1，质量比）>1.0mol/L $LiPF_6$/PC：DMC（1：1，质量比）。

DEC 闪点为 33℃，DMC 为 15℃，EMC 为 22℃。

安全测试还包括电池加热到 150℃的升温实验、过充电实验。

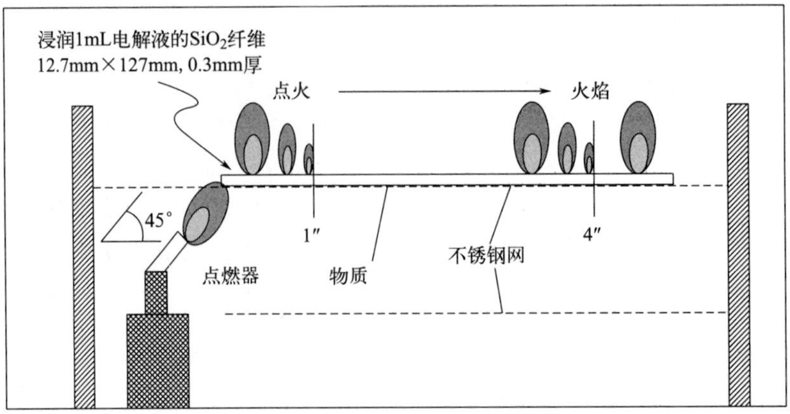

图 11.12　电解液可燃性测试示意图

11.5.4　短路测试

是将正负极直接接触，测试电池温度、形状变化，是否冒烟胀气。文献报道外部短路下电池温度可达到 90℃，认为这个可以接受。中国规定在电池全充满的情况下在 20℃温度下正负极短接（短接后外电路电阻为 80mΩ）24h，最高温度不超过 150℃，不起火不爆炸，即可。还规定了高温环境下的外部短路测试，测试温度为 55℃，正负极短接（短接后外电路电阻为 80mΩ）24h，不起火不爆炸，最高温度不高于 150℃，就是合格品。

11.5.5　穿刺实验

铁钉以 8cm/s 速度钉在电池上。2003 年使用 18650 钴酸锂电池的铁钉穿刺实验发现，如果铁钉速度较低，那么铁钉温度可以达到 600℃，如果速度较大，穿刺深度较大，铁钉的温度不会高于 140℃。在电池过充电，或者电荷状态比较高的时候，铁钉穿刺实验导致冒烟或者着火。

用 5mm 直径铁钉，1cm/s 速度，穿透全满电，电池温度达到 82℃。

11.5.6　过充电测试

先恒流充电至规定电压，然后恒压充电，石墨为负极，钴酸锂电池、锰酸锂电池和三元电池的规定电压为 4.6V，磷酸亚铁锂电池的为 5.0V。

我国规定连续充电 7h 电池不起火不爆炸。

11.5.7　过放电测试

指电池或者电池组放电完毕后再在 1C 倍率下强制放电 1.5h 后电池不起火不爆炸，即算合格。

11.5.8　渗漏检测

充满电的电池或者电池组放在 11.6kPa 压力的环境中 6h，要不漏液才行。

11.5.9 温度循环测试

将电池或者电池组反复放置在 75℃和－40℃环境中，电池应当不漏液。

11.5.10 跌落测试

电池或者电池组在 100% SOC 的荷电态下在 1m 高的位置自由落体到混凝土地上后不起火爆炸。

11.5.11 冲击、撞击测试

能够经受住 150g 的加速度而不发生漏液。撞击是模拟电池被重物冲撞的过程，我国规定的测试是 9.1kg 重物从 0.61m 高处自由落体砸在电池上，要求电池不着火。

11.5.12 振动

电池或者电池组在规定的频率和振幅下振动 3h 后不漏液。

11.5.13 热冲击

充满电后的电池在环境温度升高到某温度后不着火，我国规定的是在 130℃保持 0.5h。

11.5.14 电池组电性能安全测试简述

过充电测试包括过压和过流充电，对于前者，先充电到 6nV，n 为串联单体数，对于没有抗过充保护的充电 1h，否则充电到保护装置启动，不发生漏液情况；对于后者，充满电后继续充电到电压上限（无保护装置的情况）或者直到保护装置启动，要求不发生漏液。过放电测试要求是放电到 0.15nV 后不漏液。外部短路测试同单体电池。

11.5.15 自放电

在－20～30℃、低于 75%的相对湿度环境中储存一定时间后残余容量不低于规定值。具体的储存时间和残余容量，差别较大，比如有规定储存 1 年后容量不低于标称容量的 40%～70%。

11.5.16 铝壳

关于铝壳，国标未做具体规定，仅仅说明产品外观要光滑平整，无划痕凹陷等缺陷，关于机械强度参数未做具体规定。

11.5.17 一般性规定

－18℃时容量不低于额定容量的 70%，50℃时不低于额定容量的 95%，多次循环后实际容量为额定容量的 80%时，循环次数不少于 300 次。关于手机电池的放电电压下限，标准中规定的测试条件为 2.75nV，n 为串联单体数。

100W·h 锰酸锂电池在 130℃环境下测试 80min 后电池温度超过 190℃，发生漏气，未出现打火花现象，在 40min 时隔膜熔融。

对于聚合物或者方型 LIB 系统的 EV，测试结果显示，EV 和常见内燃机汽车的热产生速率接近，使用聚合物软包电池测试 EV LIB 时未出现爆炸情况；EV 和 ICE 汽车燃烧试验中收集到的有毒气体浓度水平接近。LIB 灭火后水中的氟化物和氯化物浓度很高。

作为总结，基于电池化学组成、各组件/组分的导热性能，可以构建一个锂离子电池安全性窗口，如图 11.13 所示。温度低的害处在于充电时负极电荷接受能力差，发生锂沉积，有效锂含量降低，沉积锂会刺穿隔膜导致内部短路。低压的危害是负极电位提高，铜箔电化学氧化、溶解，再充电时溶解的铜沉积到负极形成高阻层，欧姆热增大[1,5]。

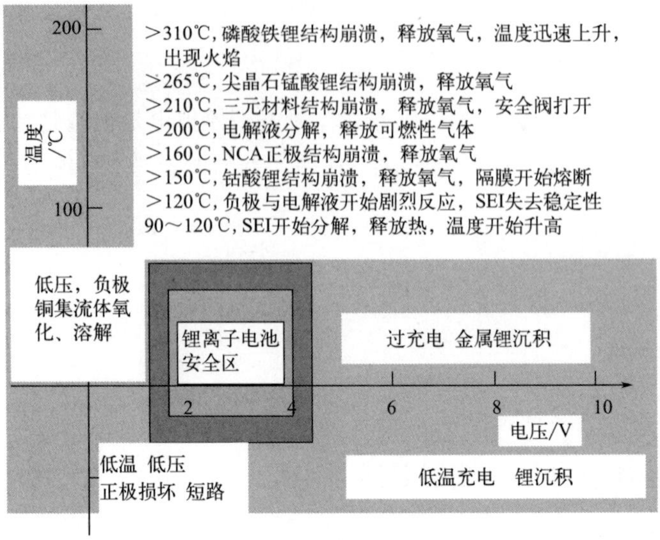

图 11.13 锂离子电池安全性窗口

安全区右侧代表高压区域，此时发生过充电，正极高度贫锂，氧化性增大，氧化电解液同时释放氧气，自身发生分解。在 90～120℃，负极表面 SEI 层分解并放热，在此温度范围，如果没有额外的安全措施，电池进入正反馈过程，没有负反馈，也就是升温造成的后果导致温度进一步升高。120℃以上，负极 SEI 被破坏，电解液和负极活性锂直接激烈反应，例如

$$—CH_2—CF_2 + Li \longrightarrow LiF + —CH=CF— + 0.5H_2$$

$$Li + 2EC \longrightarrow 2CO_2 + LiOCH_2CH_2CH_2CH_2OLi$$

130℃时隔膜开始熔融，在 150℃钴酸锂开始分解释放氧气，160℃以上 NCA 开始分解并释放氧气，200℃以上时电解液大量分解并释放可燃有毒气体，此时，如果有安全阀，安全阀应该打开。高于 210℃时三元材料开始分解并释放氧气，在 265℃开始尖晶石锰酸锂开始分解释放氧气。从 270℃左右开始电池温度上升速度加快，在 310℃以上磷酸铁锂分解并释放氧气。

锂离子电池诊断难度很大，诊断的复杂性在于性能衰减的机理太多，导致同一缺陷的原因可以很多。例如，连接性不好的原因包括：导电添加剂移动、颗粒裂开、厚的表面薄膜的形成、气体生成、活性材料与集流体分离、集流体与壳体分离、黏结剂性能衰减等。电池诊断需要初值，也就是参考值，而初值选择比较难，严重依赖电池技术、材料、结构、尺寸等。

总的看，对于锂离子电池的设计，尺寸和重量是优先考虑的，这个由下游产品决定。电池的热耗散是主要的工程挑战，特别是高功率应用，辐射几乎占据 50%的热耗散，低功率

应用的电池中热性能很少称为电池失效的原因，高功率电池的热设计就没有那么简单，不合理的设计会引起电池内部局部的热点，成为失效的诱因。

即使电池自身是安全性很高的设计，但是当作为电动车动力电池使用时，需要考虑在汽车出现碰撞情形下，电池至少不燃烧不爆炸的情况。这方面的真实案例还是很多。汽车碰撞后，内部的人很难顺利离开出事的汽车，此时如果电池出现燃烧、爆炸，就会诱发二次伤害。

滥用和电池随机事故之间存在明显差别。无疑，滥用条件下电池寿命很快会终止。二者的区别在于滥用的后果是可预测的，而正常失效难测，无任何警告。滥用对所有电池是普遍的，而随机事故发生率是百万分之一左右。在单电池水平上的滥用是可评价的，可通过标准的测试方法检验，比如冲击、挤压、穿刺试验，而随机事故是难以检测的。滥用时电池是均匀失效的，时间常数长；随机事故，只要一发生，一般就是快速的，局部温度更高。滥用可以通过巧妙的设计预防，比如外部短路的预防措施可以是加熔丝，而随机事故的发生是不可预防、排除，或者说很难减弱随机事故发生时造成的伤害。前者，一般是外部驱动的，外部因素引起，而后者一般是内部因素引起的。

锂离子电池堆作为储能电池使用时的安全，对于100～1000V直流电压，安全距离是1m，对于有经验工作者，在300～1000V电压范围，需要至少0.3m，直流电容易触发弧光放电，电弧电流与短路故障电流之间的关系是前者为后者的一半。给定工作距离的情况下电击能量 E 与距离 D 的平方呈反比，正比于弧光放电时间 T_{arc}、电弧电流 I_{arc} 和系统的电压 V_{sys}，即

$$E = 0.01 V_{sys} T_{arc} I_{arc} D^{-2}$$

式中，各变量的单位分别是 cal/cm^2、V、s、A 和 cm。

参考文献

[1] Mikolajczak C，Kahn M，White K，et al. Lithium-Ion Batteries Hazard and Use Assessment. ISSN 2193-6595 e-ISSN 2193-6609，ISBN 978-1-4614-3485-6 e-ISBN 978-1-4614-3486-3，DOI 10.1007/978-1-4614-3486-3，Fire Protection Research Foundation，2011.

[2] Zhang X，Li Z，Luo L，et al. A review on thermal management of lithium-ion batteries for electric vehicles. Energy，2022，238，Part A：121652.

[3] Brodd（ed.）R J. Batteries for Sustainability. Springer Science＋Business Media New York，ISBN 978-1-4614-5790-9 ISBN 978-1-4614-5791-6（eBook）DOI 10.1007/978-1-4614-5791-6，2013.

[4] Thaler A，Watzenig D. Springer Briefs in Applied Sciences and Technology Automotive Engineering：Simulation and Validation Methods. Automotive Battery Technology，Springer，2014

[5] Thomas Long Jr R，Sutula J A，Kahn M J. Flammability of Cartoned Lithium Ion Batteries. ISBN 978-1-4939-1076-2，Springer，2014.

第 12 章 电池（组/堆）管理

管理，从重要性看，首先管理电池的荷电状态，避免过充过放。过充过放分两种情况，一种是人为造成的过充电、过放电，另一种是电池组内单体电池间的性能差异引起的。

其次是管理电池组/堆的热平衡，避免过热过冷。过热的危害众所周知，容易引起燃烧爆炸，过冷的最严重后果是难以充电，其次是放电性能也会受到损害[1-6]。

电池组，其概念如图 12.1 所示。电池组内各个单体电池的管理以及电池组环境的管理，均是通过各种传感器来实现的。因此，当电池组内单体电池数量比较大时，用于管理的传感器、电子线路的费用占比迅速增大。

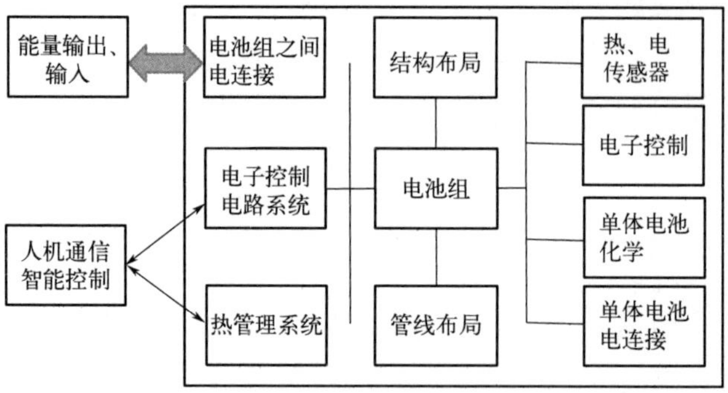

图 12.1　电池组概念

12.1　热管理

不可能将储存的能量全部以功的形式释放出来，一系列因素导致热产生，一部分产热是因为电阻的存在，即欧姆热。另一部分则是由于开路电压随着温度变化，即反应可逆热效应。欧姆热效应公式为

$$Q = I^2 R$$

反应热效应公式是

$$Q = nFT\frac{\mathrm{d}E}{\mathrm{d}T}$$

式中，电阻是SOC的函数。在18650电池实验时，在自然空气环境下，$2C$倍率放电时电池温度可以提高到40℃以上，0.5C倍率温度只有28℃左右，$2C$倍率下总的热效应为1W稍多（0%～60% DOD），在放电末期产热功率上升，最后接近2.5W。

对于锂离子电池/电池组而言，热管理分加热和冷却两方面内容。热管理系统大致分两类：主动式和被动式，后者不需要额外的能量输入来控制电池的温度。通俗讲，被动式系统就是自然散热，不耗能。对于任意一个动力电池组或者储能电池组而言，自然条件下的热产生速度和热耗散速度几乎永远难以达到平衡态。当产热速度大于热耗散速度时需要冷却，反之需要加热。

对于同一个电池组，夏季需要冷却，冬季可能就需要加热。产生热的过程包括可逆的和不可逆的，可逆热是平衡条件下化学反应的可逆热，是熵变和温度的乘积，不可逆热包括了材料相变热、材料混合热、过电位对应的热（欧姆热、电化学极化热和浓度极化热）。材料的混合热，比如某荷电态下产物是两相，两相趋向于均匀分布过程对应的热效应。

热的耗散形式有三种：对流、辐射、热传导。电池散热能力设计很重要，出色的设计保证良好的热耗散是很大的工程挑战。

热失控分两个层次：单电池和电池组。热性能的表征包括电池平均热容［软包电池平均比热容，在25℃时为1.08J/(g·K)，在55℃为1.18J/(g·K)，随温度变化基本呈线性关系］、热传导、热产生速度、电池内部各种化学反应动力学。电池温度存在两个问题，温度过高会降低循环性能，增大热失控危险；温度太低会降低容量，局部枝晶导致短路。一般来说热管理主要是针对电池组而言的。

电池组热稳定性取决于散热能力，设计中要优先考虑安全性，保证散热能力。为了减少热点，要尽可能降低电流密度分布的不均匀性。优先考虑尺寸和重量，锂离子电池自身热容很小，散热能力差。主要散热途径是电池表面对流和辐射，对流和几何以及外表面积有关，辐射取决于电池表面本性，使用高热导率的电池外壳和具有高辐射能力的材料是一个选择。

低功率应用的电池中热性能一般很少是电池失效的主要原因，它们都具有简单的设计；高功率电池的热设计要复杂很多，设计不合理会引起电池内部局部热点，诱导失效。

作为电动车动力电池使用时，既存在冷却问题，也存在加热问题。

12.1.1 冷却

制冷分空气、液体和固体制冷。空气制冷分强制和自然两种，液体制冷原理和汽油车类似。固体制冷使用相变材料，利用相变热。设计方式很多，核心就是保证冷却效果同时尽可能降低成本。目前没有统一的设计规范，各主要公司各自设计自己的。下面选出一些设计供参考。

空气制冷是最传统的方法，本田Insight和丰田Prius混合动力车都直接使用空气冷却电池堆，冷却示意图如图12.2所示，使用强制空冷模式，右侧是两个风扇，内部开孔盖板引导风的流向，前排电池组中风的流向垂直于电池，后排风的流向与电池平行。两个风扇分别为两组不同的电池组冷却，电池温度分布相对要比两个风扇一起冷却两组电池组时更均匀。

对于空气冷却模式，当环境温度高于35℃时将不再起作用（有给出66℃的限定，认为66℃以下都可以采用空冷方式，是针对不同的应用领域而言），因为此时要求将电池温度降低到40℃所需要的功率太高了。空冷的优点是成本低，简单，易维护，质量轻，冷却功率

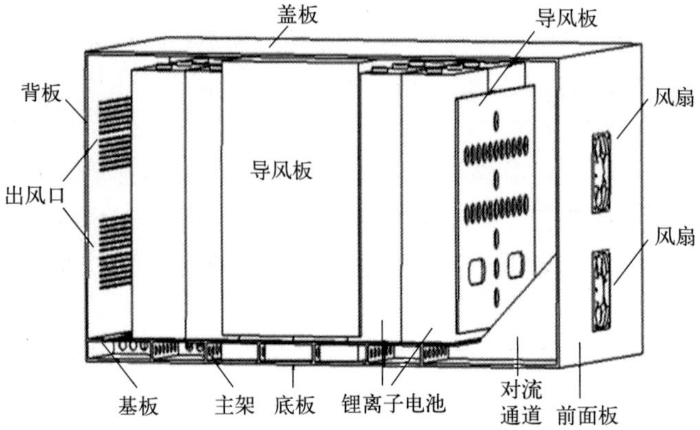

图 12.2　空气冷却系统示意图

小，导热速度小，不适合于非正常使用条件，如高温或者高倍率，此时需要更加有效的冷却方式，比如液冷。

液冷技术相对成熟，是汽车中最常见的冷却方式，液冷分直接冷却和间接冷却。直接液冷方式相当于将电池浸泡在液体中，间接液冷相当于将电池用流动冷却液的管路包起来。间接液冷方式热阻更大，但是直接液冷方式并不实用。

一种设计是分散式铝板绕着方型电池，铝板内设计很多微小管路用于流水，电池和导热管之间放上石墨板提高导热速度。另外一种就是三明治结构，将电池用导热板夹住，导热板内设计很多微管，用于流动热载体。特斯拉使用液体热管理系统，冷却管缠绕着 18650 电池，冷却液是水-乙烯醇，乙烯醇的加入是为了降低冰点，以适合寒冷气候。冷却管内采用了逆流设计以获得更加均匀的温度分布。

相变材料冷却，分液气相变和固液相变，是利用相变过程吸热的一种被动式冷却方式。2013 年 Bandhauer 和 Garimella 创造性提出了内部热管理系统，使用了在微管中的相变流体，电池产生的热使左侧微管内液体蒸发成气体，如图 12.3 所示，气体进入容器，经过和外部的热交换过程再冷凝，冷凝后的液体进入管壁的多孔材料/微通道中流回左侧，进入下一个循环，达到冷却目的。

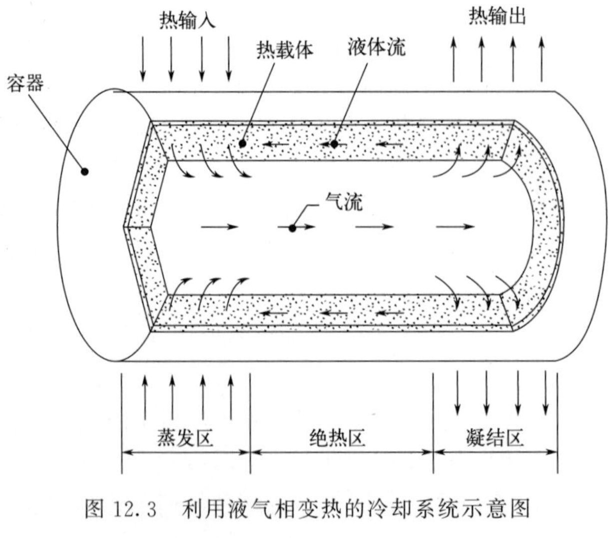

图 12.3　利用液气相变热的冷却系统示意图

这个原理有点像报道的入藏高铁中使用氨气调控温度的原理。关键在于工作流体的选择，报道了水、乙醇、丙酮，丙酮效果最好，为 1.61W/cm^2；也有报道在低环境温度低产热速度下丙酮和正戊烷最好，高热功率负载下甲醇和水更好。

固态相变材料的选择，需要满足：

① 合适的熔点，要在电池工作温度范围内；

② 热容高；

③ 相变前后体积变化小；

④ 不存在过冷效应，

⑤ 无毒，不可燃。

最值得考虑的是石蜡固体，因为没有腐蚀性，价格低，熔点范围宽。它含有各种不同长度的链烃，主要成分为十六烷、十七烷、十八烷、十九烷、二十烷、二十二烷、二十三烷、二十四烷，熔点范围 18～51℃，相变热为 213～255kJ/kg，热导率为 0.21W/(m·K)，密度在 0.8g/cm^3 左右，比热容为 2.0kJ/kg 左右，可放在微孔材料中。

固体制冷主要是利用固态相变材料，是空气和液态流体制冷的替代方法，具有很多优势，缺点是提高电池组的体积和重量；效率较低；在温度低于室温、给电池预热时，固体相变材料会干扰加热。

固液相变材料最大的缺点是导热速度小，一般小于 0.4W/(m·K)。解决这个问题有三种策略：使用导热纤维；将相变材料包在多孔材料中，如金属泡沫、膨胀石墨；使用金属网、石墨片等辅材。

文献报道一使用相变材料的测试结果，测试电池为商业化电动自行车 LIB 电池组，有 40 个单电池，单电池之间用 Ni 线电连接，铝壳包装，使用相变材料，被铁钉穿刺后，电池温度达到 180℃，相变材料吸收了这个单体电池产生的热，相邻电池温度不超过 109℃。1min 内，电池温度降低到 80℃以下。相变材料可有效预防热量进一步扩散。

表 12.1 是几种冷却方式的对比。

表 12.1　几种冷却方式的对比

冷却方式	优点	缺点
强制空冷	价格低，简单、易维护，适合各种电池，寿命长，商业化程度高，也可用于给电池加热	导热性差，冷却的均匀性不好，效率低，需要大的空间，噪声大
自然空冷	价格低，简单、易维护，适合各种电池，寿命长，商业化程度高	冷却的均匀性不好，效率低
液冷	冷却效果好，冷却均匀性好，效率高，可为电池组加热，适合于不同种类电池，商业化程度高	渗漏，成本很高，增加明显额外重量，维护难，电池组复杂度增大
固液相变	可紧凑型设计，效率高，导热性能高，冷却效果好，寿命长	成本高，接触阻力大，比较适合方型电池，没有商业化的经验
固体相变	成本低，紧凑，大的温度降即冷却效果好，温度分布均匀，寿命高	导热能力差，有流动性，熔化后会渗漏、体积膨胀，增加明显额外重量，干扰电池预热，无商业化经验，存在热累积效应

12.1.2　加热

在低温环境使用时，存在加温问题：低温锂电池充电会导致负极锂沉积；低温下充电时，电池接受电荷能力很差。选择加热系统的时候，需要考虑加热时间、加热功率、总成本(包括维修维护)、系统的复杂度。加热有电加热、磁加热、空气加热。电磁加热原理同电磁炉，空气加热是指暖空气流过电池组，需要时间相对要长。电加热通常是指模组水平上，使用电热丝加热。

基本上有五种加热方式。第一种是将电池直接外接负载电阻，放电产生欧姆热为自己加热；第二种是外接电热丝和风扇，风吹向电热丝。第三种接直流-交流转换器。这三种都是小型电池利用自身的电能加热。

第四种是使用外部电源接通电热丝加热。第五种则是将电池直接接在交流电源上，利用交流电加热。

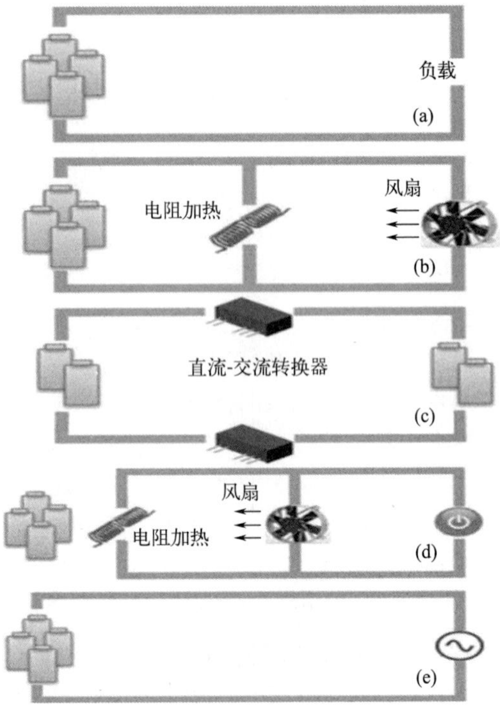

图 12.4　五种加热模式示意图

图 12.4 为五种加热模式示意图。

第一种是外接负载电阻，对电池加热。

第二种是接加热器，热风加热。

第三种是接直流-交流转换器，利用内阻产热。这三种形式消耗的都是电池的能量。

第四种是加热器加热，利用外部电源。

第五种是外部交流电源接在电池上，利用交流电热效应加热。

交流电加热模式中，交流电电流有效值增大、交流电频率升高都会加快加热速度。波形也会影响加热效果。

一种巧妙的自加热设计如图 12.5 所示，基本原理是在电池内部放一个额外的电阻，比如镍箔，它的一端接在正极上，另一端接在第三个电极上；当温度偏低、需要加热时，第三个电极和负极连通，有电流通过电阻，于是，在电池内部产生欧姆热，当温度达到预定值以后，第三电极和负极断开。

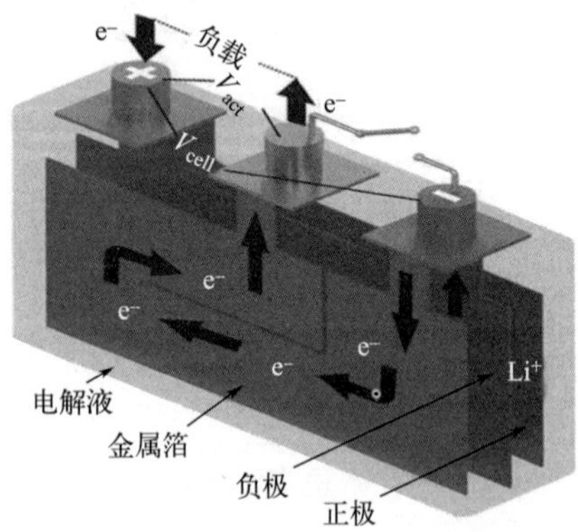

图 12.5　电池自加热结构示意图

还有使用金属片，通常是铜片，夹在方型电池两侧，通电预热的方法。

12.2　电动车热平衡

传统内燃机汽车电池不需要调温控制。Sonata、Prius 和 Insight 三种混合动力车使用空气强制冷却、发动机废热加热。Volt 插拔式混合动力车使用冷却剂冷却，发动机废热加热。Leaf 纯电动车使用内部对流冷却，外部冷却是被动式的。内燃机汽车使用废热加热，BEV 中几乎没有废热，热源必须来自其他来源。

图 12.6 是内燃机汽车和纯电动车的热量供需情况，左图表示内燃机废热量远大于需要量，右图表示纯电动车中需要的热大于放出的热。

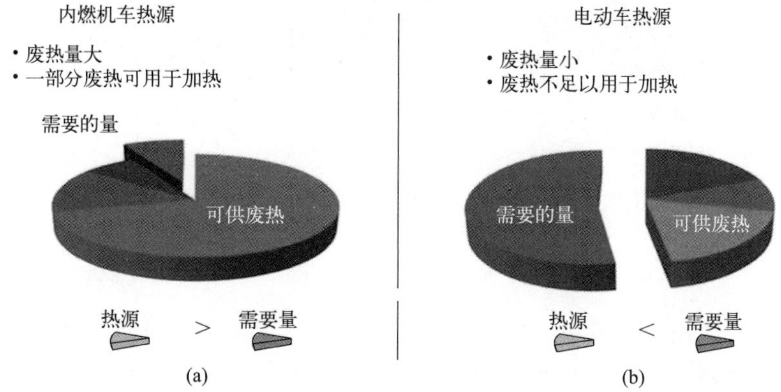

图 12.6　内燃机（a）和纯电动车（b）中的热平衡情况

12.3　电池单体一致性管理

N 个单体电池通过串并联连接形成电池组，数个电池组连接在一起就形成电池堆。

对于达到高压高容量的目的，有两种基本连接方式，如图 12.7 所示，（a）图中单体电池先串联连接以获得高压，然后再并联连接获得高容量，假设单体电池电压为 V，容量为 Q，总电压 E_{out} 是单体电压乘以串联数 n，总容量 Q_{out} 是单体电池容量乘以并联数目 m。

图（b）具有同样的效果。

串联的目的是提高电压，电池组容量等于单体电池容量；并联目的是提高容量，并联后电压等于单体电池电压。

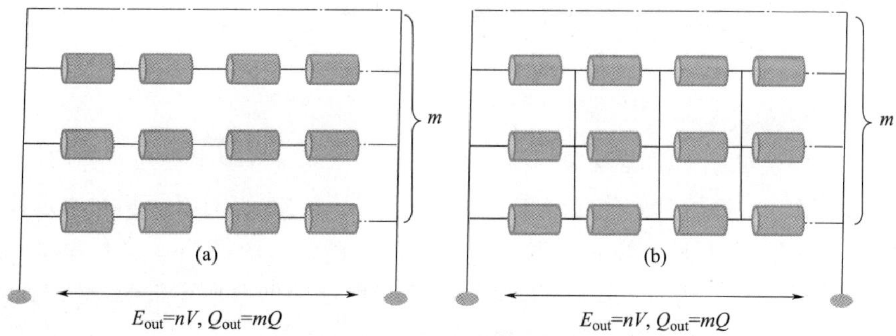

图 12.7　单体电池连接方式

理论上，只要单体电池性能一致，上述两种连接方式完全等效。不过，电池单体一致性是永远无法保证的，这不仅仅是单纯的生产制造商的问题。即使制造商制造的电池是完全一致的，在实际应用中，每个电池的使用环境也无法完全相同。一个最简单的例子，比如图 12.8 所示的空冷电池组示意图中展示的那样，迎风前排的电池冷却效果远好于后排的电池，这种使用环境温度的微小差异就会引起“原本绝对一致”的电池单体出现性能上的不一致。使用环境不同的因素除了温度外还有很多，包括电流密度分布不均、空气湿度的不同等。湿度不同影响自放电，当单体电池间的自放电速度不同时就会导致单体间荷电态的差异。

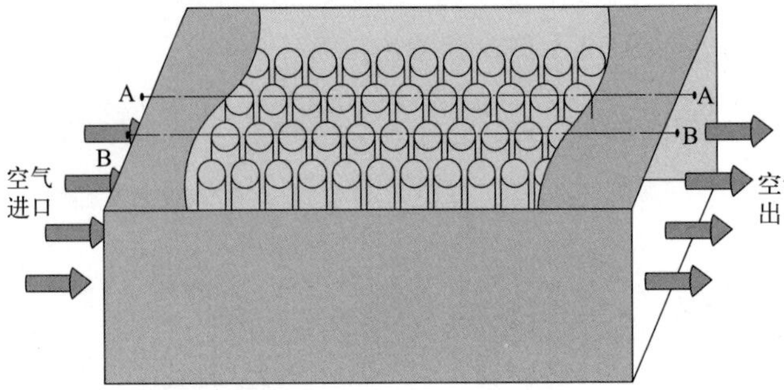

图 12.8 常见的电池组空冷模式

当电池单体性能出现差异时，图 12.7 中（b）模式的稳定性和安全性要远高于（a）模式，这种安全性高源于（b）图中节点多，也源自电池组的运行模式，电池组一般不以全充全放的模式运行，而是运行在中间荷电态，比如 30%～80%的荷电态范围，在这种运行模式下，邻近电池单体可以为“问题”电池单体分担一部分任务。

当单体电池通过一系列并联和串联模式连接在一起后，一致性参数主要包括单体电压、单体容量、单体内阻、单体荷电态、单体自放电速度。不匹配的原因很多，几种最简单的不匹配如图 12.9 所示，都是属于单一参数不匹配，实际情况中往往是只要存在不一致，那么所有的参数都是不一致的。

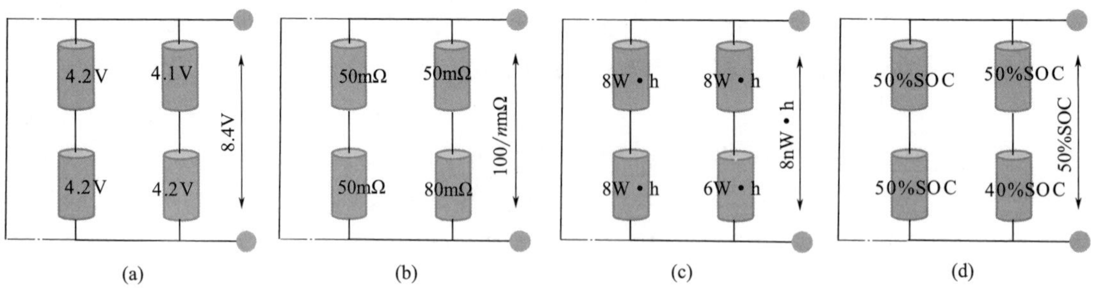

图 12.9 单参数不匹配现象示意图

图 12.9(a) 中是电压不平衡现象，某单体电池电压明显不同于其他电池时，会降低电压输出能力，充电时该电池会发生过充电，如果电压偏高，放电时可能会发生过放电。对于图(b)，是电池内阻不匹配的现象，一般，异常电池单体的内阻会明显增大，此时会降低电压输出，并在充放电过程中产生更多的欧姆热，充电时电池的电荷接受能力变差，而放电时又放不出容量。

内阻的作用就好像是专门和整体电池做对一样，赋予问题电池“拒绝放电”和“拒绝充电”的特质。

图(c) 是容量不一致的情况，这个情况比较容易理解，对于容量偏低的电池单体来说，根据其荷电态与其他电池荷电态的相对关系，在电池组运行中该电池可能会出现下述三种情况：过充电、过放电、同时出现过充电和过放电。

图(d) 是荷电态不一致的情况。荷电态不一致原因很多，其中之一就是自放电速度不一致；而自放电速度不一致的原因也很多，其中一个原因是湿气的影响。假如问题电池所处的环境比其他电池更加潮湿，在放置期间，潮湿的气体会接通该电池外电路，发生放电现象比如电解水，这会导致其荷电态低于其他电池。荷电态偏低会导致放电时该电池出现过放电现象，也就是它被强制放电，并可能发生反极充电的可能。

上述仅仅讨论单参数不匹配的情况，实际情况是，每个单参数的不匹配，立即会导致其他参数的不匹配，例如，荷电态的不一致立即导致内阻的明显差异，内阻的不一致立即导致电池单体运行温度的差异。

串联的情况下，如果内阻不一致，其中某个电池内阻高，该电池在运行中产生更多的欧姆热，它的运行温度比别的高，将成为热点电池。如果其电压不一致，则会导致过充电/过放电。如果其容量偏低，也会导致过充电/过放电。

并联情况下，内阻偏高的电池充电时电荷接受能力差，放电时放不出电能，呈现惰性。电压不一致时导致过充电/过放电；容量不一致时也会导致过充电/过放电，但是程度要比串联的情况低。一个串联连接的电池组的容量受控于容量最小的单体电池，通过设置旁路可以实现电池组容量不受容量最小的电池所控制，代价是电路的使用。

按照用途分类，锂离子电池堆分能量型和功率型。对于能量型应用，除了安全性以外，其余参数包括充放电速度、自放电速度、能量转换效率等都自然满足，但是作为功率型动力电池使用时，锂离子电池的功率输出能力明显不足。

同批次的电池和电池的差别很明显，图 12.10 是 100 个商业电池直流内阻的分布，近似于高斯分布。分析这些电池放出的容量分布图，以及放电结束后的残余容量、充放电后的电压，不均匀性似乎不明显。但是，随着循环的持续进行，这种不明显导致的累积效果将变得十分明显。

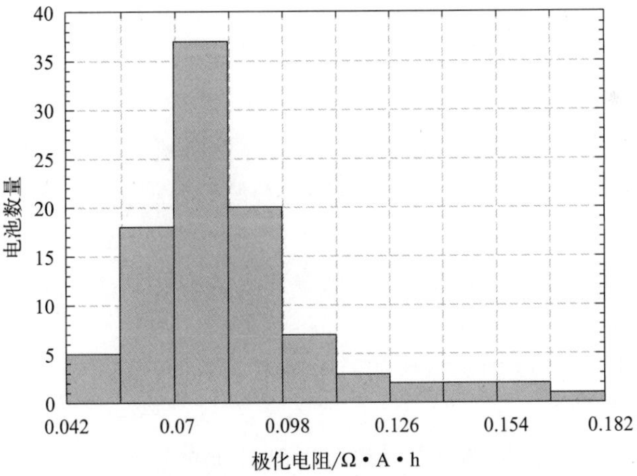

图 12.10　100 个同批次商业电池直流内阻分布

串联连接的电池会出现被迫过充电或者过放电的现象，并联连接的电池本征电压的略微偏差被并联电路强制为一致。电池堆中各个单电池之间温度的偏差也会加速这种不一致。一般要求在 2～5℃偏差范围，从电池化学角度看这个值明显偏大了，或者说还不够小；从工程角度看，已经很小了。

锂离子电池（组）与其他系统匹配时，形成三类混合系统：①锂离子电池/超电容系统，该系统适合不定时/定时频繁的高速脉冲放电，相对成熟；②锂离子电池/锂空气电池系统，适合高能量密度应用领域，还不成熟；③锂离子电池/燃料电池混合系统，其中电池主要承担功率输出，一般用于中等输出功率同时又对能量密度要求较高的领域，该系统还不成熟。

锂离子电池/超电容混合系统，假设60%电池放电深度，最大充电电流0.33C，最大放电电流0.8C，得到的总系统包括一个280V、60A·h的锂离子电池子系统和一个216V、38F的超电容子系统，外加BMS电子线路板，达到同样的输出性能，这个系统和单纯的锂电池组相比，质量减少36%，体积减少40%，超电容器子系统承担了脉冲输出的结果。

一个由2A·h、32V锂离子电池组和串联的两个52F、16V的超电容堆并联后的混合系统，运行模式为2A（1C）充电到32.8V，然后恒压充电到电流低于0.4A，测试温度除了室温还包括−20℃。放电包括恒流、504W脉冲5s、10W脉冲60s。放电电流限定在18A最大，放电电压终止为24V。测试结果是纯电池堆只有9个循环，混合系统维持了54个循环。脉冲放电时混合系统的寿命优势明显。

12.4 电池管理系统

狭义的电池管理，特指热管理、单体一致性管理；广义的是指具有一定智能化程度的电池管理系统，简称BMS、电池管理单元，简写为BMU，功能可大可小，除了监控功能还具有一定程度的自动调节功能。

BMS是电池的控制单元，监控电池运行的可靠性，包含中心控制单元，测量电池电流的分流器，测量电路电压与电流，监测电池参数并可进行简单的在线诊断，测量系统/单体电池温度的各种传感器/仪器，针对内短路或者外短路的绝缘控制，监测电池组安全状态，平衡单体电池之间的差异，分析电池组当前输出功率与汽车当前的需求功率之间的匹配情况[7,8]。

BMS应当能够防止在非正常条件下运行，能够在意外情形下切断电池。

电池管理系统包含硬件和软件两部分。其中硬件属于十分昂贵的投入，包括温度、电压、电流监控传感器，漏电监测、可燃性气体检测、漏液检测，安全控制电路，充放电控制回路，单体电池/单电池组的旁路控制，热管理子系统，通信线路。软件要具有显示电池/电池组各种性能参数、显示单体电池间不均匀性、显示电池/电池组存在的危险因素的功能，特别是要显示电池的荷电态和健康状态；要能够预测续航里程，进行过载、过压警告，监控总电流和总电压。

BMS基本框架如图12.11所示。假如对每个电池单体都进行监测的话，一个电动车电池组同一类传感器需要量大约在9000个。

电池管理系统的一个重要的功能就是协调电池之间的不一致性，当然，这也可以不直接使用BMS系统，而是在单体电池连接时另外设置电路实施调控，但是即使如此做，BMS也要对这么做的效果如何进行监控。

调控单体电池之间不一致性的电路设计很多，图12.12是简单的例子。

图12.12显示的是串联电池组充电过程。正常充电过程中，单体均衡模块部分呈断路状态，当串联电路中某个电池的电压超过预定值以后，旁路的单体均衡模块被启动，支路被启动，干路电流被分走一部分，达到保护该单体电池防止其过充电的目的。放电情形类似，当某个电池电压低于预设值以后，旁路被启动并分担一部分电流，防止该电池被强制放电。

某些参数不一致会导致电池组中个别电池过充电和过放电，BMS对每个电池进行监控，当任何一个电池出现非正常运行时BMS可以立即进行操作，比如终止充电，或者打开旁路对此电池保护。类似的功能是 BMS 必备的。

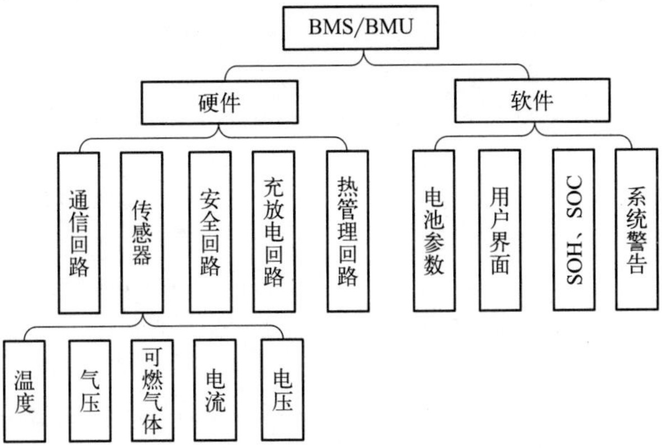

图 12.11 BMS 功能示意图

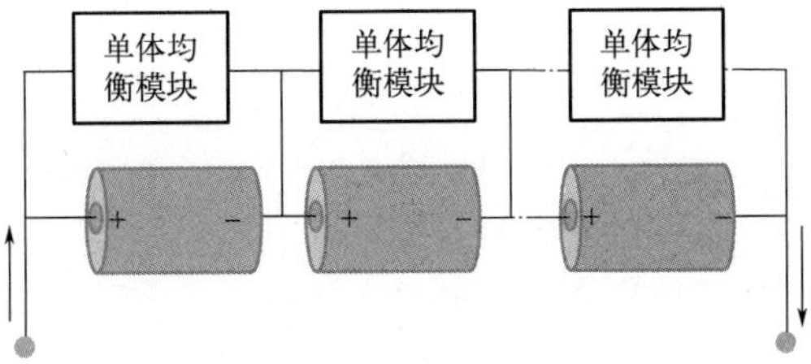

图 12.12 串联电路中单电池过充/过放控制模块示意图

BMS 的精度，电压误差小于 10mV，电流误差小于 0.5%～1%，温度小于 0.1℃，SOC 不高于 3%～5%。一些电池管理系统的 IC 卡有 Texas 仪器的 BQ76PL536A-Q1，Linear Technology 的 LTC6804-2，Atmel 的 ATA6870，Analog Devices 的 AD7280A，以及 Maxim 的 MAX14921，其他一些公司如 Zilog Inc.、Microchip 技术公司等也有自己的产品。

市场上常见的几种 BMS 产品如表 12.2 所示。

表 12.2 市场上常见的 BMS 产品

型号	公司	拓扑学	电池数量	通信
BMS21	REAP(英国)	Centralized	4～21	CAN
BMS9R	REC(斯洛文尼亚)	Modularized	4～225	CAN
BS313	Guantuo Power(中国)	Modularized	>1024	CAN
EKFT12	Ligco(中国)	Distributed	2～400	CAN
Lithiumate	Elithion(美国)	Distributed	2～255	CAN
Orion BMS	Ewert Energy(美国)	Centralized	1～180	CAN

参考文献

[1] van Schalkwijk W A, Scrosati B. Advances in Lithium-Ion Batteries. eBook ISBN: 0-306-47508-1, Print ISBN: 0-306-47356-9. Kluwer Academic/Plenum Publishers, 2002.

[2] Scrosati B (ed.). Advances in Battery Technologies for Electric Vehicles. Elsevier Science & Technolo-

gy, 2015.

[3] Thaler A, Watzenig D. Automotive Battery Technology. ISSN 2191-530X ISSN 2191-5318 (electronic) ISBN 978-3-319-02522-3 ISBN 978-3-319-02523-0 (eBook), DOI 10.1007/978-3-319-02523-0, Springer, 2014.

[4] Briec E, Müller B. Electric Vehicle Batteries: Moving from Research towards Innovation. Reports of the PPP European Green Vehicles Initiative. ISSN 2196-5544 ISSN 2196-5552 (electronic), ISBN 978-3-319-12705-7 ISBN 978-3-319-12706-4 (eBook), DOI 10.1007/978-3-319-12706-4, Springer International Publishing Switzerland, 2015.

[5] Deng Z, Li H (eds.). Proceedings of the 2015 Chinese Intelligent Automation Conference. Lecture Notes in Electrical Engineering 338, DOI 10.1007/978-3-662-46466-3 _ 4, Springer-Verlag Berlin Heidelberg, 2015.

[6] Julien C, Mauger A, Vijh A, et al. Lithium Batteries: Science and Technology. ISBN 978-3-319-19107-2 ISBN 978-3-319-19108-9 (eBook), DOI 10.1007/978-3-319-19108-9, Springer International Publishing Switzerland, 2016.

[7] SAE-China and FISITA (eds.). Proceedings of the FISITA 2012 World Automotive Congress. Lecture Notes in Electrical Engineering 192, DOI: 10.1007/978-3-642-33741-3 _ 9, Springer-Verlag Berlin Heidelberg, 2013.

[8] Wong W E (ed.). Proceedings of the 4th International Conference on Computer Engineering and Networks. Lecture Notes in Electrical Engineering 355, DOI 10.1007/978-3-319-11104-9 _ 100, Springer International Publishing Switzerland, 2015.

第 13 章

微电池简述

本章首先介绍微电池的概念、典型的微电池体系，然后介绍其应用。微电池最大的应用领域是医学领域，本章单独介绍医学领域微电池的应用历史、现状。薄膜电池，如果面积比较小，可划为微电池类；如果面积比较大，划为微电池类又不太合适，在很多情况下，薄膜电池单独当作一类电池处理。本章最后单独介绍薄膜电池。

锂离子电池总有效能量一般用 W·h 表示，是衡量电池能提供多少电能的尺度。电池（组）能量覆盖范围在 15 个数量级以上，按照电池能量水平，大致可以分成以下几类。

10～100W·h，主要用于微电子、移动电子领域，能量密度和比能量高，主要有锂离子电池和镍-MH 电池；1000～100000W·h，一般用在能源工业、备用电源、偏远地区能源中，要求长寿命、高可靠性、免维护或者低维护，目前主要是铅酸电池组，但是正在被锂离子电池组所取代；100～1000W·h，用于混合动力汽车中，包括锂离子电池和镍-MH 电池，纯电动车系统中的能量水平也在这个量级，牵引动力电池组的能量水平在 1000W·h 量级。

除了上述体系外，还有微电池，能量水平在 1W·h 甚至更低，主要用于微型器件、植入式医学传感器中。

采用传统液态电解液体系时，必须使用隔膜，电池不可能比扣式电池还小，液态电解液不适合微电池。固体电解质的典型厚度为 1μm，而液体锂离子电池隔膜的典型厚度为 20μm。

锂电池在大型移动电源中获得成功，其能量密度高的优点使其也成为 MEMS 系统的最佳候选微电源，在 1982 年开发的锂微电池正极是 TiS_2，负极为金属锂，电解质为玻璃态的 $Li_{3.6}Si_{0.6}P_{0.4}O_4$，面积为 4mm×4mm，厚度 6～8μm，其中负极厚度为 4μm，电解质厚度为 2～4μm，正极厚度为 1～3.7μm，工作电压 2.5V。

后来日本又报道了 RF 溅射 $LiCoO_2$、$LiMn_2O_4$ 正极，电解质为玻璃态的 $Li_{3.6}V_{0.6}Si_{0.4}O_4$，面积为 $1cm^2$，正极厚度 1～5μm，电解质厚度 1μm，负极厚度 4～8μm。20 世纪 80 年代以后又相继开发了 $Li_4P_2S_7$、$Li_3PO_4+P_2S_5$ 等电解质，负极为 LiI，正极为硫化钛，工作电压 1.5～2.8V，可循环 1000 次以上。目前公认的固体电解质为锂硼磷酸盐玻璃（LiPON），其稳定的电压范围为 0～5.5V，锂离子传输系数接近 1，电导率为 1～2μS/cm，$10^{14}\Omega\cdot cm$ 电子电阻，无颗粒边界电阻，硬度高，不会短路，锂枝晶不会穿透它，制备简单，在氮气中用 RF 溅射 Li_3PO_4 靶子就可以得到 LiPON。

图 13.1 是具有集成微电池的内置青光眼传感器，面积为 5.24mm^2 的微电池被集成到微芯片上面[1]。

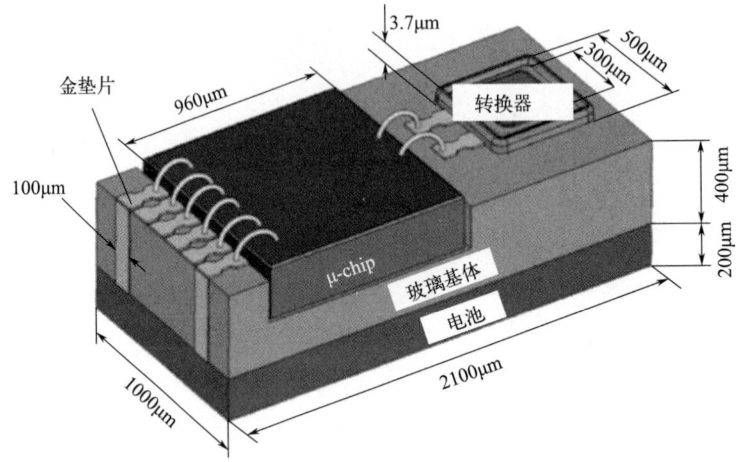

图 13.1 集成微电池的青光眼传感器

2006 年开发的用于生物医学领域的多用途传感器，总体积为 500mm^3，其中锂微电池体积为 350mm^3，总质量为 3.25g，其中微电池质量为 3g；2004 年开发的神经信号监控医学传感器，总体积为 5.1×10^5mm^3，锂离子电池体积为 1.6×10^5mm^3，系统总质量 235g，锂离子电池质量为 40g。

这些数据说明，微系统的体积和质量主要受限于微电池。有时，微电池质量是集成电路中其他元件总质量 10 倍以上，通常情况下，微电池质量至少占据集成系统质量的 85%，占据集成系统体积的 35%以上。因此，微系统尺寸降低和性能的改进主要受限于板载电源的尺寸，如何制备更小的微电池对于微系统总体性能的改进与尺寸的降低十分关键。

13.1 微电池定义

目前文献中没有关于微电池的严格定义。

在尺度上，电池至少有一个维度尺寸小于毫米量级，三维尺度总和不大于 10mm 量级的电池，可以称为微电池，有时称为微能源，不过后者含义更加广泛。微电池和薄膜电池这两个概念之间没有明确的界限，感觉上薄膜电池在二维延伸尺度上要大很多，厚度上也要比微电池大很多。有些文献提到的薄膜电池，从三维尺度之和看应当属于微电池[2]。

容量角度看，微电池容量在 10～140μA·h/cm^2 范围。

从微电机系统使用的条件也可以看出微电池的性能要求：功率为 100～1000μW/cm^2，温度为－20～80℃，容量在 1mA·h/cm^2 量级，工作电压 2～3V，循环次数 1 万次以上，不能存在液体渗漏，厚度在 0.3～3mm 以下，电池面积在 0.01～20cm^2 范围，取决于 MEMS 规模，闲置时可能是 100nW 量级，工作时为 20mW 量级，对于一个平均功率消耗 100μW 的传感器，一年需要的能量是 876mW·h，一个 3V 300mA·h 的扣式锂电池，质量 5g，体积 5mm^3，基本胜任这种工作。

13.2 微电池应用

13.2.1 应用领域

微加工技术进步允许生产先进的小尺寸仪器，一般称为微电机系统 MEMS，MEMS 技术是指运用微电子、微机械加工技术在较小的物理尺寸上集成微机械元件、微传感器、微机械执行器、微电子元件、电路和供能部件的系统或者器件，广泛应用于光学、传感器、植入式医学仪器、诊断仪、Bio MEMS 应用等微器件中。MEMS 尺寸越来越小，其小型化已成必然技术趋势，而 MEMS 的小型化需要电源同步小型化，超大规模集成电路技术对能源微型化、集成化提出越来越高的要求。

最典型的应用是植入式医疗传感器、板载微能源、一次性医学检测传感器等。

目前还没实现将微电池集成到 MEMS 上面，但未来微系统趋势是全集成，开发适合的微电池体系是实现全集成的关键。将微能源集成在集成电路板上的优势比较明显。集成电路板尺寸越小，对环境越敏感，板载微能源的使用可以避免电流传输引起的相互干扰；使用离线电源，由于接口等原因，MEMS 的小型化比较难，使用板载能源系统，有利于进一步小型化；有些 MEMS 的使用条件要求必须使用在线板载微能源，例如无线生物传感器、植入式医学微型仪器。

驱动微型 MEMS 仪器需要小尺寸微能源系统，其尺寸、容量等参数，视需要而定。典型的微电机系统电源功率在 100～1000μW/cm^2，温度范围－20～80℃，容量为 1000μA・h/cm^2，电压 2～3V，循环寿命要 1 万次以上，厚度在 0.3～3mm 或者更小，电池表面积在 0.01～20cm^2 范围。美国 MTI Micro 公司制备的微型 DMFC，常规功率 5W，峰值功率 35W，900W・h/L。日本东芝公司的微型 DMFC，尺寸为 275mm×75mm×40mm，900g，输出功率 12W，100mL 燃料可连续工作 10h。

13.2.2 典型实例

Infinite Power Solutions 公司生产的微电池正极为钴酸锂，负极为金属锂，电解质为 LiPON，开路电压 4.1V，内阻与容量乘积大约为 40Ω・mA・h，容量范围 0.2～2.5mA・h，充电至 90%荷电态需要 15min，使用寿命 15 年或者 1 万次循环，年自放电速度小于 1%。

Cymbet 生产四种微电池，输出电压分 3.3V 和 3.8V 两种，容量分 12μA・h 和 50μA・h，充电时间分别为 30min 和 50min，循环次数在 5000 次以上，厚度均为 0.9mm，面积从 5mm×5mm 到 9mm×9mm 不等。

Li/LiPON/$LiCoO_2$ 微电池在 3.0～4.2V 循环 40000 次后容量损失不到 5%，容量为 60μA・h/cm^2・μm；Cu/LiPON/$LiCoO_2$ 微电池正极厚度 3～4μm，容量为 62.5μA・h/cm^2・μm。

在 300μm 见方的基体上集成纯硅阳极/PMMA/$LiMn_2O_4$，溶胶凝胶-旋转涂布方法制备，3nA 充电、10pA 放电时，容量为 3.7nA・h/cm^2。激光打印厚膜电极，钴酸锂阴极，碳阳极，100μm 厚，PVDF-HFP 凝胶电解质，得到毫米尺度的微电池面积为 14mm×

14mm，输出功率为 38mW/cm^2，电流密度为 10mA/cm^2 时容量为 102μA·h/cm^2，100μA/cm^2 时容量在 2000μA·h/cm^2 以上。微电池断面 SEM 图如图 13.2 所示，从上到下依次为铜集流体层、碳负极、凝胶隔膜、钴酸锂正极和铝集流体。

图 13.3 所示系统是集成了能量获取、存储与利用的微能源系统，光电转换装置将光能转换成电能，电能储存到右侧的三维微电池中，控制器负责控制系统的工作状态。微电池的尺度在微米到毫米量级，该微能源系统尺度不超过 10mm[3]。

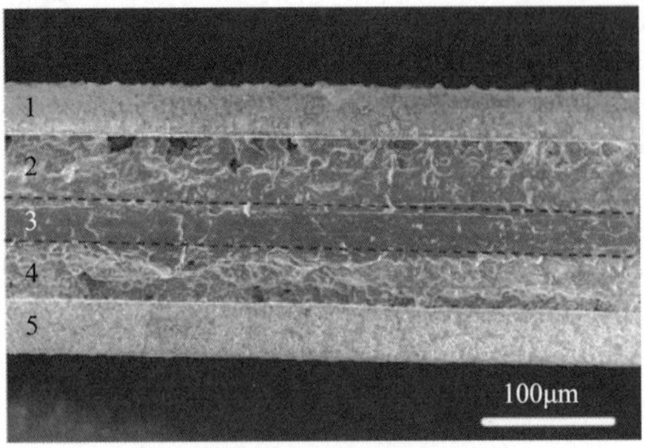

图 13.2 Al/$LiCoO_2$/凝胶隔膜/碳/Cu 微电池断面 SEM 图

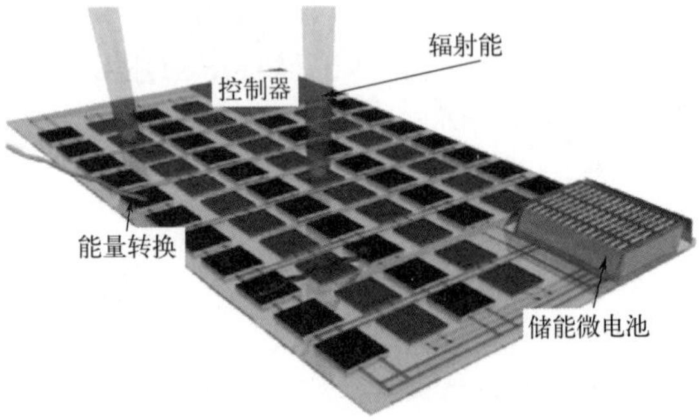

图 13.3 集成能量获取、储存和利用的系统

如 800℃退火 0.5h 的钴酸锂薄膜循环 50 次后容量为 65μA·h/cm^2·μm。V_2O_5 薄膜，循环 100 次后容量为 65μA·h/cm^2·μm。$Li_2Ag_{0.5}V_2O_5$ 薄膜，循环 100 次后容量为 110μA·h/cm^2·μm。非晶硅薄膜，循环容量限定在 430mA·h/g 时可循环 1500 次。三维 V_2O_5 微电极，直径大约 25μm、间距大约为 10～15μm 的微圆柱阵列，3.4V 和 3.15V 各有一个充放电平台，循环可逆容量为 37.5μA·h/cm^2。

电化学方法制备的 TiO_2 纳米结构阵列，其直径大约 0.10～0.13μm，管壁厚度为 20～40nm，长度大约 1.47μm，如图 13.4 所示，循环 6000 次后容量基本不衰减，稳定在 15μA·h/cm^2·μm 以上，容量受环境温度影响很大，在 37℃左右容量接近 30μA·h/cm^2·μm，有可能作为植入式医学仪器的微能源电极使用[4]。

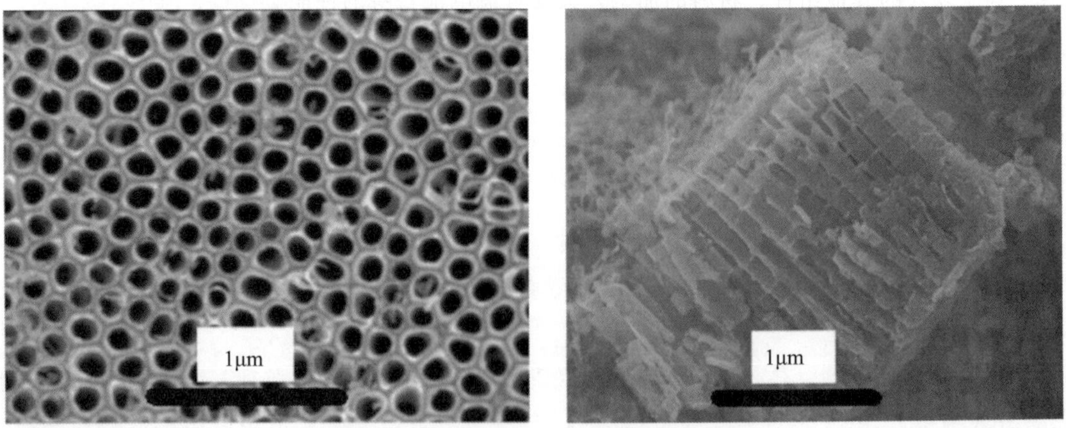

图 13.4 Ti 基体上生长的 TiO_2 纳米管 SEM 图

13.3 微电池加工制造

全固态微电池技术，可在几平方毫米的面积上加工，可以制作到基底上比如常见的硅、玻璃、陶瓷，形状与材料自由度大，基底可以是玻璃。对基底的要求是能够承受材料的制备条件和电化学运行条件，与电池材料兼容，不能是锂离子电池成分中任一元素的导体，假如是锂离子的导体，则需要包覆隔层，最好是可以作为集流体使用。固体电解质的电子导电性决定了自放电速度很低。

电池设计的要求之一是包装结构，能防护外部的物理与化学影响，防止电池与空气、湿气接触，全固态电池不含电解液，不存在漏液、着火，原则上循环寿命高于液态电解液体系。缺点是离子电导率低，一般采用更薄的电解质或采用3D结构降低电流密度。全固态电池可提供大的设计自由度，可以不使用导电添加剂和黏结剂，假如不存在电极内部的离子传输限制的话，那就不存在局部的过充电和过放电。

微电池的加工工艺主要涉及薄膜加工技术，典型的薄膜加工技术含有高温过程，一般在500～900℃，这对于集成电路是个挑战，因为微电池的加工制造过程不能影响集成电路中其他已经加工好的部分。

微电池的三个主要因素为环保、寿命和尺寸，其中尺寸很重要，与尺寸参数相关的是能量密度。一般要求每月自放电在0.1%～5%，高电流脉冲放电性能好。微电池技术的关键在固体电解质、正极、负极材料的选择和加工，这三种材料的选择和加工时必须兼顾到集成电路板的加工工艺。例如，考虑到一般的微电池都是加工到Si基底上面，集成电路的加工热处理温度为250～260℃，处理时间大约10min，此时，如果是采用先集成微电池的方法，那么微电池的负极就不能使用熔点低于200℃的金属锂，当然，如果集成微电池的工艺是在集成电路板其他加工过程之后，那么就可以金属锂作为微电池负极。

此外，当使用固体电解质时，必须考虑正极、负极和固体电解质在充放电循环中的体积膨胀系数尽可能一致，尤其是温度变化的时候。锂微电池的另一个关键技术是高形貌比的结构设计。在毫米到微米量级面积内加工微电池，保证能量密度的关键就是高形貌比微结构的巧妙设计。

锂离子微电池的加工程序，与微电池的正极、负极和电解质成分有很大关系，既要考虑除了电池以外的其他组件、材料的加工，又要考虑电池自身的性能。

一般的原则是不能影响其他电子器件的现有加工程序、工艺，在此基础上选择锂离子微电池的组成。例如，硅基微电子器件加工温度一般200℃左右甚至更高，此时如果选择低熔点的锂金属作为微电池负极，就会引起一系列问题；电解质的选择，最好是固态形式的，某些条件下可以选择液态电解液，比如触发式微器件（平时不需要工作，在需要时自动将储存的液态电解液注入到微电池中，随即启动装置工作，一般属于短时间工作）。

一种简单的微电池加工程序，如图13.5所示。首先，在不需要加工的位置形成保护层，全固态电极、电解质（典型的如Li_4GeS_4-Li_3PS_4、Li_2S-SiS_2、Li_2S-P_2S_5）层可以通过各种技术比如化学气相沉积、物理气相沉积等制备，根据需要可以制成多层结构，然后去掉保护层，代之以密封层，最后就在微电路器件上加工出一个微电池。如果设计成三维结构，能量密度、功率密度都可以提高很多，但是加工难度很大。

基体一般是硅材料，如果需要集流体（如果工作电流很小，集流体可以用导电剂代替），可以通过化学镀方法实现；如果负极是石墨材料，有时候需要预先锂化（原因很多，主要原因一是保证高的有效锂含量，二是锂离子微电池中使用的正极通常是充电态材料，如 MoO_xS_z，FeS_x 等，相反，常见的 $LiCoO_2$、$LiMn_2O_4$ 等都是放电态的）。图 13.5 给出的是一种示意图，可以根据实际进行微电池内部几何设计、锂离子微电池位置选择，通常是利用基体的死体积[5,6]。

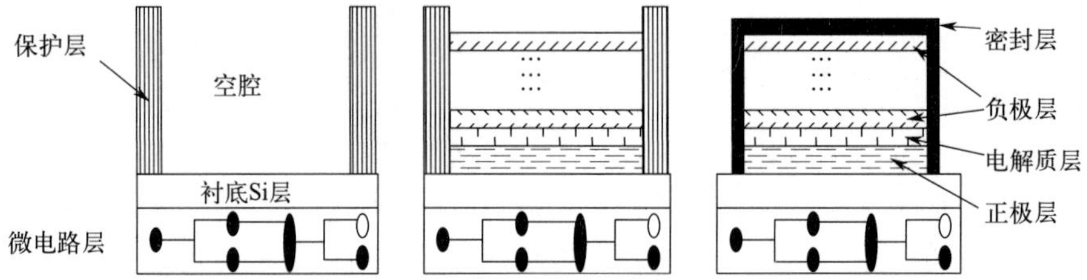

图 13.5　微电路板上锂离子微电池加工示意图

关于薄膜电极的报道要比薄膜电池的报道多得多，大概原因是微电池的加工比较难，几乎涉及所有正极、负极活性材料。

13.4　微电池性能

一般要求每月自放电在 0.1%～5%，具体与电池化学有关，Li/MnO_2 电池室温储存自放电率是 0.1%。微电池工作模式是脉冲电流，反复高电流脉冲会影响容量，高温会提高自放电，如果尺寸要求不大且环境温和，原电池是一个比较好的选择。

薄膜微电池的容量可以表示为单位面积容量，或者单位面积单位厚度的容量。一些典型薄膜微电池的特征，如表 13.1 所示。原文献使用薄膜电池，因为参数中的电流和容量特别小，笔者认为划归微电池更合适。

表 13.1　薄膜微电池性能参数总结

正极	负极	电解质	电压/V	电流/(μA/cm²)	容量/(μA・h/cm²)
TiS_2	Li	$Li_{3.6}Si_{0.6}P_{0.4}O_4$	2.5	16～30	50～150
TiS_xO_y	Li	Li_2SO_4-Li_2O-B_2O_3	2.6	1～60	15～40
Li-V_2O_5	Li	LiPON	1.5～3.0	2～40	10～20
V_2O_5	LiV_2O_5	LiPON	3.5	10	6
$LiMn_2O_4$	V_2O_5	LiPON	3.5～1.0	>2	18
$LiMn_2O_4$	Li	LiPON	4.5～2.5/4.0～5.3	2～40/10	11～81/10～30
$LiMn_2O_4$	Li	LiBP-LiPON	3.5～4.5	70	—
$LiCoO_2$	Cu	LiPON	4.2～3.5	1～5	130
$LiCoO_2$	Li	LiPON	4.2～2.0	50～400	35
$LiCoO_2$	SnO	$Li_{6.1}V_{0.61}Si_{0.39}O_{5.36}$	2.7～1.5	10～200	4～10

微电池使用的目标寿命是 2～3 年。

脉冲电流是微型电子仪器（如传感器、植入式医学仪器等）的典型工作模式，如

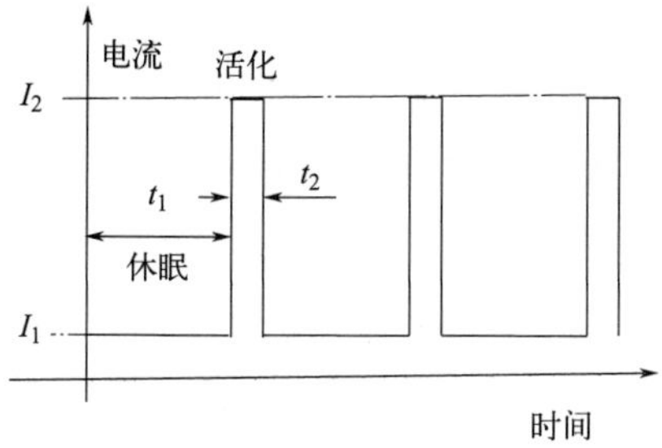

图 13.6　典型的微型集成电路（微电池）工作模式

图 13.6 所示，在休眠状态下持续一段时间 t_1 后，在活化状态下工作时间为 t_2，周期为 t_1+t_2，一般，$t_1 \gg t_2$，活化态的脉冲电流 $I_2>$休眠态的电流 I_1，四个参数 t_1、t_2、I_1 和 I_2 的具体数值视应用的领域而定，例如，对于心脏起搏器，脉冲的周期接近 1Hz。通常，如果工作电流 I_2 越大，那么休眠态的电流也会很大，I_1 量级范围从 nA 到 A 都有可能，视应用领域而定。

无线传感器的电特性，工作状态分为四种：休眠态（sleep）、检查态（polling）、发送态（transmitting）和接受态（receiving），四种状态的功耗和持续时间分别为 0.001～0.1mW 和 0.1～10^4s、10^{-4}～10^2mW 和 10^{-5}～10^0s、1～100mW 和 10^{-6}～10^0s、1～0.1mW 和 10^{-3}～2s。休眠态的功率消耗用于“唤醒”仪器并为内部时钟供电。

无线青光眼眼内传感器工作模式为 10min 睡眠态，30～50ms 的活化态，活化态电流大约 0.5μA 数量级，传感器内集成的微电池的面积为 $3mm^2$，体积为 $0.42mm^3$。作为对比，GSM 型手机的工作模式为 4ms 0.15A 的电流和 0.6ms 2A 的电流脉冲。

按照微观形貌和技术进展，锂微电池分成两大类，即二维三明治结构薄膜电池和三维结构微电池。前者比较成功，虽然设计花样百出，不过基本结构都是相同的；后者属于最新提出的概念，还停留在“概念电池”阶段。

微电池在实际应用中，其质量与体积都是微系统设计与使用的限制因素。相比之下，体积因素更重要，这决定了微系统能够在多大程度上实现小型化、微型化的目标。图 13.7 比较了相同体积情况下（直径 11.6mm、厚度 5.4mm）不同电池体系的放电特性。锂电池体系的优势明显。在很大程度上，Li-MnO_2 和 Li-CuO 体系更有优势[7]。水性电池体系的缺点，除了性能方面外，密封性方面不如锂电池体系。电池的密封对微能源应用十分关键。

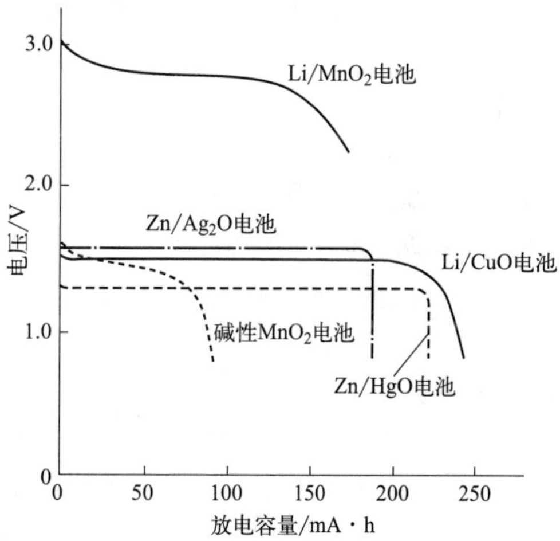

图 13.7　固定电池体积为 11.6mm 直径、5.4mm 厚度时不同电池体系的放电特性

13.5　二维微电池

二维微电池，即通常所说的薄膜电池，厚度从几微米到几毫米，面积从 $100\mu m^2$ 到 $20cm^2$ 量级，一般不使用导电剂，通常也不使用黏结剂。全固态薄膜（也许称薄片更合适）微电池可在几平方毫米面积上加工，固体电解质的典型厚度为 1μm（液体锂离子电池隔膜的典型厚度为 20μm）[8]。

全固态微电池可以制作到基底上，形状与材料自由度大（当考虑集成电路中的其他组成部分时，选择余地会小很多），基底可以是玻璃、陶瓷、金属、聚合物，对基底的要求是能承受材料的沉积与电化学运行，与电池材料兼容（没有化学反应且膨胀特性相同），不能是锂离子电池成分中任一元素的导体，假如是锂离子的导体，则需要包覆隔层，最好是可以作为集流体使用。固体电解质的电子导电性决定了自放电速度。

电池设计的要求之一是包装结构，能防护外部的物理与化学影响，防止电池与空气、湿气接触，全固态电池不含电解液，不存在漏液、着火，原则上循环寿命高于液态电解液体系。

平板式三明治类薄膜电池的基本结构相同，视不同的体系和应用，在细节上有些差别，图 13.8 是几种薄膜锂电池的设计结构示意图，和大型电池的基本结构相同，唯一的差别就是“小”而“薄”，图中的为电池整体，可以在基体外侧呈“外挂式”，也可以是嵌入到基体里面的。实际的微电池都是嵌入式的，就好像是被埋在了基体里面一样。

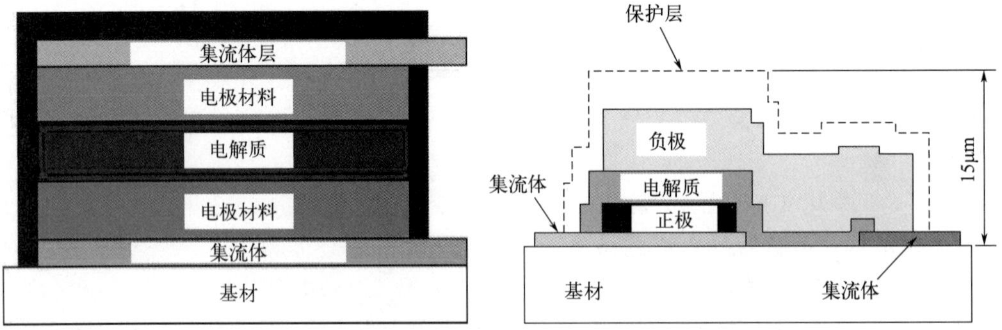

图 13.8　三明治结构平板薄膜电池的两种典型微结构

一般按照阴极、电解质、阳极次序依次沉积到基体上，需要考虑循环中体积膨胀、电极与电解液之间的副反应、阴极与电解质之间高的界面阻抗。薄膜电池的成本比较高。如果阳极是锂金属，可以通过真空热气相沉积制备，阴极和电解质薄膜制备方法比较多，如 RF 溅射、化学气相沉积 CVD、电子束蒸发沉积、溶胶凝胶、脉冲激光沉积等。

电解质以 LiPON 为主，阴极种类较多，一个例子是正极为钴酸锂、负极为锂金属、电解质为 LiPON，厚度分别为 0.05～0.5μm、3μm、1～2μm，容量衰减速度为每个循环 0.0001%～0.002%。美国 ORNL 全固态电池，工作电压 2～5V，在电流密度为 $10mA/cm^2$ 时循环次数在 10000 次以上。

不存在统一的甚至是类似的微电池加工工艺，唯一的相同之处是基本采用一层一层薄膜加工技术，将不同材料一次堆叠起来的。对于图 13.8 的微电池，首先在基底 Si 上制造正极集流体薄膜，需要的话还要形成一层保护层，然后上面形成正极薄膜层（一般先沉积正极），再构建锂离子导体薄膜层，然后是负极薄膜层，然后是负极集流体薄膜层，最后是电池封装层。

作为微电池加工，一般放弃使用液态电解质，虽然有凝胶电解质候选，不过优先考虑固态锂离子导体。

13.6　三维微电池

三维微电池简称 3DMB。传统的平板二维薄膜电池不能满足高比功率和高能量密度的需要，2006 年前后最好的商业化二维微电池的可逆容量为 $0.133mA \cdot h/cm^2$，主要原因是活性物质的载量低，于是三维锂离子微电池（3D LiMB）开始引起研究者关注，从工艺加工维度上看，也许叫 2.5 维更合适，几种典型结构如图 13.9 所示。和二维结构相比，三维微结构的容量甚至可以提高 10 倍，三维的优势是高的比表面积导致的高能量密度，可以满足电机系统小型化对微电池的要求。

图 13.9　棒状、微通道和沟型三维结构示意图

3DMB 研发方向之一是致力于阴阳极的小型化、微型化，固体与混合聚合物电解质的研究受限于机械稳定性和循环中体积的变化。3DMB 中电解质重要性要远大于 2DMB 中的，顺序制备小尺寸集流体、电极、电解质，并且是三维的操作。不管如何，3DMB 技术都是一个挑战。

3D 多层结构复杂，需要考虑不同材料之间的内应力、界面，主要集中在 3DMB 的电池组件研究，目前多使用液态电解质。一般流程是首先制备高形貌比的 Si，边缘表面预处理目的是除去毛刺等，然后化学镀集流体，然后沉积正极薄膜层、固体电解质（文献报道中一般暂时用液态电解液代替）、负极薄膜层、封装材料。3D LiMB 的最大挑战就是高形貌比电池的制作，所谓的形貌比（或称表面积增益量），可以简单理解为真实面积与将电极简单看成平板电极时的电极面积，也就是几何面积之比。

对于棒型三维几何，表面积增益可用公式计算

$$A=\frac{\pi dh}{s^2\sin\theta}+1$$

式中，d 代表柱的直径；h 是柱的高度；s 是柱的间距；θ 是柱的成角。A 的典型值是 30。

假如采用微通道平板技术，公式为

$$A=\frac{\pi d}{(d+s)^2}\left(t-\frac{d}{2}\right)+2$$

式中，d 代表微通道直径；s 代表间距；t 为基底厚度。假设 $d=50\mu m$，$s=10\mu m$，$t=500\mu m$，$A=23$。

对于沟型三维结构，面积增益为

$$A=1+2d\ \frac{L-s}{L(w+s)}$$

式中，d 为沟的深度；w 是宽；s 是间距；L 是电池结构的总针脚长度。

三维微电池对集流体的要求苛刻，必须有足够空间容纳沉积到上面的各种材料层；形貌比要足够大；整个电压范围电化学惰性；电子良导体；机械稳定性高；加工过程保持稳定。

微电池制备中关键一点是共形包覆/沉积，要求无缺陷，活性材料、隔膜的沉积都必须是一层一层的方式。这种微电池的特殊工艺，对正负极的候选者都有特殊的要求。

微电池中，电极材料的取向会对微电池的性能产生比较大的影响。以正极为例，$LiCoO_2$ 为二维扩散材料，钴酸锂薄膜取向会影响微电池输出能力，锂离子扩散方向指向固体电解质的方向时有利于微电池的倍率；三维扩散结构的尖晶石锰酸锂优势明显，它不存在取向薄膜问题；石墨中锂离子的扩散也是二维的，存在取向问题，不过石墨碳材料不适合微

电池应用。

微电池的关键是电解质，包括各种晶态和非晶态无机固体电解质、干聚合物电解质、凝胶聚合物电解质。微电池加工中总是存在着“先制造出一层活性电极材料，再制造一层电解质，然后再制造一层活性电极材料”的过程，锂离子导体相加工通常在加工两侧活性电极层层之间，额外要求电解质层的加工不仅要容易，还要耐受其他组件/成分的加工条件。固体电解质的安全性好，聚合物电解质柔韧性好。

晶体 $LiNbO_3$ 薄膜室温锂离子电导率为 $(2.2\times10^{-9})\sim(8.4\times10^{-7})\Omega/cm$ 范围，非晶的大约为 $10^{-5}\Omega/cm$ 量级，晶态 $LiTaO_3$ 为 $8\times10^{-8}\Omega/cm$，非晶态的略有提高。$Li_{3x}La_{2/3-x}TiO_3$ 室温下为 $10^{-3}\Omega/cm$，电化学稳定性高，缺点是需要 1000℃以上退火，这个温度不适合于微加工。晶态 Li_3PO_4 为 $3\times10^{-7}\Omega/cm$，非晶薄膜为 $7\times10^{-8}\Omega/cm$。$Li_{1.5}Al_{0.5}Ge_{1.5}(PO_4)_3$ 电化学窗口为 0～6V，可能适合使用金属锂作为负极以提高能量密度。

LiPON，即氮气气氛中溅射沉积磷酸锂的产物，$3\times10^{-6}\Omega/cm$，电子电导率低，被广泛使用，LiPON 的优点是：锂离子传输系数接近 15.5V 上限，$10^{14}\Omega\cdot cm$ 的电子电阻。

13.7 医用微电池

化学电源作为植入式医学仪器能源使用的历史已经有 60 多年，经历了最初的 Zn-HgO 电池以及后来的钚核电池，目前主要以锂系列电池为主。植入式，有时也称嵌入式[9]。

现代医学中许多疾病需要实时监控、治疗，植入式医学仪器的发展方便地解决了这个难题，人工器官的出现更在很大程度上提高了治疗效果。图 13.10 列举了目前主要植入式医学仪器的类型，包括心脏起搏器、青光眼治疗传感器、心脏除颤器、神经刺激器、药物释放器、骨骼生长刺激器、全人工心脏、人工耳蜗、生理参数传感与控制仪、病痛减缓仪等。

典型的是心脏起搏器，目前世界上大约有四百万人依靠心脏起搏器生活。图 13.10 中的心脏起搏器，重约 140g，1975 年产[10]。

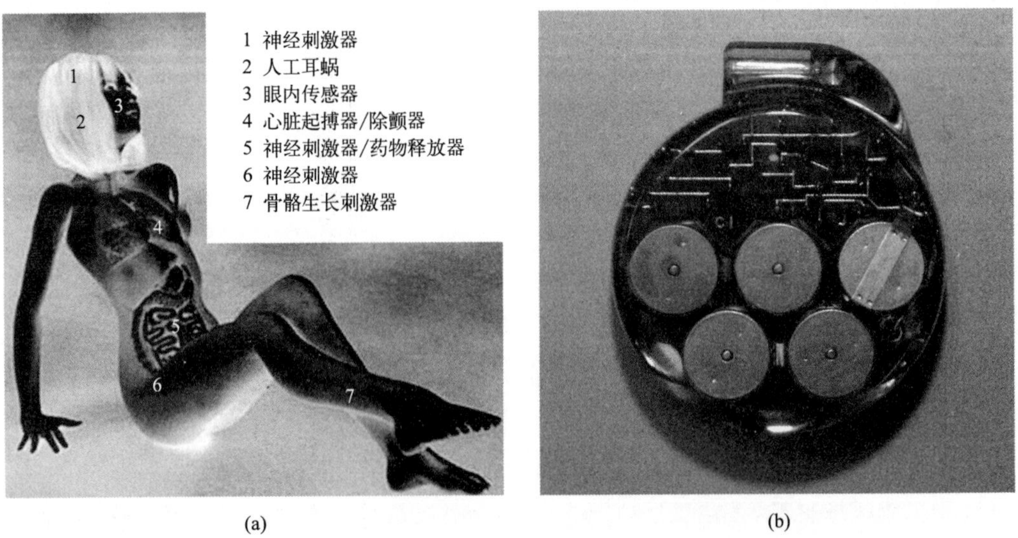

图 13.10 各种嵌入式生物医学仪器（a）与心脏起搏器（b）

13.7.1 医用微电池简史

植入式医学仪器使用年限主要受限于安全、可靠、长寿命电源系统技术水平的限制，相对来说其他技术如电子电路、生物材料等则已经相当成熟，植入式医学仪器使用电源的寿命基本就是该仪器的使用寿命。例如，一种用于检验葡萄糖的植入式医学传感器的小型化设计受限于所使用的电池。虽然该仪器的正常功率小于 10μW，但是需要连续不停地工作，因此，需要按照电池寿命定期取出仪器。

各种植入式医学仪器中最出名、最常见的当属心脏起搏器，最初的心脏起搏器都是外置式，第一例植入式心脏起搏器大约是 1958 年在瑞典实现的，二次电池作为电源，美国第一个植入式心脏起搏器是 1960 年 6 月 6 日在纽约 Buffalo 由 William Chardack 医生植入的，它是由电力工程师 Wilson Greatbatch 设计并制造，植入一 77 岁病人体内，延长其生命 18 个月。该起搏器直径 6cm，1.5cm 厚度，由八个组件组成，使用的是 Zn/HgO 电池，电压 1.35V，可产生双向 1ms 的 8V 脉冲。

心脏起搏器的输出功率与设计、病情、功能等有关，平均在 20～100μW，虽然功率很低，但是期待连续工作 10 年以上，因此高能量密度是关键。

开发可靠起搏器的主要限制是可长期稳定运行的高可靠电源。最初使用 Zn/HgO 电池，后来尝试钚核电池，核电池寿命至少 30 年，但是使用不方便，毒性太大。

1968 年开发的 Li-I_2 电池逐渐成为主流。锂电池的优势是长寿命、低电流损耗、电压合适。Li-I_2 电池放置 5 年容量损失仅为 10%，相同自放电的碱性电池只需要 1 年。Li-I_2 电池无气体产生，热力学稳定，可密封性强，终止电压可预测，电池寿命容易判断。自最初成功应用心脏起搏器以后经历 60 余年的发展，目前，如果不考虑其使用寿命仍然受到化学电源使用寿命限制这个事实，心脏起搏器技术已经相当成熟可靠。图 13.11(a) 是植入式心脏起搏器示意图，起搏器导线和电极经过静脉伸入心脏，通过输出不同性质电流脉冲，调控心脏的跳动。右图是起搏器的内部电路，使用的是 Li-I_2 原电池[11]。

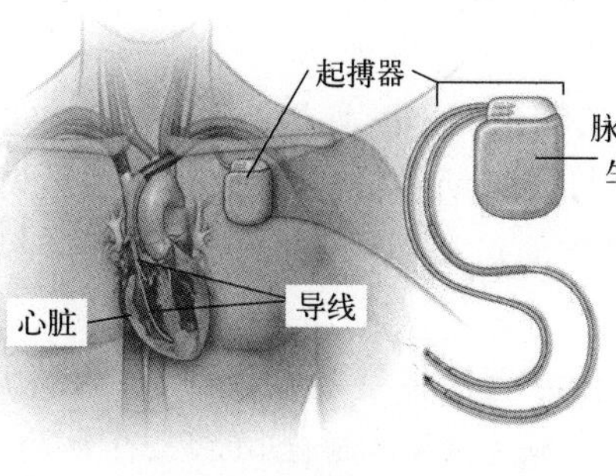

(a)

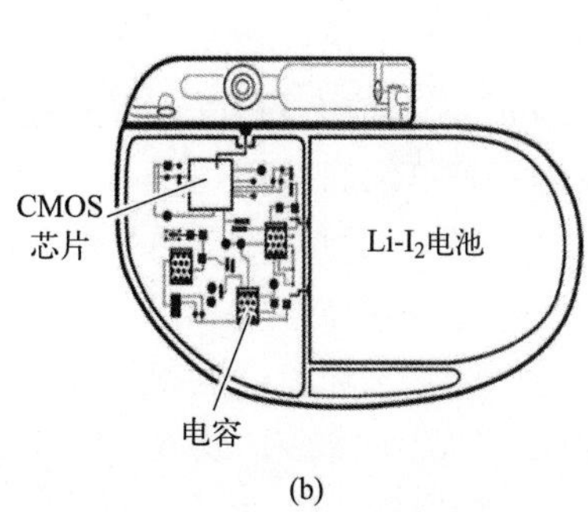

(b)

图 13.11 心脏起搏器植入示意图（a）与 Li-I_2 电池驱动集成电路板（b）

另一个常见的是人工耳蜗和心脏除颤器。目前，外置式心脏除颤器电源是密封免维护铅酸电池，内置式的可以使用 Li-$Ag_2V_4O_{11}$，基线电流大约 10～50μA，用于实现监控功能，发现心律失常后施加 2～3A、总能量大约 30～50J 的电流脉冲以调节心率。全人工心脏可以完全代替心脏工作，工作电压为 20～30V，工作电流 0.5～3A。植入式耳蜗一般使用二次电池驱动，因为人工耳蜗的尺寸受限制，不可能实现全植入方式。

心脏起搏器候选电池，因为最初的碱性电池密封难的缺陷，从 20 世纪 70 年代后期开始

研发 Li/Ag_2Cl_2、Li/CuS、Li/亚硫酰氯等体系，其中最普及的是 Li/I_2-PVP 体系，它在 20 世纪 80 年代后期开始广泛使用直到现在，能够提供微安级脉冲，治疗心动过速、心动过慢、心律不齐，并用于神经治疗器中。1980 年设计开发神经激发器以减缓疼痛，它施加脉冲刺激神经，主要用于尿失禁、顽固性痉挛、震颤控制。神经刺激器的脉冲电流为 1～5mA，使用 Li/亚硫酰氯或者 $Li/(CF_x)_n$ 电池，电池体系还不完善。药物释放仪器的电源与神经刺激器的类似。1972 年以来，总共有 500 万～600 万人使用了锂电池驱动的嵌入式医疗仪器。

13.7.2 医用微电池体系简介

13.7.2.1 Zn-HgO 原电池

放电反应为

$$Zn + HgO + H_2O \longrightarrow Zn(OH)_2 + Hg$$

工作电压为 1.35V。最初的心脏起搏器电池使用 Zn-HgO 电池，这种起搏器工作时间为 24～36 个月，电池缺点是析出氢气，电池密封难，高自放电，突然的寿命终止，后来被淘汰。

13.7.2.2 $Li\text{-}I_2$ 原电池

在 Zn-HgO 原电池之后，曾经尝试钚核电池，其优点是能量密度高，使用寿命在 30 年以上，缺点是钚剧毒，当 $Li\text{-}I_2$ 电池出现后就被放弃了。在采纳 $Li\text{-}I_2$ 电池之前还曾经尝试 Li-CuS、$Li\text{-}SOCl_2$、$Li\text{-}AgCrO_4$ 等体系，但最后还是接纳了综合性能最好的 $Li\text{-}I_2$ 电池。1972 年（也有说是 1973 年）使用 $Li\text{-}I_2$ 电池的起搏器首次临床。金属锂和碘直接接触后立即反应生成 LiI，碘化锂将正负极材料隔开阻止反应进一步发生。放电时的反应为

$$2Li + I_2 \longrightarrow 2LiI$$

工作电压为 2.8V。随着放电进行，LiI 的厚度增大，阻抗会增大，电池电压降低，可以指示电池状态，LiI 的电导率为 10^{-6}S/cm，因此该电池只能低倍率使用。

对于心脏起搏器来说，5～20μA 级电流消耗对 $Li\text{-}I_2$ 电池正好合适，体积能量密度大约为 1.0W·h/cm^3，目前大约有 50 万只起搏器使用 $Li\text{-}I_2$ 电池或者是由其衍生的 $Li\text{-}I_2$/PVP 原电池。该体系是单纯起搏器电源的主流，这与其长期经过验证的可靠性和安全性记录有关。对于 $Li\text{-}I_2$ 电池，曾经尝试其可充机制，试图通过在阳极表面包覆电解质隔膜改善可充性，形成 I^- 导体，不过最终证明不可行。

单质碘为固体，实际的电池碘电极是与聚吡啶-聚乙烯基吡啶（polymeric pyridine-poly-2-vinylpyridine）（简称 P2VP 或者 PVP）混合形成 I_2-PVP 复合物形式存在的。LiI 现场形成，保护 Li 不与 I_2 进一步反应，随着放电进行，LiI 厚度增大，内阻增大，放电曲线如图 13.12(a) 所示，其特点是放电电压十分平坦，大电流性能不好。

图 13.12(b) 是为心脏起搏器设计的方形 Li/I_2 电池，最外层是不锈钢外壳，锂片位于两个 I_2-PVP 电极中间，能量密度为 210～280W·h/kg 和 810～1030W·h/L，其他使用锂电的还有植入式骨骼生长刺激器和植入式助听器[12]。

$Li\text{-}I_2$ 电池的替代者是 Li/CF_x，$Li/Ag_2V_4O_{11}$ 电池体系，以提供更大的功率输出，适合高要求的起搏器。

锂电池的使用使得心脏起搏器的寿命从以前的 2～3 年提高到 10 年左右。

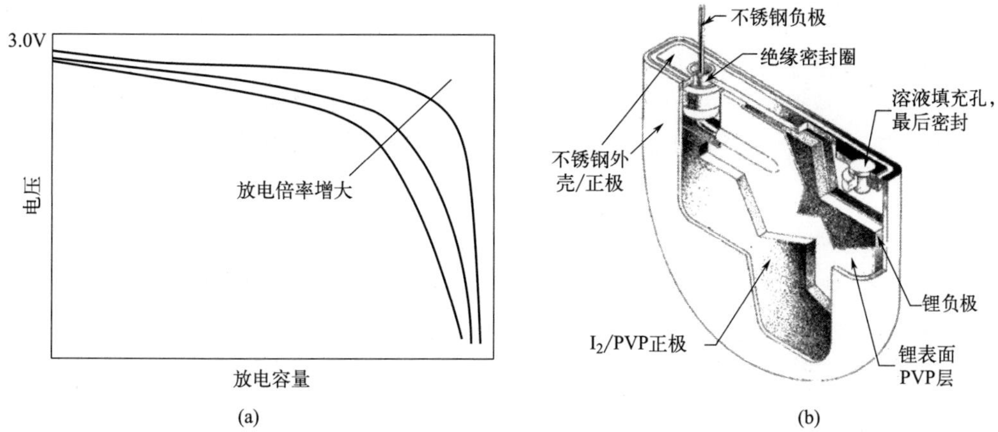

图 13.12 Li/I_2 电池放电曲线

13.7.2.3 中倍率锂基电池

对于神经刺激器、多功能心脏起搏器、人工耳蜗等植入式医学仪器，需要毫安级/毫瓦级能量消耗，对化学电源的要求要高于单纯的心脏起搏器。可供选择的电池体系包括 Li-MnO_2、Li-(CF_x)，等，放电反应分别为

$$x\mathrm{Li}+\mathrm{MnO_2}\longrightarrow\mathrm{Li}_x\mathrm{MnO_2}$$

$$x\mathrm{Li}+(\mathrm{CF}_x)\longrightarrow\mathrm{C}+x\mathrm{LiF}$$

开路电压分别为 3.3V 和 3.1V。

Li-MnO_2 电池是中倍率应用的候选之一，电压高、能量密度大、储存和放电性能好。开路电压为 3.3V，工作电压 3.0V，正极 MnO_2 中存在 1×1 和 2×2 隧道结构，性能与电解液密切相关，嵌锂初期为均相反应，随后是两相反应，然后又是均相反应。在医学领域中使用时，一般设计成中间是金属锂，两边各有一个 MnO_2 阴极的结构，不锈钢外壳，典型的参数为：电池总体积 10.5cm^3，能量密度为 0.585W・h/cm^3，可以提供 0.4A 的电流脉冲，放电容量 2.5A・h。

一般将 Li-MnO_2 设计成阴极容量限制型，组成的电池组典型参数如下：开路电压 6.4V，1kHz 时阻抗为 0.4～2.0Ω，600Ω 放电到 4.8V 时容量 0.45A・h，脉冲容量 0.3A・h，自放电速度每年小于 2%，185μF 电容充电 30J 时间小于 9s，尺寸为 18mm×12.5mm×32mm，质量小于 21g。这里的脉冲容量是指 4 个连续的 1A 脉冲，每个持续 9s，脉冲之间是开路态，间隔 15s，放电终止电压为 3.0V。

Li/CF_x 电池，Li/F_2 的理论电压为 5.9V，但是不可能使用 F_2 单质形式，F_2 和碳材料在 350～600℃下反应制备的 CF_x 的 x 在 0.9～1.2 之间，一般用 PC+DME/$LiBF_4$ 电解液，具有自放电小、工作电压高、能量密度高等优点，适合中倍率使用，寿命长。

CF_x 的典型合成温度为 400～600℃，得到 sp^3 杂化的碳十分稳定，F 含量增大后容量增大但是导电性降低。CF_x 绝缘，一般要与导电剂混合，放电初期锂离子嵌入到氟化石墨层形成中间相，然后中间相分解成 C 和 LiF，开路电位为 3.1V。

图 13.13(a) 是典型的医用 Li/CF_x 电池放电曲线[12]，其荷电态可预测，内阻低，开路电压 3.0V，放电电压在 2.8V，由于导电碳材料的形成，放电时内阻先降低，比能量和能量密度分别在 250～590W・h/kg 和 635～1050W・h/L 范围。采用螺旋结构设计的小型针形

电池可以施加 10mA 脉冲，体积为 0.155cm^3。

Li-$SOCl_2$ 电池中 $SOCl_2$ 既是正极又是电解液，锂盐包括 $LiAlCl_4$、$LiGaCl_4$，$SOCl_2$ 与金属锂直接反应形成钝化层，保护锂金属进一步反应，开路电压 3.65V，电压特别平坦 [如图 13.13(b) 所示]，在心脏起搏器中得到应用。$SOCl_2$ 有爆炸危险，但是仍然吸引人，主要是因为它有 1.2W·h/cm^3、640W·h/kg 高的能量密度和比能量参数。

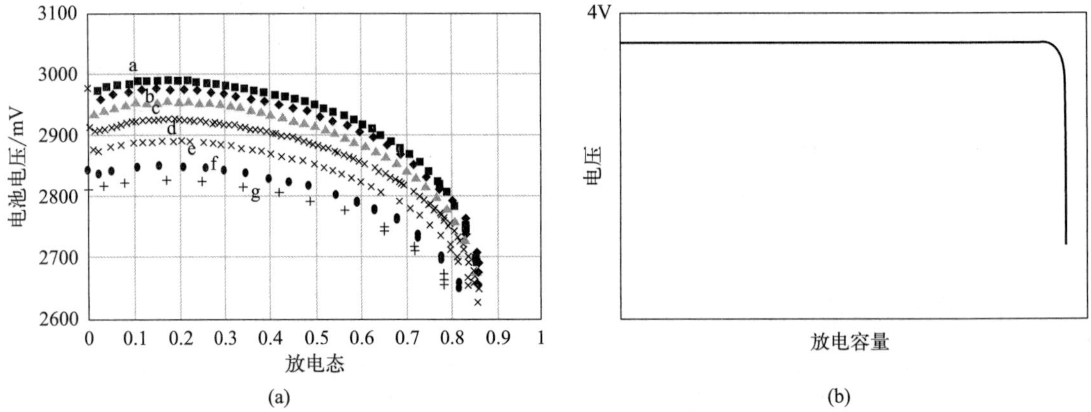

图 13.13 不同电阻负载下 Li-CF_x 电池的放电曲线 (a)（从 a～g 负载越来越小）与 Li-$SOCl_2$ 电池 (b) 放电曲线

13.7.2.4 高倍率锂基电池

心脏除颤器、全人工心脏需要安培级电量消耗，需要电池的倍率性能出色。许多高倍率电池都是通过工艺技术的改进在中倍率电池基础上发展起来的，如 Li-$Ag_2V_4O_{11}$ 电池，其放电反应为

$$7Li + Ag_2V_4O_{11} \longrightarrow 2Ag + Li_7V_4O_{11}$$

该电池在 1980 年引入到 ICD 中用以治疗心跳过速，ICD 的输出功率大于起搏器，第一个 ICD 出现，使用的是 Li-V_2O_5 电池，体积小于 35cm^3，后来使用 Li/$Ag_2V_4O_{11}$，它对心脏施加高能电击以处理心律失常现象，需要电源连续提供 10～50μA 的电流，检测到心律失常以后施加安培级电流脉冲，能量大约 30～50J，以对电容器充电，后者再对心脏放电达到调节心率的目的。电源电流脉冲达到 2～3A，同时输出低电流维持 ICD 的心脏控制功能。开路电压为 3.2V，V 价态的连续变化提供了多个放电平台，十分适合 ICD 应用，5C 放电容量为 250mA·h/g（1.5V 截止电压）。

此外还有 Li-$Ag_xV_yPO_z$、高功率型 Li-MnO_2、高功率型 Li/(CF_x)-SVO 电池，其中后者能量密度大约 1.0W·h/L，阴极是 $Ag_2V_4O_{11}+CF_x$ 混合型阴极，主要是为了兼顾高倍率特性和能量密度这两个指标参数，自 1999 年首次使用以来，超过 10 万只电池在嵌入式医学仪器中使用。

$Cu_3V_2O_7(OH)_{2.2}H_2O$ 正极，颗粒大小 50～200nm，10mA/g 下容量为 544mA·h/g，不过放电电压偏低且平台不明显。

13.7.2.5 二次电池

一些医学装置不能使用原电池，如左心室辅助仪，它为心脏病人提供长期的帮助，它附在心脏上，所需要的功率很大，每天运行 1h 以上，一般使用外置式二次电池驱动，透过皮肤驱动仪器，内部仅放一个小型电池为传感仪器供电，原则上这种装置是为等待心脏手术的病人等待期间设计的。一些神经刺激器也可以使用二次电池，具有毫瓦/毫安级能量消耗水平。人工耳蜗用的二次电池工作模式为：大约 10μA 的背景电流，持续 10s 的 100mA 的电流脉冲，一般都是外置式的。

二次电池的优点是可以不为能量密度参数所限制，可以随时充电，整个嵌入式医学仪器的使用寿命较少程度上受电池能量密度参数影响。有文献报道了嵌入式可充锂离子电池的能量密度可达到 73W·h/kg 和 190W·h/L，循环寿命 2239 次。即使如此，植入式医学仪器的使用寿命仍然由所用的化学驱动电源所限制。对于生病的儿童来说，与其寿命相比起搏器电池的寿命还是太小了。儿童心脏跳得要快于成人，对起搏器的依赖程度大。神经刺激器的电池寿命应当在 4～5 年以上才行。电池技术仍然很难满足实际的需要，即使一些已经获得应用的电池，仍然存在某种缺陷或者不足，例如，锂电在大电流工作时表面温度偏高。

植入式医学仪器所用的电池，一般都是非标，植入式医学仪器的电池对电池的搁置寿命要求很高。植入式医学仪器对电池的要求包括：在 37℃下安全、稳定、可靠，容易密封，高倍率性能好，能量密度高，自放电速度低，荷电态检测方便，如果是二次电池，还应当具有可快充性，充电终点明显，电池失效预警方便。上述要求性能视不同应用可以适当调整，一般说来，单纯的心脏起搏器要求微瓦/微安级输出；多功能心脏起搏器、神经刺激器、人工耳蜗等要求毫瓦/毫安级输出，而全人工心脏、左心室辅助仪、除颤器等要求安培级电源输出。

在尸体火化处理时有一半的起搏器会爆炸，一般在设计植入式医学仪器时最好能够考虑到电池组的最终处理。尺寸更小、成本更小的电池是起搏器制造商的首选。未来的起搏器电池进一步小型化、长寿命。

表 13.2 是一种植入式锂离子电池的特征，该电池质量只有 4g，循环寿命大于 2000 次。

表 13.3 是目前锂离子电池驱动的植入式医学设备生产情况。

表 13.2　Carina 锂离子电池特征

参数	数值
容量	0.05A·h
比能量	60W·h/kg
能量密度	175W·h/L
质量	0.004kg
最大放电电流	0.25A
最大脉冲放电电流	0.5A
循环寿命	＞2000 次
运行温度	－20～60℃
其他	生物兼容

表 13.3　目前植入式医学仪器驱动锂离子电池生产状况

电池制造商	产品名称	功能
Medtronic Inc	Restore Ultra	脊髓激发、肌肉疼痛处理
Greatbatch Inc	Xcellion	神经调制、心脏节律调控

续表

电池制造商	产品名称	功能
Quallion LLC	QL00031,QL0020B,QL02001-A	耳蜗植入器、脊髓激发、葡萄糖控制、心率调节
Eagle Picher Medical Power LLC	Contego Micro Battery	神经刺激、中型耳蜗植入器、药物释放控制器、体内流动泵、血压和体温等的遥感检测

其他微能源体系，还有压电材料、电磁体系、微燃料电池等，不再介绍。电池驱动的微系统，在应用到植入式医学传感器领域中时，受到无线充电技术的影响很大，该技术带来诸多方便。它允许使用二次电池体系，并且可以小型化。最初在设计植入式医学传感器时，需要使能源系统的容量尽可能大，以延长传感器寿命。无线充电技术的成熟，可以将能源系统的容量设计得更小，在需要的时候利用无线充电技术充电即可，而不需要考虑有线充电技术带来的麻烦。

13.8 薄膜电池

常见的薄膜电池一般采用二维平板式设计，由薄薄的密实的电池组件层堆叠而成，工作原理与常见传统电池相同，只是离子传输的路径缩短很多，体积一般在 0.01～1mm^3。对于植入式医学仪器中的锂离子电池，能量密度在 125～225W·h/L 和 60～110W·h/kg 范围，相比之下，如果应用到军舰上面，需要至少 250～400W·h/L 和 110～220W·h/kg 的能量密度，空间领域的应用，350W·h/L 和 150W·h/kg 的能量密度是必需的[13]。

13.8.1 薄膜电池含义

从容量规模上来看，传感器、CMOS 记忆体、信用卡、植入式医学仪器和 MEMS 电源使用的属于微电池，容量在 200mA·h 左右；电子表、计算器、一些医学仪器的容量也在 200mA·h，属于小型化电池；电动工具和玩具、收音机、移动式 TV 的电源在 2000mA·h 左右，需要移动式电池供电；对于车辆、铲车、电动车，50000mA·h 的容量是必要的，使用的电池属于 SLI（密封免维护）电池。

和微电池比，薄膜电池在厚度上更大一些，在二维延伸上则要大很多，文献中提到薄膜电池厚度从几微米到几毫米，面积从 100μm^2 到 20cm^2 量级，笔者认为对于 100μm×100μm 的薄膜电池，称为微电池也许更合理；微电池电解质优先选择纯固体，而薄膜电池的电解质则以凝胶电解质为主，因为凝胶型聚合物电解质柔韧性更高，耐弯折抗震动；液体电解液也可以作为薄膜电池的电解液使用，但是容易渗漏。薄膜电池应用于低功率长寿命仪器，如指纹识别、脸识别、眼扫描、签字识别、声音识别、CMOS、FE-RAM、微电机系统等，在能量获取、无线传感器、医学设备等方面有广泛应用前景。

1982 年薄膜电池出现，Hitachi 薄膜电池正极为 CVD 方法沉积的 TiS_2，电解质为 RF 溅射的 $Li_{3.6}Si_{0.6}P_{0.4}O_4$，负极为热沉积金属锂。NTT 的薄膜微电池，电解质为 $Li_{3.4}V_{0.6}Si_{0.4}O_4$，正极为 $LiCoO_2/LiMn_2O_4$，电池面积为 1cm^2，阴极厚度 1～5μm，电解质厚度 1μm，金属锂阳极厚度 4～8μm。Bellcore 在 1980 年宣称的固体锂离子电池，电解质为 $Li_4P_2S_7$ 或者 Li_3PO_4-P_2S_5，阴极为 TiS_2，阳极为 Li 或者 LiI，后来还宣称 $LiMn_2O_4$ 阴极和 LIPON 电解质，阳极为金属锂，工作电压 3.5～4.3V，容量为 70μA·h/cm^2，可循环 150 次以上。后

来出现无锂薄膜电池，使用 Cu 代替金属锂，优点是容易焊接、加工。

图 13.14 是典型的薄膜电池结构，各层之间依次堆叠，图中将电活性物质 $Li_4Ti_5O_{12}$ 颗粒置于两层隔膜中间，作用是捕获正极衰减的产物，阻止其迁移到负极（例如，正极产生的可溶性含 Mn 物质扩散到负极以后会在碳负极表面还原沉积，而严重影响负极的电化学稳定性），以提高电池的循环稳定性。这个结果从另一个角度说明了全电池性能衰减主要因素之一是正负极之间的耦合，即正极和负极相互之间的负面影响[13]。

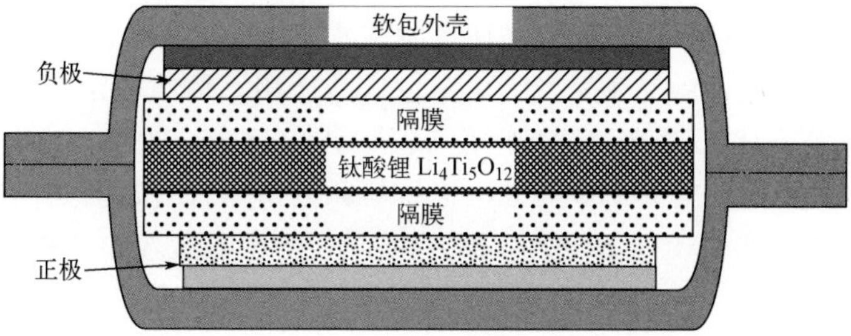

图 13.14　三明治结构隔膜示意图

13.8.2　薄膜电池性能

薄膜电池的最大功率，可用下式估算

$$P_A \sim 0.25\sigma V_{oc}^2 L_s^{-1} \sim 1.5E_A D_{Li} L_e^{-2}$$

式中，σ 是电导率，L_s 是隔膜厚度。放电时间常数估算式为

$$\tau \sim 2L_s L_e Q_V \sigma^{-1} V_{oc}^{-1}$$

式中，L_e 代表电极厚度，E_A 代表单位面积比能量。

薄膜电池的设计和微加工方法，有时和微电池的相同，尤其是尺寸较小时，大尺寸的加工和微电池有明显不同，并且受组件/组分影响很大。比如阳极如果是金属锂，可以采用真空热气相沉积方法制备，如果是铝或者铜，可考虑直接使用金属箔。薄膜电池的问题是循环中的体积膨胀，电极与电解液之间的副反应，阴极与电解质的低的锂离子电导率（通过降低厚度改进动力学），薄膜电池的成本比较高。薄膜电池的循环稳定性一般比较差。

表 13.4 是典型薄膜电池性能参数。

表 13.4　典型薄膜电池数据

正极	负极	电解质	电压/V	电流/($\mu A/cm^2$)	容量/($\mu A \cdot h/cm^2$)
TiS_2	Li	$Li_{3.6}Si_{0.6}P_{0.4}O_4$	2.5	16～30	50～150
TiS_2	Li/LiI	$LiI-Li_2S-P_2S_5-P_2O_5$	1.8～2.8	300	$70mA \cdot h/cm^3$
TiS_xO_y	Li	$Li_2SO_4-Li_2O-B_2O_3$	2.6	1～60	15～40
$WO_3-V_2O_5$	Li	$Li_{3.6}Si_{0.6}P_{0.4}O_4$	1.8～2.2	16	60～92
$MoO_{2.89}$	Li	$Li_{6.1}V_{0.61}Si_{0.39}O_{5.36}$	2.8	20	60
$Li-V_2O_5$	Li	LiPON	1.5～3.0	2～40	10～20
V_2O_5	LiV_2O_5	LiPON	3.5	10	6
$LiMn_2O_4$	V_2O_5	LiPON	3.5～1.0	>2	18
$LiMn_2O_4$	Li	LiPON	4.5～2.5/4.0～5.3	2～40/10	11～81/10～30

续表

正极	负极	电解质	电压/V	电流/(μA/cm²)	容量/(μA·h/cm²)
$LiMn_2O_4$	Li	LiBP-LiPON	3.5～4.5	70	—
$LiCoO_2$	Cu	LiPON	4.2～3.5	1～5	130
$LiCoO_2$	Li	LiPON	4.2～2.0	50～400	35
$LiCoO_2$	SnO	$Li_{6.1}V_{0.61}Si_{0.39}O_{5.36}$	2.7～1.5	10～200	4～10

柔性电池，顾名思义就是电池可以随便弯曲，就像一张纸一样，很大程度上是薄膜电池的同义词，或者是薄膜电池的一个子类，对于这样的应用，传统的正负极活性材料不适合，在弯曲时它们会从集流体上脱落，活性颗粒孤立，内阻增大。改进办法是设计新型电池结构，改进材料之间的机械强度，开发柔性电极材料和电解质材料，例如使用 CNT 作为集流体，新型高弹性黏结剂如 CMC、PDMS（聚二甲基硅氧烷），提高电极的弹性，使用凝胶电解质保证柔韧性。

图 13.15 是柔性电池弯折 5000 次试验结果。阳极材料在薄膜电池外层，阴极在内部。弯折 5000 次后截取不同位置做充放电和断面 SEM 测试，弯折严重的地方活性材料发生断裂，放电性能变差，而未弯折位置的电极仍然保持良好的电连接。

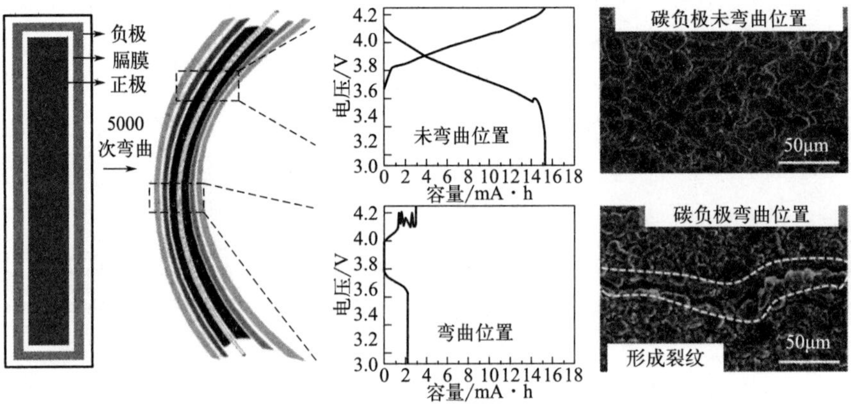

图 13.15　柔性电池弯折 5000 次后不同部位充放电测试与 SEM 结果

商业化柔性电池需要满足 250W·h/kg 比能量或者 600W·h/L 能量密度。一些电极材料包括 LTO 纳米管阵列，多孔 MoS_2 等都设计成三维形式，集流体也可以设计成高比表面积三维模式。柔性 LIB 实际应用中面临的挑战包括负载下电池性能还较差，制造工艺太复杂。

柔性锂离子电池需要考虑的问题包括：安全性（裂痕、电极活性材料脱落、枝晶、锂沉积、内部短路、颗粒绝缘、阻抗增大）、电池性能（柔韧度、变形、体积能量密度、锂离子导体选择），工业放大生产中要考虑电极的特殊制造工艺、单电池布局等。

薄膜电池的电极无疑也是薄膜，制备技术包括两大类：浆料涂膜和气相沉积技术。浆料涂膜是将活性物质制备成浆料，然后通过特殊方法涂到基体上去，比如旋转涂膜方法可以做到很薄。只是该方法应用到电子电路上加工薄膜时有一点难度。各种气相沉积方法比较成熟，主要有化学气相沉积和物理气相沉积，后者包括真空蒸镀、阴极溅射（高频溅射、磁控溅射等）、离子镀等，前者包括光化学气相沉积法、热化学气相沉积法等。

针对薄膜电池制造开发的打印技术有实际应用的可能性。该方法原理上很简单，就是将组件/组分制成和打印机用的墨水类似的浆料，然后层层打印成薄膜电池，图 13.16 是打印的 LFP/LTO 薄膜电池微结构，中间的固态电解质层厚度大约 60μm，这层的厚度控制难度最大。

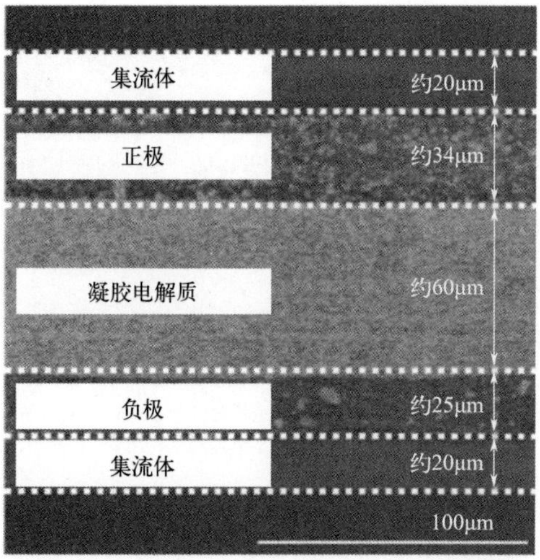

图 13.16　打印钛酸锂/磷酸铁锂全电池断面

薄膜电池和锂聚合物电池，两个概念有一定的共性，或者说两类产品有共用的部分，锂聚合物电池一般都是平板结构。一般讲前者更薄一些，后者更厚一些，但是没有严格的界限，例如 sony 公司的一款聚合物电池厚度为 3.8mm，也许 1mm 厚度的就可以叫薄膜电池。笔者认为应当以厚度的绝对值以及长宽对厚度的比值来定义是否属于薄膜电池。

Sony 生产的一款锂聚合物电池的性能指标，如表 13.5 所示。

表 13.5　锂聚合物电池性能

尺寸(厚×宽×长)	3.8mm×35mm×62mm	图形
质量	16g	
平均电压	3.75V	
充电电压	4.2V	
充电时间	2.5h	
体积能量密度	410W·h/L	
质量能量密度	210W·h/kg	
循环性能	85%,1000 次	
工作温度范围	−20～60℃	
阴极	钴酸锂	
阳极	石墨	

锂聚合物电池和锂平板电池、薄膜电池没有通用的组装流程，一般是层层叠装方式。

参考文献

[1] Albano F，Lin Y S，Blaauw D，et al. A fully integrated microbattery for an implantable microelectromechanical system. J Power Sources，2008，185：1524-1532.

[2] Beck H，Boden W E，Patibandla S. 50th Anniversary of the First Successful Permanent Pacemaker Implantation in the United States：Historical Review and Future Directions. Am J Cardiol，2010，106（6）：810-818.

[3] Priya S，Jinman D（eds.）. Energy Haversting Technologies. Doi，10.1007/978-0-387-76464-1-14 Springer Science+Business Media，LLC，2009.

[4] Cai C N，Sun F X，Xu Y H. Ultra-long life of TiO_2 nanotube array microelectrode for Li-ion microbatteries. Ionics，2018，24（8）：2227-2232.

[5] Golodnitsky D，Yufit V，Nathan M，et al. Advanced materials for the 3D microbattery. Journal of Power Sources，2006，153：281-287.

[6] Oudenhoven J F M，Baggetto L，Notten P H L. All-Solid-State Lithium-Ion Microbatteries. A Review of Various Three-Dimensional Concepts，2011，1：10-13.

[7] Muhanmmad Haque R. An implantable microsystem for autonomous intraocular pressure monitoring，Dissertation. University of Michigan，2011.

[8] Minami T，Tatsumisago M，Wakihara M，et al. Solid State Ionics for Batteries. Springer-Verlag Tokyo，2005，ISBN 4-431-24974-5.

[9] Gulbinska M K. Lithium-ion Battery Materials and Engineering：Current Topics and Problems from the Manufacturing Perspective. ISSN 1865-3529 ISSN 1865-3537（electronic），ISBN 978-1-4471-6547-7 ISBN 978-1-4471-6548-4（eBook），DOI 10.1007/978-1-4471-6548-4，Springer-Verlag London，2014.

[10] Magjarevic R，Ferek-Petric B. Implantable cardiac pacemakers-50 years from the first implantation. Zdrav Vestn，2010，79：55-67.

[11] Acha M R，Soifer E，Hasin T. Cardiac implantable electronic miniaturized and micro devices，Micromachines，2020，11：902；I Sobianin，S D Psoma，A Tourlidakis，Recent advances in energy harvesting from the human body for biomedical applications，Energies，2022，15：7959.

[12] Bock D C，Maschilok A C，Takeuchi K J，et al. Batteries used to power implantable biomedical devices. Electrochimica Acta，2012，84：155-164.

[13] Bhushan B（ed.）. Solid-State Thin-Film Lithium Batteries for Integration in Microsystems Scanning Probe Microscopy in Nanoscience and Nanotechnology. Nano Science and Technology，DOI 10.1007/978-3-642-25414-7-20，Springer-Verlag Berlin Heidelberg，2013.

第 14 章

电池应用

锂离子电池应用领域逐渐演变。

在 2010 年，交通运输领域的应用还是零，2015 年时应用到纯电动汽车领域的锂离子电池总量为每年 11GW·h，预计到 2030 年为每年 200GW·h 以上。在手机领域中的应用，2010 年为每年 6GW·h，到 2020 年为每年 17GW·h，到 2030 年时每年预计为 44GW·h[1,2]。

在动力电池应用领域的占比逐年上升，在储能领域的应用，目前市场还很小，预计 2030 年时每年 30GW·h。笔记本电脑电池基本稳定在 10GW·h 的年需求量；手机和平板电脑 LIB 需求量增长会多一些，年平均大约 10%，移动电子消费 LIB 的总需求量，在 2030 年为 100GW·h。在 2020 年世界范围有 300 万 EV 售出。最小的 EV，如 VW e-Up，Smart Fortwo ED，电池堆容量大约 20kW·h，特斯拉是 100kW·h，2020 年电动车锂离子电池（EV LIB）需求量为 130GW·h 左右，PHEV 大约为 60 万辆，需要 8GW·h，HEV 车辆大约 300 万辆。

就总量而言，整个 LIB 市场在 2030 年预计约为 390GW·h。

几个主要应用领域中，在海军应用时，水面舰艇要求 250W·h/L、110W·h/kg 以上参数，水下舰艇需要 425W·h/L 和 215W·h/kg 以上的参数。

医学领域中主要是指微电池，要求 180W·h/L、70W·h/kg 参数。航天领域中，要求 330W·h/L、180W·h/kg 以上参数。航空领域要求 260W·h/L 和 125W·h/kg 的参数要求。作为汽车辅助系统电源，主要是指用于取代现有铅酸电池在汽车中的应用，比如汽车启动、照明，汽车启动用电池电压为 12V 或 24V，未来有 36V 趋势。

14.1 移动电子系统

笔记本电脑的电池容量典型的在 50～100W·h，例如 9 个 3.6V 2.8A·h 单电池组成 10.8V 电池组，容量为 8.4A·h，即 90.7W·h。智能手机使用单电池，储存容量不超过 10W·h；平板电脑使用三个并联的单电池组成的电池组，容量为 15～35W·h，例如，三星 Galaxy 容量为 15W·h 和 21W·h，索尼 Xperia 为 22W·h，Ipad Air 为 26W·h，联想 Yoga 为 32W·h。

14.2 航空航天航海

航空领域电池需要在－40～70℃范围运行，这种条件会引起“标准”锂离子电池能量的明显损失。在空间飞行器中应用，需要3万次以上循环寿命，包括星际着陆器、地球同步轨道和低地轨道上的卫星。

火星探测车对动力电池的要求是：运行电压24～36V，需要220W·h能量支持信号发射活动，运行中状态偏离的矫正需要大约160W·h能量，为地表运行提供能量需要≥283W·h（0℃），足够长的循环寿命，至少270循环，低温－20℃下能够保证30A、50ms的多个脉冲输出能力，能够在任务期间在－20～30℃范围充放电，37公里的旅程是必须的（这是机遇号火星车运行的最小里程）。

月球着陆车对电源的要求是最小能量不能小于34A·h，输出功率至少要27kW，在非混合型系统中，为了保证任务的需要，基于纯锂离子电池组，需要两个电池组，并联连接，标称容量120A·h，标称电压288V。当然，如果使用锂离子电池/超电容混合系统，只要一个280V、60A·h的锂离子电池组和一个216V、38F的超电容系统，和单纯的锂电池组相比，质量减少36%，体积减小40%。

舰船高端电池包含水上舰船用和水下潜艇、潜水器用。水上的应用温度范围要大于水下的，水上应用对体积和质量的限制不是很大。水下应用中需要考虑浮力平衡。舰船电池中，混合动力系统比单一系统更加有吸引力。目前，混合动力系统的大型船舶典型例子就是车辆运输船，2012年开发，混合动力系统由160kW的太阳能电池和2.2MW的锂离子电池组、柴油机组成。

14.3 储能系统

在储能系统中，主要作为备用电源使用，有时兼有整流器功能。能量储存系统的一般性要求：能量密度、电力、体积和质量、可靠性、耐久性、安全性、成本、循环性和环保因素。

2014年，约旦总能源的97%需要进口。因没有石油和天然气资源，面临能源安全问题。自2003年起其主要天然气来自埃及，通过Arab Gas管线，这条管线在2011～2014年成为战争目标，约旦政府被迫花巨资购买燃油。随后计划2014～2020年建成2000MW太阳能和风能电站。其他国家也大力安装新能源电站。

这些电站电不能直接使用，必须配备储能装置以改进电的质量。

储能系统大致分成电化学的、化学的、机械的和热的。住宅储能系统功率大约在1～10kW·h，独立商业系统一般要求20～100kW·h。目前市场上安装的产品，电压范围从48～1000V，工作模式一般是从电网、太阳能、风能等获得能量，在用电高峰放电。

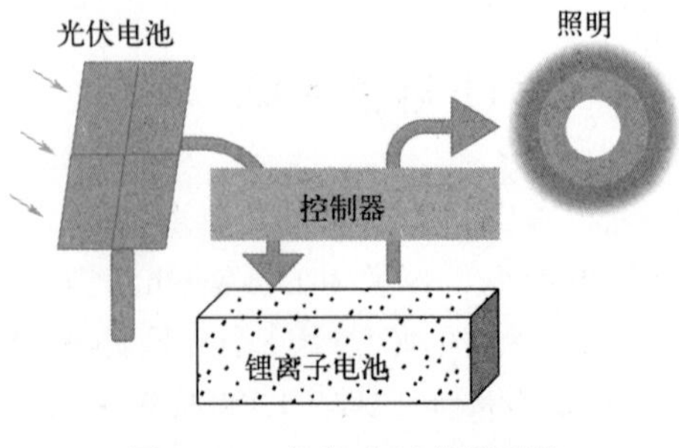

图14.1 光伏-电池储能系统

图14.1是太阳能＋电池组集成储能照明系统示意图，还可以并入风能发电装置。独立光伏照

明系统的基本框架结构，由 4 个基本部分组成，即照明发光部分、控制部分、太阳能电池和储能电池。日光充裕时太阳能电池板为储能电池充电，同时提高电的质量，在夜间储能电池释放电能供应照明灯具发光。

有报道称武汉在这方面做了尝试，给出的目标寿命是：太阳能电池使用 25 年，其他部件包括电池使用 6～8 年左右。

作为储能电池时，主要应用在两个领域。

第一，某些能量供应领域某个时段出现能量过剩，而在另一个时段出现能量供应紧张的特点，典型的就是电网，社会用电特点是白天用电量大，晚上用电量少。那么在晚上可以通过电网为储能电池充电，在白天用电高峰时放电。典型的调节电网能量的方式是抽水储能系统，自 1800 年开始使用。

抽水储能系统的效率在 70%～85%，功率在 250MW～1GW 范围，放电时间可持续数天，一般含有 2～8 个涡轮机组，投资成本大约为 862 欧元/kW，54 欧元/kW·h，循环 25000 次。在 Yanbaru 有一个抽海水的储能系统，使用期限大约 30 年。

1978 年德国 Huntorf 建了一座 290MW 的压缩气体储能系统，可压缩 300000m^3 的天然气，能量效率为 42%。气体压力大约为 45～70bar。飞轮储能系统输出响应时间为 5ms，功率范围一般在 750～1650kW，放电时间为 15s～15min，使用寿命大约 20 年。世界最大的飞轮储能系统中一个轮盘重 107t，可供应 160MW 功率。

如果是铅酸电池堆储能系统，投资成本为 287 欧元/kW，237 欧元/kW·h，预计循环 2000 次，能量效率低于 80%，预计寿命 4～8 年。

与上述对比，某 2MW 锂离子电池储能系统，用了 82000 个圆柱单电池，1.2t 阴极材料（一个典型的 18650 电池使用 10g 钴酸锂）。储能用大型锂离子电池堆的投资成本为 287 欧元/kW，431 欧元/kW·h，预计循环 4000 次，能量效率高于 90%，预计寿命 15 年。

第二，某些领域产生的电的质量不够好，直接利用有困难，需要转换一下以提高电的质量，典型的是太阳能和风能发电，经过储能电池转换后提高电质量。这类系统适合偏远哨所、岛屿上的导航灯及别墅、家用（指偏远、日光充足的山区）、道路照明，如苏州地区就有类似的道路照明设备。

图 14.2 是 2005～2015 年全球风能和太阳能发电安装的容量增长情况，暗示着与之配套的储能型锂离子电池的发展情况。

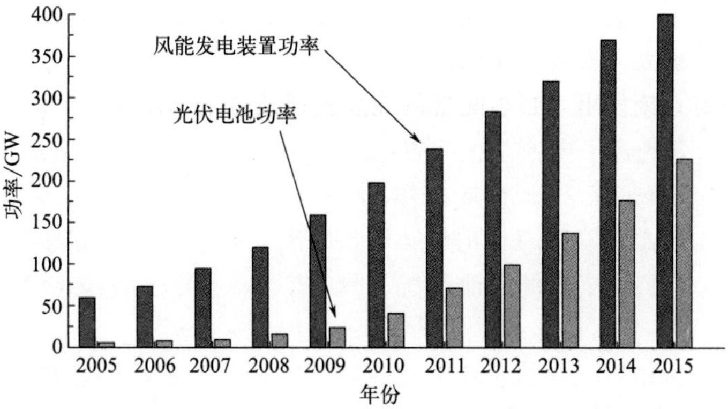

图 14.2　2005～2015 年全球风能和太阳能发电安装的容量

将太阳能电池的直流电并到目前的交流电网上的报道很多，强调这种并网的优点的文献也很多，但是实际结果看，反对的声音很大。

反对的理由包括：①太阳能电池的效率方面的考虑，商业化太阳能电池效率只有5%～8%，并且发电时产生的电是不稳定的直流电（时刻受到天气干扰，例如乌云、飞鸟），通过整流设备将它转换成高压220V交流电的过程又会引起能量损失，最后剩下不多的电量；②影响目前电网稳定（某一地区电力使用突然增加或者减少会影响其他地区电网的正常运转）。

独立光伏系统更有前景，系统中的储能电池以锂离子电池组/堆最佳，原因是其高的能量转换效率、长的循环寿命。

14.4 军用

锂离子电池应用到地面战争中，按照用途分成三个层次，50W峰值输出20W平均输出，200W峰值输出100W平均输出和1～5kW的高功率牵引电池。

在单兵作战系统中应用时，需要考虑士兵执行任务的时间、距离、强度，如常规地面炮兵和敌后侦察兵，在单兵系统电池的能量密度和功率密度方面要求明显不同。针对不同的任务特点、兵种制定不同的电池尺寸和性能，这一点与民用领域是相通的，因为电池毕竟不是万能的，不可能同时满足能量密度、功率密度和使用寿命三方面的要求。

美军列出了一种PB-LW-06单兵作战系统用锂离子电池的参数，其容量为2.4A·h，35W·h能量，能量密度为118W·h/kg，电池质量为0.295kg，最大放电电流为连续2A，最大脉冲电流为4A，可持续5s，可在0～45℃下1.8A充电，充电截止电压为16.8V，标称电压14.8V，100%循环制度，0.2C循环寿命300次以上残余容量大于80%，工作环境温度为－20～60℃，每月自放电小于3%，为硬壳包装。

相比之下，功率型锂离子电池URB0003各项参数为：140A·h容量，3710W·h能量，103W·h/kg的比能量，电池总重38.5kg，可100A连续放电，200A脉冲可持续0.5ms，125A脉冲放电可持续2s，充电制度为12A到28.8V，可20A甚至100A快充，工作电压为24.0～28.8V，平均值为25.6V，1C可循环近3000次（容量衰减20%），工作温度为－25～65℃，可在－30～70℃储存，自放电小于每月5%，采用空气制冷。

美军认为未来地面战争中，应当开发300W·h/kg比能量密度的电池，在寿命、比特性、价格和安全性之间做出平衡。为使士兵免于被能源困扰，应致力于不大于2W的平均功率和不大于5W的峰值功率的单兵系统开发。对于单兵系统的能源，在20W需求的水平上，通过设备技术进步，质量可以从20kg降到6～7kg。

不同的任务时间，对电池特性的要求不同，以目前技术水平，例如对于平均20W的功率消耗，72h任务时，锂离子电池系统的质量为9.94kg，1440W·h总能量；而对于24h任务，质量为3.31kg，480W·h能量。作为对比，执行24h任务时如果用燃料电池(DMFC)，质量为2kg左右，DMFC的优势明显。未来的目标是提高电池比特性，例如对于12h任务需要开发240W·h/kg的电池系统，具有20W平均输出和50W峰值输出的能力，电池质量小于1kg。

对能源系统可以采取优化，将燃料电池的高能量密度和锂离子电池相对大的功率输出特性结合起来，图14.3分别给出了锂离子电池、DMFC电池和二者混合能源系统作为单兵作战系统的能源，执行任务和所需能源系统的质量的关系。可以看出，时间小于50h时，锂离子电池占优势，燃料电池不足（时间短，从能量密度角度看，表示所需要的能量密度小，或者是系统的体积可以小；但是，系统要完成指定的功率输出能力，因此，为保证功率输出，DMFC 系统的尺度不能小于一个临界值）。从混合系统曲线看，大于 20h 的任务，以混合系统最佳。

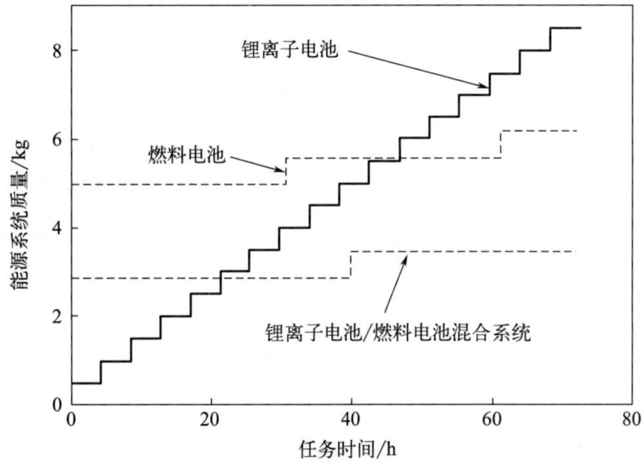

图 14.3　20W 平均功率、10％时间为 50W 峰值输出时执行任务时间与需要的能源系统的质量关系

未来地面战争单兵作战系统的基本输出是平均 2W，峰值输出为 5W，对于这样的系统，当分别执行 24h 和 72h 的任务时，不同能源的质量如图 14.4 所示。当单兵作战系统需要的能耗减小后，锂离子电池的优势十分明显，执行 72h 任务，电池系统总重为 847g，是最大的，但是执行 24h 任务时，降到 282g，虽然与 $Li/(CF)_x$ 以及 Li/MnO_2 比仍然偏大，但是其可充性作为其优点，很可能赋予我们用锂离子电池取代后两者一个可靠的理由。

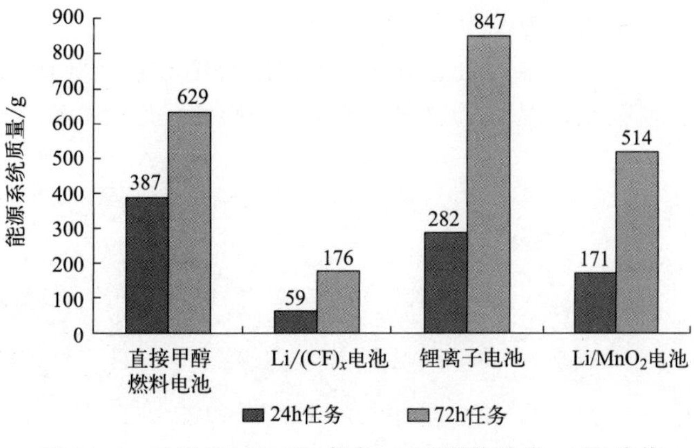

图 14.4　对于 24h 和 72h 任务，2W 平均输出、5W 峰值输出时不同化学电源的质量要求

14.5　电动自行车

目前社会关注点主要在电动汽车方向，而被忽略的一个特别有前途的领域就是锂离子电动自

行车。现有市场上的电动自行车主要以铅酸电池为主，它的缺点十分明显：笨重。如果使用锂离子电池取代铅酸电池，电动自行车的总质量可以降到一个中年妇女就可以拎走的程度，小巧轻便是锂离子电动自行车的主要特点，并且价格上仅仅是略贵，特别适合于中年妇女、女孩子。

徐州城区电动自行车在2008～2014年间的变化，如图14.5所示。总体趋势上看，年销售量在2012年以前呈上升趋势，其后呈下降趋势。电动车电池中锂离子电池占比逐渐上升，在2013年达到一个高峰，大约3万～4万辆。Ni-MH电池逐渐被淘汰。1998年我国电动车为4万辆，到2006年为1500万～1800万辆，其中主要以铅酸电池为主，锂离子电池驱动的因为价格略高，还不被大部分消费者所接受，不过对于中等收入的家庭吸引力很大[3]。

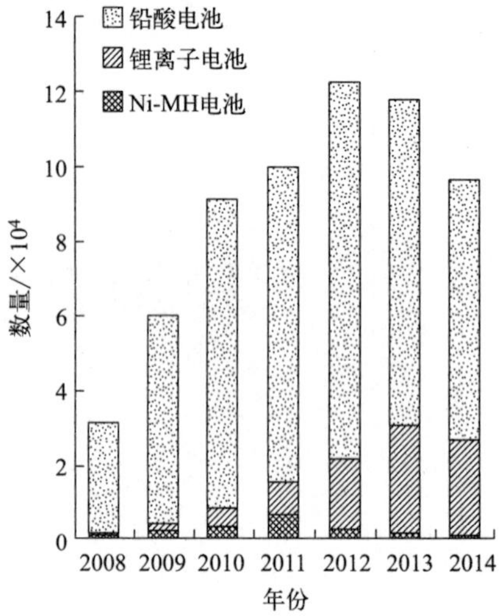

图14.5　徐州城区电动自行车保有量

一般，一辆1600元的铅酸电池驱动的电动自行车，如果换成锂离子电池驱动的话，大约在2200～2400元。

电动自行车电压有24V、36V和48V几种，总能量在0.4～0.6kW·h，输出峰值功率大小为0.24kW。这种参数转化成锂离子电池，以200W·h/kg计算，大约为2～3kg；用铅酸电池的话，以30W·h/kg计算，质量为14～21kg，实际上当作为电动自行车电源使用时，基本不用考虑电池组的散热问题。TranzX生产的一款BL03型电动自行车的驱动电池额定电压36V，13A·h额定容量，实验室条件下循环1500次以后容量降到略高于10A·h。电池组是10个单电池串联，五个并联，每个单电池的容量为2.6A·h，负极为碳材料，正极为NMC。新电池1kHz频率的交流内阻小于100mΩ。

锂离子电池电动自行车技术相对成熟，主要涉及直流电驱动。2012年中国电动自行车市场为3500万辆，主要以铅酸电池为主。

图14.6是一款锂离子电池驱动的电动自行车，是圆柱型电池组成的电池组，位于车架上，一次充电可行驶30公里以上[3]。这种自行车小巧轻便，适合女性、老人。

图14.6　锂离子电动自行车与锂离子电池组

14.6　电动汽车

1834年第一辆电动车使用的是一次电池，1881年开始使用铅酸电池，当时时速大约每小时 12～13 公里，一次充电行驶 48 公里。近些年各大汽车公司纷纷推出相应的纯电动车。

能量储存系统一般要求能量密度、电量、体积和质量、可靠性、耐久性、安全性、成本、循环性和环保因素等参数。对于电动车，特殊要求包括：比功率、储存容量、比能量、响应时间、效率、自放电率、对热的敏感度、充放电时间、环保、运行成本和维护费用。尤其是电动车对电池寿命的要求特别苛刻，基于 USABC 的估计，混合电动车（HEV，汽油和电池混合驱动模式）使用的 42V 电池日历寿命要 15 年，纯电动车（EV）电池寿命要至少 10 年，80%放电深度下要 1000 次循环，插拔式混合动力车（PHEV）电池要循环 300000 次（以容量降低到 80%时作为电池寿命的终止标志），如果不能满足上述要求，汽车公司的利润会很小，也就失去了市场化的意义。

从某种角度看，Ni-MH 电池具有很多优势，包括安全性、设计上的灵活性（30mA・h～250A・h），环保，低维护，相对高的功率和能量密度，低价格，循环寿命较长，运行温度范围大，耐过充过放，价格是 250～1500 美元/kW・h，其缺点是反复高负载下工作时循环寿命只有 200～300 次。具有高能量密度特点的锂离子电池吸引整个社会关注，比 Ni-MH 寿命长得多的特点使锂离子动力电池成本低于 Ni-MH 电池的。

14.6.1 电动汽车优势

汽油车的井-轮效率为 15%～18%，汽油发动机的效率是 30%～35%。井-轮效率是指汽油从它最初的状态——位于地下的石油到最终使用到汽车中被用掉整个过程中的能量效率。使用锂离子电池驱动后能源的井-轮效率，一般认为会优于汽油车，不过还缺乏大量数据支持，在模拟仿真层面上会得到这样的结论。

与内燃机汽车相比，电动车的优势在于：①有害气体排放转移，即局部无有害气体排放，或者说局部零排放。在纯电动车的生产链上，将微粒粉尘、氮氧化物、二氧化硫等污染物以及二氧化碳的排放转移到了为电池充电的电厂所在地。②能源利用效率高。从石油到汽油再到汽车机械能的能量转移效率要低于从石油到电池电能再到汽车机械能的能量转移效率。③噪声低。电动车运行时的噪声要比内燃机小很多。

电动车的难题是：①安全性。从能量密度考虑，只有锂离子电池体系适合作为电动车动力电池，但是该体系燃烧性、爆炸性都比较高。②可靠性。③使用的方便性。主要是充电时间比较长，不适合现代城市里的快节奏生活。④大规模使用会引起电网充电高峰问题。

内燃机汽车的油-轮效率大约是 30%，大部分情况下内燃机不是工作在最佳效率下（一般在时速 90 公里时内燃机的能量转换效率最高），因为有启动、刹车、低速运行的情况，纯电动车的电池-轮效率可以到 87%，无局部排放，噪声小[4]。

在汽车驱动领域，电池先于内燃机获得应用，但随后被内燃机取代。近些年来由于城市环境污染日益严重，电动车才又引起广泛关注，“零排放”概念吸引了众多眼球。不过，这个零排放，仅仅代表“局部零排放”，电动车电池使用中“产生”的 CO_2，目前来看，不比内燃机明显少。但是不论如何，电动汽车对于降低城市雾霾污染很有效。

如图 14.7，统计结果显示，68%的汽车每天行驶距离不超过 40mile（1mile=1609m），行驶距离为 20mile 的占比最大，这意味着，一次充电行驶 40mile 距离的电动车可以满足大部分情况需求，也会有相应的市场。统计车辆位置/状态的结果表明，不管任何时间至少有 50%的车辆是放置在家中的，在工作时间有 30%以上的车辆在单位，大约 5%的车处于运行状态，说明充电设备主要应当放在家庭、办公场所中[5]。

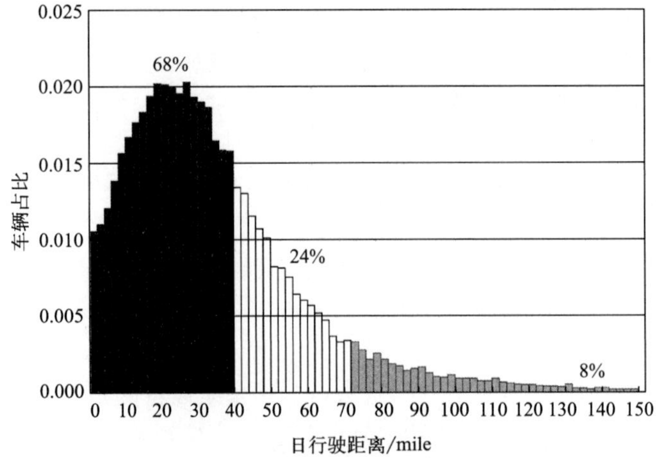

图 14.7 平均每天汽车行驶距离的统计结果

丰田公司的 Prius 系列混合动力车，每升油可跑 19～24 公里，作为对比的 Corolla 汽油车每升为 11 公里。相应的，混合动力车的有害物质排放量，和同类车型相比，至少减少 50%。在相同行驶的前提下对比油从油井到最终消耗过程 CO_2 的排放量比较有意义。以汽油车为参考，其油井到油箱的 CO_2 排放量为 0.12 左右，油箱到车轮排放量为 0.88，总数为 1；对于柴油车，油井到油箱的 CO_2 排放量为 0.09 左右，总量为 0.79；汽油混合动力车，油井到油箱的 CO_2 排放量为 0.06 左右，总量略小于 0.5；柴油混合动力车，油井到油箱的 CO_2 排放量为 0.05 左右，总量 0.45；燃料电池混合动力车，假设氢气来自天然气重整，油井到油箱的 CO_2 排放量接近 0.4，因为油箱到车轮排放量为 0，总量也是 0.4。从原油到油箱以及从油箱到车轮过程中 CO_2 的排放量对比分析可以证明混合动力车在 CO_2 排放指标上的优势。噪声方面，混合动力车、纯电池电动车和纯燃料电池电动车的噪声分别是汽车的 65%、30%和 42%。

客户购买汽车的初次成本，一辆 Prius 价格是 28 万元人民币以上，类似同款汽油车排量大约为 2L，价格在 15 万～20 万。经过几年发展，客户，主要是出租车司机，普遍认为纯电动车容易引起焦虑，而且这类车保值低，从省钱的角度看，和同档次汽油车相比，也节省不了多少钱，却让人增加了焦虑。

出租车司机普遍认为混合动力车更加适合城市内运行，而且也不妨碍偶尔的长距离行驶。苏州市面上的混合动力出租车，每百公里耗油量大约为 4～5L。电动系统对于频繁地停车-启动运行模式，的确可以节省一笔可观的油钱。

一直存在着燃料电池电动车和锂离子电池电动车的争议，对纯燃料电池电动车和纯锂离子二次电池电动车进行比较后证实，后者在价格、能量效率、重量与体积等方面均优于前者。对于同样的汽车性能，模型比较的结果是，对于燃料电池推动系统，电池自重大约 617kg，加上辅助设备，总重大约 721kg，总体积为 1465L，电池组成本为 23033 美元，总成本接近 3 万美元。对于锂离子电池推进系统，电池组重 451kg，体积为 401L，外加辅助设备，总重为 504kg，总体积 469L，总价格低于 2 万美元。对于燃料电池，假如车用 60kW・h 的能量，需要 202kW・h 的能量用在源头；对于锂离子电池，只需要 79kW・h 的能量用于源头。氢气燃料电池，查全性老师曾经估算过，如果储氢设备储氢量小于每千克 20g 氢气，那么氢空燃料电池在质量比能量方面就不如二次电池；如果希望氢空燃料电池在电动车中获得应用，储氢量要达到每 kg 45～60g，最好达到 80～90g 以上的程度。目前的实用化程度的储氢量最多每千克 20g。

14.6.2 电动汽车类型

按照驱动形式，主要包括纯电动、混合电动和插拔式混合电动。具体哪个更好，目前暂时还没有定论，笔者倾向于混合动力汽车。不过从产品市场化的规律看，市场化的顺序（如果其他条件不考虑，比如不可能实现商业化）应当是插拔式混合电动车、混合电动车和纯电动车。作为动力电池使用时锂离子电池体系的缺点是成本、重量、潜在燃烧危险性。

电池组一般安装在中间底盘，有利于汽车的重心稳定。

14.6.2.1 插拔式电动车

当电池组电量比较低时，车主在服务区更换电池组，这种电动车称为插拔式电动车。

对于插拔式电动车，特殊要求包括：比功率、储存容量、比能量、响应时间、效率、自放电率、对热的敏感度、充放电时间、环保、运行成本和维护费用。在安全性方面可以考虑定向设计，置于电动车上的电池组，朝向上部对准乘客的方向采取特别的加固措施，朝向地的一侧采取弱化处理，使其在爆炸时会定向向下爆炸，减少对乘员的伤害。

影响插拔式电动车的因素包括电池成本降低速度、传统车辆未来的价格、燃料供应情况、未来原油价格、政府政策的变化、电池充电地点的合适度、安装新型电路的价格、消费者是否接受（除了汽车本身价格以外）额外价格（可能要预支）、对不停地换电池的接受程度，如果充电不方便，客户购买欲望就会降低。

当大量使用电动车时，会导致峰值充电问题出现，即出现集中充电的时段。有资料估算，假设每四家有一辆电动车，假设他们当中有一半在高峰时刻充电（比如上班后，或者下班后，主要充电时间集中在傍晚），假设每辆车的充电功率为 3.3kW，那么峰值功率提高 400MW，对于这样的充电需求，需要 5000～10000MW 的负载能力，这对电网也是巨大的考验，也许需要做相应的改进工作，这部分投资也不小。上述是国外发达国家统计结果，在中国，需要考虑中国住宅密度高的特点，这导致中国实施电动车计划时充电峰值问题更加突出。

图 14.8 为插拔式电动车在一天当中的充电时段，大部分集中在每天的 17：00—19：00 充电，这对于人口高度密集的城市地区，会增加电网的不稳定性。

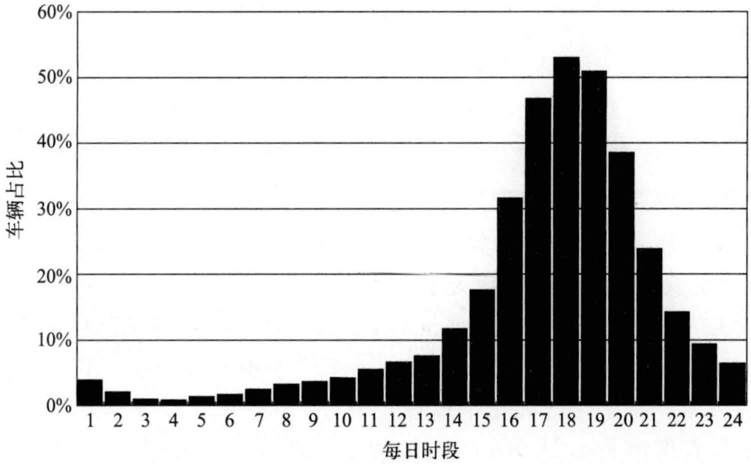

图 14.8 插拔式电动车在一天当中的充电时段

另一个问题也许很有趣。目前电动车里程主要在20～50kW·h电量范畴，电动车维保条件是总里程加时间，大部分制造商保证500～800全循环，8年。假如这样考虑，也就是1次全循环可以500km，800次就是代表40万公里，一般家庭用车能否使用到这个里程上限，值得怀疑，换句话，经常在40万公里以下时会考虑换车，这表明致力于扩展LIB的循环寿命对于EV以及PHEV来说并不是一个急迫的事情。此外，一个电池组，能否连续用上8年，也是值得怀疑。

在2015年全球有100万辆电动车，市场还很年轻，和政策性支持有很大关系。锂离子电池电动车，从纯经济学角度考虑，离纯粹市场竞争还很远，短期内基本是2000循环，300欧元/kW·h成本水平，要想具有竞争力，目前来看需要200欧元/kW·h和2500次循环。从技术角度看，需要做的工作包括：开发新型电极，高温稳定性好，1000次循环容量保持率80%以上，目标面积容量为5mA·h/cm^2；引入激光切削技术避免切面活性材料的损失，减少机械加工产生的缺陷，主要是保证安全性。基于设计和电极开发，开发200W·h/kg的电池，这种电池才有应用到电动车的可能性。不少电池组采用空冷，对于高温地区应当采用空冷代替液冷以提高电池组使用寿命；提高组装自动化程度，降低成组电池组装时间，这需要制定标准。

2013年提出的电动车电池的长期目标，如表14.1所示。

表14.1 电动车电池商业化的长期目标

参数	最小目标	长期目标
功率密度/(W/L)	460	600
80% DOD 30s输出比功率/(W/kg)	300	400
20% DOD 10s回收比功率/(W/kg)	150	200
1/3C能量密度/(W·h/L)	230	300
1/3C比能量/(W·h/kg)	150	200
比功率和比能量的比值	2∶1	2∶1
电池堆总能量/kW·h	40	40
日历寿命/年	10	10
80% DOD循环寿命/次	1000	1000
售价(25000单元,40kW·h)/(美元/kW·h)	<150	100
工作条件/℃	−40～50	−40～85
充电时间/h	6	3～6
1h连续放电能力/%	75	75

增加电动车运行距离的方式是密布式快速电池更换站和充电站。设置充电站不仅需要考虑充电站建设成本，还需要考虑电力输送系统的调整。资料评价在美国西海岸安装充电站的成本为：一个480V交流输入的50kW直流快速充电站设备需要58000美元，3年保修，带有必要的安全辅助设备；靠近直流快速充电站的240V/30A交流公用充电站，一个需要2500美元；劳动力成本为每个地点需要26000美元；公共设备互联费用为12500～25000美元；电力供应商协调、站点选择等每个地点需要5000美元，涉及土地等资产财产的法律、谈判费用，每个地点需要6000美元。全部加起来，带有三年服务质保的一个直流快充电站总费用为109500～122000美元。

14.6.2.2 纯电动车

纯电动车，驱动系统只有电池的电动车。

电池容量一般在25～100A·h。Saft汽车单体电池参数，额定电压为3.55V，1/3C倍率的容量从27～45A·h，80% DOD下30s秒冲的功率输出为420～700W，电池为圆柱型，直径为54mm，高度为163mm或者222mm，单电池重量为0.77kg或者1.07kg，比能量为125W·h/kg、135W·h/kg和150W·h/kg，能量密度为275W·h/L、285W·h/L和310W·h/L。80% DOD时的功率密度为100W/L、880W/L和1370W/L。

曾经认为纯电动车电池组容量至少要18kW·h，驱动里程至少要120km，另有观点认为要600km一次充电续航里程。意见也不统一，主要还是看应用领域。城市范围内用于上下班交通时，50公里里程也是可以接受的。2022年时，一次充电里程大约在300～400公里。

2023年纯电动出租车的运行结果，大致是：每百公里耗电18度左右。一次充电，大约可行驶300～400公里，续航里程下降速度比较快。混合动力车，每公里油费成本，大约是0.5元，要比内燃机汽车便宜一些。纯电动车充电时间大约40min，续航里程大约300～400公里，经常会让出租车司机出现心慌的情况：一是充电时间长；二是担心离充电桩太远。

纯电动车（EV），一次充电后行驶若干里程，然后在充电站充电，以延长里程，另一种模式是在电池电量快用完时不充电，在电池更换站更换电池。后一种模式，类似于汽油车更换油箱，笔者并不看好这种模式，因为动力电池堆质量大，更换同时要更换冷却/加热系统。

14.6.2.3 混合动力车

混合动力车，顾名思义，动力来源至少有两种。锂离子电池组配其他电池组或者电容器的情况，也属于混合动力车，不过，通常是指锂离子电池与内燃机的组合。

纯电池驱动的优点是能量效率高、环保，汽油的内燃机系统的优点是长程、加速度。混合动力车结合了二者优点。混合动力汽车提高能量转换效率的主要模式是在低速运行时（低速运行时内燃机能量转化效率很低）改内燃机驱动为电池驱动，即电池替代内燃机工作在内燃机能量转换效率比较低的工况下。

混合动力车用电池主要目标是：1200W/kg的功率密度和200000的高循环次数、安全性以及9年以上的寿命。250kW和36kW·h是理想的目标。电池在0.1C可以循环5000次。日历寿命至少15年。典型的电池组参数为2.8kW·h，346V时8A·h，50% SOC下可提供18s 50kW的瞬时输出。

纯电动车EV、混合动力车HEV和插拔式混合动力车PHEV的商业化顺序，最初认为首先是插拔式混合动力车，这可避免技术跳跃太大带来的麻烦，算是稳妥的一步一个脚印的做法。纯电动车缺点是：电池技术限制导致里程有限，电池成本高，充电时间长，电池寿命不确定，电池安全性。比传统的汽车具有更高的预付成本，需要设置充电设备于家里、单位和公共空间，在纯电动车中，动力电池占据生产成本的50%～60%，占据总成本的30%～40%。EV的P/E比值一般在2～5，需要35～54kW·h电量；混合动力车，若电池容量3kW·h，一次充电行驶15公里；PHEV的P/E比值一般在5～10，要求5.6～18kW·h。

社会接受度是一次里程大于400公里，一次注满燃油时间小于5min，加油站分布广泛。

PHEV 不受现状的限制，而 EV 受限很多。给特斯拉电池充电到 80%大约需要略小于 1h 的时间，一次里程 500 公里需要电池带电量为至少 80kW・h，这不在目前经济参数范围内。

14.6.2.4 无线充电电动汽车

按照充电方式，分成无线充电和有线充电两大类。有线充电模式，就是将电源和电池用导线连接起来的充电方式。

无线充电原理与变压器工作原理相同，充电线圈与受电线圈距离到一定范围后，可进行无线充电。这个模式特别适合公交车，因为公交车行驶路线固定、定点停车，在公交车站停车上下乘客的同时进行无线充电。这样的好处是电池组质量和体积均可以减少，车辆更轻，能量效率更高，更可靠安全。

无线充电器放置在地上，公交车的受电装置在汽车下方。该模式能克服传统纯电动车的缺点：电动车越大其电池质量占比越大，车辆总的能量效率越低。预计该模式在 10 年运行周期内总成本和安装成本远低于纯电动车。电池组小型化后不仅增大能量转换效率，车辆变轻，还更加安全，更加容易制冷，控制温度更方便。

该模式运行方式，如图 14.9 所示。车 A 是传统锂离子电池电动车，一次充电里程长的代价是其中的电池组体积占比和质量占比大，公交车有效体积和有效质量小。

车 B 的电池组小，汽车有效空间和有效质量大。当车 B 在站台上下客时，直接骑在地面上安装的无线充电器上方，自动开始充电。

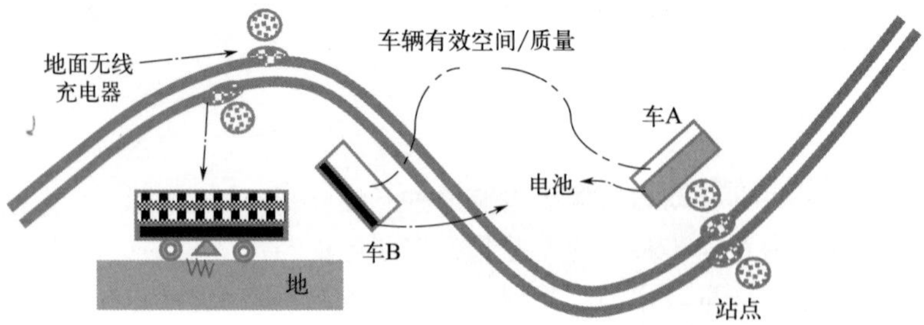

图 14.9 无线充电电动公交车运行模式图

14.6.3 电动汽车实例

一个 30～40W・h/kg 的电池用在电动汽车上，行程在 60～80km。无论是价格还是性能特别是安全性方面，目前的电池体系都不能满足纯电动车的需求。EV 用锂离子电池技术，最可能的方案是正极为 NCA，负极为 C，电池能量在 10～30kW・h，电压 300V 或者更大，电池由若干模组组成，每个模组大约 1～2kW・h。其次是 NCM/C 电池。虽然有锰酸锂的报道，不过笔者并不看好锰酸锂（指 $LiMn_2O_4$）电池在电动车领域的应用前景。

丰田插拔式混合电动车电池容量 4.4kW・h，其中大约 3.2kW・h 可用，混动模式下 11mile、纯电模式下 6mile 里程；福特公司 2013 年推出的插拔式电动车，7.6kW・h 容量，7.0kW・h 可用，具有 21mile 的里程；雪佛莱插拔式电动车电池容量 16.5kW・h，大约 11kW・h 可用，38mile 里程；尼桑推出的是纯电动车，24kW・h 电池容量中可用容量为 21kW・h，里程为 73mile；里程最大的是 265mile 特斯拉纯电动车，电池容量为 85kW・h。1h 快充情况下，尼桑、雪佛莱和丰田 Prius 插拔车行驶距离在 4～5mile，尼桑全充满时间要

20h，雪佛莱要 12h，丰田 Prius 要 3h。

Shin-Kobe 与 Hitachi Maxell 使用锰酸锂电池堆，总能量 2.7kW·h，额定电压 3.8V，107W·h/kg 比能量，237W·h/L 能量密度，85%DOD 时比功率为 470W/kg，该电池用在尼桑电动车上。戴姆勒克莱斯勒报道的一款 EV 电池组，38.5kW·h，315V 工作电压，>80kW，330kg，212L，大约 200 公里里程。

表 14.2 是目前商业化的纯电动车和插拔式电动车的基本特征。

表 14.2 目前商业化的纯电动车和插拔式电动车主要参数

车型	正极	容量 /kW·h	电机 /kW	车重 /t	电池重占比 /%	比行程 /(km/kW·h)	一次充电里程 /km
特斯拉 S75D EV	NCA	75	245	2.1	24	6	405
特斯拉 S90D EV	NCA	90	311	2.2	25	5.5	445
特斯拉 S100D EV	NCA	102	451	2.4	25	5.5	510
特斯拉 SP100D EV	NCA	102	567	2.2	26	5.5	505
丰田 Prius Prime PHEV	NMC	8.8	20	1.5	7	5.5	40
通用雪佛莱 Bolt EV	NMC	60	149	1.6	27	7	350
通用雪佛莱 Volt PHEV	NMC	18.4	111	1.6	11	5.5	85
大众 E-Golf EV	NMC	35.8	100	1.6	22	6.5	195
大众 E-UP EV	NMC	18.7	60	1.1	20	7	110
大众 Golf GTE PHEV	NMC	8.8	75	1.5	8	6	45
大众 PassatGTE PHEV	NMC	9.9	85	1.7	8	5.5	45
奥迪 A3 e-tron PHEV	NMC	8.8	76	1.7	7	5	35
奥迪 Q7 e-tron PHEV	NMC	17.3	94	2.4	9	4	55
Porsche SE-hybrid PHEV	NMC	10.8	71	2.4	6	4	35
Porsche 4 E-hybrid PHEV	NMC	9.4	100	2.2	6	5	40
Nissan Leaf EV	NMC	30	80	1.5	20	7	170
Hyundai Ioniq PHEV	NMC	8.9	45	1.4	9	6.5	50
Hyundai Ioniq EV	NMC	28	88	1.4	20	7	165
Ford EV	NMC	33.5	107	1.7	20	6.5	180
Ford C-max Energi PHEV	NMC	7.6	88	1.8	6	5	30
Fiat 500e EV	NMC	24	83	1.4	19	7	135
BMW i3 EV	NMC	33	127	1.3	24	6.5	180
Daimler B-class E Drive EV	NCA	36	132	1.7	17	6	165
Smart Fortwo E-drive EV	NMC	18	60	1	16	7	120
Renault Zoe EV	NMC	41	68	1.5	26	7	230
BYD E6 EV	LFP	82	89	2.4	29	5	390
Mitsubishi i-MiEV EV	NMC	16	49	1.17	19	7	95

电动车中的电池，当容量损失 20%，或者是功率输出损失 20%时，认为寿命截止。一般电池，假设放电倍率为 1/3C，一般要达到 1000 次，要求 30s 150A 的功率输出，电池要经受错误的使用。有报道说运行 4 万公里后电池仍然完好，成本方面，高能型锂离子电池成本，每千瓦·时 150 美元，高功率型的每千瓦为 35 美元（不同作者考察对象不同，这些数据略有差别）。

14.6.4 驱动模式

14.6.4.1 纯电动车驱动模式

纯电动车的驱动模式之一，如图 14.10(a) 虚线框部分所示，属于比较简单的设计，电池组直接驱动电机，无减速能量回收路线，调速器也可以省略。

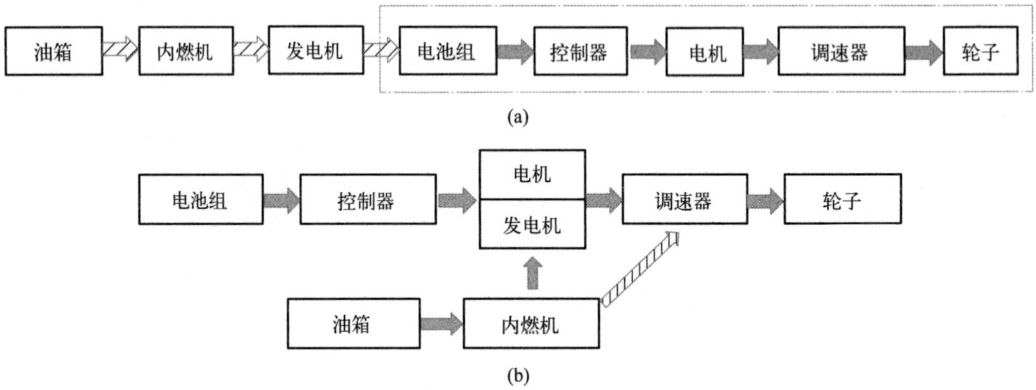

图 14.10 一种电动车能量流程图

(a) 串联驱动模式；虚线框：纯电池驱动；(b) 并联驱动模式

纯电动车中的驱动方式多种多样，甚至可以将电池置于轮胎内部实现各个轮子独立驱动。Tesla Model S、Nissan Leaf、Chevrolet volt、BMW i3、Renault Fluence、Honda Fit EV 等都是纯电动。最成功的也许是特斯拉，其 60kW·h 的电池堆的成本是 12000 美元，80kW·h 的电池堆成本为 17000 美元。驱动里程为 200～260mile，充电时间 75min。其中，80kW·h 电池堆质量为 1700lb，大约 770kg。特斯拉 Model S 车辆总共重量为 2.1～2.2t。作为对比，16gal，也就是大约 60L 汽油质量为 100lb，大约为 45kg。对比可以看出电池组太重了。另外，电池占的体积也太大。

小型电动车中 LIB 电池堆占车辆总重的 1/3 以上，大型公共汽车的 LIB 电池堆重量要占 50%以上。重量增加会提高能耗，尤其是城市内那种停停走走的模式。另外一个重要的问题就是安全，电池组规模越大，出现事故的概率越大。

串联模式中弱化了汽油或者柴油发动机的功能，它起辅助作用；在串联模式中，因为发动机和驱动之间隔着蓄电池，所以发动机的电能一部分为蓄电池充电，一部分驱动车轮，在阻力小的情况下发动机可以不工作，这种模式中发动机像一个幕后主宰。该模式比较适合城市道路，混合动力系统具有高效、低污染特点，电池组容量要比较大，其他驱动电机等尺寸都很大，仅适合大型车辆，总的能量转换效率低。一个例子是，发动机为 1.9L 四缸涡轮增压发动机，66kW，永磁无刷直流电动机持续功率 10kW，最大 20kW，5 速手动变速器，B20 生物柴油，电池组电压 312V，1.56kW·h 容量，低速时电池组工作，高速时柴油机也工作。

14.6.4.2 混合动力驱动模式

动力是指能使机械装置做功的作用力，混合动力系统采用两种或者两种以上能量转换方式，具有能量转换效率高特点，传统汽车中是燃油的化学能到热能再到机械能的过程，四轮小汽车的驱动方式主要是后轮驱动和前轮驱动，发动机都在前边，由发动机、离合器、变速器、传动轴、差速器、驱动轴组成。混合动力汽车至少有两种动力源和两个能量存储系统，分成很多类，基于锂离子电池的主要包括：锂离子电池-燃油混合、锂离子电池-电容器-燃油混合、锂离子电池-燃料电池-电容器-燃油混合。一般，不认为锂离子电池-电容器和锂离子电池-燃料电池以及锂离子电池-电容器-燃料电池属于混合动力，一般认为它们属于纯电动车范畴。混合动力车的特点是：发动机总是工作在经济工况区，排放低，耗油量低，噪声小，动力系统复杂且比单纯的柴油发动机或者汽油发动机体积和重量都大很多，成本高，更换电池的成本高，故障率高。

混合模式电动车有 Nissan Tino、Toyota THS 系列、Ford 混合驱动车。

图 14.10（a）整个部分是串联混合驱动模式，此模式下内燃机是纯粹的充电机，轮子直接动力仅仅来源于电池。

图 14.10（b）是并联模式的一种，其中虚线箭头表示内燃机也可以直接驱动，否则内燃机仅仅作为发电机使用，虚线箭头存在时轮子动力可以来源于电池，也可以来源于发电机，也可以直接来自内燃机。驱动在相同的传动轴上运行，内燃机和电池可以单独或者同时驱动车辆；并联模式汽车有 Audi Duo、Honda IMA、PSA HDi、戴姆勒克莱斯勒 ESX3。电机和内燃机功率比值在 15%～55%。如果比值在 2%～15%之间，电机系统仅仅用于启停的概念上，算不上混合动力车。

在启动或者加速阶段，发动机只提供总功率的一部分，其余的由电池驱动电机弥补，这就是所谓的功率辅助概念。刹车或者减速时，电机回收能量。在负载比较小的时候，发动机可以输出大于实际需要的功率，多余的功率为电池充电。原理上，纯发动机模式和纯电模式也是可能的。

串联驱动模式中内燃机属于辅助驱动系统，用于拓展里程，发电机将内燃机输出转换成电能，然后可直接驱动电机，也可以给电池充电。利用刹车回收能量系统可以回收刹车能并储存在电池中。发动机的运行和汽车的功率需求并不直接相关，因此发动机可以运行在最优点。另外一个优势是传动装置不需要离合，发动机在机械上和驱动轴不是耦合在一起的。在串联模式中，有四种运行模式：纯电池驱动、电池充电而内燃机驱动、混合驱动和刹车回收能量。在充电模式中，需要的功率和内燃机输出功率差值用于给电池充电。

在原理上，当内燃机功率低于需要的功率时可用电池补偿差值，但是这种模式在实际中很少被采用。串联模式需要三个机械：内燃发动机、发电机和电机。其中至少驱动电机在尺寸上要满足车辆的最大功率需要，因此，串联模式在原理上有可能会降低燃料的消耗，总的 tank-to-wheel 效率较高，大致和现在比较好的内燃机的 tank-to-wheel 效率相同，如果考虑车体增强、电机、电池的额外重量，会使燃料消耗高于比较好的内燃机。

串联模式可以看成是一个纯电动车另外附带一个内燃机以增程，并联模式可以看成一个纯粹的内燃机汽车，附带一个电池系统。并联模式中可以单独驱动，也可以一起联合驱动，并联模式中发动机与驱动之间的连接是机械式的，这导致在满足功率需求时存在一个额外的自由度，这个自由度可用于优化电池与内燃机之间的功率分配。在典型的情况下，待机时内燃机关闭，电机也就是电池系统用于辅助加速，并联模式只需要两个电机，这是它和串联模式相比的优势，缺点是需要离合器，内燃机是直接和驱动轴连接的，总体上燃料效率要高于内燃机的。

并联和串联模式比，质量和体积小很多；没有机械能-电能-机械能转换，总的能量效率高；并联模式可以让发动机功率小一些，动力性能接近内燃机，污染排放高于串联模式。

并联和串联系统二者共同的缺点是动力系统结构复杂。混合动力车 HEV，如果是串联模式，那么可以一直工作到内燃机燃油不足为止；如果是并联模式，可以在电池电量不足时改为内燃机驱动，当然看电路连接模式，也可以内燃机为电池充电，在充电站加油时也可以为电池充电。

混合动力车在十字路口红灯停止时是否可以关闭内燃机的这个问题，需要了解电池组的功率状态。如果电池荷电态比较低，其功率输出能力不足，那么如果关闭发动机，那么汽车将无法重新启动，此时需要为电池充电；而如果车辆停止时电池荷电态能保证重新启动，那么就可以关闭内燃机；低速运行时是否可以关闭内燃机？这个问题和上一个相同，只要电池当前状态能保证满足未来的基本需要，就可以关闭。当然，当以某个速度运行时发现电池荷电态降低了，就需要考虑降速充电。HEV 运行的一个前提是保证内燃机运行在最佳能效比的区间，否则，我们将失去使用电动车的最根本的理由。

14.6.5 电机

在纯电动车和混合电动车中，电机是个关键，通常它是个可逆电机，有不同的工作方式：①将来自电池的电力转变成机械力驱动汽车；②将来自发动机的机械功转变成电功为电池充电；③回收机械功为电功。其中后两者是发电模式。在并联以及纯电模式中，原理上使用一个电机就行了；当有串联模式时，需要两个不同的电机。要求高效率、低价格、高比功率、可控性好、噪声低、易于维护、运行平稳。

将动力电池的电能转换成机械能的装置是电动机，一般用交流驱动电动机，又包含感应式和同步式。电机包括交流电机和直流电机。对于电池驱动，最重要的是了解电池的荷电态，更明确地说，是了解电池还剩多少电。电池容量是电流对时间的积分，荷电态是容量的归一化参数量度，但是并不确切。能量密度是指单位体积电池的能量，比能量是单位质量的能量。对于混合动力车，功率状态比荷电状态更重要，虽然二者存在一定的联系。按照电池运行温度，电池分常温和高温两类，通常的 LIB、铅酸电池等都算常温，高温指数 100℃以上，比如 Na-S 电池运行在 350℃。

全充满以后电池的开路电压为 V，在恒定的电流 I 下放电，经过时间 T 以后电压达到规定的数值，即开路电压的 0.8 倍数值，这个数值称为截止电压，此时认为电池已经被完全放电。这几个参数的关系称为 Peukert 方程

$$T = \text{常数} \cdot I^{-n}$$

式中，n 称为 Peukert 指数，在 1～1.5 之间。电池容量和放电的电流有关，假设在 I 电流下容量为 Q，那么在电流 I_1 时容量为 Q_1，此时满足

$$\frac{Q_1}{Q} = \left(\frac{I_1}{I}\right)^{1-n}$$

如果电流比较小，改进的 Peukert 方程为

$$\frac{Q_1}{Q}=\frac{K}{1+(K-1)\left(\frac{I_1}{I}\right)^{1-n}}$$

式中，K 为常数。

总的看，串联式系统的特点包括：发动机的能量被两次转换，能量损耗大；发电机的存在提高了额外的重量和体积；驱动车辆的唯一装置是电动机，对其设计要求较高，对应的，适用的范围也就有限；驱动装置中不需要多挡传动装置，控制简单，发动机和驱动轮之间没有机械连接，可使发动机始终运行在最大效率状态。

并联系统中两个驱动系统都可以单独为负载输送能量，少了中间的能量转换过程，能量损失小；因为没有发电机，结构更加紧凑；结构复杂，控制复杂，发动机和驱动轮之间存在机械连接，发动机的运行状态可能在低效率区域。

每日驾驶行程的统计结果暗示了电动车的使用前景。总驾驶人员中的一半每日行程小于64公里，换句话，假如电动车一次充电里程为64公里时，就有一半的车辆可以用电动车取代。

电动汽车的问题在于动力电池成本依然比较高，动力电池价格占整车价格的40%～50%。同样档次的两款车，从最初购买到最终淘汰，电动车的总花费不比汽油车少多少。

参考文献

[1] Pistoia G. Electric and hybrid vehicles: power sources, models, sustainability, infrastructure and the market, Elsevier BV. , 2010; I Dincer, H S Hamut, N Javani, Thermal management of electric vehicle battery systems, John Wiley and Sons Ltd, 2017.

[2] Committee on assessment of resource needs for fuel cell and hydrogen technologies, Transitions to alternative transportation technologies- plug-in hybrid electric vehicles, National Academy of Science Press, 2010

[3] Chen F, Yang B, Zhang W, et al. Enhanced recycling network for spent e-bicycle batteries: A case study in Xuzhou. China, Waste Management, 2017, 60: 660-665.

[4] Scrosati B, Garche J, Tillmetz W. Advances in battery technologies for electric vehicles. Elseview Ltd, 2015.

[5] Briec E, Müller B. Electric Vehicle Batteries: Moving from Research towards Innovation. ISSN 2196-5544 ISSN 2196-5552 (electronic) Lecture Notes in Mobility ISBN 978-3-319-12705-7 ISBN 978-3-319-12706-4 (eBook), DOI 10.1007/978-3-319-12706-4, Springer International Publishing Switzerland, 2015.

第15章 电池使用寿命

锂离子电池寿命终止条件，很难定量化。原因很多，有规则、规范上的原因，也有使用上的原因。在规范，或者标准的角度上，目前还难以制定一个统一硬性锂离子电池寿命终止的定量参数，虽然的确有这样的相关规定，但是那最多也就是个参考。原因之一就是锂离子电池的性能还没有最后定型。

从使用者角度看，只要电池还能满足使用者的自身实际要求，就没有促使他更换电池的动力。按照标准，动力电池容量降低到 80%时被淘汰。实际使用中，一辆可行驶 40 公里的电动自行车，只要能满足使用者每次 20 公里的路程要求，使用者通常会在动力电池容量降低到 50%时，才会真正淘汰电池。

这个事实也决定了，很多被淘汰的动力电池，不能在储能领域继续使用，虽然，原则上这是可行的，只要用户在电池容量降低到 80%时就更换。

15.1 SOC 与 SOH

SOC 指电池/电池组的荷电态，SOH 指健康状态，有时还有 SOP，即功率输出状态。健康状态恶化，代表电池进入淘汰阶段。

荷电态 SOC 的确定，包括单体电池荷电态的确定和锂离子电池组荷电态的确定。荷电态的确定意义在于：有利于进一步判定电池的健康状态 SOH；方便使用者使用电池（组）。作为电动车动力电池或者作为 UPS 备用电源或者作为储能电池使用时，锂离子电池荷电态和健康状态的判断十分重要，SOC 不能直接测量，相比之下 SOH 的判断较容易。

只能根据参数来估算 SOC，如终端电压、内阻等[1-4]。

主要估算方法包括电量记录、黑箱子模型。前者就是简单的连续测量充入的电量和放出的电量的办法，属于比较准确的。后者就是基于各种模型，将荷电态和某些参数关联起来，比如开路电压-荷电态关系，或者开路电压-荷电态-温度的关系，等等。

SOC 和 SOH 的区别，如图 15.1 所示。左侧三个图显示的是健康状态相同的情况下的荷电态概念，即电池中有效锂中位于正极的和位于负极的相对含量比；右侧一图显示健康状态恶化的情形（0%的荷电态），有效锂含量只有健康态下的 80%。一般规定当容量降低到 80%时，电池不再适合 EV 使用，这个 80%就具有 SOH 的意义。当然，有效锂含量降低的原因很多，比如活性物质接触不良、活性物质脱落、活性物质发生相变等。

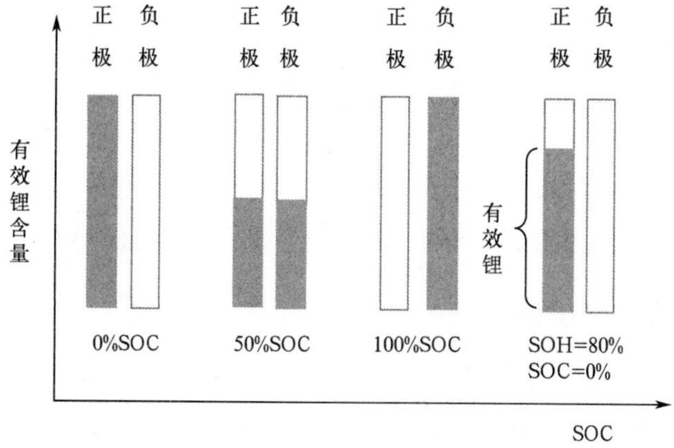

图 15.1 荷电态与有效锂含量的关系

15.1.1 SOC、SOH 研究历史

荷电态的估算难度很大，因为影响电池各种参数的因素很多。

1938 年 Heyer 提出利用电压确定 SOC；1963 年 Curtis 提出利用电压的变化估算；1970 年，Lerner 提出了将 SOC 未知的与 SOC 已知的电池进行比较的方法；1974 年 Brandwein 提出电压、电流和温度联合测试的办法；1975 年，Finger 提出库仑计数的办法，同年 Dowgiallo 提出阻抗技术，Christianson 提出开路电压方法。

1978 年 Eby 提出开路电压和负载下的电压联合的办法；1981 年，Finger 提出电压松弛技术；1985 年 Muramatsu 提出了阻抗图谱技术；1997 年 Gerard 提出了神经网络模型方法；1999 年 Salkind 提出了模糊逻辑算法；2000 年 Garche 引入 Kalman Filters 方法，Bergveld 提出了最大容量学习代数方法（maximum capacity learning algorithm）。

表 15.1 是电池荷电态测量的历史。

表 15.1 荷电态测量历史

时间(年)	发明者/提出者	方法
1938	Heyer	电压方法
1963	Curtis	电压与电压变化率
1970	Lernet	与已知电池的比较方法
1974	Brandwein	电压、温度和电流联合
1975	Christianson	开路电位
	Dowgiallo	阻抗
	Finger	库仑计数
1978	Eby	开路电压与负载电压联合
1981	Finger	电压松弛方法
1985	Muramatsu	阻抗谱
1992	Aylor	开路电压、库仑测量
1997	Gerard	神经网络模型

续表

时间(年)	发明者/提出者	方法
1999	Salkind	模糊逻辑模型
2000	Garche	Kalman 模型
	Bergvekl	最大容量学习算法模型

关于 SOH 的研究历史不长，主要针对锂离子电池体系来讨论 SOH。

15.1.2 SOC、SOH 确定方法

电池荷电态可以定义为在当前状态下的剩余容量与当前状态下最大放电容量的比值；当前状态下的最大放电容量与电池额定容量的比值可以定义为健康状态。电池的荷电态与健康状态的诊断是锂离子电池研究的一个重要方向，了解电池的荷电态与健康状态可促进电池的优化利用，延长使用寿命。一般要求荷电态、健康状态的诊断技术要做到操作简便、可靠、快速、误差小、精度高、重复性好，此外成本要低。

荷电态和健康状态估算是电池管理系统的任务之一，告诉终端用户有关电池的荷电态、健康状态和残余性能。SOC 模型可分为电化学模型，物理模型，经验或者数据模型，等效电路模型。电化学模型主要针对电池的宏观动力学行为，使用大量偏微分方程，电化学模型复杂度和偏微分方程数量有关，解的精度比较高，这类模型不适合实际应用的一个原因是有大量未知的变量，过度拟合问题导致模型输出的不确定性，通过减小 PDE 的数量，适当引入边界条件并进行离散化处理，可能获得实际应用性，代价是降低了 SOC 的预测精度。

基于数据的模型使用经验的方程，构建电池参数与 SOC 的关系，好处是简单化，但是通常有 5%～20%的误差，原因是动态负载下电池行为的非线性。

等效电路模型也许更适合电池状态的估算和功率管理。原因在于在数学上和数值计算上的简化，且物理意义相对明确，使用电阻和电容、电感等模仿电池的响应，最简单的模型是一个理想电压源串联一个电阻，这个模型假设了电流对电池没有影响，更加复杂的是 RC 网络，以表征电池所具有的不同时间常数的暂态行为，同时模拟了扩散和电荷传递过程。并联 RC 回路的数量从 1～n，取决于精度和负载。

图 15.2 是电池/电池组的一种等效电路，其中 U_{out} 是输出电压，图中阴影部分是 C (RC) 回路，也可以是 RC 回路，即没有图中的 C_s 电容，阴影部分的回路可以是 1～n 个，取决于精度需要。R_1 可以视为电池/电池组的内阻，R_e 是电子漏电电阻，R_i 是离子漏电电阻，分别代表了电子漏电和离子漏电引起的自放电过程。

15.1.2.1 内阻法

内阻是评价电池的健康状态的重要参数。

锂离子电池体系的内阻随荷电态、健康状态发生变化，一般规律是中等荷电态下内阻小且在一定范围内是常数，变化幅度小；在接近充电态或者放电态时内阻增大幅度比较大。相同荷电态时的内阻随着健康状态的恶化而迅速增大，因此内阻方法可以给出关于 SOH 的信息，对于锂离子电池组来说，由于内阻很低，该方法可能不适用。一般，内阻随着循环次数呈现先减小后增大的趋势。

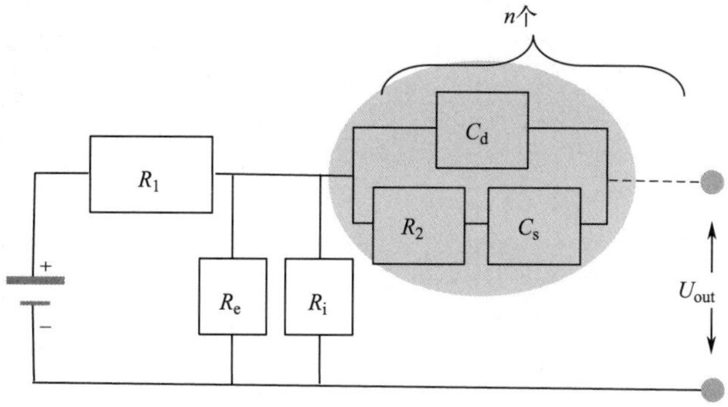

图 15.2 一种电池/电池组的等效电路

图 15.3 是磷酸铁锂电池内阻的变化规律，用内阻判定电池荷电态和健康状态时干扰因素很多，充放电电流不同，内阻也不同，电流增大后内阻增大，对于 50%SOC 的新电池，充电电流 0.2*C* 以下放电电流 0.5*C* 以下的内阻几乎恒定；按道理内阻的大小不应该和充放电的电流大小有关，但是图（a）显示电流增大后内阻随之增大。

对于 50%SOC 的新电池，内阻随温度降低而增大，温度低于−10℃后迅速增大；内阻随荷电态的变化如图（c）所示，中间荷电态范围内阻几乎恒定，在荷电态的两个端点迅速增大；随着循环的进行，测量的 50%SOC 时的内阻呈现先减小后增大后期增大明显的总趋势。

电池总阻抗中负极的占 60%～74%，正极占 40%～26%。不过，分歧很大。

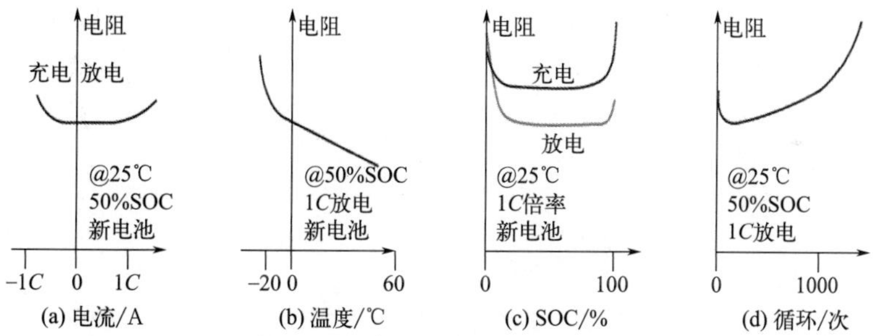

图 15.3 荷电态、温度、循环等对磷酸铁锂电池内阻的影响

15.1.2.2 开路电压法

健康状态对开路电压的影响不明显。开路电压随荷电态的变化呈现出中间荷电态下开路电压几乎不变或者变化很小但是呈线性的变化关系，在荷电态很高或者很低时开路电压大幅度变化。技术特点是可实现在线监测，便宜价廉，容易受过电位干扰，因为断电以后，过电位的消除是相对缓慢的过程，需要的松弛时间长，电流切断以后 OCV 向平衡电位松弛，在平衡条件下的 OCV 就是 EMF，OCV 松弛过程主要由扩散过程控制，有时持续数小时。

开路电位还受到电池化学的影响，对于 NCA 或者三元阴极材料，开路电位随荷电态的变化比较明显，对于磷酸铁锂正极，开路电位与荷电态的关系，在某些 SOC 范围内比较模糊。开路电位存在滞后现象，不过这个可以忽略，或者再引入滞后模型加以矫正。

图 15.4 是三元正极的开路电位随着温度和荷电态的变化关系，低荷电态范围内（<30%SOC）开路电压受温度影响明显。

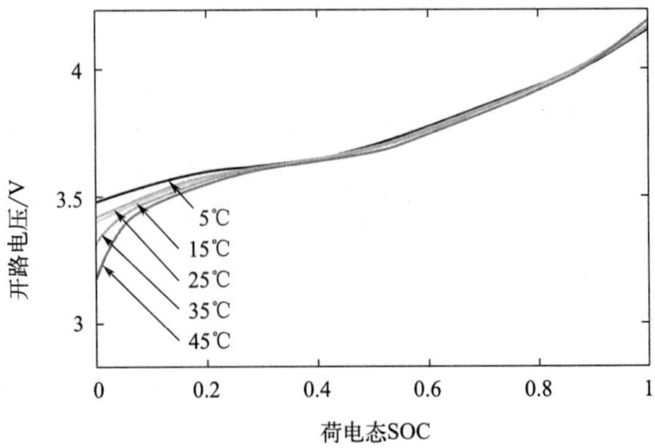

图 15.4　三元正极材料开路电压、温度、荷电态的关系

内阻和开路电压通常在某一个荷电态范围变化并不明显，当内阻和开路电压出现明显变化时，往往代表电池的荷电态比较接近极端了。

锂离子电池开路电压受温度变化影响明显，图 15.5 是 $LiFePO_4$ 的开路电压随温度的变化，可以看出，同样是 3.3V 电压，对应的荷电态可以从 40℃的 35%增加到 0℃的 57%。

对于多平台的电池，根据开路电压判断荷电态在某个范围是比较精确的。

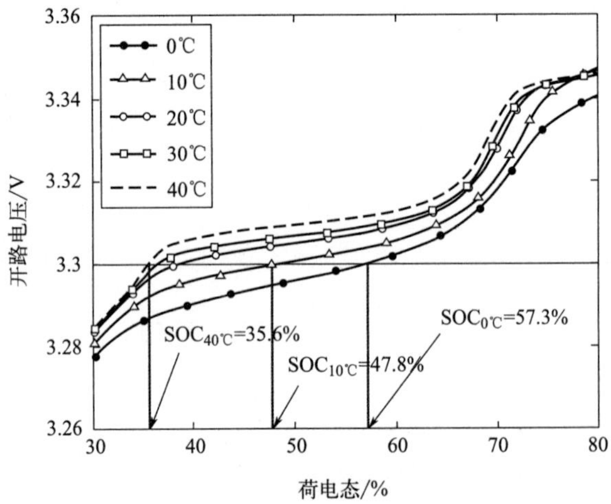

图 15.5　$LiFePO_4$ 不同温度下 3.3V 开路电压代表的荷电态差别

15.1.2.3　固定时间放电法

施加一个恒定的电流，测量电压在某个时间段内变化数值ΔU。基于同型号电池的数据积累给出该型号电池的电压变化数值ΔU 与荷电状态的曲线关系，然后利用待测电池的ΔU数值判断其荷电态。

从原理上看，该方法是考察电池的内阻以及初期浓差极化与荷电态的关系。该方法也可以用于判定电池的健康状态，相同荷电态下电池性能恶化后测量的电压变化数值将偏大。该方法还可以用来检测电池的真伪，因为不同厂家生产的电池的某种或者某些参数总具有不同的特征。

15.1.2.4 阻抗法

采用交流阻抗技术测量频响特性随荷电态的变化，在 Nyquist 阻抗图上存在半圆，对半圆拟合可得到电荷转移电阻与双电层电容数值，双电层电容与电荷转移电阻的乘积随荷电态的变化具有一定规律。进一步的可能方法是联合利用双电层电容与电荷转移电阻的乘积与内阻随荷电态的变化，有可能可以精确判断电池荷电态。

该方法曾用于铅酸电池荷电态的估算。也有报道利用在大频率范围测量的电阻-电感-电容的组合估算 SOC，缺点是如果电池不在稳态状态，则 EIS 重现性不好。有报道在使用阻抗、终端电压和负载下的电流三个参数估算电池电动势，得到了比较好的结果。

很多文献报道了不同荷电态下的锂离子电池的电极/电池阻抗特征，从结果看，根据阻抗图谱确定荷电态还存在一定的难度。不过，随着循环的进行，高频实轴电阻呈现增加趋势，而半圆的大小呈现先减小后增大的趋势，这可能用来确定电池的健康状态。

阻抗技术可以同时给出关于 SOH 的信息，对温度敏感，成本很高。

15.1.2.5 浮充电流法

新出厂的电池浮充电流很小，随着电池的使用，内部出现微短路，浮充电流增大，有可能判断健康状态。

15.1.2.6 Kalman 法

一组数学方程，优点是精确度高，可过滤满足高斯分布的噪声的影响，但是不能直接应用到非线性系统的状态预测，需要的计算量大。基于 Kalman 方法，电池的模型表示为

$$S_{k+1}=f(S_k, i_k)+w_k=S_k-n_iTC^{-1}i_k+w_k$$

$$Y_k=g(S_k, i_k)+v_k=\mathrm{OCV}(S_k)+Ri_k+h_kH+v_k$$

式中，S 是荷电态 SOC；i 是电池电流，Y 是电池终端电压，R 是电池内阻，H 是滞后参数，h 是滞后常数，代表滞后效应的符号，对于一个足够小的正值ε，存在

$$h_k=-\mathrm{sgn}(i_k)\ (\text{如果}\ |i_k|>\varepsilon)$$

否则

$$h_k=h_{k-1}$$

n_i 是库仑效率，对于放电过程，$n_i=1$，对于充电 $n_i<1$。T 是取样周期，C 是额定容量，w 与 v 是独立参数，协方差为 R_w 与 R_v。OCV（S_k）是函数，代表开路电位随荷电态的函数关系

$$\mathrm{OCV}(S_k)=K_0+K_1S_k^{-1}+K_2S_k+K_3\ln(S_k)+K_4\ln(1-S_k)$$

上式中 K_i 是经验参数。

还有扩展 KF 方法，即 EKF，因为 KF 不能处理非线性系统，所以开发了扩展 KF 方法，主要是使用了偏微分方程，对非线性关系使用一级泰勒展开式来近似，从而将非线性行为线性化。这种处理多多少少会影响精度，后来又提出了 Adaptive Extended Kalman Filter (AEKF)，即自适应 EKF 方法。其余由 KF 方法引申出来的一系列方法都是为了解决 KF 方法在处理非线性方程时误差较大的问题。

15.1.2.7 Peukert 方程估算法

Peukert 方程是经验方程，认为所有铅酸电池放电电流与容量的关系是

$$I^{pc}t = 常数$$

式中，I 是放电电流，t 是最大放电时间，pc 是系数，大于 1 小于 2，pc=1 时总容量不依赖于放电电流。已知放电时间 n 时容量是 C_n，此时电流是 I_n，基于 Peukert 方程可计算放电电流是 I_{n1} 时的容量 C_{n1}，

$$C_{n1} = C_n (I_n / I_{n1})^{pc-1}$$

一般，pc 大约是 1.47。它将残余容量与放电电流关联。它不能用于测定荷电态，除非放电电流恒定、温度恒定。

15.1.2.8 库仑计数法

又叫电流-时间计数法，是最容易、最简单、最实用的方法，电流对时间积分的原理，对电池充放电容量进行实时记录，可以准确了解电池的荷电态。据说在移动电话系统、便携式电脑中广泛使用该方法，连续获得电压、温度、电流和电流积分的结果给中央处理器，处理器利用这些信息与电池的特征数据作对比，给出 SOC 信息。

电池特征数据被预先储存在处理器中，并在电池使用过程中不断地根据最新的信息进行升级，比如以前几次电池的容量替代最初的输入值（比如额定容量），以更加准确确定当前荷电态和健康状态。缺点是每次测量误差都会被累积起来，最后会导致明显的误差，克服的办法是重新矫正容量。该方法是目前最好的最准确的方法，电流测量的仪器成本很低，控制电路耗电很低。

15.1.2.9 各种方法对比

关于 SOC 模型精度，早期要求 8%，近些年要求 1%。对于 BEV，一般设定 10%的 SOC 作为保留容量，此时允许 SOC 有 5%的精度，允许使用者用这 5%的容量寻找一个充电站，对于一个 20kW·h 的 BEV，5%的容量意味着 3～5 公里的保留，为了防止过充电，一般制造商设定充电电压低于正常值 0.1～0.2V，大约对应 5%～10%容量。有时电池可承受 20%的过充电，对于 HEV，精度也允许在 5%，通常 HEV 电池运行在中等 SOC 范围，也就是 40%～60%（也有 30%～70%的说法）。

荷电态与健康状态的确定比较难，可以根据电池前期的实际使用情况判断。除了上面阐述的方法，也有文献提出采用神经网络的方法，该方法需要大量的前期数据积累，程序需要训练。人工神经网络、模糊逻辑算法都可以实现在线监测，前者需要大量的数据对程序进行训练，后者需要大容量存储设备。几种主要的神经网络、模糊逻辑算法的误差在 1%～6.5%的范围。

最简单的方法就是直接放电，该方法简单、精确，与 SOH 无关，缺点是：离线操作、耗时；库仑计数的方法适合所有的体系、所有的应用领域，特点是在能够及时校正、校准的前提下十分精确，对副反应比较敏感；Kalman 技术，SOC 预测误差是 1.76%，可实现在线动态监测，需要大量的初始数据，并且建立的电池模型对其有效性与准确度影响很大，需要考虑所有可能的因素，其中很多因素都具有非线性特征。其他方法如线圈电感方法、阻抗方法等均需要对同型号电池数据的积累才能保证准确性。

采用固定时间放电的方法也是比较准确的，而且也比较快速，只需数秒时间即可。几种扩展 Kalman 方法的误差在 1%～4%。Peukert 方程的应用受到环境温度变化、电池使用制度的限制。内阻方法对于中等荷电态精确度不好。

目前最可靠的判断电池荷电态与健康状态的方法是微电子控制电路的方法，对电池使用历史加以记录并结合开路电压、工作电压的办法预测电池的某些参数。还没有一种切实可行的办法，目前常用在线技术是将开路电压、负载电压与库仑计数方法结合起来，因此，一些使用的锂离子电池组中，控制电路成本有时占到总成本15%以上。

上述讨论都是针对单电池以及简单的小型的锂离子电池组，如果要把锂离子电池组应用到电动车中，此时有8000个18650电池，荷电态的估算将变得更加复杂，以目前技术估计，只有库仑计数、开路电压和负载电压三者结合的方法具有实用性，其余如人工神经网络、阻抗等技术均不具有实际应用的可能性。

荷电态、健康状态的控制、预测，很大程度上是由电池管理系统完成的，当锂离子电池组应用到电动车中使用时，电池管理系统的重要性更加明显。电池管理系统包含硬件和软件两大部分，其中硬件涉及布线、传感器分布等，软件主要涉及模型算法。

表15.2是荷电态确定的方法介绍。

表15.2　各种荷电态确定方法的优缺点

技术	应用	优点	缺点
放电测试	所有电池体系	简单，准确，与健康状态无关	离线耗时，损失能量
库仑计数	所有电池体系	准确	受副反应影响，需要经常校准
开路电压	各种类型电池	在线，便宜	需要长时间以松弛电压，不准确
微电路控制	所有电池系统，应用最广	在线，简单，准确(采集数据点足够时)	需要正确容量衰减模型，对副反应敏感，价格贵，需要周期的校正
线性模型	适合于铅酸电池	在线，方便	需要参考数据
阻抗谱	适合所有电池	关于健康状态的信息比较多	温度敏感，成本高
直流内阻	所有电池	关于健康状态的信息较多	价廉，简便，可同时给出健康状态的信息，可能会实现在线
神经网络模型	所有电池系统	在线	前期需要大量参数训练程序
模糊逻辑模型	所有电池系统	在线	需要大容量记忆体
Kalman filters 模型	所有电池系统	在线，动态	对于非线性等关系变量难以处理

15.1.2.10　功率状态SOP

锂离子电池用于动力电池应用后，又出现新的定义：功率状态，SOP。它是指电池/电池组在规定时间内输出某个规定的功率的能力，比如10s 20kW的功率输出，对于具有此能力的新电池，当健康状态恶化以后，就可能不具有这样的功率输出能力，或者同样满电情况下连续输出这样的功率的次数降低。当然，荷电态降低后输出同样功率的能力也会降低。一个评价方法是用电池的内阻和电池残余容量的乘积，或者是内阻和当前的荷电态的乘积，来表示。

SOC、SOH、SOP预测架构，如图15.6所示，控制集成电路板将从电池获得的电压、电流、内阻、温度等数据传给中央处理器，后者对比历史记录，通过一定的算法模型算出当前荷电态、健康状态和功率状态并显示。该架构代表的成本，与传感器数量密切相关。

了解SOP的实际意义很大，对于混合动力电池，它决定了何时可以关闭内燃机，什么

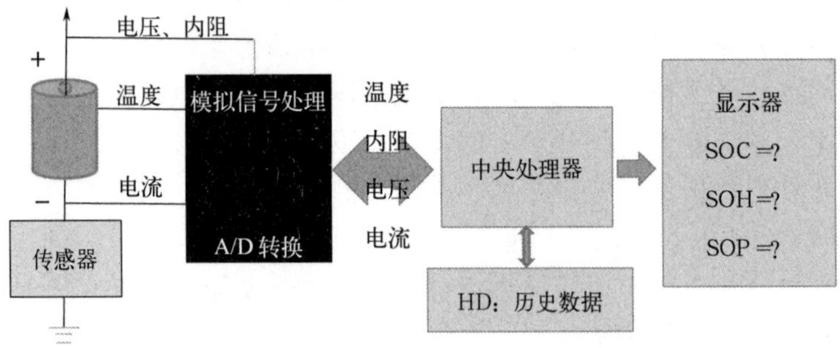

图 15.6　SOH、SOC、SOP 的一般框架结构示意图

情况下不能关闭内燃机。对于混合动力系统，放电时电流通过三相功率变换器模块驱动三相电机，刹车时电压高于电池电压，电池充电。当车辆停止时是否可以关闭内燃机，取决于 EV 的 SOP，也就是功率状态。

如果电池功率输出能力不足，也就是 SOP 比较低，此时如果关闭发动机，那么汽车将无法重新启动或者是重新启动速度会很慢，此时需要为电池充电；如果车辆停止时电池荷电态能保证重新启动，那么就可以关闭内燃机，就可以节能；低速运行时是否可以关闭内燃机和上一个问题相同，只要电池当前状态能保证满足未来的基本需要，就可以关闭内燃机达到节能目的，否则需要为电池充电。

实际商业化的 SOC 指示系统，包括一些著名的商业化公司的产品，如 AMI、Award Software、Hitachi、Microchip、Phoenix Technologies 等，Microchip P3 SMbus Smart Battery ICs 含有先进的电池控制逻辑，可以确定剩余容量、运行时间等。DS2760、2438 ICA 等仪器采用的是库仑计数方法。

15.2　电池报废与电池寿命延长

锂离子电池，经过一段时间使用后，当性能不能满足要求时，或者是性能衰减到某个规定数值/规定程度时，将被淘汰，也就是寿命终止。有时用的老化概念，无疑也是个模糊的概念，大致有以下几个层面的意思。第一，指电池在不使用的情况下长期搁置时性能的衰减；第二，指电池在反复充放电使用的条件下的性能衰减。

锂离子电池，在不使用条件下放置，分成全放电放置、全充满放置和部分荷电态放置。完全充满电的条件下放置存在的问题，是比较容易理解的，在全充电态下正极氧化性强，负极的还原性也很强，整个体系的稳定性降低，自放电升高，正极不断氧化电解液，负极上的还原反应也不断发生，电池性能衰减较快。

全放电态放置，也不合适，全放电态放置时正负极都容易钝化，钝化会导致内阻增大并且消耗活性物质。全放电放置时的钝化，在某种意义上类似于铅酸电池中的钝化过程。

锂离子电池装配完毕后放置初期的电量一般保持在 20%～30%左右。

15.2.1　性能衰减的一般性原因

由于组分实在是太复杂，不能给出统一的性能衰减或者说老化的机理，只能给出一般性解释。活性材料结构不可逆转变、接触不良、微裂纹形成、导电剂的氧化、集流体腐蚀、黏结剂分解失效等都会引起老化。哪种因素占主要地位取决于电解液/活性材料/黏结剂/导电剂/集流体组成的系统以及使用运行条件。

锂离子电池性能衰减的复杂性还体现在，导致同一个后果的原因可以很多。例如，连接性不好的原因包括：导电添加剂移动、颗粒裂开、厚的表面薄膜的形成、气体生成、活性材料与集流体分离、集流体与壳体分离、黏结剂性能衰减等[5]。

活性材料的脱嵌锂过程类似于呼吸的肺，嵌锂时膨胀，脱锂时收缩，在反复的膨胀收缩中，表面逐渐形成裂缝，裂缝形成后果包括：导电不良部分形成；新表面上新的表面层的形成会消耗有效锂、电解液以及活性材料。活性材料表面会形成表面膜，表面膜是处于动态的平衡中，表面膜不能太厚（否则增大极化），表面薄膜的溶解/生长速度不能太快，否则消耗有限的有效物质，当然，最理想的就是表面膜稳定且不溶解、不生长。

15.2.2　负极性能衰减

负极活性材料为碳材料。脱嵌锂过程中石墨边角形貌会发生变化；SEI 层不稳定，SEI 的形成来自电解液分解，在循环/搁置中 SEI 转化、溶解、长大，温度高、荷电状态高会降低 SEI 的稳定性，稳定性差的 SEI 会导致有效锂损失，SEI 层增长变厚会增大阻抗，降低容量和功率，过充电条件下通常会引起 SEI 层变厚；负极石墨层状结构崩溃是性能衰减的原因之一，溶剂分子共嵌入会引起活性材料损失。

图 15.7 是解离的石墨的 SEM 图。

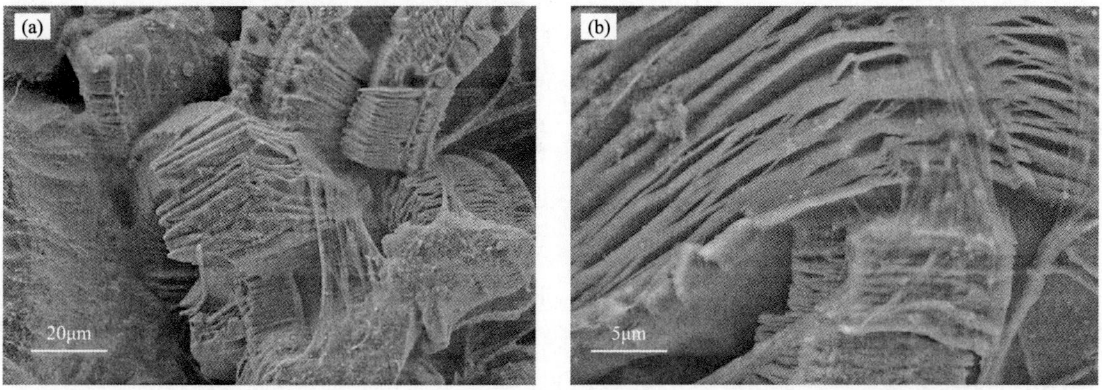

图 15.7　SFG44 石墨在 1mol/L $LiClO_4$ 1∶1（质量比）EC∶PC 电解液中循环数次后解离 SEM 图

表面固体电解质界面的修复会消耗有效锂，颗粒破裂使活性物质利用率降低，高倍率循环、高荷电态放置通常会引起孔隙度的变化，电极孔隙度降低会影响液相传质过程，提高扩散阻抗、降低功率输出能力。高倍率循环、环境温度低、过充电等会导致金属锂沉积，锂沉积以及随之导致的锂枝晶会引起短路，形成死锂，有效锂损失。体积变化还会引起活性材料之间以及活性材料与导电颗粒之间的接触变差，引起活性材料损失，这种效应在高倍率循环、高 DOD 放置时尤为突出；负极铜集流体腐蚀氧化会增大内阻，铜微颗粒形成会催化负极副反应。

15.2.3　正极性能衰减

正极活性材料表面层也会加厚，特别是氧化层比如 NiO 高阻层形成，会提高内阻，增大电荷传输阻力；增厚的另一个原因是SEI局部破损后自我修复过程导致。正极溶解的机理还存在争论，不过基本的共识已经达成一致：$LiPF_6$ 中的酸性物质是锰酸锂、钴酸锂溶解的主要推动力，溶解的直接后果就是活性物质的损耗。

溶解的成分有两种命运：一是又沉积到电极表面，可能会形成新相或者是一层高电阻表面层；二是扩散到对电极并在那里沉积，对电极性能造成负面影响，典型的就是锰酸锂中Mn的溶解。溶解的成分还可能会在隔膜上沉积，或者是在电极上沉积的时候同时在邻近的隔膜上沉积，通过光学显微镜观测有时候会发现斑点。沉积到隔膜上可能会导致短路。

锰酸锂的容量衰减机理很复杂，不是很清楚，公认观点是Mn的溶解，在阳极沉积导致负极的SEI界面的破坏。Mn^{2+} 来源于歧化反应，$Mn^{2+/0}$ 电对的电极电位为1.87V *vs*・$Li^{+/0}$。沉积到负极表面的Mn单质作为催化剂，导致有机溶剂的分解，从电解液角度看阴极性能的衰减有两个原因：水与酸性的杂质；电解液溶剂不可逆的氧化分解。杂质在充电，特别是过充的条件下容易产生，机理是溶剂被过充时阴极释放的氧气氧化成水和 CO_2，并进一步生成HF和 POF_3。HF是阴极，特别是锰酸锂有害的，会促使锰酸锂的Mn溶解。开发添加剂捕获水和酸性物质就是目标。

$LiFePO_4$ 不能长时间暴露于大气中，否则表面发生化学反应。

活性材料结构崩溃，主要原因是过度嵌锂/脱锂引起的结构转变，例如尖晶石锰酸锂第二个锂离子嵌入后会向四方结构转变，钴酸锂在脱锂严重的情况下结构的崩塌。

掺杂办法不足以解决正极金属离子的溶解，因为溶解过程是一个表面过程，是表面金属离子和溶液中的水、酸的作用。包覆一层允许锂离子迁移、构成缓冲区的薄膜，可以适当抑制正极金属溶解，需要找出最佳包覆厚度，太厚太薄都不可，因为既要保证锂离子的传输，又要达到保护的目的，化学气相沉积方法可获得超薄薄膜但是不具有实际意义，从捕获HF角度看表面覆盖碱性氧化物就可以，包括 Al_2O_3、ZrO_2 等。电解液中溶解的正极活性成分，特别是Mn和Ni，对负极特别有害。

内应力的形成导致的正极颗粒破碎会使部分颗粒电绝缘，降低活性物质利用率的同时还可能引起内部短路、隔膜刺穿，正极过渡金属离子在长时间循环中的溶解是全电池容量衰减的原因之一，它们迁移到负极并在那里沉积，催化负极副反应、破坏负极表面SEI。过充电或者是局部过充电会导致正极氧化型增大，释放氧气、氧化电解液。正极集流体发生腐蚀会引起内阻增大、正极活性物质利用率降低。

15.2.4 隔膜与极耳失效

隔膜可能会穿孔。穿孔原因可能是承受应力过大，或者是正负极上脱落的颗粒引起。局部温度过高会导致接触部位的隔膜熔化。

极片的终端也就是极耳的焊接部分容易发生机械疲劳，在应力存在下也容易发生腐蚀。极耳部位电流密度高，温度偏高，腐蚀速度快于其他部位。

15.2.5 电解液

电解液不稳定是LIB性能衰减的主要原因。因为电解液成分与电极之间不可逆的副反应抑制在进行，正负极在循环中反复进行膨胀-收缩的循环，如人的肺一样，体积不断变化必然导致表面的SEI不停地破坏，因此，正负极表面的界面层的破坏-修复就一直没停止过。电解液的氧化发生在正极，还原发生在负极。正极的氧化包括直接被正极活性物质氧化，和被正极活性物质分解产物（例如氧）的氧化。负极上的还原，一半源于负极表面SEI薄膜的不稳定。目前使用的锂离子电池电解液体系，一般认为其化学稳定窗口在1.5～4.2V范围，超出这个范围后，界面实际上是处于亚稳态，是依靠表面薄膜的存在来维持，因此，表面薄膜的稳定性十分重要。电解液老化过程通常伴随着新的有机成分的形成。

痕量水分在电解液中副反应的发生中起到催化剂的作用，导致HF等酸性物质的形成，这些物质与碱性的正极反应强烈。存在微量水汽的情况下$LiPF_6$的分解途径，如图15.8所示。

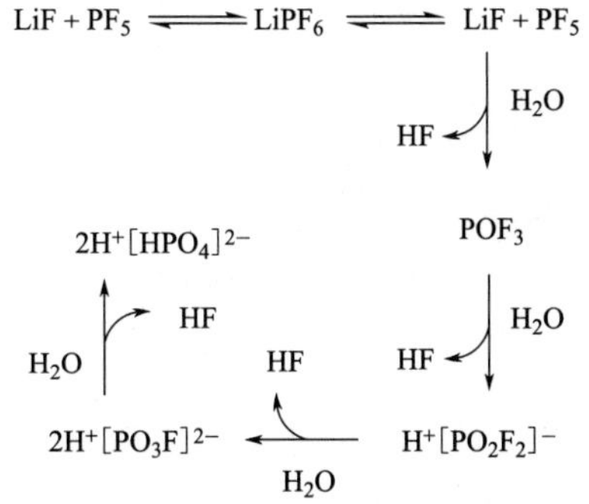

图15.8　$LiPF_6$的分解途径

溶剂和溶剂、溶剂和锂盐之间的副反应，也是不可避免的，例如杂环类溶剂和开环类溶剂之间亲电子反应形成不利于电池性能的烷基碳酸氢酯类物质，例如

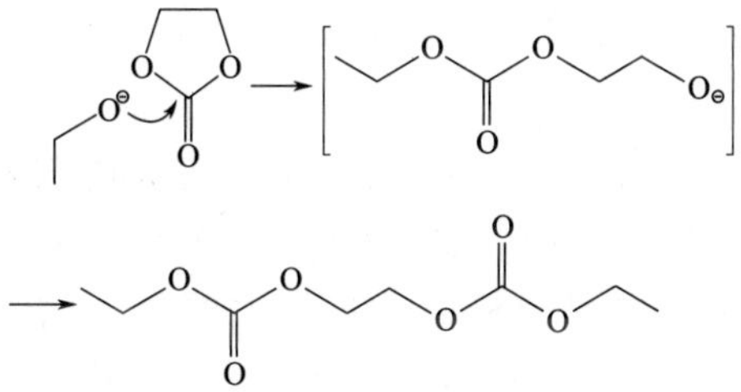

锂盐之间也可以发生副反应，例如，LiDFOB之间配体的交换会导致$LiBF_4$和LiBOB的形成。LiBOB和$LiPF_6$之间的反应导致四氟草酸磷酸酯的形成，如图15.9，反应机理是歧化反应。

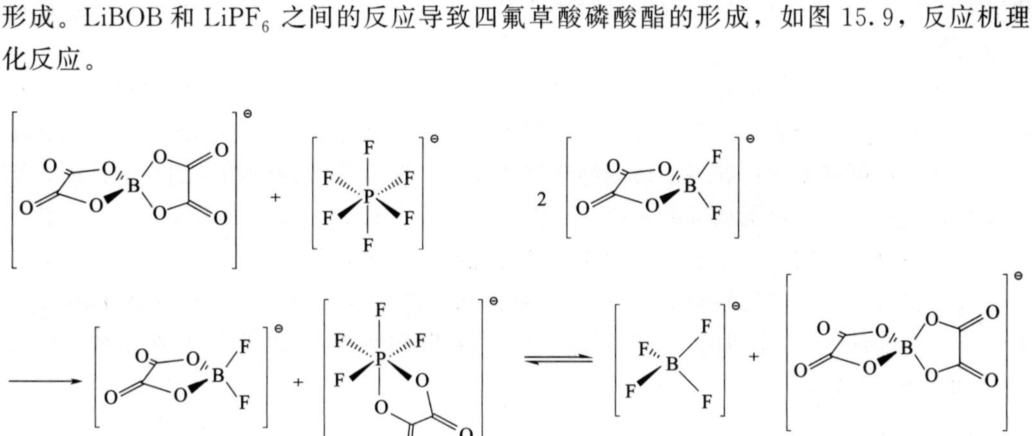

图15.9　LiBOB和$LiPF_6$之间的反应

$LiPF_6$ 化学分解反应为

$$LiPF_6 \rightleftharpoons LiF + PF_5$$

该反应为可逆反应。

抑制 $LiPF_6$ 化学分解产物的害处，有两种策略。一是添加成分和上述反应的产物作用，二是添加成分和 $LiPF_6$ 直接作用。

笔者认为，第一种策略并不可取，原因是上述反应本质上是一个可逆反应，例如报道使用 Lewis 碱和 PF_5 络合来抑制 LiP_{F6} 的化学分解，原理如下

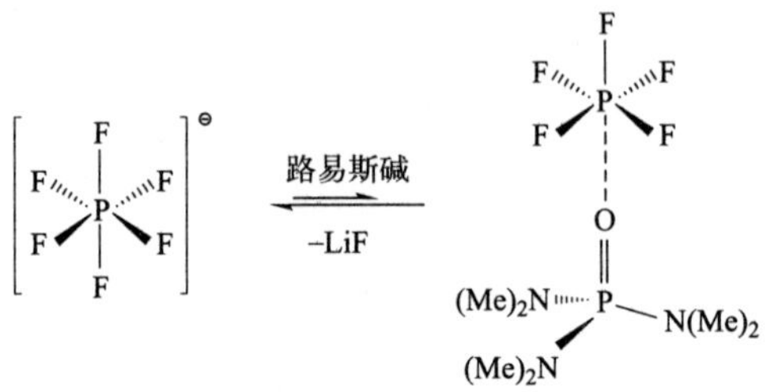

上述处理方式只能加速 $LiPF_6$ 的分解，因为 PF_5 被络合后，其活度降低，$LiPF_6$ 化学分解反应平衡向右移动，产生大量 LiF。

加入的 Lewis 碱最多只能是短时间内暂时起作用。

15.2.6 集流体性能衰减

热力学上，正极使用的集流体铝箔只能稳定到 3.5V，之所以在 LIB 中成功是因为它可以在电解液中钝化，那么 Al 阳极氧化溶解是不可避免的，和正负极的 SEI 一样，Al 表面的钝化层也存在反复的破损-修复的过程。

负极集流体为 Cu，在电流比较大、温度比较高、过充电或者过放电、导电不良等情况下，正极 Al 和负极 Cu 都会被（局部）氧化而丧失部分导电能力，从而增大极化；氧化产物存在着在电极（尤其是负极）活性材料表面再沉积的可能，给活性材料电化学性能带来负面影响。

集流体腐蚀会增大阻抗、电流分布不均匀，腐蚀效果在过充电、过放电下都会加剧，过充电会增大铝箔的腐蚀，过放电会加速铜箔的腐蚀。机械稳定性降低同时还引起活性物质损失、电接触变差等后果。

能够在集流体表面形成稳定的钝化层是对电解液的一个要求，一般在电解液中会添加微量的添加剂实现这一目的。如果形成的钝化层不稳定，或者是集流体不能被钝化，那么集流体的腐蚀就是不可避免的；如果形成的钝化层比较厚，就会影响活性物质的导电性能，增大极化尤其是欧姆极化，包括局部欧姆极化（图 15.10 中 3 代表集流体表面钝化膜，示意图中局部画出了钝化膜，实际上集流体表面完全被钝化膜所覆盖，导电剂和集流体主体成分之间是隔着钝化膜的，所以钝化膜不能厚）。视电解液和正极组成，甲基二氟乙酸酯（methyl difluoroacetate，MFA）可以抑制 Al 的阳极溶解，而 TFSI 阴离子会和 Al 反应生成 $Al(TFSI)_3$ 从而加速 Al 腐蚀。

15.2.7 黏结剂失效

黏结剂失效，失效原因可能很多：被氧化、与电解液发生化学反应等。高温和高荷电态

会加速黏结剂的分解、失效过程。黏结剂失去黏结能力后，与颗粒逐渐分离导致活性材料颗粒脱落。导电剂失效，主要原因是被氧化，其主要成分是碳，氧化后生成 CO_2，化学反应为

$$C+O_2 \longrightarrow CO_2$$

电化学反应为

$$C \longrightarrow CO/CO_2$$

根据热力学数据，当电极电位高于 4.5V 以上时该电化学反应就可以发生了。正极中的导电碳添加剂，可能被电解液分解产物氧化，也可能被正极分解释放的氧气所氧化，也可能直接被正极所氧化。导电剂失效的后果是颗粒电接触不良。

要求电池壳体与整个体系中的组分/相都必须是兼容的，包括活性材料、电解液。壳体中的微量成分有可能会进入电解液并最终影响正极和负极，特别是负极的性能。

15.2.8 总结

图 15.10 列举了锂电池老化的各种机理。老化，是性能衰减的同义词。

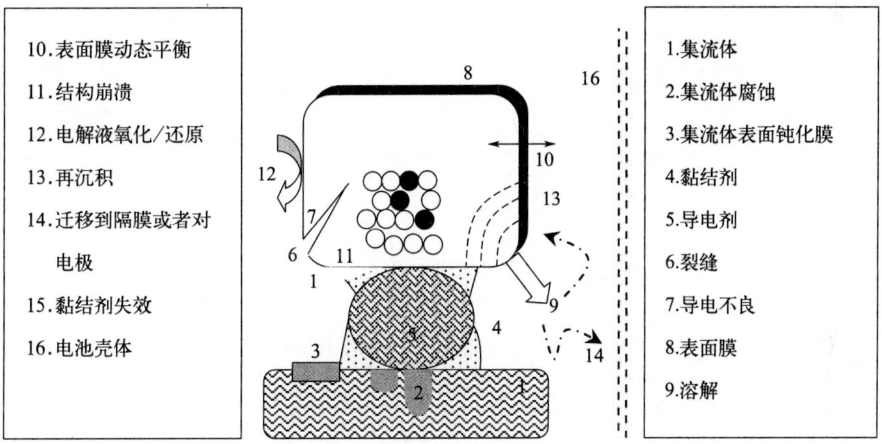

图 15.10 锂电池老化机理示意图

表 15.3 总结了 LIB 寿命终止的主要原因。

表 15.3 LIB 寿命终止主要原因

电池组件	失效模式	机理	类型	后果	发生频率	严重性
碳负极	SEI 增厚	锂、活性材料和溶剂间的副反应	磨损	提高电荷转移电阻,降低容量和倍率,有效锂损失	高	低
	颗粒破裂	锂脱嵌引起的机械应力	应力过大	降低容量和功率	中	低
	极片孔隙度降低	机械疲劳	磨损	降低容量和功率,提高扩散阻抗	低	低
	锂沉积和锂枝晶	低温/大电流充电	磨损	可引起短路,有效锂损失	低	高

续表

电池组件	失效模式	机理	类型	后果	发生频率	严重性
铜箔	铜颗粒	加工制造中形成	加工破损	提高内阻、降低功率	低	高
	腐蚀	过放电引起的化学腐蚀		提高内阻、降低功率、催化负极副反应	低	高
正极	SEI 增厚	锂、溶剂、正极间的副反应	磨损	提高电荷转移电阻，降低容量和倍率	高	低
	颗粒破碎	脱嵌锂引起的内应力	应力过大	降低容量和功率	中	低
	孔隙度降低	机械疲劳	磨损	降低容量和功率，提高扩散阻抗	中	低
	产气	过充电、短路，分解、电解液氧化	—	降低容量	低	高
铝箔	腐蚀	过充电引起化学腐蚀	磨损	提高内阻，降低功率	低	中
隔膜	穿孔、破裂	枝晶、剧烈撞击振动引起的机械损伤	应力过大	内阻增大，内部短路	低	高
	闭孔	电池温度过高，隔膜熔化	—	充放电回路断路	低	高
有效锂	有效锂量降低	SEI 破损、增厚，活性材料损失，电解液还原等副反应	磨损	降低电池容量(正负极本征容量未衰减)	高	低
锂盐	浓度降低	各种化学副反应	—	提高扩散阻力，降低大电流容量	高	低
	杂质 HF 生成	微量水汽引起的各种副反应	—	腐蚀正极，破坏 SEI，降低容量	高	中
溶剂	产气	高温、过充电等引起的分解	—	提高扩散阻力，导致热失控	低	高
	SEI 增厚	化学副反应，SEI 破损修复	磨损	提高电荷转移电阻，降低容量和倍率	高	低
壳体	正负极间短路	外部负载引起	—	放热	低	高
终端	腐蚀	终端意外短路引起的化学腐蚀	磨损	放热	低	高
	焊接点破损	机械振动疲劳和热循环疲劳	磨损		低	中

锂离子电池的容量随循环次数的变化具有一个明显的特点，即容量衰减速度呈加速形式，如图 15.11 所示。存在一个明显的拐点，越过拐点以后容量衰减陡然加速，在拐点之前几乎呈线性下降。拐点存在的原因可以用电池组件/成分之间的耦合来解释。即当表 15.3 中列出的所有因素中的某一个因素产生以后，它会诱导其他因素产生，而其他因素的产生反过来又会加速该因素。在其他因素被诱导起作用之前，基本呈线性衰减；当多个因素同时起作用时，开始出现拐点，衰减加快。

举个例子，当只有正极发生性能衰减时，溶解的正极的成分在负极沉积直接导致至少以下几个后果：内阻增大、负极副反应速度增大、负极表面 SEI 被破坏。SEI 被破坏导致有效锂损失，副反应加快表示电解液、锂盐的消耗加快，各种化学反应导致酸性物质生成，酸性物质加快正极的溶解和分解。

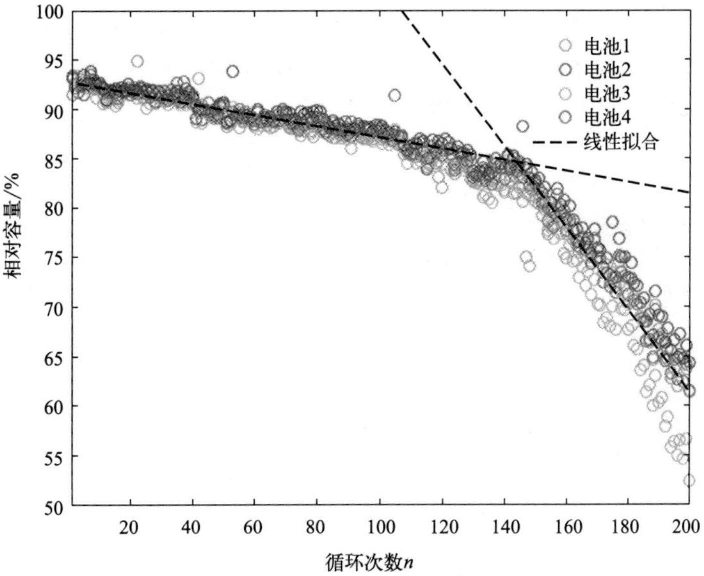

图 15.11　实测的循环次数-容量关系

正常使用下电池循环寿命和循环倍率、温度有关系，如图 15.12 所示。循环电流越大越不利于循环寿命。此外，合适的温度范围为 15～45℃，温度进一步提高或者降低都不利于循环寿命。

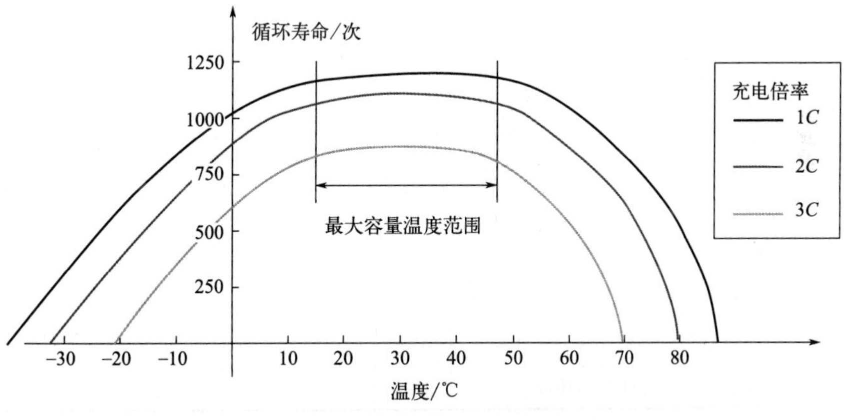

图 15.12　温度对电池循环寿命的影响

过放电时颗粒内部存在高的放电应力，降低寿命，负极集流体腐蚀。过充电时也存在大的颗粒内部应力，降低循环寿命。

参考文献

[1] Mikolajczak C, Kahn M, White K, et al. Lithium-Ion Batteries Hazard and Use Assessment. ISSN 2193-6595 e-ISSN 2193-6609, ISBN 978-1-4614-3485-6 e-ISBN 978-1-4614-3486-3, DOI. 10.1007/978-1-4614-3486-3, Fire Protection Research Foundation, 2011.

[2] Huggins R A. Advanced Batteries: Materials Science Aspects. ISBN: 978-0-387-76423-8 e-ISBN: 978-0-

387-76424-5, DOI: 10.1007/978-0-387-76424-5, Springer Science+Business Media, LLC, 2009.

[3] Julien C, Pereira-Ramos J P, Momchilov A. New Trends in Intercalation Compounds for Energy Storage. ISBN 978-1-4020-0595-4 ISBN 978-94-010-0389-6 (eBook), DOI 10.1007/978-94-010-0389-6, Springer Science+Business Media Dordrecht, 2002.

[4] Yoshio M, Brodd R J, Kozawa A (eds.). Lithium-Ion Batteries: Science and Technologies. ISBN: 978-0-387-34444-7 e-ISBN: 978-0-387-34445-4, DOI: 10.1007/978-0-387-34445-4, Springer Science+Business Media, LLC, 2009.

[5] Kaliaperumal M, Dharanendrakumar M S, Prasanna S, et al. Cause and Mitigation of Lithium-Ion Battery Failure—A Review, Materials. https://doi.org/10.3390/ma14195676, 2021, 14, 5676.

第 16 章

废弃电池回收技术

锂离子电池中金属原材料如 Co、Ni、Al、Li 是必不可少的，这些金属的生产伴随着很大的环境污染，一些矿产资源在地理上往往比较集中，有些资源稀有。世界上 Co 总产量的 85%掌握在七个国家手中，锂资源生产情况类似。对于欧盟来说，将从对石油生产国的依赖转向对 Co、Li 及相关矿产资源生产国家的依赖。

如果在电池废弃时对其中有价资源回收，可提高稀有资源储量-产量比，降低能源密集型初级生产消耗，节省 50%以上资源是可能的，还可以降低对原材料依赖度。大部分国家禁止掩埋废弃电池，电池回收是必然的。表 16.1 综述了主要国家与地区的电池回收法律法规情况。

表 16.1 电池回收法律法规

国家与地区	法规政策	目标回收率/回收效率	简述
美国	国家层面不要求回收	—	建立了很多手机系统，有很多州立回收公司
加拿大	部分省份要求制造商负责回收	收集率不同；规定了回收效率要大于 50%	规定了收集率。回收企业公平发展，要求满足目标回收率
欧盟	制定了关于废弃 LIB 的收集和回收法律	收集率 45%；回收率 50%	制定了具体的目标，有高度发达的 LIB 回收基础设施，正在开发更加有效的回收工艺
中国	鼓励但不强制 EV 制造商建立自己的 LIB 回收线	都没明确规定	大部分制造商与回收公司合作；应当建立更加严格的法律
日本	鼓励但是不强制制造商收集和回收	未规定收集率，规定回收效率大于 30%	日本建立了十分完善的收集和回收线
澳大利亚	没有法律	未规定	—

在 2011 年 9 月，德国废弃电池回收率，按照质量计算已经达到 50%以上。

寿命终止的锂离子电池的命运，只有被回收一个选择。回收的动力有二。一是如果不回收，直接扔掉，LIB 对环境污染特别大；二是回收可以赚钱，可以节省资源。

目前废弃 LIB 回收主要集中在有色金属方面，基本不回收石墨和电解液。

锂离子电池中重金属含量占比高，据统计，4000t 锂离子电池中有 1100t 重金属和 200t 以上的有毒电解液[1]，回收利于保护资源，也利于保护环境，对废弃锂离子电池中正极中的 Co 和 Ni 的回收可以节省 51% 的一次资源，节约 45% 的化石燃料，57% 的核能需求量[2]。

在锂离子电池回收技术/工艺研究方面，比较好的有 LithoRecⅡ工艺、Batrec 工艺、Inmetco 工艺、Eramet 工艺、Umicore 工艺等，本章节主要参考这几个工艺。

16.1 回收必要性

据预测，到 2040 年，大约有 83 万～287 万电池组进入废弃阶段，2015～2040 年总计有 300 亿单体电池被废弃掉。德国政府计划在 2020 年有 100 万辆乘用 EV。到了 2025 年预计累计有 10 万吨以上 LIB 废弃，这些电池如果不回收，不仅浪费资源还会造成巨大污染，因此德国推动了 LithoRecⅡ计划[3,4]。预计到 2036 年，澳大利亚将产生 13.7 万吨废弃锂离子电池[2]。

1t LIB 回收的潜在价值，如果正极是锰酸锂，为 860 美元，如果正极是钴酸锂，则是 8900 美元。

欧盟要求废弃 LIB 的 50%（质量分数）以上要得到回收。2004 年日本建立了电池回收中心，在全日本建了 8000 个回收点，日本法律没有明确任何目标回收率，但是他们做的比有明确规定的更好。政府法规强制 LIB 制造商回收电池；但是，回收电池也有经济利益。目前大部分回收工艺都是针对小型 LIB，针对电动车用大型 LIB 的回收，需要新的工艺。当 LIB 比较小的时候，一些看起来价值不高的组分，如石墨、电解液，对于大型的 LIB 电池组/电池堆，这些组分回收的经济价值将明显增大。一个电动车动力电池组，相当于 15kg 当量的碳酸锂，不仅仅锂，电解液和阳极也具有回收价值。

回收某个材料的市场驱动力，是回收该材料可以赚钱。对国家和社会来说，如果回收某个材料，不赚钱或者赔的钱与该材料回收对环境的好处相比值得一提，那么也需要对该材料进行回收，只不过此时回收的推动者必须是政府[4-7]。

16.1.1 锂回收必要性

图 16.1 是碳酸锂消耗。在 2011 年的 34800t 锂中，电池领域消耗了 6940t。2016 年全球锂消费为 37800t，其中 39%用于 LIB。LIB 中锂消费情况为，2002 年占总产量的 8%，2020 年占比到 50%。预计到 2025 年化学电源领域需要的锂量将是 2015 年的 1.5 倍，2015 年消耗量是 265×10^3t（碳酸锂计）。

地球上锂资源总储量为 13000×10^3t，其中从经济学考虑只有 1400 万吨是可开采的。如果不回收锂，将很快会出现供不应求的局面。2020～2030 年累积 LIB 市场为 2.5TW・h，目前 LIB 中 Li 材料密度为 0.16kg/kW・h，累积 Li 需求量为 400000t，大约是目前全球储量的 2.9%。如果一年生产 6000 万辆电动车，需要的碳酸锂量为 42 万吨。地球上锂资源有限，生产周期长，在 2020 年前后发生碳酸锂供应短缺情况。

回收废弃 LIB 中的 Li 是必然趋势。

全球锂资源分布不均，主要分布在瑞士、非洲和澳大利亚、南美，中国储量不少，不过

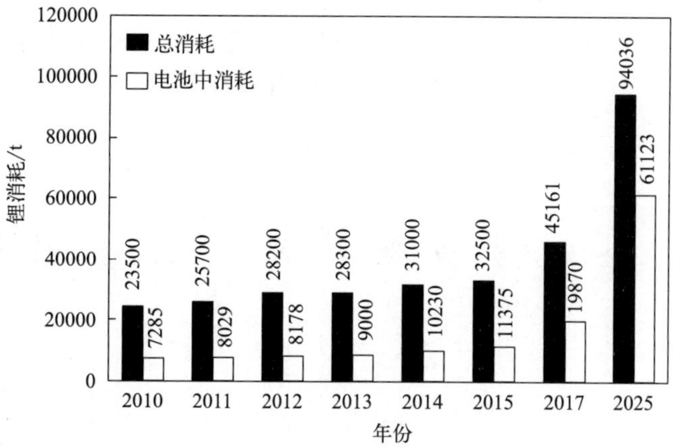

图 16.1　2010～2025 年间电池领域锂资源消耗

品位太低，开采难度大、成本高。LIB 中的锂和钴，对于中国来说属于高风险材料。

锂回收的预测结果如下。LIB 在移动电子领域、电动车领域、电动工具领域平均使用时间分别为 5 年、12 年、10 年，预计锂回收率分别为 80%、95%、95%，这些回收的锂在新的 LIB 中占比分别为 60%、31%、8%，总占比为 40%。换句话说，未来生产的 LIB 中的锂有 40%是回收的锂。

基于未来电动车需求量可以预测锂需求量。计算未来 EV 需要多少锂，只要考虑未来 EV 数量、EV LIB 能量（kW・h）和每度电需要多少锂就行了。不同方法预测结果差别很大，预测 2050 年每年 PHEV 产量是 1000 万～7900 万辆，BEV 为每年 1200 万～8400 万辆。每辆混合动力车需要锂量范围 0.23～0.64kg，纯电动车需要 2.8～12.7kg，插拔式混合动力车需要 1～5kg。每度电需要的锂量和电动车的设计运行速度也有关系，速度越快，需要的锂量也越大。设计速度最快的大约是雪佛莱 Volt，最高速度为 190km/h。

基于法拉第定律，理论上需求的锂量，公式为

$$I=\frac{m\times 10^3}{E_0 ac}$$

式中，I 是锂强度，单位为 g/kW・h，m 是 Li 的摩尔质量，E_0 是电动势，a 是电池工作中可用 Li 量，c 是 1mol Li 的电量。对于经典的 LIB，电化学反应为

$$6C+LiCoO_2 \rightleftharpoons Li_{0.5}C_6+Li_{0.5}CoC_2 \qquad E_0\approx 4V$$

它的锂强度为 129.5g/kW・h。对于 LFP 和 $Li_4Ti_5O_{12}$ 配对的电池，其中正极锂 100%可用，负极为 75%可用，那么二者组合电池的锂强度为 172.6g/kW・h。对于实际应用，不同机构统计数据有差别，一些统计数据如下。对于一辆纯电动车，25kW・h 电量的锂用量为 0.165kg/kW・h。67kW・h 电量的锂用量为 0.112kg/kW・h，30kW・h 的锂用量为 0.246kg/kW・h，范围在 0.11～0.25kg/kW・h。对于混合动力车为 0.30～0.38kg/kW・h 范围，插拔式混合动力车为 0.11～0.25kg/kW・h。

之所以差别很大，与方法不同有关系，例如，有的考虑了性能衰减，有的没考虑。LIB 性能逐渐衰减，这会影响锂强度。一个 20kW・h 容量的锂离子电池组，需要 4kg 锂。

16.1.2　有色金属回收的必要性

有色金属回收也是必然趋势。以笔记本电脑为例，在 2005 年之前几乎仅仅使用钴酸锂

正极，2005年以后开始逐渐使用NiCoMn三元正极材料的LIB，在2012年以后主要是高镍正极材料，在笔记本LIB中很少使用Mn，或者使用量很小。图16.2是1997～2012年正极元素组成变化。2022年时，正极元素组成与2012年的接近，只是镍元素占比略有提高。

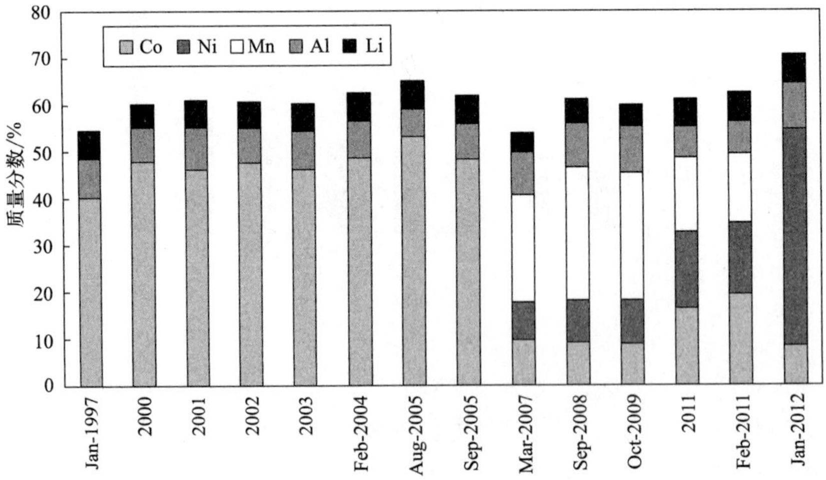

图16.2 1997～2012年LIB正极元素组成变化

钴属于战略金属，它是锂离子电池中最有价值的金属。Ni价格虽然低于Co，但是也属于稀缺资源。

未来电动车和储能用锂离子电池正极材料的主要金属元素是Ni，对该元素的回收也是必然趋势。在对Co、Ni两种有价金属回收的同时，对那些价值/价格较低的金属成分，即使不以回收为目的，在元素分离操作中也能达到富集的结果，因此，实际上有可能实现顺便回收一下价格低的金属元素，也许没有经济上的好处，但是至少可以明显减少对环境的污染。从环境保护角度上看，一些有用成分的回收也是有益的。对于工业电池，材料的回收以生产一个新的电池也许是很有趣的。回收过程应当是降低废料的体积和质量，分离电池组件，富集有价值金属，排除或者减小LIB对环境的污染。

锰酸锂和磷酸铁锂电池潜在的经济价值比钴酸锂分别低73%和79%，主要是Mn和Fe的价格相对低很多，但是其中锂回收还是值得。

16.2 主要回收工艺

本书回收主要是指完全废弃的锂离子电池LIB的回收处理。广义上，淘汰电池有几种情况。

第一种是电池完全不能再用，需要拆解、再冶炼以回收某种成分或者合金，这是真正意义上的回收。

第二种是按照相关规定，比如电动车电池，根据USABC2012年的规定，EV电池是在容量减少到初始容量的80%时被淘汰，此时被淘汰的EV电池，还不能称为真正意义上的废弃电池。该类被淘汰电池可以暂时不进入最后的完全淘汰程序，而是“挪为”它用，比如作为储能电池使用，这种情况称为“再利用”。

第三种情况是被电动车淘汰的电池组中某个单电池不能满足需要，对其进行更换，然后继续使用，这种情况称为“修复”。有文献提出对于一些容易更换损坏极片的电池，比如，叠片式结构中隔膜是Z型，通过其他手段确定了单电池中哪个极片性能不好后，可方便地将此极片拿出来，更换新的，再装配成电池使用，套用燃料电池的一个术语就是可更换极片式锂离子电池，也称为“修复”。

图16.3是各种“废弃电池”的命运，废弃一词含义包括了完全废弃和按照法律法规被某个行业淘汰的电池、电池组和电池堆。左侧是所谓的两种回收工艺，即湿法回收、火法回收，也包括了湿法-火法联合回收工艺，最后得到的产品是金属、金属化合物、金属盐，可能还包括溶剂、黏结剂等。虚框代表该过程也可能未被包含到相应过程中。右侧是被“高端”领域淘汰的电池（组/堆）直接用到低端领域，即再利用，或者经过简单修复后应用到低端领域。当然，最后还是在被完全淘汰后进入左侧回收工艺。

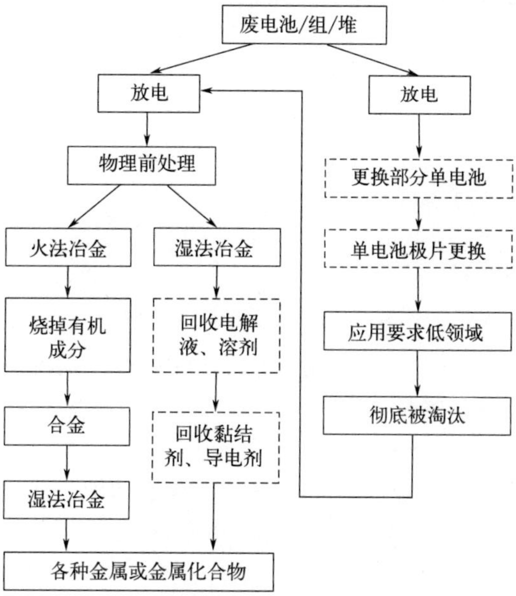

图16.3　“废弃电池”的命运

修复，有时又叫再加工，修复处理电动车上淘汰的电池可能是最环保的，一个可以借鉴的事实是在车辆工业中几乎80%的组件是再加工出来的，这在美国相当于大约530亿美元的工业，再加工或者说修复在传统汽车行业中很重要。再加工过程开始于收集阶段，电池储存和运输中尽量避免损伤，需要政府制定政策给出指导手册以处理和运输废弃的LIB。

2006年中国台湾进口2256t用过的锂电池，其中从中国大陆进口了880t，日本826t，韩国324t，印度尼西亚136t，欧盟23t，这些用过的电池中，53%做了重新维修或者用于制造新电池。

修复和再利用话题不是本书重点，重点是回收彻底报废的锂离子电池（组/堆）。现在的LIB回收工艺基本建立在其他废弃物中金属的回收工艺、锂原电池回收工艺，并借鉴钴酸锂/碳电池回收工艺（以钴为主要回收目标）基础上发展来的，特别是借鉴了一些原始资源的开发工艺流程。甚至从某种程度上说回收工艺和资源的最初冶炼工艺在很大程度上相似，如前边第2章所述。

16.2.1 金属单质的回收

对于金属态或者是合金中的铁，在物理预处理阶段可以分离出来，典型的方法是磁选，或者手选，主要是外壳。铝和铜，也可以采用机械分离方式，包括电分离、利用重力等方式分离[8]。

16.2.2 化合态金属成分回收

主要是指化合物中的金属元素，包括 Fe、Co、Ni、Mn、Li，还包括物理预处理过程中残余的金属态的 Cu、Al、Fe 等。这部分的分离提取，和第 2 章提到的原始资源的冶炼类似，大体上分火法冶金和湿法冶金两大类。火法原理是直接高温处理，某些成分形成炉渣，有用成分得到富集，随后进一步分离；湿法方式就是现用酸或者碱处理，将金属变成易溶态溶解，中间可能需要氧化剂或者还原剂。溶解的成分再利用沉淀法、萃取法或者是电化学电解方法分离。

火法工艺简单，瑞典和比利时开发的火法工艺中，不管什么类型的锂电池，首先火法冶金处理，得到废浆料和合金。得到的合金再湿法冶金处理，进行回收；废浆料进入低层次工业。该法工艺较简单，不过回收效率不高。湿法冶金耗能最小，可以回收 Li，当回收率比较高的时候，回收的经济效益明显。

16.2.3 有机成分回收

主要是指黏结剂、碳材料、电解液等有机成分的回收。

法国有个试验性 LIB 回收工厂，采用火法冶金回收，回收的电池经过放电预处理后，直接扔进高炉中，有机成分直接被烧掉。有机物热解模型可以表示为

$$C_nH_mO_p + 热 \longrightarrow \sum_{solid}C + \sum_{gas}C_xH_yO_z + \sum_{liquid}C_aH_bO_c$$

在热处理时有机物热解，产物有固态碳材料、气态和液态碳氢氧有机化合物。一般在 100～200℃发生脱水反应，在 250℃时去氧化和解聚反应，340℃发生链烷烃中 C-C 键断裂，380℃发生渗碳，400℃时 C-O 和 C-N 键断裂，400～600℃产生沥青和重油，600℃时沥青分解，高于 600℃产生芳香烃化合物。

在湿法回收工艺中，有机成分回收工艺原理比较简单，不过经济性还需要进一步分析，因为工艺比较复杂。

文献报道不少回收碳材料的方法，不过碳资源看起来还算丰富，只是高品位天然石墨矿资源越来越紧张。例如有报道从废弃 LIB 中回收石墨和聚合物材料用于合成聚合物-石墨纳米复合薄膜。

表 16.2 对比了不同回收工艺中石墨的命运。其中，火法回收工艺中被烧掉，湿法回收工艺中得到回收，表中的直接物理回收工艺，指的是纯粹的物理操作达到分离 LIB 组件的目的，和机械预处理过程相似。

表 16.2 几种 LIB 回收工艺中阳极碳材料的命运

工艺	火法冶金	湿法冶金	直接物理回收
温度	高	低	低
回收材料	合金形式的镍、钴、锂、锰、铁等	盐形式金属	极片、电解液、金属
阳极碳材料	烧掉	机械预处理中得到分离回收	被回收

PVDF在热处理时会分解释放有毒气体如HF，以及被重金属污染的废弃物，这是热处理的缺点。DMF和乙醇或者DMF和NMP的混合物可用于溶解PVDF，不过，溶剂通常被认为也是有毒的。绿色无毒环保溶剂是柑橘果汁。

电解液的回收，估计属于LIB回收中最头疼的任务，电池拆解完毕后，通过降压升温促使溶剂挥发，随后冷凝，可以回收一部分溶剂。文献报道了超临界回收，液相CO_2回收效果好于超临界方法。对于不同的溶剂，对DMC和EMC的回收效率最高，对EC的回收相对难度大，如果流程中使用额外的溶剂，例如在CO_2气流中加入DEC可以提高对$LiPF_6$盐的回收。

首先加热LIB，使溶剂挥发，然后分别使用不同温度的冷凝器多级回收，第一个冷凝器20℃时可回收高沸点成分，如PC、EC，第二个冷凝器可回收低沸点成分，一般使用两级冷凝。LithiRec的初步研究结果如下，可供参考：首先50r/min搅拌，然后抽真空加热，从20℃加热到120℃，干燥过程持续了5～8h，初始压力尽可能小，大约200～300mbar，过程中发现干燥过程经常终止以清洗冷凝器，干燥机出口与蒸汽过滤器入口存在大量污垢。降压升温干燥模式中可以回收溶剂。干燥末期适当升温可以除去高沸点成分，坏处是会引起导电盐的分解。降压利于干燥，液体渗漏会引起污垢产生，因为低温下溶剂会结晶。

使用惰性气体流动可以降低溶剂蒸气分压，加快干燥速度，在最优化条件下，干燥一批样品需要一天时间，实验模式下的速度是10.5～19.7kg/(h·m^3)的干燥速度。大量金属碎片会引起干燥器堵塞，可以通过改进干燥器设计、增大功率来解决。干燥时如果真空度不足会妨碍高沸点成分挥发，引起渗漏。增大干燥时间并不能解决这个问题。

16.3 预处理

16.3.1 拆解预处理

首先进行产品分析确定拆解次序，然后评价自动化的可行性，最后决定采用自动化、半自动化还是手工操作[9]。拆解电池的复杂性在于：电池堆的设计不同，构造不同，组件不同，化学组成不同。混合动力奥迪Q5的动力电池内部结构，电池堆由电池模组组成，模组中的电池为串联连接，还含有BMU、冷却系统、电子系统。电池组重35kg，50cm×70cm×15cm，5A·h标称容量，电压为266V，每个模组含18个电池，单体电池为3.7V。

图16.4中给出了全部构件有电池堆壳体、电缆线、紧固螺钉、模组壳体、气阀、单体电池固定夹具。要拆解的元件：电力电子外壳、电池堆外壳、电缆线以及与电缆线相关的各种引线、固定线，BMU，电力电子元器件、气阀、模组外壳、模组之间的连线、紧固螺钉、模组固定装置。

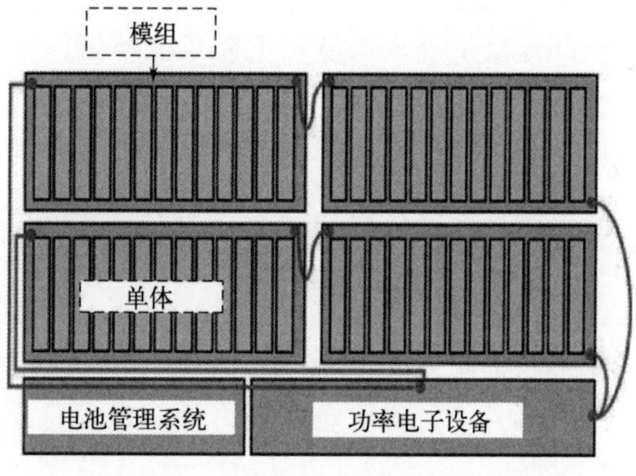

图16.4 奥迪Q5混合动力电池结构

首先移除顶部与底部的螺钉，然后移除电力电子器件和BMU，然后移除全部电缆线及相关夹具固定线等，移去电池控制器与BMU之间的各种插头连接件，移去与模组连接的气阀、连接件以及夹具，去掉模组固定装置后就可以移除模组了。

LithiRec 统计了通用电池经过拆解、烘干、空气分离、粉碎过筛后的总回收量，如图16.5所示[8]。人工拆解后得到的主要是Al、钢、电缆、BMU；重组分，即第一次空气分离的产物中主要是铝、铜、钢、塑料；最有价值的是过筛产物，主要是活性涂层。二次空气分离产生两类分离物，隔膜和集流体一起，还有铜箔、铝箔、隔膜、涂层混合物，这需要进一步分离。总的看机械分离获得了75%～80%（质量分数）的材料回收率，不包括石墨、隔膜、电解液。空气分离方法不适合分离铜和铝，进一步粉碎也不行。可采用光选方式，分离出来的Cu中Al含量为0.3%（质量分数），不过，分选出来的Al中Cu含量较高，为6.9%（质量分数）。

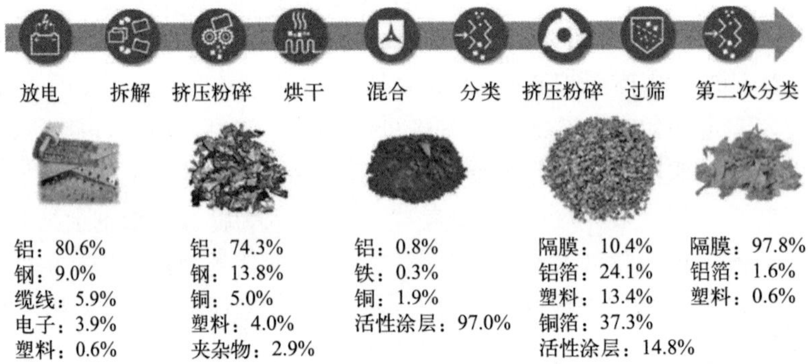

图16.5 分离过程产品分级与组成

16.3.1.1 放电预处理

如果是LIB电池组/堆，比如电动车电池组，预处理之前要先拆解，拆解之前，还可能需要放电。放电的意义很明确，带电电池可能会燃烧、爆炸、冒烟，放电到0V并保持至少24h，这才能保证在随后的粉碎过程中不会发生火灾，不引起火花放电。

在整个回收链上过放电十分必要，一般电池组电压达400V，这对人体是致命的，按照规定，60V以上工作时，只有高压专家才被允许操作，电池放电要在拆解之前，放电后就不需要高压专业人士操作，将系统放电比将单电池放电更简单。而将带电电池粉碎，会引起局部短路，产生的火花有可能点燃溶剂，引起爆炸。层状正极材料的过放电开始于2.5V，取决于放电电流与温度，放电到0V时大约有20%的容量，0V以下会引起反极现象。过放电时，全部锂离子进入正极，负极集流体铜溶解，向正极迁移，形成枝晶穿透隔膜，电池温度明显上升，可达到120℃，这多少有些危险，同时体积膨胀，产生各种气体，最多的是氢气，可达到47%，有爆炸危险，其他的为CO、CO_2、甲烷、乙烷、乙烯等。

最简单的就是恒阻放电，单电池使用1Ω或者0.5Ω电阻，最大电流不超过10A，需要冷却装置。如果使用逻辑控制装置，可方便调节电阻。也可以使用液体代替电阻，比如饱和食盐水。变阻放电比恒阻放电具有更高的效率。

拆解目的是去除塑料壳；然后浸入液氮中4min，低温使内部材料发生相互分离，有利于去除金属外壳。去除金属壳终端，最后将正极和负极极片分离。

16.3.1.2 拆解自动化可行性

如果是电池组，需要人工或者半自动化拆解。目前认为，拆解过程的全自动化还不现实，原因在于产品的变数太多，没有统一的电池设计标准，回收公司也无从知道电池设计的细节，这属于公司保密的东西。只有在电池系统标准化做得十分好的情况下才有实现全自动拆解的可能。全自动化不可能，那么，目前情况下，人机协同模式，即部分自动化是必然的，可以适应产品多样性的特点。

人机协同模式的最大挑战是在不牺牲生产率的前提下构建一个安全有效的空间。因为机器人是来回运动的，人的安全需要优先保证，这点使生产率不能得到有效保证。机器人的运动速率要很低。将机器人集成到人工操作间首先要解决机器人的位置，放个机器人可能会让人不舒服，存在着人对机器人的接受与担心。人的年龄、性别、以前的经历、文化教育都会影响人对机器人的态度。例如在欧洲人对机器人有敌视、怀疑态度，而在日本，人对机器人是高度接受的。人机最小安全距离，基于 ISO/TS15066—2016 的规定，取决于机器人刹车距离与刹车时间，侵犯距离，测量系统提供的位置精度。安全距离大会降低机器人的生产率。

根据欧盟 LithiRec 的研究成果，可以总结为：凡是已经标准化的零部件，都可以采用机器人进行自动化拆除，例如螺栓。凡是未实现标准化的组件，必须要人工拆除。

移动的机器人会对人产生心理压力，机器人的移动必须程序化，以保证人能够预先知道其运动轨迹。要避免运动太快，要考虑各种传感器的优缺点，避免人机碰撞。图 16.6 是人机协同工作间的一种模式，是 EV 电池拆解的一个布局的局部，是人机协同的一个模式[8]。共享空间的存在会降低系统的复杂度与相互分离的工作间之间运输 LIB 引起的时间消耗（即可以采用人机分离的方式，人与机器人在不同的工作间，但是这种模式会导致 LIB 的不停反复运输，耗时）。对于人来说，使用的工具包括老虎钳、螺丝刀、铁锤、切割工具，机器人的工具包括各种管钳，人负责较复杂的工序，例如撬开卡扣式部件、切割电缆，机器人可负责螺钉与螺栓，螺钉和螺栓的位置，可以选择由人工确定，也可以使用 3D 摄像机自动检测。摄像机还可以同时监控人机距离。毫无疑问，合理布局会提高生产效率。一套工具的总成本大约 160 欧元，其中 80 欧元管件，60 欧元的电子与驱动件，20 欧元其他组件。

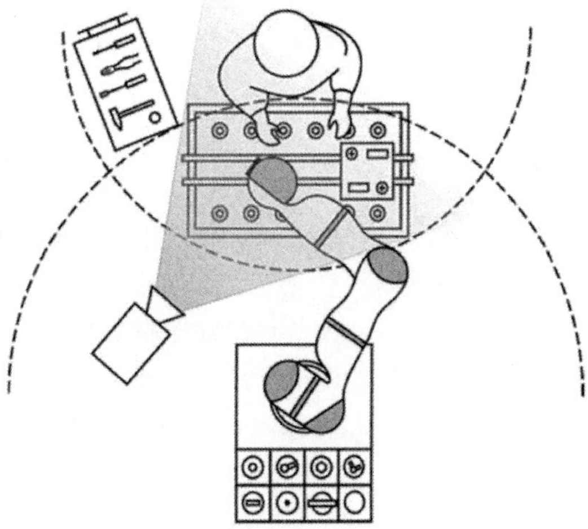

图 16.6　拆解平台的概念

工业规模的废弃锂离子电池的拆解流程，如图 16.7 所示[2]。拆解电池涉及经济价值、环保、人力。历史上，拆解都是人工方式的，人工成本很高，拆解可以保证回收材料的质量，保证后续步骤更加安全。拆解步骤的优化，有利于降低处理时间与成本，保证操作更加安全。拆解次序涉及成本、经济、环保和随后的步骤，看起来简单，实际上复杂。

拆解步骤要尽可能少；要尽可能回收每一个组件；尽可能做到自动化；环保权重和经济

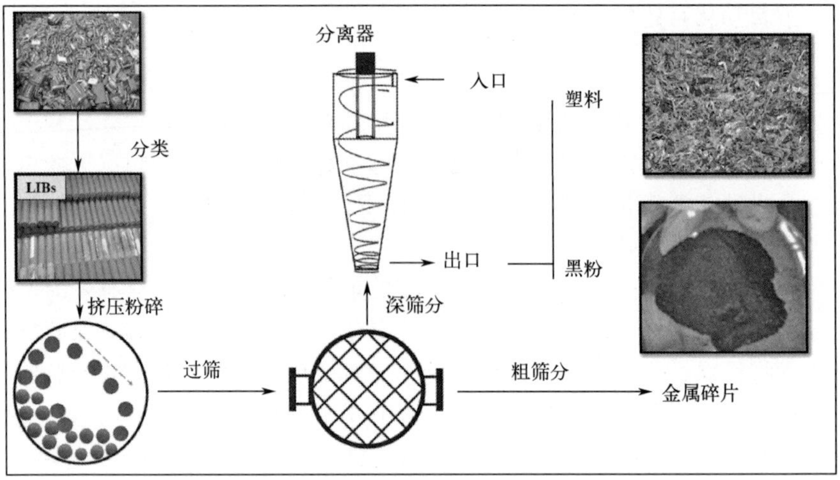

图 16.7　工业规模上的废弃锂离子电池拆解流程

效益权重的不同会导致不同的拆解次序与步骤。

16.3.2　机械预处理

与其他电池体系不同，废弃的 LIB 直接进行粉碎处理时容易爆炸，因此，废弃的 LIB 的处理的第一步是机械分离。实验室一般先预放电，实际工业化运行中还没采用预放电处理，因为成本高、耗时。但是，对电池进行分类是必不可少的。分类依据主要是电池化学。

16.3.2.1　物理模式

机械预处理主要目的是将电池组件分离，预防电池燃烧爆炸，降低废物体积，使有效成分富集，提高目标材料的浓度，减轻杂质对后续步骤的干扰。主要是除去外壳、筛选、分离材料，有时需要将阴极材料和其他材料分开，包括塑料盒体、金属壳，便于后续回收工艺，包括机械分离，热处理，机械化学处理和溶解。经过去壳、研磨、筛选、淘洗等处理后，可分离出 17.2%（质量分数）的铜/铝金属，15.8%（质量分数）的铝外壳，42.7%（质量分数）的钴酸锂[1]。

主要成分中，电池壳中的 Fe 材料可以通过机械处理/热处理工艺回收；机械处理的同时回收塑料类材料；通过酸洗和化学沉淀可以回收 Al 材料，机械处理一步完成 Cu 回收，C 材料可以通过机械处理和热处理回收；有些回收工艺强调的是金属材料，此时，碳材料和塑料类材料，可以通过高温烧掉，而不回收。

回收预处理过程和随后的湿法处理过程需要考虑 LIB 成分的潜在危害并针对此做一些预防措施。潜在危害包括但不限于：正极钴酸锂可以和水、酸、氧化剂、还原剂反应生成有毒的含钴、含锂物质；锰酸锂毒性较低，但是会和有机成分反应；镍酸锂氧化性较大；负极碳材料存在爆炸危险；锂盐的腐蚀性强，六氟磷酸锂和水反应产生有毒气体，其他锂盐可能含有有毒元素，比如六氟砷酸锂；溶剂都是有机溶剂，有一定毒性，存在分解、燃烧的可能性；隔膜可能会燃烧；黏结剂如 PVDF 可以释放 HF。

粉碎、过筛、磁选、细磨等是常见的方法。磁选可分离不锈钢，粉碎-过筛过程可以多次进行，进一步浓缩目标材料，提高后续步骤效率。有机溶剂在粉碎过程中蒸发，此步骤要预防燃烧和爆炸。机械处理缺点是不能完全将某些组件从中分离出来，比如外壳成分，但是却是必不可少的。

如果热处理，500℃2h 可以烧掉有机成分，然后剩下的成分可以直接进入冶金步骤。

黏结剂的去除可采用热处理方式，热处理温度在 100～150℃；如果想回收黏结剂，可使用溶解工艺，一般使用特殊溶剂将黏结剂溶解，比较适合的溶剂为二甲基酰胺（DMF）、二甲基乙酰胺（DMAC）、*N*-甲基吡咯烷酮（NMP）、二甲基亚砜（DMSO）。电解液的回收，涉及溶剂萃取工艺；Co 的回收研究较多，主要的基本步骤包括溶解，溶解以后的 Co 的回收包括溶剂萃取、化学沉淀、电化学沉积等，也可以直接作为 Co 源，用于合成正极材料，或者用于其他领域的含 Co 合金的制备。Ni 的回收与 Co 类似，Mn 的回收方法，主要是化学沉积。

可以固定在车床上浸入液氮中 4min，低温处理主要是为了安全，然后用锯去除金属壳，首先移除金属壳的末端，然后纵向切除接近电池内部的材料，用镊子除去内部材料，再人工展开阴阳极，60℃下干燥 24h。实验过程中使用眼镜、手套箱和气体保护罩。

机械预处理步骤可以有所不同，如果回收目的之一是直接回收正极材料，那么机械预处理过程中可以加入研磨过程以分离正极颗粒，回收的正极颗粒可以作为锂离子电池正极材料的原材料使用。研磨过程中 $LiPF_6$ 会分解成 LiF 和 PF_5。在实验室规模上在 100℃NMP 中电池卷处理 1h，$LiCoO_2$ 与基体分离而被回收，Cu 和 Al 以金属态被回收，$LiCoO_2$ 回收效果受到使用的黏结剂和电池卷绕方法的影响，优点是 $LiCoO_2$ 与集流体分离，很容易被回收，简化了 Co、Li 分离过程，缺点是用于溶解 PVDF 的溶剂 NMP 太贵。

因为机械分离目的是分开不同性质的材料，所以原则上可以利用电池组分中不同部分的成分、组件性能的差别来进行分离，比如密度、导电性、磁性等。

机械分离的缺点是不是所有种类的组分都得到完全分离，因为 LIB 是由一系列的有机物、无机物、数种金属组成的，不同组件之间相互嵌套，结构精细复杂。

经过机械预处理，可以有效提高目标金属回收效率，减少后续纯化过程。

16.3.2.2 机械化学法

机械化学法是利用高强度机械操作，使不同成分在激烈碰撞中发生反应。看起来是个物理过程，实际上属于化学过程，不过具体属于物理还是化学过程，没有定论。机械化学过程是通过研磨等提高正极活性材料比表面积，降低颗粒尺寸，使其变得更加容易淋洗，提高后续淋洗效率。

机械化学预处理可以回收钴锂，在行星球磨机上 $LiCoO_2$ 和 PVC 共研磨，气氛是空气，目的是生成锂和钴氯化物，然后溶解、萃取。PVC 是机械化学反应中的 Cl 源，球磨增强机械化学反应，30min 球磨使钴锂的回收分别达到 90%以上和接近 100%，相应的 PVC 中 90%的 Cl 被回收。

有时利用溶解工艺去除不溶性有机物，如 PVDF、PTFE 等，溶剂有 DMF、NMP、DMSO 等。

在与含有或者不含有 Al_2O_3 粉末球磨机械化学反应处理后用 1mol/L HNO_3 处理，从含有 PVDF 的 $LiCo_{02}Ni_{08}O_2$ 残余物中室温萃取有价值的物质；含有 Al_2O_3 粉末球磨 60min，或者不使用 Al_2O_3 粉末球磨 240min 后，通过机械化学反应后废料中 Li-

$Co_{0.2}Ni_{0.8}O_2$ 变成非晶，90% 的 Co、Ni、Li 被回收。

一种直接分离废弃锂离子电池的极片集流体与涂层的办法是利用热分解使黏结剂分解，降低涂层和集流体之间的黏结能力，然后鼓入高速的空气流使涂层分离，97.1%的电极涂层被回收，Al 杂质低于 0.1%。该方法直接以正极活性物质回收为主要目标，不涉及后续化学步骤。

16.3.2.3 淘洗处理

淘洗方法属于物理法，不过该方法比较重要，因此单独阐述。

将废弃的 LIB 电池首先在 Tiger A4 型锤式粉碎机中粉碎，得到的颗粒粒径大约 10mm，然后过筛分离，即第一次尺寸分离步骤，这步分离将金属和聚合物从粉末中分离出来。然后将材料置于一种喷床淘洗仪器中淘洗，金属和聚合物成分从顶部进入喷床，从下方高速喷入空气，空气最大流速为 $6.2m^3/min$。在第一次淘洗过程中，聚合物和尺寸小的铝颗粒、铜颗粒以及少量钴酸锂粉末和碳粉被分离开，钴酸锂和碳粉颗粒主要是粘在其他颗粒的表面。然后过筛，即第二次尺寸分离。

淘洗床中剩余的颗粒进行第二次淘洗，改变空气流速，分离相对大颗粒的 Cu 和 Al 成分，然后过筛，进行第二次尺寸分离，有可能得到纯度较高的 Cu 和 Al，其余混合物可重新进入研磨程序，返回流程。最后一步是再提高空气流速分离 LIB 外壳成分，也就是第三次淘洗。

在起始阶段，总质量为 813.5g，在研磨机中粉碎后质量为 710.8g，损失质量为 12.6%，初始总质量的 10%为电解液，溶剂挥发了。研磨后过筛，将粉末分离出来，得到粉末 330.7g，主要是钴酸锂和石墨粉末；380.1g 是其他材料，包括外壳，聚合物，黏性的废物粉末，Al，Cu，外壳成分。380.1g 粉末进入喷床，在不同的空气流速分离作用下，按照密度和颗粒尺寸不同被分离开，第一次分离得到聚合物，小颗粒 Cu、Al，空气流速大约为 10.2～10.5m/s，然后过筛，得到 38.46g 直径大于 6.7mm 的聚合物，57.9g 直径大于 0.6mm 小于 6.7mm 的 Cu/Al 颗粒，17.84g 直径小于 0.211mm 的粉末，总共 114.2g。然后分离床中残余材料第二次淘洗，10.6～13.0m/s 的风速下得到直径较大的 Cu 和 Al 颗粒以及金属＋聚合物的混合物，再过筛，得到 18.67g 金属和聚合物的混合物，直径大于 6.7mm，0.545g 直径在 6.7～4.75mm 的聚合物，82.78g 直径小于 4.75mm 的 Cu＋Al，总重 102g，最后的残余材料经过第三次淘洗，风速 13.0～20.7m/s，得到 142.1g 铝壳成分，质量损失为初始质量的 3.3%，认为是被设备粘住了。

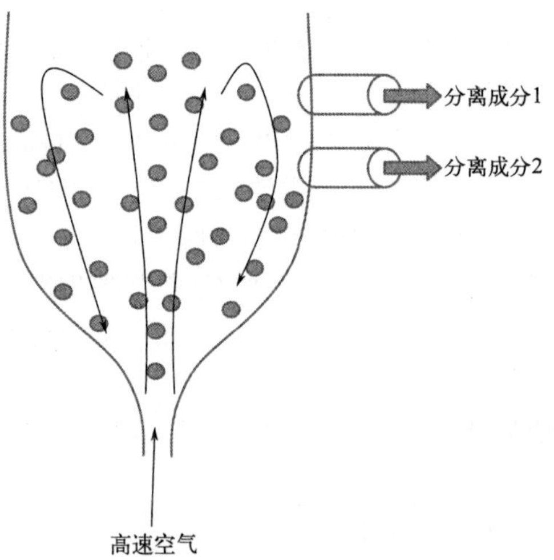

图 16.8　淘洗床工作原理

空气淘洗原理如图 16.8，利用不同组分密度和形状（形状不同导致高速空气吹动下的阻力不同，也就是上浮力不同）差别，调节下方吹入的气体流速，不同组分上升到不同的高度，在不同高度位置设置收集口，从而分离不同成分，或者是使用一个收集口，改变空气流速，也可以达到相同的目的。

16.4 化学处理

机械预处理后，进入化学处理步骤，首先是将金属成分溶解，包括酸洗、碱洗、水洗，溶解后的步骤按照回收目标、溶液组成而分成化学沉淀、萃取和电化学电解三种。

化学过程包括化学淋洗，生物淋洗，溶剂萃取，化学沉积，电化学回收。酸洗之前一般采用机械化学预处理，以提高酸洗效果。酸包括常见的硫酸、盐酸、硝酸和有机酸，如柠檬酸。

16.4.1 化学淋洗

各种淋洗技术差别很大但是化学基本原理相同：使用合适的溶液淋洗固相成分使金属溶解，利于后续进一步分离，可以用酸液、碱液甚至是纯水淋洗，淋洗过程可能伴随着氧化还原过程。酸洗的目的是溶解金属类物质，$LiCoO_2$ 的淋洗通常用无机酸，常用硫酸、硝酸、盐酸等，4mol/L 盐酸 80℃可以溶解 99%的 Co 和 Li。比较亚硫酸、氯化铵水溶液和盐酸，对于 Co 来说 HCl 淋洗效率最好，不过产生氯气，反应为

$$2LiCoO_2 + 8HCl \longrightarrow 2CoCl_2 + Cl_2 + 2LiCl + 4H_2O$$

可在酸性溶液中加入双氧水，反应为

$$2LiCoO_2 + 6H^+ + H_2O_2 \longrightarrow 2Co^{2+} + O_2 + 2Li^+ + 4H_2O$$

提高温度会提高淋洗效果。以双氧水作为还原剂的还原淋洗过程和只使用硝酸的淋洗过程比，钴、锂的淋洗效率分别提高 45%和 10%，这和+3 价钴还原成易溶的二价钴有关。

如果用硝酸，合适的淋洗条件是 1mol/L HNO_3、75℃、1.7%（体积分数）的双氧水。从动力学角度看 Co 和 Li 的溶解速度反比于它们的离子浓度，表观活化能分别为 12.5kcal/mol 和 11.4kcal/mol，$LiCoO_2$ 的溶解受到表面化学反应的控制。硫酸中金属淋洗次序是 Al>Li>Co>>Cu，Co 的淋洗速度很慢。调节 pH=3 可以回收 Co_2O_3，pH=11 时氢氧化镍沉淀回收，Co 和 Ni 的回收效率可以达到 100%和 99.99%。

硫酸中淋洗 Co 过程分成两个阶段，第一阶段从开始到 20min，也就是淋洗的前 20min，此时化学反应步骤是控制步骤，活化能为 43～48kJ/mol；随后转变成扩散控制，活化能为 3～3.5kJ/mol。Li 的淋洗活化能在 2～20kJ/mol，在初期阶段是混合控制，随后演变为扩散控制。在盐酸中 Co 淋洗活化能为 20～26kJ/mol，是化学反应与扩散过程的混合控制。

2mol/L 硫酸+4.0% H_2O_2，液固质量比为 10，温度为 70℃，淋洗 120min，可淋洗出 98.8%的锂。有机酸如柠檬酸：1.25mol/L 柠檬酸+1.0%（体积分数）H_2O_2，固液比为 20g/L，90℃，淋洗时间为 0.55h，废弃 LIB 中几乎 100%的 Li 和 90%的 Co 被提取出来。

淋酸过程中不溶的是黏结剂、碳材料，可以在随后的工序中回收；如果强调回收金属物质，那么可以在机械预处理工艺以后对待处理材料煅烧以去除有机类材料，对目标材料加以浓缩，简化操作，缺点是不能回收有机物，产生的污染性废气需要处理，据说可以产生二噁英。

强碱处理可除去铝成分，反应为

$$Al_2O_3 + 2NaOH \longrightarrow 2NaAlO_2 + H_2O$$

$$2Al + 2NaOH + 2H_2O \longrightarrow 2NaAlO_2 + 3H_2$$

一些无机酸和一些有机酸如苹果酸（$C_4H_6O_5$）、柠檬酸（$C_6H_8O_7$）、草酸（$H_2C_2O_4$）、琥珀酸（$C_4H_6O_4$）、天门冬氨酸（$C_4H_7NO_4$），都可用于淋洗钴酸锂，如

$$2LiCoO_2+6HCl \longrightarrow 2CoCl_2+2LiCl+3H_2O+0.5O_2$$

或者

$$4LiCoO_2+6C_4H_6O_4 \longrightarrow 2C_4H_4O_4Li_2+4C_4H_4O_4Co+6H_2O+O_2$$

一些淋洗结果的总结，如表 16.3 所示。

表 16.3　典型淋洗剂淋洗条件与效果

淋洗液	正极/电池	淋洗条件（温度、时间、固液比）	淋洗效率/%
4mol/L HCl	钴酸锂	80 ℃，1 h，10 g/L	Li=99，Co=99
1mol/L H_2SO_4	混合正极	95 ℃，4 h，50 g/L	Li=93，Co=66，Ni=96，Mn=50
1.34mol/L H_2SO_4 + 0.45 g/g $Na_2S_2O_5$	电池	20 ℃，45 min，10.9%	Mn=94，Cd=81，Zn=99，Co=96，Ni=68
1mol/L H_2SO_4 + 0.075 mol/L $NaHSO_3$	电池	95 ℃，4 h，20 g/L	Li=97，Co=92，Ni=96，Mn=88
1mol/L HNO_3 + 1.7%(体积分数)H_2O_2	钴酸锂	75 ℃，1 h，20 g/L	Li=85，Co=85
2mol/L H_2SO_4 + 5%(体积分数)H_2O_2	钴酸锂	80 ℃，1 h，50 g/L	Li=99，Co=99
2%H_3PO_4 + 2%(体积分数)H_2O_2	钴酸锂	90 ℃，0.5 h，8 g/L	Li/Co > 95
1.5mol/L H_3PO_4 + 0.02 mol/L 葡萄糖	钴酸锂	80 ℃，2 h，20 g/L	Li=100，Co=98
1.25mol/L 柠檬酸+1%(体积分数)H_2O_2	钴酸锂	90 ℃，0.5 h，20 g/L	Li=100，Co > 90
1.5mol/L 苹果酸+2%(体积分数)H_2O_2	钴酸锂	90 ℃，40 min，20 g/L	Li=100，Co > 90
2mol/L 甲酸+6%(体积分数)H_2O_2	NCM	60 ℃，2 h，50 g/L	Li=100 Co/Ni/Mn=85
2mol/L 酒石酸+4%(体积分数)H_2O_2	混合正极	70 ℃，0.5 h，17 g/L	Li=99 Co/Ni/Mn=99
1.25mol/L 抗坏血酸	钴酸锂	70 ℃，20 min，25 g/L	Li=99，Co=95
1mol/L 草酸	钴酸锂	95 ℃，2.5 h，15 g/L	Li=98，Co=97
1.5mol/L 琥珀酸+4%(体积分数)H_2O_2	钴酸锂	70 ℃，40 min，15 g/L	Li > 96，Co=100
3mol/L 三氯乙酰+4%(体积分数)H_2O_2	NCM	60 ℃，0.5 h，50 g/L	Li=100，Co=92，Ni=93，Mn=90
嗜酸亚铁硫杆菌 + 10g/L 固体 + 3g/L Fe^{2+}	$LiCoO_2$	30℃	Li=10，Co=65

16.4.2　生物淋洗

利用生物质将不溶性物质转化成可溶的物质，即生物淋洗，利用嗜酸性氧化亚铁硫杆菌淋洗，反应在 30℃，pH=2.5 下进行，淋洗效率比较低，加入 0.02g/L 的 Ag^+ 后，7d Co 的淋洗效率为 98.4%。Cu^{2+} 可以作为该过程的催化剂。将两种/多种细菌混合使用，或者用真菌淋洗，也是一个可能途径。

硫铁矿的生物处理机理为

$$2FeS_2+7O_2+2H_2O \xrightarrow{Thiobacilli} 2FeSO_4+2H_2SO_4$$

$$4FeS_2+15O_2+2H_2O \xrightarrow{T.\ Ferrooxidans, L.\ Ferrooxidans} 2Fe_2(SO_4)_3+2H_2SO_4$$

生物淋洗的机理包括酸解、络合机理、氧化还原与生物积累。一种反应机理为在细菌作用下 Fe^{2+} 被氧化成 Fe^{3+}，在细菌的辅助催化作用下 Fe^{3+} 再把金属态 Cu 或者是+1 价的 Cu 元素氧化成 Cu^{2+}，铜元素从不溶状态转变成可溶态，从而可以提取 Cu^{2+}，外界氧气进入系统将产物 Fe^{2+} 氧化成 Fe^{3+}。世界范围内 Cu 产量的 10%利用了生物淋洗。

生物淋洗 Cu 的机理，如图 16.9 所示。

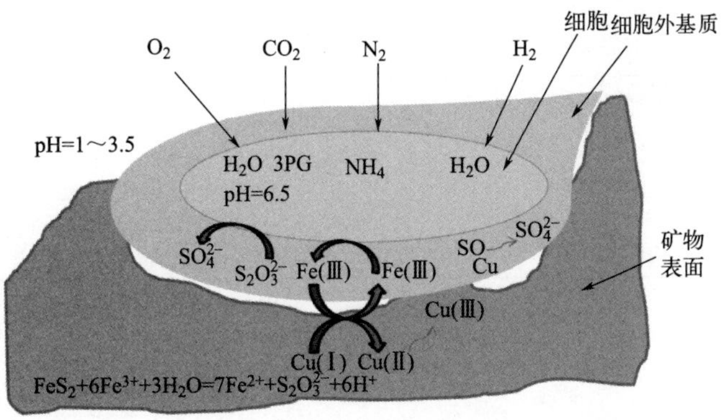

图 16.9　亚铁嗜酸硫杆菌生物淋洗铜的过程示意图

生物淋洗具有一定选择性，影响生物淋洗的因素包括物理化学参数（温度、pH、氧化还原电势、水电势、氧含量、物质传输条件、营养状况、金属离子浓度等）、微生物学参数（细菌多样性和浓度、活性、空间分布、对金属的耐受性）、矿物参数（矿类型、金属类型和形态、矿构成、矿物颗粒大小、孔隙度、表面积、亲水性、杂质相）。

表 16.4 中总结了生物淋洗微生物反应。

表 16.4　生物淋洗微生物反应

过程属性	机理	特征
提高金属流动	氧化还原溶解	金属被氧化或者被还原，产物流动性更好
	酸溶解	细菌分泌物酸化提高流动性
	络合溶解	生成可溶性络合物
	烷基化	酶催化使烷基和金属形成共价键，形成金属有机化合物，挥发性提高
金属固化	生物吸附	金属被活细胞或者死亡细胞表面的化学活性点固化吸附
	生物积聚	可溶金属透过细胞膜进入细胞内部并在那里以固体形式累积
	氧化还原反应	金属被微生物氧化或者还原，流动性降低
	形成络合物	可溶性金属被微生物分泌产物络合而沉淀，一般会降低酸性

生物吸附与生物累积机理是比较流行的生物固化金属机理的解释。在生物吸附中，金属离子被吸附在细菌的细胞壁上，通过螯合作用、络合作用、离子交换或者物理吸附。细胞壁

提供了金属固定的活性点位，一般是多糖类或者蛋白质，包括了金属溶解和金属固化的多个过程。生物冶金过程是天然的回收金属的过程，十分可靠，过程缓慢。

与传统的淋洗相比，生物过程条件温和，能耗低，环境友好，缺点是动力学慢。

表 16.5 列出了不同淋洗技术的优缺点。

表 16.5　不同淋洗技术的优缺点

过程	优点	缺点
生物淋洗	• 简单价廉 • 适合品位低的成分 • 无废弃物排放 • 更加经济、环保 • 不需要高温高压	• 动力学慢 • 不能随时停止 • 产率低、效率低 • 需要的场地大 • 生物污染风险大
化学淋洗	• 动力学快 • 高产 • 高能 • 可进行过程控制 • 淋洗效率高	• 使用有机溶剂和酸 • 昂贵 • 环境污染 • 酸泄漏

16.4.3　萃取

机械预处理和淋酸过程是必备的，但是随后的回收工艺可以有很大的差别，不同工艺针对的回收材料不同。

淋洗后的溶液，如果用萃取法回收金属，一般用的萃取剂为 PC-88A TOA、DEHPA、D2EHPA、Cyanex 272。以 Cyanex272 为例，pH 为 2.5～3.0 时萃取铝，pH＝4.5 时萃取钴。萃取后钴形成络合物进入有机相，有机相和水相分离后有机相与无机物比如浓盐酸混合后 Co 转变成 $CoCl_2$，无钴有机相可以重新利用，氯化钴在烧结炉中与氧气反应生成氧化钴 Co_2O_3，进一步和锂盐反应可以得到钴酸锂（这是处理方法之一）；然后生物方法萃取也有报道，例如嗜酸菌、铁氧酸菌等，但是还不成熟。

Ni 和 Co 的分离，可使用溶剂萃取，如 Cyanex272 pH＝5.5～6 时萃取出 Co。10％的 Acorga M5640 在 pH＝7 时萃取 Co 的效率大于 85％。也可用化学沉淀法分离，主要通过调控 pH 或者沉淀剂。如 pH＝9 时 Ni 可以以碳酸镍形式沉淀，到 11 以上以氢氧化钴沉淀。

分离 Co 和 Ni 的 pH 范围在 3～5，这对容器材料要求很高。相比之下，Cynaex272 和 P507 的 pH 范围比较温和。商业化的萃取剂 PC88A（2-乙基己基膦酸单-2-乙基己基酯）可用于选择性萃取 Co^{2+}、Ni^{2+}、Li^{+}。当 pH＝3.8 时 25％（质量分数）的 PC88A 可以从 Ni^{2+} 中萃取出 Co^{2+}，在 pH＝4.2 时最大 Co/Ni 分离因子为 42，此时只有 8％的 Ni 和 8％的 Li 被萃取出来。在煤油中 0.4mol/L50％的皂化氰化物（皂化 Cyanex 272）可以将 Co^{2+} 从 Li^{+} 和 Ni^{2+} 中分离出来，在 pH＝6 时 Co/Li 和 Co/Ni 分离因子接近 750。煤油稀释 Cyanex272＋5％的 TBP（磷酸三丁酯）萃取剂在 O/A＝1.6、pH＝5 时，从硫酸盐中萃取出来 51％的 Co 和 8％的 Li，随后如果使用 0.1mol/L 碳酸钠在 O/A＝3.8 下可进一步分离 Li。在 pH＝6.7、O/A＝0.85 时煤油稀释 PC88A 可有效从酸性氯化物介质中萃取出 Li 和 Co。

0.9mol/L PC-88 分离 Co、Li 的效率为 100％的 Co 被分离，纯度为 99.99％，80％的 Li 被分离，纯度为 99.93％；在 pH 为 4.2 时，对 Co/Ni 的分离因子为 42。皂化 P507 萃取剂

分离 Co-Ni-Li 效果为 65%的 Co 分离，纯度为 99%[10]。

利用络合原理，7%的 PC88A+2%的 Acorga M5640（5-壬基水杨醛肟），以煤油为溶剂，可将 Fe^{3+}、Cu^{2+}、Al^{3+} 从含 Co^{2+}、Ni^{2+} 和 Li^{+} 溶液中分离出来，然后用 100g/L 的硫酸溶液将它们从有机相中提出来，有机相得到循环再利用。15%（体积分数）的 Cyanex272/煤油在 pH=5.5～6.0 将 Co^{2+} 从 Ni^{2+} 和 Li^{+} 分离出来，Li 和 Ni 的分离可使用 Dowex IX 树脂。一种分步分离 Al、Co、Cu、Li 步骤：pH=1.5～2.0 用 Acorga M5640 分离 Cu^{2+}，然后 pH=2.5～3.0 使用 PC88A 分离 Al^{3+}，在 pH=5.5～6.0 下用 PC88A/TOA 分离 Co^{2+}。使用 3mol/L 硫酸从有机相中分离出来金属。

16.4.4 沉淀法

如果用沉淀法分离，那么利用的是不同沉淀物的溶度积的差别，实现分步沉淀分离的目的。常用试剂是烧碱和苏打、石灰石。pH 到 6.5 可沉淀出 Fe、Cu、Al 的氢氧化物，进一步优化的方法如分别在 95℃ pH=3.1，40℃ pH=4.0，30℃ pH=5.5，可分别沉淀出 Fe、Mn、Cu。$(NH_4)_2S_2O_8$ 可用于沉淀出 Mn，$MnCO_3$ 在 pH=7.5 时沉淀完全。例如沉淀分离 Co^{2+}，加 NaOH 后溶解的钴以氢氧化物形式回收，在 pH=6 时开始沉积，pH=8 时沉淀完全；使用氨水沉积剂，在 pH 为 9 时形成缓冲溶液，但是氨水和钴形成稳定的络合物，使沉淀的产品重新溶解，因此 NaOH 可能是最佳候选，控制溶液的 pH 就行了。

Co^{2+} 和 Ni^{2+} 沉淀的 pH 重叠很大，二者倾向于共沉淀。一种可能是考虑 Ni^{2+} 和 $Co(OH)_3$ 的重叠范围小，可以控制条件将 Co^{2+} 转化成 Co^{3+}，例如使用 NaClO，可以有效分离这两个元素。反应机理为

$$2Co^{2+}+ClO^{-}+2H^{+}\longrightarrow 2Co^{3+}+Cl^{-}+H_2O$$

$$2Co^{3+}+6OH^{-}\longrightarrow Co_2O_3+3H_2O$$

草酸镍和草酸钴的 pK_{sp} 接近但是远大于草酸锂的，利用草酸盐移除 Co^{2+} 和 Ni^{2+} 后，锂元素以磷酸锂或者碳酸锂回收。Fe 元素沉淀时一般选择 $Fe(OH)_3$，因为它的溶解度远远小于 $Fe(OH)_2$，沉淀反应为

$$Fe^{3+}+3OH^{-}=\!=\!=Fe(OH)_3$$

Mn^{2+} 的沉淀形式是 MnO_2，在溶液酸性不是很强的情况下，加入高锰酸盐，反应为

$$2MnO_4^{-}+2H_2O+3Mn^{2+}=\!=\!=4H^{+}+5MnO_2$$

或者是 MnOOH 沉淀，反应为

$$MnO_4^{-}+6H_2O+4Mn^{2+}=\!=\!=7H^{+}+5MnOOH$$

Ni^{2+} 以氢氧化物沉淀出来，反应为

$$Ni^{2+}+2OH^{-}=\!=\!=Ni(OH)_2$$

Li^{+} 一般以磷酸锂或者碳酸锂形式沉淀出来。

Fe、Mn 杂质可使用 $(NH_4)_2S_2O_8$ 沉淀除去，反应为

$$Mn^{2+}+(NH_4)_2S_2O_8+2H_2O\longrightarrow MnO_2+(NH_4)_2SO_4+H_2SO_4+2H^{+}$$

$$2FeSO_4+(NH_4)_2S_2O_8\longrightarrow Fe_2(SO_4)_3+(NH_4)_2SO_4$$

机械化学方法回收 Co 和 Li 的工艺不使用腐蚀性酸和强氧化剂，将使用过的钴酸锂与添加剂球磨，再水洗回收 Co 和 Li，当钴酸锂和 EDTA 质量比为 1∶4，600r/min 球磨 4h，球粉质量比为 80∶1，98%的 Co 和 99%的 Li 被回收，认为是形成了 Co 和 Li 的水溶性络合

物，随后用化学沉积法回收即可。过程中 EDTA 和金属形成络合物，如图 16.10 所示。

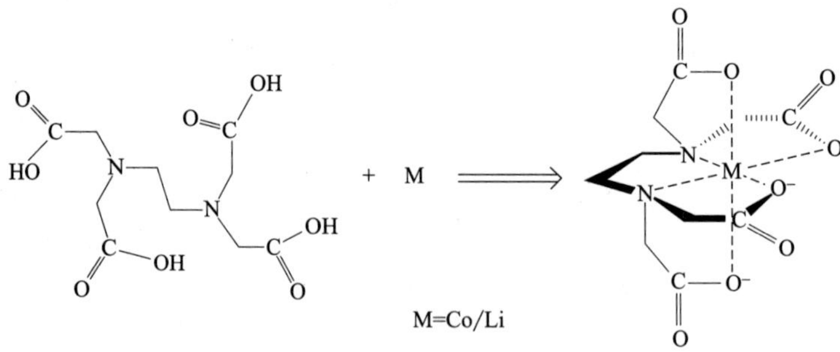

图 16.10　EDTA 与金属离子形成络合物

NCM 正极的一种处理方法是先盐酸淋洗溶解镍钴锰锂，然后调节 pH 并加入高锰酸钾，得到 MnO_2 沉淀，然后加入氨水，再加入 $C_4H_8N_2O_2$ 得到红色固体沉淀，是 Ni^{2+} 和 $C_4H_8N_2O_2$ 的络合物，对红色沉淀用盐酸处理并调控 pH 值得到氢氧化镍沉淀。加入氨水后 Co 形成 $Co(NH_3)_6^{3+}$ 滤液，先加盐酸再加碱溶液调控 pH 值得到氢氧化钴沉淀。滤液中加入碳酸钠得到碳酸锂沉淀，从而回收了锂。

有关于磷酸铁锂电池的回收工艺阐述，如果以铁为目标，基本上和铁矿冶炼类似，经济上的驱动力很小。如果以锂为回收目标，有文献提出使用电解方法，阴极为磷酸铁，阳极为金属银，反应为

$$FePO_4 + Ag + LiCl \longrightarrow AgCl + LiFePO_4$$

阳极使用银的目的是生成氯化物沉淀，降低产物的自由能，增大反应向右进行的热力学驱动力。该反应具有很强的选择性，不会吸收钠离子、钾离子和镁离子。LFP 中锂离子扩散的通道尺寸为 0.296nm×0.296nm×0.442nm，锂离子、钠离子、钾离子和镁离子的半径分别为 0.076nm、0.102nm、0.138nm 和 0.072nm，对于+1 价离子，有限选择离子半径最小的锂离子；镁离子需要两个成核点，这一点磷酸铁自身无法满足，所以磷酸铁对锂离子具有选择性。

16.4.5　电化学法

电化学分离过程利用不同物质的还原电位不同，或者是沉淀物的溶度积不同。使用硝酸淋洗得到的钴离子在 Ti 电极上通过控制电位以氢氧化物形式沉积，脱水后得到氧化物，反应机理如下

$$2H_2O + O_2 + 4e \longrightarrow 4OH^-$$

$$NO_3^- + H_2O + e \longrightarrow NO_2 + 2OH^-$$

$$Co^{3+} + e \longrightarrow Co^{2+}$$

$$Co^{2+} + 2OH^- \longrightarrow Co(OH)_2$$

硫酸淋洗溶解钴，然后电解可以将钴回收，和湿法冶金过程相比，电解过程可以得到高纯产品钴，缺点是耗电。

双极膜电解方法分离 Li^+ 和 Co^{2+}，使用 EDTA 络合剂，在 pH 大于 4 时，和 Co^{2+} 络合形成阴离子，而锂离子不会络合，使用三室电解池电解处理，配上合适的离子交换膜，锂离子向阴极运动，被络合的钴离子向阳极运动，二者的回收效率都达到 99%以上。

图 16.11 是该方法工作原理。BPM 是双极膜，AEM 是阳离子交换膜，CEM 是阴离子交换膜。该方法也适合分离其他体系，关键是络合剂的选择。

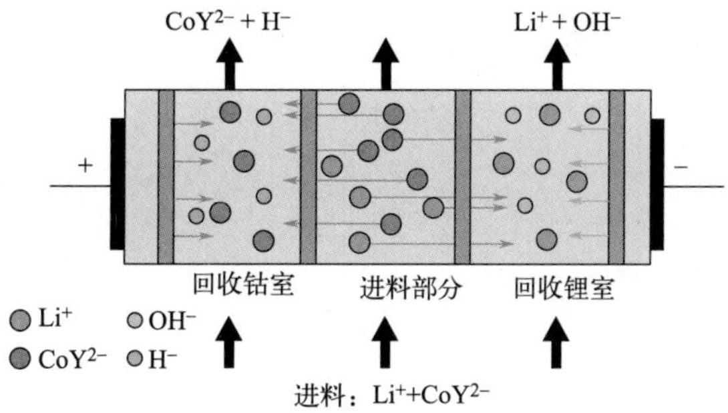

图 16.11　双极膜电解分离 Li^+/Co^{2+} 的工作原理

2011 年德国政府制定规划以建立新的回收工艺回收锂。废弃的 LIB 经过机械分离后火法冶金处理，得到的炉渣棒磨到 150μm 粒径，进入磁选分离器分离开合金颗粒，1～1.5mol/L 硫酸 60℃浸渍，以分离不溶固体，然后稀释溶液避免碳酸锂沉积，用生石灰提高 pH 到 7，先后沉积出 Al、Fe、Si，残余过渡金属以及石膏；提高到 12 时 Mg 沉积，残余金属基本沉积完毕。然后固液分离，添加碳酸钠沉积出碳酸钙，溶液蒸发浓缩后在 100℃下再加碳酸钠得到碳酸锂沉积。最后，用乙醇清洗，得到的碳酸锂纯度大约 98%。

16.5　典型实例

前边阐述了一般性的回收方法，其中涉及几乎所有锂离子电池组中组件/成分的回收。但是，在实际工厂中，出于经济利益等多因素考虑，回收工艺/技术都是针对锂离子电池组中的某些组件/成分设定的。

日本 JX Nippon Mining & Metals 公司 LIB 回收，这个是真正的工厂，以铜金属为主要产品，回收特点是零排放，有火法和湿法冶金技术。2010 年建造试验性工厂从废弃的 LIB 回收有价值的金属。过程包含淋洗、溶剂萃取、电冶金，以回收 Co 和 Ni 为主要目标，碳酸锂和碳酸锰是副产品，发现在收集废弃的阴极材料方面比较难。

Batrec 的回收工艺主要是机械处理，以物理过程为主，电池首先在 CO_2 气氛下粉碎，溶剂挥发后冷凝处理，溶剂不回收，这个方法的优点是无气体排放，且工艺可以连续进行。然后进行材料分离操作。

Inmetco 主要是火法冶金工艺，它不是针对 LIB 开发的，是针对所有电池废弃物开发的，不回收 Li，回收后的产品主要是合金形式。Umicore 工艺是湿法冶金和火法冶金联合处理的典型代表，电池废料不做任何前处理，直接加热，Cu、Fe、Mn、Ni、Co 被回收，Al 和 Li 未回收，有机物被烧掉。

Eramet 在法国的工厂，年处理能力为 2 万吨，是针对所有类型电池设计的，采用火法冶金技术。

火法冶金的缺点是 Li 不能被回收。不过 Umicore 的工艺中锂回收不是重点。火法冶金技术的重点是回收阴极有价金属，特别是钴。在热处理过程中，随着温度的升高，钴酸锂先后转化成 Co_3O_4、CoO、Co，当温度超过 1500℃时，形成钴合金，如图 16.12 所示[2]。

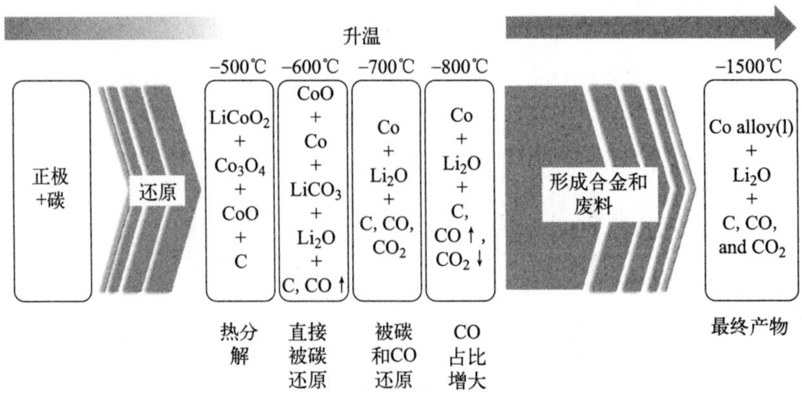

图 16.12 $LiCoO_2$ 还原产物与温度的关系

从长远角度看，设计电池材料组成时要考虑回收过程，这可能会牺牲电池的性能，但是具有更高的整体社会效益。

加拿大 Retriev 公司回收流程称为 Toxco 工艺，属于机械-湿法冶金联合过程，处理前 LIB 用液氮低温冷却降低反应活性，使随后的粉碎过程更加安全，例如因为冷冻，电解质不导电，避免了短路。在－160℃左右，在此温度下 Li 主要是惰性的，LIB 粉碎成小片，用磁分离器去除不锈钢。用卤化锂处理，提高 pH，卤化物在随后的过程中可以被提取出来循环使用。液相混合物进一步湿磨将活性材料与集流体分离。粉碎的颗粒挤压去水，进一步粉碎，振动处理以分离金属与塑料。冷的卤化物溶液含有活性材料，送入釜中，通过加热中和活性材料，然后压滤机压滤，在此活性材料被分离成滤饼，在此不能进一步被回收了（在 Umicore 过程中这些材料可以进一步处理）。卤化锂盐溶液，部分可以送入前边的工艺循环使用，或者在随后的过程中通过加碳酸钠得到碳酸锂。不溶产物除水后可进一步处理。为了进一步提高碳酸锂纯度，加入硫酸。滤饼放入电解槽中通过放入锂离子导电隔膜，电解槽分成酸室和碱室，酸室为低浓度硫酸，碱室为 LiOH，碳酸锂溶解在硫酸中，锂离子透过隔膜进入碱室，碱室中形成 LiOH，LiOH 溶液要么去水要么通入 CO_2 转变成碳酸锂。Toxco 工艺缺点是，当处理量大了以后，LIB 冷冻处理工艺在经济上是不可行的，生态上也不可行。

16.5.1 LithoRec 工艺简述

LithoRec 回收工艺是欧盟启动并研究的，大约是各种湿法冶金回收工艺中最完善最全面的，还处于开发中，试验阶段年处理能力是 100t，不回收电解液，致力于机械-湿法冶金联合工艺，主要针对废弃的 EV 电池模组，这种电池处理的好处就是模组中所有的电池组成一致，每种组成的电池量大，易于分类，可避免单独处理每个单体电池，通过粉碎材料的机械分离，几乎每一个组件都可以回收，降低了随后湿法冶金过程的难度。致力于能量效率与高的材料回收率，将机械处理、热与湿法冶金处理联合，期望回收电池系统的所有材料。下面简单介绍一下该工艺，主要参考了该项目实施中出版的几个参考文献和专著。其中涉及的一些具体工艺流程均具有代表性，基本可以涵盖其他所有的文献资料。

欧盟先后启动两次研究，分别称为 LithoRec Ⅰ 和 LithoRec Ⅱ。LithoRec Ⅰ 工艺，2009 年 9 月开始，回收过程致力于火法冶金回收 Ni 和 CO，随后致力于回收锂。采用机械分离法回收电池系统组件，包括膜材料、涂层，采用的是用湿法冶金方法，Chemetall GmBH 在

Langelsheim 建立了针对这个过程的实验性工厂，将浸渍、过滤与各个沉积步骤联合起来。湿法冶金得到了 Ni、Co、Mn、LiOH 或者碳酸锂，发现阴极少量 Al 对 NCM 阴极电化学性能没有影响。随后开发电解液溶剂与导电盐的回收工艺，采用的是真空冷凝与超临界 CO_2 萃取工艺。

2012 年 7 月开始 LithoRecⅡ计划，致力于研究回收中的科学与技术问题，将过程优化，在试验厂进行每年 10 万公斤电池容量的处理以获得经验。Rockwood lithium GmbH 及不少汽车厂商参加了这个计划。全面分析发现在一些回收仪器上的投资，大部分情况下有利可图，但存在很高的不确定性，最后没有建立试验厂，而是在 Braunscheig 建了一个小的试验型工厂，整个工艺包括放电、拆解、粉碎、干燥、分离、筛选，运行 4 个月，回收了 1.4t 电池，材料回收率为 75%～80%。

第一步将电池放电、短路连接，降低危险，为后边的拆解粉碎保证安全度。短路可避免电池系统的松弛和内在的电压升高。这个过程不能实现自动化。

拆解，这个过程自动化的可能性不大，但是可以半自动化运行，移除的电池系统边缘材料如壳、导线、电池管理单元 BMU，都可用于已有的回收路径。因为电解液易燃，拆解的电池模组要在惰性气氛下粉碎。

机械分离过程是空气分离、粉碎、筛分的结合，因为黏性，集流体与涂层的分离较难，对于干燥的电池碎片，首先用磁法和空气分离方法回收铁与密度大的成分，如壳体，再通过切磨处理将碎片进一步粉碎，同时提高了碎片的机械应力，提高了涂层材料的回收量。通过 zig-zag 分离的空气分离将碎片分成两部分，集流体 Al 和 Cu 可通过光学选矿法分离，通过振动筛分可从正负极极片上回收有价值涂层材料，包括金属氧化物、石墨。若结合湿法冶金，可回收金属：先酸洗，过滤除去石墨，调控 pH 分别得到 Ni、Co、Mn，通过结晶得到 LiOH 或者 Li_2CO_3。

图 16.13 是 zig-zag 筛的原理，它是一根管子，空气从底部进入，密度大的成分在下边，低密度的留在顶部，分离因子与颗粒大小、颗粒密度有关。尺寸决定升力，密度决定沉降速度。当空气流速为 3.34m/s 以下，回收的重组分的组成：74.3%的 Al，其余为 5%的 Cu，4.0%的塑料，13.8%的不锈钢，隔膜、集流体、塑料箔片留在轻组分中。

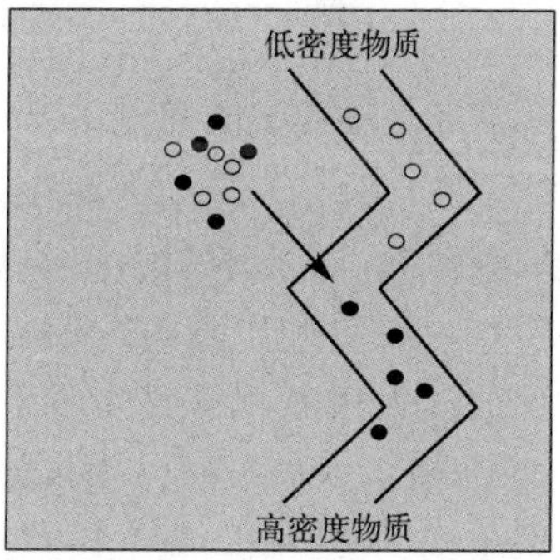

图 16.13　zig-zag 筛工作原理

LFP 和 NCM 正极不能一起混合处理，来自碳酸盐、Cu、Al 的杂质会影响重新合成的正极材料的纯度。

对于不回收电解液成分的热-干过程，LithoRec 工艺对材料的回收率是 75%～80%，其中，石墨、隔膜和电解液没有得到回收。

电池组/电池堆机械分离过程要注意危害，危害分成三类：电、火和炸、化学危害，三方面是相互关联的。电力危害在于其高压高能，对于废弃的 EV 电池系统电能大约在 16～90kW·h，电压在 300～400V，甚至也有 700V 的报道，这对于电池组的保养和回收是个难题。其中一个危险是电击，而且是直流电击，会导致肌肉瘫痪、血液电解，释放气体，取决于电流路径、暴露时间与电压，每一次电击都会导致进口与出口烧伤。

着火与爆炸危害主要由溶剂决定，有机溶剂高度可燃，与氧气混合后易爆炸；电化学反应也会导致易燃气体的产生，这些产物包括 CO、氢气、甲烷、乙烷、乙烯等。产生的气体会导致内压升高，也可能导致爆炸（物理性质的）。另外，证明了含碳的细小颗粒也具有易燃易爆特点。

化学危害由一些材料以及材料之间的反应引起。在毒性方面，正极材料负主要责任，其中的 Ni、Co 是致癌物质，会引起中毒。外短、内短、过充过放、高温都会引起电池内部一系列的反应，导致有毒气体产生，主要有 CO 和 HF、PF_5、POF_3，HF 和磷化物来自导电盐和溶剂的相互反应，PVDF 也是 HF 的主要来源，在 300℃左右 PVDF 分解。导电盐与溶剂的反应不仅仅在误用情况下，老化期间也会发生。废弃电池粉碎过程中也会发生类似反应，粉碎过程中微短路是难以避免的，局部温度上升，溶剂蒸发，导电盐与湿气发生反应。

图 16.14 给出了储存期间锡容器的变化，2 个月后发现最初的锈斑，可能因为 HF 和磷酸的形成，5 个月后发生孔蚀，气体泄漏。

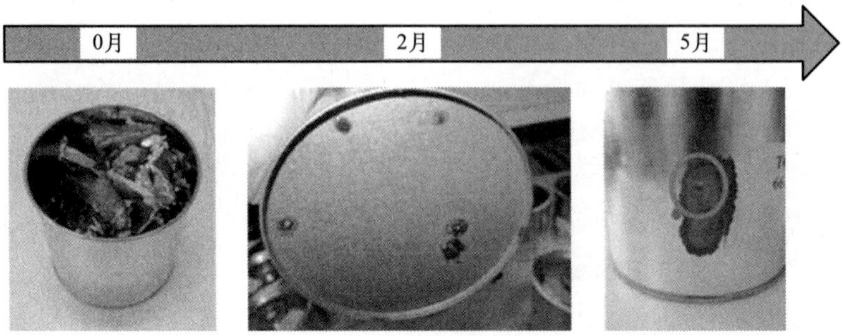

图 16.14　锡储存容器储存期间的变化

各种危害相互耦合，例如短路可以导致升温，触发放热反应，导致易燃有毒气体产生，通过铁钉穿刺试验研究了这种相互作用，发现会产生大量易燃气体，以及有毒气体生成。

16.5.2　Umicore 工艺简述

商业上最先进的回收工艺还是 Umicore 开发的火法冶金工艺，火法冶金工艺获得青睐的原因大约是这个设计不是针对某个具体的 LIB，而是强调通用性，并以 Co、Ni、Cu 为主要回收对象，该过程对 LIB 组成的变化具有一定容忍度，这使其更适合市场上 LIB 多样性的特点。焦点在于要回收足够纯度的过渡金属以用于阴极合成，过程相关的锂损失以及可燃组件的损失很不幸降低了回收效率。Umicore 的回收流程大致为：首先拆解电池，然后 1400℃烧结，得到含金属的合金，废渣中含锂，可以进一步回收锂；合金经过多步淋洗后分离出来铜、铁、镍、钴（以单质或者化合物形式）。

2011 年在比利时 Hoboken 建造了电池回收厂，基本过程是先单炉火法冶金处理，随后湿法冶金技术回收 Ni 和 Co。火法冶金处理之前先在德国 Hanau 对 EVLIB 放电和拆解，然后和少量还原剂如石油焦、金属 Al 和 Zn 以及造渣剂混合，电池成分占至少 50%（质量分数），混合物先 300℃以下预热，升温速度慢一些让电解液缓慢蒸发，降低爆炸风险。然后 700℃处理将有机成分如塑料、黏结剂部分分解掉或者蒸发掉，产生的气体和先前挥发的溶剂等进入燃烧管，在那里被彻底烧掉，使用了高氧气含量气氛保证燃烧彻底。进入燃烧室时被等离子体处理温度到 1150℃以上，同时 Ca 和 Na 基化合物同时被喷入，以去除含卤素的产物，燃烧后温度降到 300℃以下避免形成二噁英和呋喃等有害物质。

火法冶金步骤处理后的残余分成两部分，含有 Al、Si、Ca、Fe 的废渣，和含有 Cu、

Co、Ni、Fe 的合金，合金进入经典的湿法冶金工艺。该工艺中 Li 以氧化锂形式在炉渣中未得到回收。Umicore 的湿法冶金步骤中，先硫酸酸洗，然后使用 SO_2 在温度稍高的情况下将 Cu 以 CuS 或者 Cu_2S 的形式沉淀出来。然后调控 pH 值沉淀出 Fe，最后的 Ni-Co 分离使用溶剂萃取方法。Umicore 湿法冶金，开始于将炉渣研磨到 150μm 尺度，粉碎的颗粒先磁选，将合金颗粒与炉渣分开，一般，合金颗粒是包着炉渣的方式混在一起。然后 1～1.5mol/L 硫酸 60℃淋洗，然后将洗液稀释，这一步是为了防止后续步骤中生成碳酸锂沉淀。加入 CaO 调节 pH 到 7 使 Al、Fe 沉淀，Ca 以石膏形式沉淀。

Umicore 是湿法冶金-火法冶金联合回收工艺，图 16.15 是 Umicore 火法-湿法联合回收工艺。

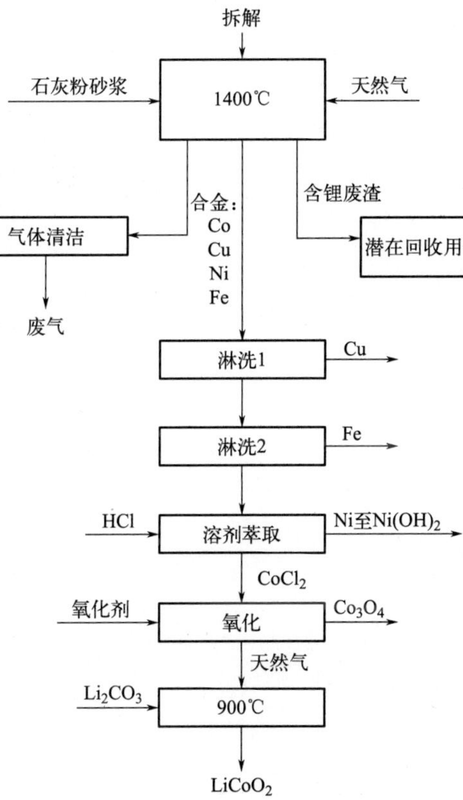

图 16.15　Umicore 火法-湿法联合回收工艺

各种回收工艺的比较如下[2]：

火法冶金技术：速度快，效率高，不需要预处理；排放有害废气，运行与维护方面耗能，最终产物纯度的可控性差，灵活性差、兼容性不好，对电池化学敏感，不回收锂、铁、锰、铝。

湿法冶金技术：成本低，环保，终端产品纯度高；需要预处理，有腐蚀性废水排放，多步骤工艺。

生物-湿法冶金技术：低成本，环保，可有目标地选择金属；效率低，速度慢，需要预处理，有废水排放，过程控制难，有毒环境下不可行。

溶剂冶金技术：低成本，环保，有选择性，产物纯度高；需要熟练的操作技巧，另合成反应试剂，暂时只适合单一化学的锂离子电池体系，复杂体系的结果，还需要进一步研究。

16.5.3 回收网络

LIB 型号繁杂、组成复杂，这不利于回收，不同化学组成的电池混在一起会增大工艺成本，最好在进入回收工艺加工前进行分类，目前，无论是回收工艺还是基础设施都不允许对电池进行工业规模的回收，建立有效的回收/分类网络很重要，结合废弃 LIB 的地理分布对回收点、回收量、工艺、运输链接等进行抉择。由于 LIB 市场、电池技术发展的不确定性而变得复杂。例如就 EV LIB 而言，混合电动车（HEV）、插拔电动车（PHEV）和纯电动车（EV 或者 BEV）的动力电池在质量、材料、价格和健康状态等方面明显不同。又比如使用的 LIB 有三个尺度：单电池、电池组和电池堆。电解质可以是液态、凝胶和固态。回收工艺不确定性也很大，甚至是同成分的锂电池，回收工艺都有争论。在回收过程中直接完成电池分类并送到最合适的工厂进行回收处理。

表 16.6　电池组件/组分

组件	材料	质量占比/%	
		能量型	功率型
单电池水平			
正极集流体	Al 箔	2	5
正极活性材料	Li、Co、Ni、Mn、Al、PVDF、碳	41	19
负极集流体	Cu 箔	4	10
负极活性材料	石墨碳、非晶碳、PVDF	17	4
电解液	—	16	11
隔膜	PP、PE、PVDF 等	2	4
电池包装	Al、不锈钢、塑料等	9	28
电池堆			
导电体	铜电缆	9	19
电子电路	印刷电路板、半导体		
电池堆包装	PP		
电池系统外包装	铝、不锈钢、塑料		

废弃 LIB 回收存在的不确定性处于动态的演变中，即使有些看起来可以预料，实际上也很难预料，例如德国政府的目标是 2020 年插拔式混电和纯电动车 100 万辆，但是这个目标是否能实现取决于石油价格，能量市场，公众对气候变化的关注度等。但是无论如何，争议仅仅是未来可供回收的废弃 LIB 的量大小而已，而回收废弃 LIB 是必然的，为了实现回收并保证回收具有一定的经济价值，标准化十分重要，组件、结构、电接触等标准化以后，废弃电池的再检修十分方便，不同废弃来源但是状态类似的电池可以再组装。当没有了再利用价值以后，也可以将同类电池一起处理。

电池制造商在设计、生产电池时能够针对回收工艺进行预设计，可能会更好地提高回收，降低回收成本。不过这可能会牺牲电池的性能。

16.6 总结

按照质量计算，一个典型的钴酸锂/碳 18650 电池，其化学组成包括 27.5%的钴酸锂、24.5%的钢壳、14.5%的 Cu+Al 集流体、16%的碳材料、3.5%的电解液和 14%的聚合物。这些材料的回收意义重大，稀有材料的回收可以节约资源，并且可以降低环境污染。对锂电的回收工艺，文献不多。能量型和功率型锂离子电池的组成有很大差别，也和电池组的规模有关系，如表 16.6 所示，对于高能型，正负极活性材料占比较大，然后是电解液。

图 16.16 是废电池回收的材料平衡平均值。

典型的废弃锂离子电池湿法回收工艺，如图 16.17 所示。

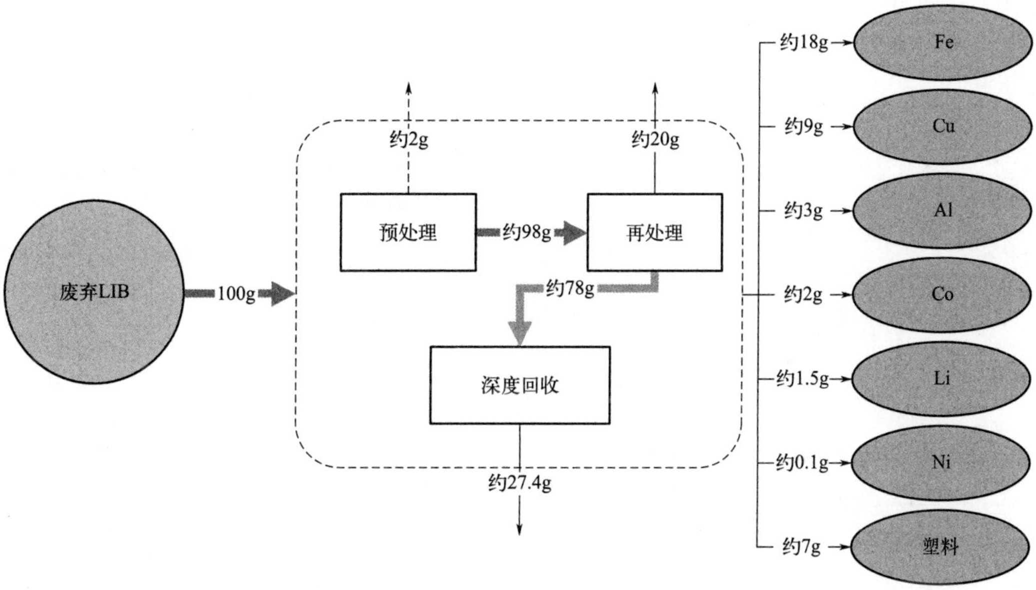

图 16.16 废电池回收的材料平衡平均值

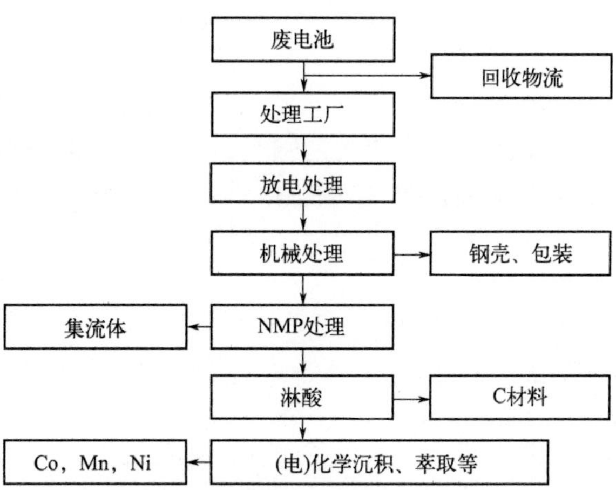

图 16.17 典型的废弃锂离子电池湿法回收工艺

世界上目前主要的 LIB 回收工业，如表 16.7 所示。

Sony-Sumitomo 开发的工艺是直接高温处理电池处理掉塑料、电解液，然后火法冶金处理回收 Co-Ni-Fe 合金。然后湿法冶金处理进一步回收 Co。Cu 和不锈钢通过物理方法回收，Li 等没有得到回收。Inmteco 工艺中最后得到的是各种合金，即利用废弃电池生产合金。

表 16.7 典型的废弃 LIB 回收公司

公司/过程	地点	年处理量/t	描述
Umicore	比利时/瑞典	7000	在比利时火法冶金技术，产生炉渣和钴镍铜铁合金，有机成分直接烧掉；在瑞典湿法冶金技术处理合金；未回收锂
Retriev 技术公司，即以前的 Toxco 公司	加拿大/美国	3500	首先使用一系列机械过程，然后湿法冶金技术回收锂和钴
Sony-Sumitomo	日本	150	先 1000℃ 烧掉有机成分，然后湿法冶金技术处理；未回收锂
ReCupyl	法国	110	机械-物理过程分离出来 Cu、Al、塑料，然后湿法冶金技术回收锂和钴
Accurec	德国	4000	先预处理，真空分解去除塑料和电解液，然后机械处理分离 Al、Cu 和不锈钢；然后火法冶金技术，残余的锂通过进一步的湿法冶金技术可以回收
Batrec	瑞士	1000	先惰性气体中机械处理，再湿法冶金
OnTo	美国	—	先放电在拆解，然后 CO_2 超临界技术处理
Inmetco	美国	6000	火法冶金技术
AEA technology	英国	—	先机械处理，然后用乙腈和 NMP 溶剂处理，然后淋洗技术回收 Li 和 Co，然后电解处理
Glencore	美国/加拿大	7000	火法冶金和湿法冶金联合技术，回收 Co、Ni、Cu，其余材料要么烧掉要么成为废渣
SNAM	法国	300	利用机械和火法冶金技术生产铁钴合金和铁镍合金

欧盟制定了明确的电池收集和回收法规，2016 年欧洲实现了电子、电力仪器废物中至少 45%（质量分数）的材料收集。对于报废的汽车，至少相当于 85%（质量分数）的材料得到有效回收与再利用。在美国/加拿大部分的州、省也已经制定了法律用于电池回收。

参考文献

[1] Ordonez J, Gago E J, Girard A. Processes and technologies for the recycling and recovery of spent lithium ion batteries. Renew Sustain Energy Rev, 2016, 60: 195-205.

[2] Golmohanmmadszadeh R, Faraji F, Jong B, et al. Currentchallenges and future opportunities toward recycling of spent lithium ion batteries. Renew Sustain Energy Rev, 2022, 159: 112202.

[3] Jan D, Christian H, Thomas L, et al. Ecological Recycling of Lithium-Ion Batteries from Electric Vehicles with Focus on Mechanical Processes. Journal of The Electrochemical Society, 164 (1) A6184-A6191

(2017) .
[4] Diekmann J, Hanisch C, Loellhoeffel T, et al. Ecologically Friendly Recycling of Lithium-Ion Batteries-The LithoRec-Process. ECS Transactions, 2016, 73 (1): 1-9.
[5] Mikolajczak C, Kahn M, White K, et al. Lithium-Ion Batteries Hazard and Use Assessment. ISSN 2193-6595 e-ISSN 2193-6609, ISBN 978-1-4614-3485-6 e-ISBN 978-1-4614-3486-3, DOI 10. 1007/978-1-4614-3486-3, Fire Protection Research Foundation, 2011.
[6] Wei Q, Wu Y, Li S, et al. Spent lithium ion battery (LIB) recycle from electric vehicles: A mini-review. Science of The Total Environment, 2023, 866, 161380.
[7] Hanisch C, Loellhoeffel T, Diekmann J, et al. Recycling of lithium-ion batteries: a novel method to separate coating and foil of electrodes. J Cleaner Production, 2015, 108: 301-311.
[8] Kwade A, Diekmann J (eds.) . Recycling of Lithium-Ion Batteries: The LithoRec Way. ISBN 978-3-319-70571-2, eISBN 978-3-319-70572-9, Springer International Publishing AG, 2018.
[9] Williard N, Sood B, Osterman M, et al. Disassembly methodology for conducting failure analysis on lithium-ion batteries. J Mater Sci: Mater Electron, 2011, 22: 1616-1630.
[10] Chagnes A, Pospiech B. A brief review on hydrometallurgical technologies for recycling spent lithium ion batteries. J Chem Technol Biotechnol, 2013, 88: 1191-1199.

第17章

电池生命周期评价与碳足迹

LIB的生命，在考虑回收的情况下，可以简单用图17.1表示。

生命周期评价的内容之一是指在LIB整个生命过程中的碳足迹，更加全面的评价包括全部痕迹，除了碳足迹以外还包括环境影响、生态影响、水消耗等，各种影响因素之间的界限也不十分清晰，例如水影响可以单独考虑，也可以放在生态影响中考虑。

其中碳足迹属于生命周期的一个因素，但是因为它太重要，所以经常被单独提及并加以分析[1]，但是分析起来难度很大，不同研究者的研究结果之间对比性很低，原因是不同研究者设定的研究对象的边界不同，且即使表面上看起来相同，实际上也是大概率不同，最简单的例子是分析电池工业中合成钴酸锂过程的碳足迹以及能耗，看似边界很固定，但是，如果放在不同的背景下，却可以有很大的不同。这个不同的背景包含的因素是多方面的。最简单的情况就是，在电力丰富的包头和电力紧缺的浙江，生产1t钴酸锂伴随的碳足迹，可以差别很大。

在不考虑回收的情况下，LIB生命周期的评价相对可能简单点，如果仅仅针对碳足迹因素，主要考虑以下几点：

① 初级原料开采加工成LIB原料过程中能源消耗产生的CO_2（碳足迹分析时一般以CO_2形式分析，其他碳化合物产物也折算成CO_2，比如1mol甲烷折算成1mol CO_2，因为1mol甲烷燃烧的最终产物是1mol CO_2）。

② 从LIB原料到成品单电池过程中消耗能源时产生的CO_2。

③ 单电池组装成电池组、电池堆过程产生的CO_2。这个过程中有新的组件、成分进入系统，这些新的组件、成分的生产过程的碳足迹，也需要考虑在内。

④ 电池、电池组使用中的产生的CO_2，最简单的就是为电池充电，这个充入的电量是煤电的话，煤电站发电也存在CO_2的排放，这个也要计算在内。

⑤ 上述过程中伴随的运输过程，运输过程产生的CO_2。

当电池寿命终止以后，直接被掩埋掉。一些文献分析了在插拔式电动车中使用LIB和Ni-MH电池作为动力电池时的生命周期评价，不过这类文献很少提及一些细节，只是给出了最终的结果。本书也仅仅在总体上略加陈述，未提及细节，而且也没有这方面的数据来源。细节是指LIB使用的全部原材料的生产数据，举个例子，一个LIB电池堆使用的铜线，在从其初级资源到成为铜线的过程中的碳足迹是多少，这个数据难以查找，并且不同的文献给出的数据差别也很大。差别很大的原因是分析过程中划定的系统边界不一致。

举例说明生命周期评价的意义更加直观。只考虑碳足迹因素而不考虑其他因素的前提下，当 LIB 系统的分析边界界定为从初级原料到丢弃淘汰而不考虑回收时，即 LIB 生命周期以初级原料到丢弃淘汰这一阶段为止，假定一个 LIB 电池电动车整个生命周期的碳足迹是 Q_1t CO_2 当量，为人带来的好处是 B_1（可以简单理解为行驶里程数），那么，当使用汽油车，在为人带来的好处也是 B_1（相同的里程数）的情况下，该汽油车的碳足迹是 Q_2t CO_2 当量，如果 $Q_1<Q_2$，那么使用该 LIB 电动车取代汽油车是值得的，因为它给人带来同样的好处时对环境影响更小（排放更少的 CO_2）。反之，就不能使用电动车。

因为 LIB 使用中要充电，充电的“电”本身带有碳足迹因素，因此，不同的电来源就会影响 Q_1 和 Q_2 的相对关系。举个例子，充电的电是水电的话，因为这个电的碳足迹小，以电动车取代汽油车带来的好处就会更大，并且 LIB 循环寿命越长，这个好处也越大。如果充电的电是煤电，因为这个电的本身碳足迹就很大，此时使用电动车的好处就会降低。目前大约 1 度电需要 0.3kg 标准煤，如果发电效率很低，比如需要 0.6kg 标准煤的话，可能会导致使用电动车时的碳足迹反倒大于汽油车。

假如 $Q_1=Q_2$，即二者的碳足迹是相同的，那么生命周期中的其他因素就可以作为参考（当然，只是目前多以碳的排放作为考量因素，分析中也可以以生态危害作为主要评价因素），例如，如果分析得出 LIB 电动车整个生命周期中排放的有毒物大于汽油车的话，那么就可以认为不应当推广 LIB 电动车。

在比较电动车和汽油车的环境影响时，电池充电耗能是一个重要因素。例如大众高尔夫汽车 100 公里 8L 汽油，大众 e-Golf 大约消耗 16kW·h 电，前者排放 19kgCO_2，后者需要为发电厂发的电产生的 9kgCO_2 负责。德国目前发电的碳强度是 0.56kg CO_2/kW·h，印度是 0.9kg CO_2/kW·h，在印度两种车的碳足迹十分接近，在挪威、冰岛，发电的碳强度低于 0.05kg CO_2/kW·h，EV 的环境影响就很小，更有发展的前景。而在印度，就不太适合发展电动车。是否大力发展 EV，也取决于国情，取决于一个国家的能源情况，即电力发电碳消耗数值，如果一个国家或者地区内电力耗碳高于 0.9kg CO_2/kW·h，那么就不合适以电动车取代汽油车。

上述分析中没有考虑废弃的 LIB 的回收。显然一点是假如对废弃的 LIB 进行回收，此时 LIB 生命周期中的碳足迹 Q_3 是肯定小于 Q_1 的，原因是废弃的 LIB 中各种有用成分的含量总是高于初级原材料中的。前面分析得到如果 $Q_1>Q_2$，是不能使用电动车取代汽油车的，但是考虑到回收过程后，即使 $Q_1>Q_2$，也存在 $Q_3<Q_2$ 的可能。并且回收会最大限度降低其他生命周期评价因素，例如生态危害。

考虑到回收后，可以理解为废弃的 LIB 没有真的死掉，而是被再利用了。但是它的组件在被回收后使用去向不一定还是 LIB 系统，很可能被用到其它领域去了，比如合金钢。这会导致定量分析的难度加大。于是不同文献给出的评价结果会相差很多。尽管如此，这方面的工作还是很有意义。锂离子电池的“一生”见图 17.1。

生态成本的范畴，也存在争议，基于文献，在分析 LIB 的生态成本时需要考虑的可能包括以下几方面：对人健康的影响（粉尘、烟雾、遗传、疾病等）、生态系统（雨水酸化、对动植物毒性、水体富营养化）、碳足迹（气候变化），也有将社会生态因素加进去。

在考虑 LIB 生命循环评价时要分析冶金工业，它是典型的耗能行业，电池制造需要的原材料越少，需要的水越少，耗能就越少。以下有一些具体的例子和数据，可供参考。

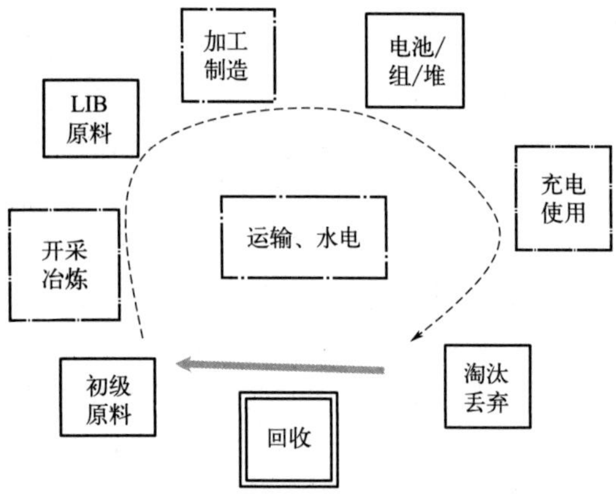

图 17.1　锂离子电池的“一生”

分析三种插拔式和纯电动的电池：Ni-MH、NCM 锂离子和 LFP 锂离子对环境影响，假设 50MJ 能量储存，充放电转换中电池消耗一部分输入的能量并放热，分析了相当于多少 CO_2 排放，多少化石燃料消耗，多少淡水生态毒性，多少淡水富营养化，对人体造成多大的毒害，对海洋生态的影响与富营养的影响，金属消耗、臭氧消耗、颗粒物质的形成，大陆酸化、大陆生态等因素。除了臭氧影响参数，Ni-MH 最差，可能原因是锂离子电池的能量效率远高于 Ni-MH 电池，另外就是锂离子电池不含稀土，NCM 对环境的影响比 LFP 要大一些，比如，假设电动车牵引效率是每公里 0.5MJ 能量，对于 Ni-MH 电池，相当于每公里 35g 二氧化碳的排放，NCM 为 19g，LFP 为 14g。

另有资料分析得到 1kW·h 电池容量大约有 170kgCO_2 排放。假设平均 1 度电可以跑 6km，电池放电深度为 85%，全循环寿命为 1500 次，每百公里释放 2.2kgCO_2。

考虑了材料生产、组装、回收全过程，对于尖晶石锰酸锂电池，cradle-to-gate 能耗和碳排放分别为 75MJ/kg 电池和 5.1kg CO_2/kg 电池。不考虑回收，BEV 电池，质量 300kg，比能量 0.11kW·h/kg，材料生产中的能耗是 103MJ/kg 电池，cradlle-to-gate 的 CO_2 排放是 6kg CO_2/kg 电池。

如果被评价的系统边界变小，可以对某个具体过程进行评价，此时，一般是用于评价“利益”，也就是评价某个工艺流程是否更合算、更节省成本。一个例子是分析 LIB 制造过程中使用的溶剂 NMP 的回收，如果回收的话，资料计算的结果如下：蒸发回收 1kg 的 NMP 大约需要 10kW·h 电力，蒸发回收 1 个 10kW·h LIB 电池堆的 NMP 需要 420kW·h 电力。另一个例子是分析电池堆回收中的能耗，电池堆被拆解，壳体被分开，惰性气体下粉碎模组，粉碎功率为 0.9kW，随后功率上升到 1.6kW，粉碎的峰值功率为 13.3kW，2min 后进入待机状态。粉碎后干燥，100～140℃保持 5h，加热功率为 2.8kW，挥发的溶剂，如果烧掉，可回收部分热能，在此过程中，每 6kg 碎片中有 1kg 电解液被分离，产生的 HF 需要处理，一般用气体滤清器处理。此时的功率为 6.5kW，此过程，每千克电池需要 0.45kg 惰性气体。随后的气体分离过程和过筛过程，第一次气体分离，时间 3h，1.5kW 功率，过筛大约 1.3h，1.5kW 过筛功率，第二次气体分离功率 250W，时间为 4.2h。整个电池堆分离处理的总能耗为 58.3kW·h。

17.1　系统大小

系统是指具有密闭边界的研究对象。对于碳排放、碳足迹分析，在相同边界情况下，内部情况可以有很大不同。

简化锂离子电池相关流程，假设原材料厂为四个：石墨厂、钴酸锂厂、电解液厂、附件厂，这些厂家的材料在电池组装厂组装，然后到达用户，这样的系统模型，如图 17.2 所示。

从锂离子电池原材料成品这个起始边界，一直到用户这个终点边界，内部的系统可大可小。原则上，电池原材料厂、电池厂、用户相互离得距离越近，系统会越小。但是在我国，实际情况往往是电池原材料厂与电池组装厂的距离十分远，可以达到上千公里。电池厂和用户的距离一般很小，在 200 公里距离以内。

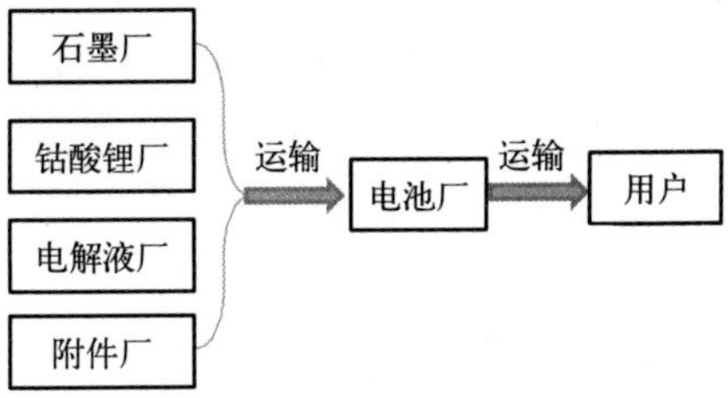

图 17.2　简化锂离子电池系统图

材料厂与电池厂之间距离增大导致运输过程碳排放增大，相应的增大幅度，在不同地区、不同国家，基本相同：单位里程单位质量原材料运输对应的碳排放，基本相同；单位里程单位质量原材料运输对应的成本，可以有很大差别，这与当地的油价、人工成本费用等密切相关。

17.2　系统边界

理论上，可以有明确的系统边界。但是实际上，很多情况下没有明确的系统边界。

有明确的系统边界的情况，比如锂离子电池中涉及的元素锂，从原矿开始到最终锂离子电池中的产品形式钴酸锂，系统边界清晰明确，如图 17.3 所示。

图 17.3　锂元素流向示意图

在图 17.3 中，锂元素从最初的低浓度卤水，通过蒸发水分到浓缩卤水，通过化学法除杂质到高浓卤水，再到碳酸锂沉淀，最后和钴氧化物反应生成钴酸锂，对元素锂而言整个流程清晰明确，系统边界明显，整个元素锂流程对应的碳排放，就边界而言都可清晰计算。

然而，图 17.3 中涉及的钴的碳足迹计算，边界就十分模糊。根据第 2 章资源中的阐述，钴的提取是从高钴含量的副产品开始。但是，从含钴矿到高钴含量副产品的过程，却是复杂的过程：不存在单独的钴矿，钴矿均是和其他有色金属如铜、镍、银、锰、砷等共生，冶炼过程同时包括了多个有价元素的提取、冶炼。当中伴随的碳排放、碳足迹，是多个产品所共有的，如图 17.4 所示，很难界定多个产品（钴、铜、镍等）中每个产品的边界、碳排放的分配，此时，图中与钴产品相关的边界划定，相对要难很多。

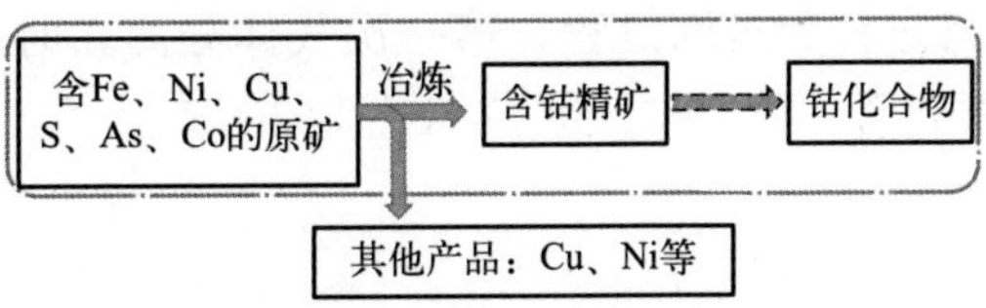

图 17.4　钴冶炼流程

17.3　物理过程与化学过程

在每个产品的整个生命流程中，有些涉及物理过程，比如锂矿的选矿浓缩过程，该过程纯属于物理过程；有一些过程，如锂矿硫酸淋洗过程，涉及化学变化。

从碳排放计算角度看，与物理过程相应的碳排放的计算，相对难一些，需要工厂提供相应的数据支撑；与化学过程相应的碳排放的计算，可以从理论出发结合经验进行估算，在有工厂实际数据的情况下，可以计算得更加准确、可靠。

17.4 参数差异

对于相同的过程，不同的地区，对应的参数可以差别很大。例如，对于石墨原材料石墨化、提纯，一般均采取高温（3000℃甚至更高）处理方法，均采用电炉加热模式，此时，不同地区的电价可以差别很大，各地区电价的差别也能反映出对应的碳排放差异。

图 17.5 简单的成品电池-用户-淘汰子系统

举个例子可以说明电价的差异与碳排放的关系。假设 A 地区的电通过一定距离输送到 B 地区，损耗为 10%。消耗同样的电量，在 B 地区对应的碳排放就是 A 地区的 10/9 倍。

同样道理，相同的系统边界、系统大小，内部各个参数的差异，也会随着商业环境的不同，可以差别很大。比如，在相同的系统边界、系统大小的前提下，如图 17.5 所示的系统，按照规定，在容量衰减到 80%时，电池要被淘汰。这里的参数看似简单，但是却蕴含着一定的复杂性。首先，用户在实际使用中，并不按照 80%这个规定使用；其次，电池在实际制造中，80%的这个规定，本身也有很大的不确定性，它和电池的使用制度密切相关。

在这个系统中，具体的循环次数与整个生命周期中该电池的碳排放密切相关。循环次数越多，该电池对环境的负面影响越小，例如，循环 1000 次后对应的碳排放强度几乎是循环 3000 次后碳排放强度的 3 倍。

另一个例子，同样电解铜流程，即使耗电量相同，电的来源，在加拿大和中国可以差别很大，加拿大以水电为主，而中国以火电为主，水电的碳足迹肯定远小于火电的碳足迹。

总的看，对于锂离子电池的包括碳足迹参数在内的生命周期评价方面的研究，仍处于起步阶段。

参考文献

[1] G Majeau-Bettez，T R Hawkins，A H Strømman，Life Cycle Environmental Assessment of Lithium-Ion and Nickel Metal Hydride Batteries for Plug-In Hybrid and Battery Electric Vehicles，Environ. Sci. Technol. 2011，45，4548-4554

后记

回国后某年，偶遇南京师范大学陆天虹教授，他鼓励我写书，于是在他的帮助下写了“二次电池”，大约 11 万字，作为陆老师主编的《能源电化学》一书第三章出版。工作中认识了化学工业出版社编辑，在《能源电化学》一书出版后不久，在编辑建议之下，和同学耿海龙合作编写了《电极过程动力学：基础、技术与应用》，于 2015 年出版。

后来和编辑商量出版关于锂离子电池方面的书，当时我计划一套书，分上、中、下三册，分别阐述活性材料、锂离子导体和全电池技术。编辑则劝我分成三本分别出版。于是，在 2017 年 1 月，和好友李德成、胡博合作编写并出版了《锂离子电池活性电极材料》，计 49 万字。在 2018 年 6 月，和同学耿海龙、好友李德成合作编写并出版了《锂离子电池溶剂与溶质》，计 22 万字。

本书原定书名《锂离子电池全电池技术》，多方好友建议后，命名为《锂离子电池全生命周期技术》。

创作这本书的过程，着实艰辛，疲惫之感如影随形。我自感资质平平，科研项目寥寥，好在业余时间较为充足，便将收集整理材料、编写书籍当作一种消遣，聊以排遣闲暇时光。此番经历过后，自觉精力有限，往后大概率不会再涉足写书之事。值此我最后一本科学技术类书籍即将付梓之时，特撰写这篇后记，权当为这段独特经历留下一份纪念 。

徐艳辉

2025 年 4 月于苏州阳澄湖畔